Ⅲⅰ 先进制造应用禁忌系列丛书

数控刀具应用禁忌

金属加工杂志社　组编

机械工业出版社
CHINA MACHINE PRESS

本书主要围绕车削刀具、钻削刀具、铣削刀具、镗削刀具、螺纹刀具、切断切槽刀具、磨具以及工具系统等在应用中的禁忌展开，致力于为生产一线技术人员解决数控刀具应用方面的实际问题。

本书内容以案例征集的形式组编，由来自重点制造行业领域且具有丰富生产应用经验的 30 余位专家共同编写，共呈现 276 个禁忌案例，每一个案例都以机械加工实践中容易出现的错误操作为切入点，讲解相应的预防和解决方法，以期帮助技术人员少走弯路，提升专业技能，助力推动生产制造的高效、高质量发展。

本书在数控加工尤其是刀具实际应用方面，可为众多从事机械加工的工艺技术人员、现场管理人员、刀具采购人员等提供经验与借鉴；可在刀具研发设计方面，为刀具厂商提供来自用户的需求反馈；也可作为机械类专业师生提升机械加工技术水平的参考用书。

图书在版编目（CIP）数据

数控刀具应用禁忌/金属加工杂志社组编 . —北京：机械工业出版社，2023.1（2024.1 重印）

（先进制造应用禁忌系列丛书）

ISBN 978-7-111-72117-8

Ⅰ.①数…　Ⅱ.①金…　Ⅲ.①数控刀具-禁忌　Ⅳ.①TG729

中国版本图书馆 CIP 数据核字（2022）第 222903 号

机械工业出版社（北京市百万庄大街 22 号　邮政编码 100037）
策划编辑：王建宏　　　责任编辑：张晓英
责任校对：陈　越　王　延　责任印制：常天培
北京机工印刷厂有限公司印刷
2024 年 1 月第 1 版第 3 次印刷
184mm×260mm · 24.75 印张 · 11 插页 · 632 千字
标准书号：ISBN 978-7-111-72117-8
定价：128.00 元

电话服务　　　　　　　网络服务
客服电话：010-88361066　机 工 官 网：www.cmpbook.com
　　　　　010-88379833　机 工 官 博：weibo.com/cmp1952
　　　　　010-68326294　金 书 网：www.golden-book.com
封底无防伪标均为盗版　机工教育服务网：www.cmpedu.com

编写委员会

主　　编：何　云

副　主　编：

雷学林　尹子文　王华侨　邹　峰　刘胜勇　周　巍

刘振利　曹雪雷　王建宏

总　策　划：栗延文

主　　审：于淑香

编写组成员：

王　虹　张永洁　邹　毅　常文卫　华　斌　张永岩

范存辉　张世君　岳众祥　刘壮壮　涂国庆　赵　敏

臧元甲　吴国君　李玉兴　叶陈新　李创奇　宋永辉

赵忠刚　朱　海　马兆明　魏祥政　张玉峰　张胜文

揣云冬　张志奇　沈嘉隆　李振丰　周攀科

序

《中共中央关于制定国民经济和社会发展第十四个五年规划和二〇三五年远景目标的建议》提出，坚持把发展经济着力点放在实体经济上，坚定不移建设制造强国、质量强国、网络强国、数字中国，推进产业基础高级化、产业链现代化，提高经济质量效益和核心竞争力。制造强国、高质量发展再次被推到了新的高度。

由金属加工杂志社策划组织、机械工业出版社出版发行的以机械制造行业加工应用禁忌为主要内容，组织诸多行业领域高层次技能人才参与撰写的先进制造应用禁忌系列丛书，可谓是行业技能、经验凝练的珍宝，对于推动机械制造高质量发展具有重要的指导意义。其中，《数控刀具应用禁忌》分册主要围绕车刀、铣刀、镗刀、螺纹刀、切槽或切断刀、钻具及磨具等刀具应用禁忌，以及刀具选择、编程、装夹方面的禁忌内容展开，通过"干货式"的分享，以点展开，扩大成面，形成体系，很贴合生产实际，便于查阅，内容详尽、实用。

我曾经在机械加工厂工作过，组织调动应用一线相关人员对多年禁忌经验这类题材的汇总撰写确有难度，实属难得。经了解，此书组织编写时，通过广泛征集联络参编者，固化编写模板，严格审核筛选内容，历时近两年完成了本书的撰写。这种由行业媒体发起众筹的出版模式，在发挥行业智慧方面的做法，很有价值、值得称赞。最终来自众多重点行业领域且具有丰富生产应用经验的三十多位人选参与编写，其中不乏国家级技能大师、劳模、总工程师、高级技师、行业骨干、技术大咖、高校教师及从事刀具应用一线数十年的工程师等，经审核、打磨、汇总及校审，最终成形。

相信此书将会助力制造加工从业者汲取经验而少走弯路，为刀具厂商设计生产刀具提供来自工艺最前端的借鉴，对于提升机械加工技能水准和推动刀具行业的技术进步等会很有价值。同时期待此系列图书其他分册也早日出版，为促进行业进步与发展、实现制造强国发挥作用。

中国工程院院士

2022 年 9 月

前　言

我国坚持走中国特色新型工业化道路，大力促进制造业的创新发展。近些年，中国经济正处于由高速增长向高质量发展转型的过程中，制造业作为我国实体经济的主体和国民经济的支柱，随着产业升级不断更新完善，我国制造业将逐步由"中国制造"转向"中国智造"。

2021年8月，国资委召开会议，要求把科技创新摆在更加突出的位置，此次会议将工业母机列在首位，数控机床及制造技术受到国家高度重视。数控机床作为制造机器的机器，在制造业现代化建设中发挥着重要作用。切削刀具是数控机床重要组成部分，是切削功能的核心零部件，直接决定了机械制造业的生产制造水平，更是提高产品质量和效率的关键因素。其品目繁多，从产品类型及技术方面来看，切削刀具主要包括硬质合金刀具、高速钢刀具、陶瓷刀具和钻石刀具等。其中高速钢刀具和硬质合金刀具在切削刀具的应用中占据重要地位。先进刀具及其正确的使用可以在保证安全和降低生产成本的同时，提高产品加工精度和加工质量，以达到高产品质量、低成本消耗、高生产效率的目标。

目前有关切削刀具的手册、书籍等多从刀具构型、切削工艺等理论方面入手，亟待实际现场加工出现的问题及解决方法指导相关书籍的面世。本书邀请了国内多位切削加工领域的工程师、技能大师和专家，根据自己多年现场加工经验，以案例的形式，借助实际或模型图片阐述刀具选用、操作等方面的禁忌，并提供详细且可操作性强的预防和解决办法。此书涵盖车、钻、铣、镗、磨及螺纹加工等多种加工方式的刀具选择和应用禁忌，可为现场操作的工程师们提供防错经验和解决方法，大大提高生产制造效率。

本书首先以加工类型、加工材料、刀具构型、刀具材料及加工性能等为切入点，由刀具应用、工艺应用、加工对象以及其他禁忌为据，全面、详细地阐述了车削刀具（第1章）、钻削刀具（第2章）、铣削刀具（第3章）、镗削刀具（第4章）及螺纹刀具（第5章）、切断切槽刀具（第6章）可能会遇到的问题及解决方法，精细入微。其次，数说磨具（第7章）、数控刀具选用（第8章）、数控刀具装夹（第9章）应用中多方面禁忌及解决方式，最后介绍了数控刀具编程禁忌（第10章）。

为本书提供具体应用案例的有（按所在单位首字母排序）：常州宝菱重工机械有限公司张永洁，成都成林数控刀具股份有限公司王虹，重庆锑玛精密工具有限公司周攀科，锑玛（苏州）精密工具股份有限公司李振丰，东北工业集团东光奥威公司刘振利，福建工程学院叶陈新，广东鸿图科技股份有限公司徐国庆，贵州航天乌江机电设备有限责任公司张玉峰，哈尔滨飞机工业集团有限责任公司揣云冬、张胜文、张永岩，航天科工第四研究院红阳公司王华侨、吴国君，华东理工大学何云、雷学林，江铃汽车股份有限公司车桥厂华斌，庆安集团有限公司刘壮壮，山东浩信集团有限公司工艺研究院张世君，山东特种工业集团有限公司马兆明，山高刀具（上海）有限公司宋永辉，山西航天清华装备有限责任公司张志奇，上海汽车变速器有限公司周巍，神龙汽车有限公司朱海，泰安嘉和重工机械有限公司赵忠刚，西安鼎宣机电科技有限公司李玉兴，西安航空制动科技有限公司李创奇，浙江迪艾智控科技股份有限公司赵敏，郑州飞机装备有限责任公司范存辉、臧元甲，中车株洲电力机车有限公司常文卫、尹子文，中国航天科工第四研究院红林公司邹峰，重汽（济南）车桥有限公司刘胜勇，以及株洲九方装备股份有限公司岳众祥、邹毅，在此表示感谢。除编写委员会所列人员外，金属加工杂志社的李一帆、曹胜玉、张晓英及苟晓彤等人员为本书的成功出版也付出了辛勤的汗水，在此亦表示感谢。

编　者

2022 年 8 月

目　　录

第1章

车削刀具应用禁忌

1.1　刀具应用禁忌

1.1.1　不同外形特征轴类零件车削刀具应用禁忌

加工不同外形特征的轴类零件时应考虑零件特点、零件材料和机床参数等因素（见表 1-1），以确定最佳的加工方法和刀具解决方案。

表 1-1　加工轴类零件方案的参考因素

参考因素	零件特点	零件材料	机床参数
具体内容	分析待加工零件的尺寸和质量要求 1）工序类型（如纵向切削、仿形切削和端面切削） 2）粗加工、精加工 3）大型、稳定零件 4）小型、细长、薄壁零件 5）圆角半径 6）几何公差、表面质量	材料是否具有良好的切削性能，同时需考虑如下内容 1）所加工零件数量（单件加工或大批量加工） 2）零件的装夹方式 3）排屑是否顺畅	考虑稳定性、功率和转矩，特别是对于较大的零件需要考虑如下内容 1）切削液和切削液供给 2）对于长切屑材料是否需要高压切削液进行断屑 3）换刀时间以及刀塔中的刀具数量 4）最高转速限制，是否配置棒料进给器 5）是否有副主轴或尾座

在选择刀具时应根据加工形状、加工性质确定刀杆，根据刀杆的形状确定刀片的基本形状，再根据加工条件、材料特性和机床参数选择合适的刀片，具体应用禁忌见表 1-2。

表 1-2　不同外形特征轴类零件车削刀具应用禁忌

	禁忌内容	夹持方式和切屑形式	合理选择刀尖角避免零件过切	说　明
误	不良现象	a）长轴不稳定夹持 b）切屑缠绕 c）零件振动	a）仿形加工 r　过切 b）零件表面过切	如果主偏角、前角、刀尖角选择不当，则会产生切屑不宜控制缠绕，零件振动、过切现象，从而会影响零件质量以及刀具使用寿命，严重时会造成刀具损坏甚至零件报废

（续）

禁忌内容	夹持方式和切屑形式	合理选择刀尖角避免零件过切	说　明
正	可获得较高的表面质量，最佳的切屑控制 d）良好的表面质量 e）可控切屑	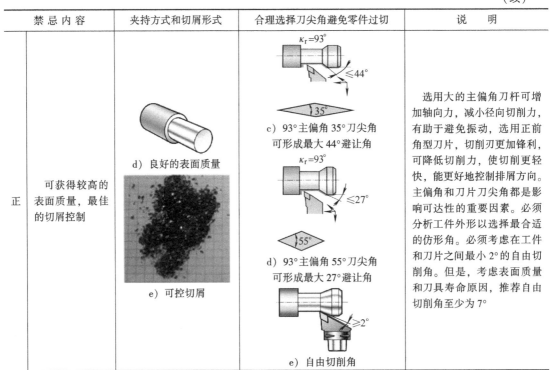 c）93°主偏角35°刀尖角可形成最大44°避让角 d）93°主偏角55°刀尖角可形成最大27°避让角 e）自由切削角	选用大的主偏角刀杆可增加轴向力，减小径向切削力，有助于避免振动，选用正前角型刀片，切削刃更加锋利，可降低切削力，使切削更轻快，能更好地控制排屑方向。主偏角和刀片刀尖角都是影响可达性的重要因素。必须分析工件外形以选择最合适的仿形角。必须考虑在工件和刀片之间最小2°的自由切削角。但是，考虑表面质量和刀具寿命原因，推荐自由切削角至少为7°

（范存辉）

1.1.2　不同几何精度车削刀片刀尖圆弧半径应用禁忌

刀片刀尖圆弧半径 R_E 在车削工序中是一个关键因素，刀尖圆弧半径的选择取决于：背吃刀量 a_p、进给量 f_n，并影响表面质量、断屑和刀片强度。小刀尖圆弧半径的刀片强度较低，适用于小吃刀量，可以减小切削振动；大刀尖圆弧半径刀片的切削刃强度较高，提高切削的径向力，适用于大吃刀量、大进给量。

在车削加工中，加工出来的工件表面质量直接受到刀尖圆弧半径和进给量组合的影响，刀尖圆弧半径越大，加工出来的工件表面粗糙度值越低，但可能会产生工件振动，加工出来的工件几何精度与刀尖圆弧半径与吃刀量有着直接关系，具体应用禁忌见表1-3。

表1-3　不同几何精度车削刀片刀尖圆弧半径应用禁忌

背吃刀量与刀尖圆弧半径的关系和切屑形式		说　明
误	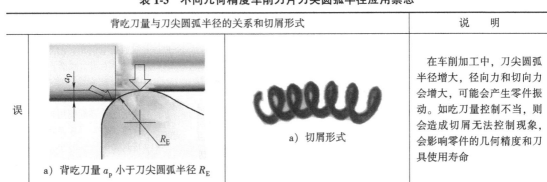 a）背吃刀量 a_p 小于刀尖圆弧半径 R_E　　a）切屑形式	在车削加工中，刀尖圆弧半径增大，径向力和切向力会增大，可能会产生零件振动。如吃刀量控制不当，则会造成切屑无法控制现象，会影响零件的几何精度和刀具使用寿命

（续）

背吃刀量与刀尖圆弧半径的关系和切屑形式		说　明
误	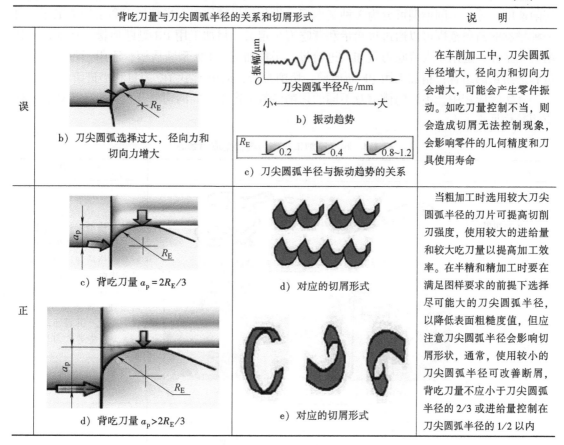 b）刀尖圆弧选择过大，径向力和切向力增大 　b）振动趋势 　c）刀尖圆弧半径与振动趋势的关系	在车削加工中，刀尖圆弧半径增大，径向力和切向力会增大，可能会产生零件振动。如吃刀量控制不当，则会造成切屑无法控制现象，会影响零件的几何精度和刀具使用寿命
正	c）背吃刀量 $a_p = 2R_E/3$　d）对应的切屑形式 d）背吃刀量 $a_p > 2R_E/3$　e）对应的切屑形式	当粗加工时选用较大刀尖圆弧半径的刀片可提高切削刃强度，使用较大的进给量和较大吃刀量以提高加工效率。在半精和精加工时要在满足图样要求的前提下选择尽可能大的刀尖圆弧半径，以降低表面粗糙度值，但应注意刀尖圆弧半径会影响切屑形状，通常，使用较小的刀尖圆弧半径可改善断屑，背吃刀量不应小于刀尖圆弧半径的2/3或进给量控制在刀尖圆弧半径的1/2以内

（范存辉）

1.1.3　粗、精加工车削刀具槽型应用禁忌

在切削过程中产生的热量大部分会被切屑带走，剩余热量由工件保留下来，如果不能适当分散，会导致刀具磨损快、粘连切屑、积屑瘤等现象，加工中产生的热量也会改变合金的微结构，会产生残余应力，减少部件的疲劳寿命。因此，在加工中需选用合适的断屑槽槽型，以生成有韧性、连续可控的切屑。切屑控制是车削中的一个关键因素，有以下 3 种主要的断屑方式（见图 1-1）。

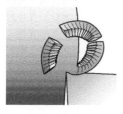
a) 自断屑

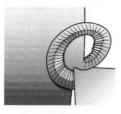
b) 撞击刀具断屑

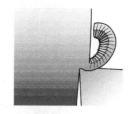
c) 撞击工件断屑

图 1-1　主要断屑方式

影响断屑的因素有刀片槽型、刀尖圆弧半径 R_E、主偏角 κ_r、背吃刀量 a_p、进给量 f_n 和切削速度 v_c 等。车削槽型可分为 3 种基本型，优化用于精加工、半精加工和粗加工工序，每一种槽型的断屑范围可以通过进给量和背吃刀量定义。粗加工用 PR 型断屑槽，保证最高切削刃安全性，适用于大背吃刀量和大进给量；半精加工用 PM 型断屑槽，适用于各种背吃刀量和进给量的组合；精加工用 PF 断屑槽，切削力低，适用于小背吃刀量和小进给量。

在实际应用中，不同的槽型及不同的切削参数会产生不同的切屑及刀具失效形式，具体应用禁忌见表 1-4。

表 1-4　粗、精加工车削刀具槽型应用禁忌

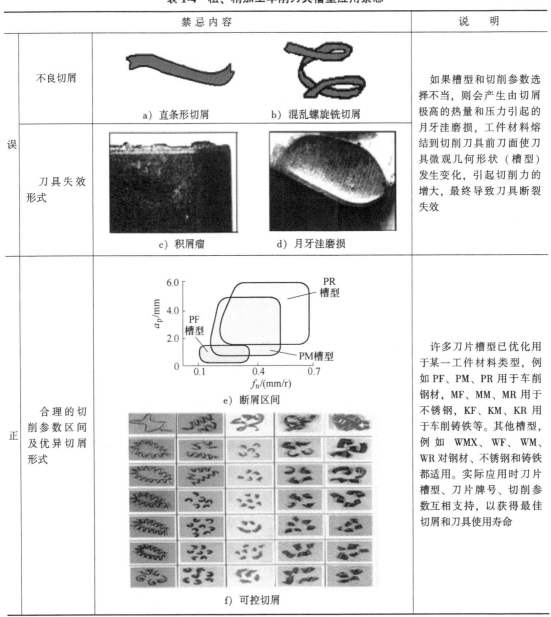

禁忌内容		说　明
误	不良切屑 a) 直条形切屑　　b) 混乱螺旋铣切屑 刀具失效形式 c) 积屑瘤　　d) 月牙洼磨损	如果槽型和切削参数选择不当，则会产生由切屑极高的热量和压力引起的月牙洼磨损，工件材料熔结到切削刀具前刀面使刀具微观几何形状（槽型）发生变化，引起切削力的增大，最终导致刀具断裂失效
正	合理的切削参数区间及优异切屑形式 e) 断屑区间 f) 可控切屑	许多刀片槽型已优化用于某一工件材料类型，例如 PF、PM、PR 用于车削钢材，MF、MM、MR 用于不锈钢，KF、KM、KR 用于车削铸铁等。其他槽型，例如 WMX、WF、WM、WR 对钢材、不锈钢和铸铁都适用。实际应用时刀片槽型、刀片牌号、切削参数互相支持，以获得最佳切屑和刀具使用寿命

（范存辉）

1.1.4 数控车削外螺纹刀具应用禁忌

外螺纹车削的关键因素有：进给量必须等于螺距，选择适当的螺纹切削走刀次数和吃刀量，获得理想的切屑形状以避免切屑缠绕工件；当刀具悬伸长时要避免振动，正确对刀和获得正确的中心高。在选用刀具时应确定：①螺纹的直径、螺距、牙型、右手或左手。②刀片的类型及槽型：刀片类型有全牙型刀片、V 形刀片和多刃刀片，槽型有 A 槽型、F 槽型和 C 槽型。③进给方式：径向进给、侧向进给和交替式进给（见图 1-2）。

 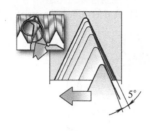 

a) 径向进给　　　　　　　b) 侧向进给　　　　　　c) 交替式进给

图 1-2　进给方式

用现代化的切削刀具加工螺纹是一种有效和可靠的加工工艺。当正确使用时，能够加工出高质量的螺纹，但如果刀具使用不当则会造成切屑缠绕、工件产生振动等现象，严重的会导致工件及刀具损坏和生产加工时间损失。在使用过程中的具体禁忌见表 1-5。

表 1-5　数控车削外螺纹刀具应用禁忌

禁　忌　内　容	说　　明
误 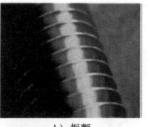 a）齿形破损　　　　　b）振颤  c）径向进给方式产生切屑　　d）刀具破损失效	当加工粗牙螺纹时，进刀方式及刀具槽型选择不当会有振动的危险和较差的切屑控制，甚至会造成刀具损坏

（续）

禁忌内容	说明
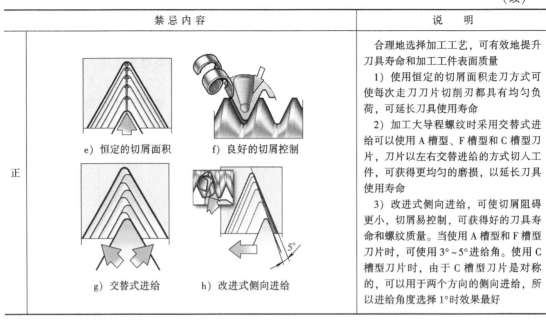 e）恒定的切屑面积　　f）良好的切屑控制 g）交替式进给　　h）改进式侧向进给 正	合理地选择加工工艺，可有效地提升刀具寿命和加工工件表面质量 　1）使用恒定的切屑面积走刀方式可使每次走刀刀片切削刃都具有均匀负荷，可延长刀具使用寿命 　2）加工大导程螺纹时采用交替式进给可以使用 A 槽型、F 槽型和 C 槽型刀片，刀片以左右交替进给的方式切入工件，可获得更均匀的磨损，以延长刀具使用寿命 　3）改进式侧向进给，可使切屑阻碍更小，切屑易控制，可获得好的刀具寿命和螺纹质量。当使用 A 槽型和 F 槽型刀片时，可使用 3°~5°进给角。使用 C 槽型刀片时，由于 C 槽型刀片是对称的，可以用于两个方向的侧向进给，所以进给角度选择 1°时效果最好

（范存辉）

1.1.5　数控车削内螺纹刀具应用禁忌

内螺纹加工的关键因素类似于外螺纹加工，但是顺畅排屑更加重要，需要考虑的重要因素还有刀杆类型、冷却、加工间隙及悬长等。具体细则如下。

1）车削方法。根据螺纹旋向、左右手刀片而定（见表 1-6）。

表 1-6　车削方法示意

	右旋内螺纹		左旋内螺纹	
图示	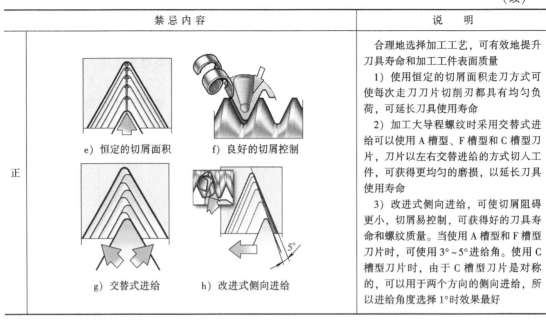			
刀具	右手镗杆和刀片	左手镗杆和刀片	左手镗杆和刀片	右手镗杆和刀片
旋转方向	逆时针（右转）	顺时针（左转）	顺时针（左转）	逆时针（右转）
进给方向	向卡盘方向	离开卡盘方向	向卡盘方向	离开卡盘方向
螺旋角	标准	逆向	标准	逆向

2）刀具悬伸（最大值）。钢制刀杆大约 2.5 D_{MM}（D_{MM} 为刀具直径），硬质合金刀杆大约 3.5 D_{MM}，减振刀杆大约 5 D_{MM}。

3）使用内部切削液供给（见图1-3），以得到最佳排屑效果以改善螺纹质量。

内螺纹切削过程中，刀片必须和螺旋角垂直，尽可能使用改进侧面进刀和交替侧面进刀方式，选择合适的刀垫使有效前角与有效间隙角对称，可优化加工表面，并最大限度地延长刀具使用寿命。具体应用禁忌见表1-7。

图 1-3　刀具内冷结构示意

表 1-7　数控车削内螺纹刀具应用禁忌

刀具磨损及切削效果	说　明
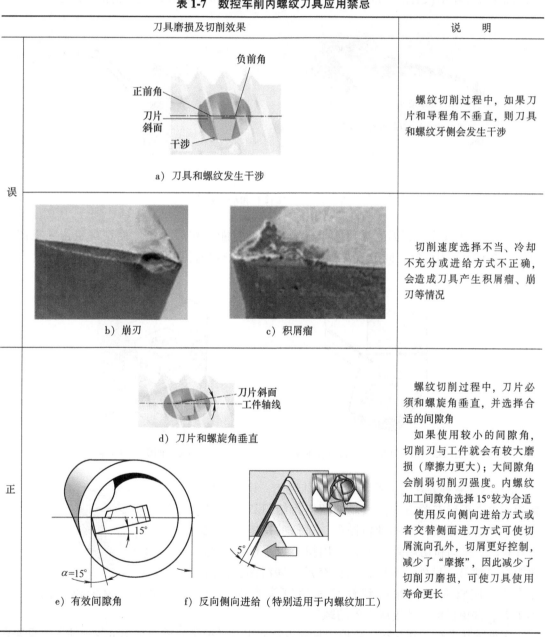 误	螺纹切削过程中，如果刀片和导程角不垂直，则刀具和螺纹牙侧会发生干涉 切削速度选择不当、冷却不充分或进给方式不正确，会造成刀具产生积屑瘤、崩刃等情况 螺纹切削过程中，刀片必须和螺旋角垂直，并选择合适的间隙角 如果使用较小的间隙角，切削刃与工件就会有较大磨损（摩擦力更大）；大间隙角会削弱切削刃强度。内螺纹加工间隙角选择15°较为合适 使用反向侧向进给方式或者交替侧面进刀方式可使切屑流向孔外，切削更好控制，减少了"摩擦"，因此减少了切削刃磨损，可使刀具使用寿命更长

（范存辉）

7

1.1.6 数控外圆车削刀具应用及维护禁忌

数控刀具是机械加工的重要组成部分，对数控刀具进行良好的维护可以延长刀具使用寿命，能减少机床的停机时间，比坏了再修理可节省更多人力和财力，在车间对刀具执行例行保养可预防出现问题和节省资金。维护细则如下。

1）检查刀片座（见图1-4），确保刀片座在加工或处理过程中没有受到损坏。清洁刀片座，确保刀片座中没有灰尘或加工产生的碎屑。如有必要，用压缩空气清洁刀片座。

a) 检查

b) 清洁

图1-4 刀片座检查和清洁示意

2）查看刀片座是否因磨损而使尺寸过大，刀片能否在刀片座侧面正确定位（见图1-5）。用0.02mm刀垫检查间隙（见图1-6）。用塞尺检查是否有小间隙。

图1-5 刀片座侧定位面检查示意

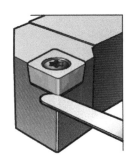

图1-6 间隙检查示意

3）为使各种刀片夹紧系统达到最佳性能，建议使用扭矩扳手来正确夹紧刀片。过高的扭矩将给刀具性能带来不利影响并导致刀片和螺钉断裂；过低的扭矩将导致刀片移动、振动和切削效果变差，用扭矩扳手以正确的扭矩拧紧螺钉。另外，给螺钉涂抹充足的润滑油，以防止卡滞。应将润滑油涂抹到螺纹和螺钉头表面（见图1-7），并更换磨损严重或失效的螺钉。

图1-7 润滑油涂抹示意

工欲善其事必先利其器，数控刀具的日常使用及维护是数控加工不可忽视的一个重要环节，具体应用及维护禁忌见表1-8。

表 1-8　数控外圆车削刀具应用及维护禁忌

刀具使用情况	说　明
 误 a）刀垫破损 　　b）错误的使用方式  c）压紧力不正确 　　d）刀片破损	继续使用损坏的刀垫和刀体会使刀片失去支承，严重影响刀具使用寿命。过大或者过小的刀片压紧力会使刀片产生移动、振动和切削效果变差，严重时会导致刀片和螺钉断裂
 正 锁紧螺钉　　二硫化钼 配套的扳手 e）完整的刀垫及刀片 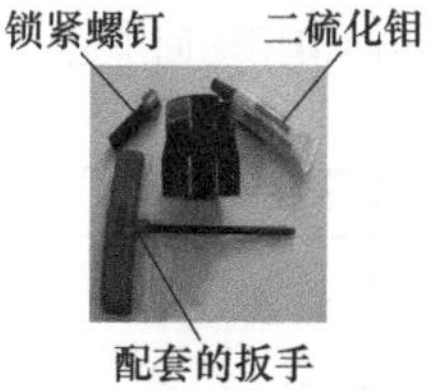　　f）配套的刀具扳手及锁紧螺钉  g）扭矩螺丝刀	在切削区域刀垫圆角不应崩裂，刀垫不能有破损。使用配套的扭矩扳手可延长刀片、螺钉和扳手的使用寿命，也可以避免螺钉因被拧得过紧而取不出来。在螺钉头和螺纹处涂抹二硫化钼润滑油以保证螺钉充足润滑，防止螺钉咬死。刀具使用完要擦拭干净，涂抹防锈油后放入刀具盒，谨防刀具生锈

（范存辉）

1.1.7　球面心盘车削刀具系统应用禁忌

球面心盘是铁路车辆和冶金车辆的重要承载部件之一，是车辆运行中整个转向架的回转中心。欧洲焊接构架式 Y25Lsd1 型转向架用球面下心盘（见图 1-8）的材质为 E300-520-MSC2，内凹球面和外锥面的加工多在卧式数控车床上分 2 个工步完成车削任务。

1. 刀具选择

（1）问题　由于球面下心盘的材质、形状及其加工工序复杂，因此刀具的选用成为难点。

（2）解决办法　立足于使用最少数量的刀具获得最佳表面质量与加工精度（尤其是凹球面的成形），推荐选择机夹可转位刀具（见表 1-9），以满足球面下心盘在卧式数控车床上进行精车削加工的要求。

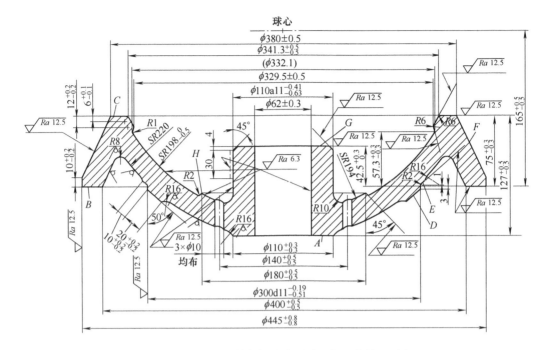

图 1-8 Y25Lsd1 型转向架用球面下心盘（成品）示意

表 1-9 球面下心盘精车加工用机夹可转位刀具

刀具编号	刀杆规格	刀片规格	加工部位	加工工序
01 号 93°左偏刀	SVJBL3225 P16	VBMT160408-PM4225	SR194 球面、$\phi110_{-0.63}^{-0.41}$ 圆柱面与端面 G	精车削 SR194 和 SR198 的凹球面及端面 G
03 号 117.5° 右偏刀	DVONR3225 P16	VNMG160408-PM4225	$SR198_{-0.5}^{0}$ 球面与 $\phi341.3_{-0.5}^{+0.5}$ 内盘口	
04 号 95°右偏刀	DSSNR3232 P15	SNMG150612-PM4225	凹面的端面 C 与外锥面 F	精车削凹面的端面 C 与外锥面 F
02 号 95°左偏刀	DCLNL3232 P16	CNMG160612-PM4225	端面 A、B 与斜面 D、E	精车削凸面

2. 刀杆接长杆设计

（1）问题 受卧式数控车床上四方刀塔形状的限制，以及加工时不得存在任何与球面下心盘的干涉。

（2）解决办法 所选车刀杆不可直接安装使用，必须为每把刀具配置 1 件刀杆接长杆（见图 1-9）。刀杆接长杆的技术要求为：采用 45 钢材料，锐角倒钝 1.2mm×45°，表面粗糙度值 Ra 全部为 3.2μm，淬火 42~48 HRC 并发蓝处理。

3. 精加工

（1）问题 精车刀布置。如果车刀杆与刀杆的悬伸量太大，便会引发振动而降低刀具的最大稳定性。

（2）解决办法 加工球面下心盘时，操作人员先分别用 4 条 M16×80mm 的 C 级六角头螺栓将对应车刀的刀杆接长杆安装在相应的四方刀塔上，再分别用 3~4 条 M12×45mm 内六角圆柱头螺钉将对应的车刀杆按图 1-10 所示角度紧固在各自的刀杆接长杆上。

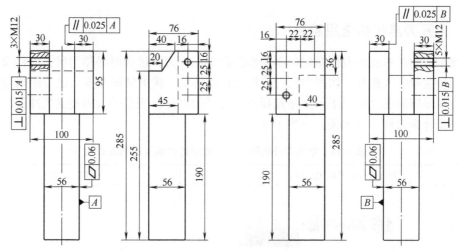

图 1-9　用于卧式数控车床四方刀塔的刀杆接长杆

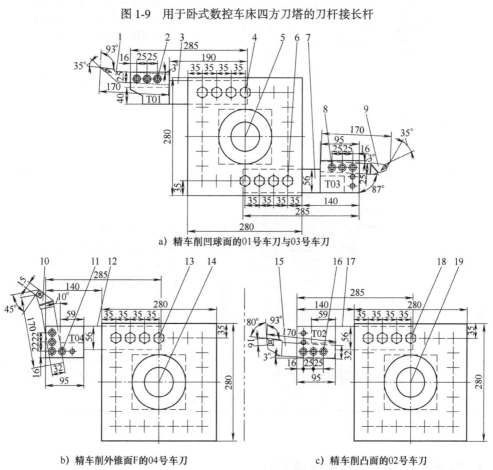

a) 精车削凹球面的01号车刀与03号车刀

b) 精车削外锥面F的04号车刀　　　　c) 精车削凸面的02号车刀

图 1-10　球面下心盘凹凸面精车刀布置

1—01 号 93°左偏车刀　2、8、11、16—内六角圆柱头螺钉　3—01 号车刀接长杆　4、6、13、18—C 级六角头螺栓
5、14、19—四方刀塔　7—03 号车刀接长杆　9—03 号 117.5°右偏车刀　10—04 号 95°右偏车刀　12—04 号车刀接长杆
15—02 号 95°左偏车刀　17—02 号车刀接长杆

（刘胜勇）

11

1.1.8 内孔刀具规格选用禁忌

内圆车削的基本应用范围是纵向车削和仿形车削。刀具选择时必须明确孔内径及刀杆直径 D_{MM}，其他考虑因素有：切削内径、刀杆直径和形状、排屑情况及安全退刀距离等。在加工不干涉及排屑流畅的情况下，尽量选择较大直径的刀杆；当悬伸及刀径发生冲突时，使用减振刀杆及合金刀杆。具体说明见表1-10。

表1-10 常见刀杆直径与加工内径的关系及应用禁忌

刀杆悬伸长度应用及禁忌			说　明
安装错误			1) 超出悬伸范围会增加振动的趋势 2) 使用修光刃刀片严控刀杆悬伸长度 3) 如果振动，则需要缩短悬伸或使用较小刀尖圆弧半径 R_E 4) 如果振动，则减慢切削速度，加快进刀速度，增加切削背吃刀量 5) 选用更高级刀杆
	刀杆材质	悬伸 L_F 禁忌	
	钢制	$L_F > 4D_{MM}$	
	硬质合金	$L_F > 6D_{MM}$	
	短减振	$L_F > 7D_{MM}$	
	长减振	$L_F > 10D_{MM}$	
	硬质合金减振	$L_F > 14D_{MM}$	
	装夹禁忌	$L_F < 4D_{MM}$	
正确安装			1) 钢制刀杆：$L_F \leq 4D_{MM}$ 2) 硬质合金刀杆：$L_F \leq 6D_{MM}$ 3) 短减振刀杆：$L_F \leq 7D_{MM}$ 4) 长减振刀杆：$L_F \leq 10D_{MM}$ 5) 硬质合金加强减振刀杆：$L_F \leq 14D_{MM}$
			1) 刀杆夹紧部分：$L \geq 4D_{MM}$ 2) 夹紧要贴实、牢固

（张世君）

1.1.9 刀片角度与加工状态选用禁忌

刀片角度是刀片形状的分解，刀片有顶角、前角、后角、主偏角、副偏角、刀尖圆弧半径、中心高、断屑槽及刃口修磨等要素；加工状态分为：重加工H、粗加工R、中加工M、轻加工S及精加工F等状态。对刀具形状的认识是刀具选用的基础，是提高工件加工质量、提高生产效率及降低切削刀具成本的关键。

刀片的顶角、前角和后角的选用禁忌见表 1-11、表 1-12。

表 1-11　刀片顶角的选用禁忌

	刀片顶角选用禁忌		说　明
误	重切削（H/R）	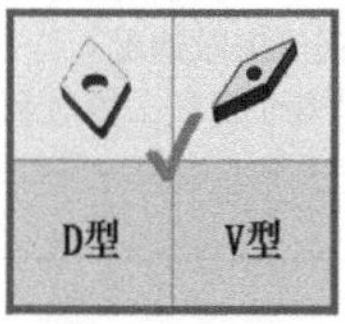	切削力较大或断续切削时，冲击力大，使用轻型的刀片会导致崩刃、断裂；严重时发生刀片崩碎、刀杆磨损而撞机
	轻切削（S/F）	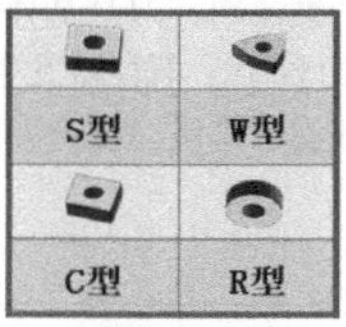	切削力较小或连续切削时，抗力较小，使用顶角过大的刀片容易发生颤刀、排屑不畅及切削热过大的情况；特别是加工薄壁零件或细长杆时更要避免选用
正	重切削（H/R）	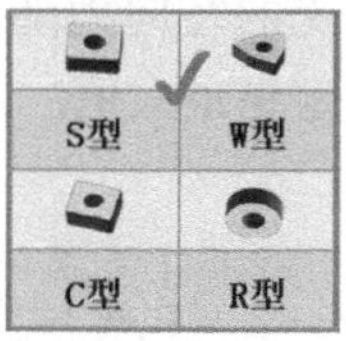	重型或粗加工切削力较大或断续切削时，冲击力大，使用顶角>60°形状的刀片耐冲击、耐高温、耐磨损且加工寿命较长
	轻切削（S/F）	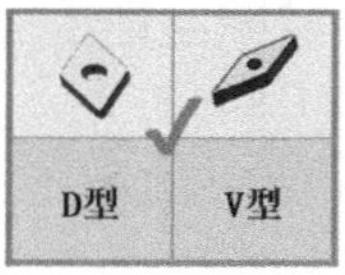	轻型切削力较小或连续切削时，抗力较小，使用顶角<55°形状的刀片切削力小，不容易颤刀，更有利于排屑和散热等

表 1-12　刀片前角、后角选用及禁忌

	前角/后角选用及禁忌		说　明
误	重切削（H/R）	大前角/大后角 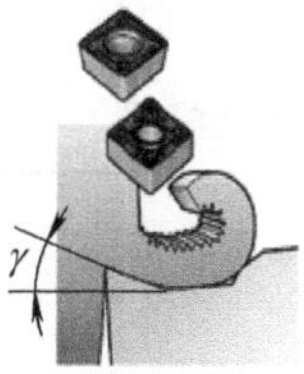	1）刚性不足 2）容易发生崩刃断裂、振动扎刀情况
	轻切削（S/F）	负前角/小后角 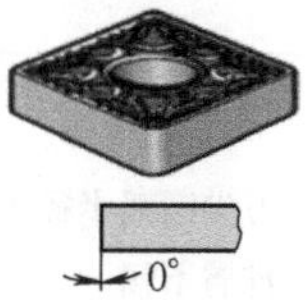	1）负前角抗力过大容易发生颤刀 2）不利于薄壁零件的加工及消除颤刀，更容易因颤振而磨损刀片后表面

（续）

前角/后角选用及禁忌			说　明
正	重切削（H/R）	负前角/小后角	1）基体大、厚实，更有利于刚性切削，不容易发生崩刃、断裂、磨损等失效情况 2）刀具寿命更长，更有利于稳定切削
	轻切削（S/F）	大前角/大后角	1）刀具更锋利，刀具基体更瘦小，有利于排屑，切削面积小、抗力较小，不容易发生颤刀 2）更有益于排屑，更有益于终加工表面

当背吃刀量 a_p 小于刀尖圆弧半径 R_E 时，工件承受的径向力随着背吃刀量加大而增加。而当背吃刀量等于或大于刀尖圆弧半径时，径向力稳定在最大值。刀尖圆弧半径对刀尖的强度及加工表面粗糙度影响很大，一般是根据刀尖圆弧半径 R_E 来设定进给量。

开粗时，背吃刀量 a_p 应不小于刀尖圆弧半径 R_E，即 $a_p \geq R_E$。表面粗糙度值与进给量 f_n 及刀尖圆弧半径 R_E 的关系如下： $Ra = 1000f_n^2/(8R_E)$，可知：刀尖圆弧半径 R_E 与表面粗糙度值 Ra 成反比，理论上刀尖圆弧半径 R_E 越大，表面粗糙度值越小（优良）。

此外，刀尖圆弧半径 R_E 与进给力 F_r 及背吃刀量 a_p 的关系如图 1-11 所示。刀尖圆弧半径 R_E 选用禁忌见表 1-13，刀具断屑槽选用禁忌见表 1-14 和表 1-15，刀具刃口修磨选用禁忌见表 1-16。

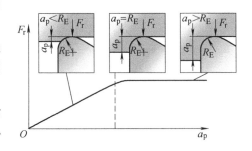

图 1-11　刀尖圆弧半径 R_E 与进给力 F_r 及背吃刀量 a_p 的关系

表 1-13　刀尖圆弧半径 R_E 选用禁忌

刀尖圆弧半径 R_E 选用及禁忌			说　明
误	重切削或开粗时选取了较小的刀尖圆弧半径 R_E		刀尖圆弧半径 R_E 过小，显然不耐冲击和磨损，容易崩刃、破损
	轻切削或精加工选取了较大的刀尖圆弧半径 R_E		1）刀尖圆弧半径 R_E 较大，容易颤刀 2）排屑不畅

（续）

刀尖圆弧半径 R_ε 选用及禁忌		说　　明
正	重切削或开粗时选取了较大的刀尖圆弧半径 R_ε	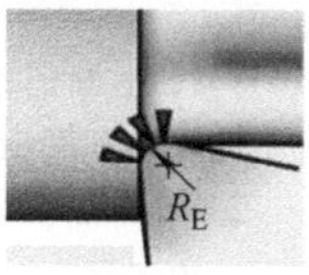 1）刀尖圆弧半径 R_ε 较大，抗力矩性好，耐冲击，耐磨损，耐过热，刀具寿命长久 2）可以提高进给率，更有益于稳定切削
	轻切削或精加工选取了较小的刀尖圆弧半径 R_ε	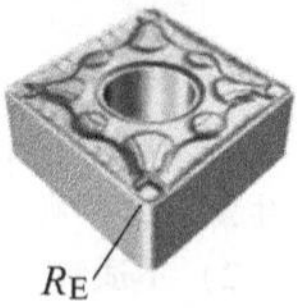 1）刀尖圆弧半径 R_ε 较小，切削抗力较小，更有益于薄壁工件和切削力较小的零件 2）排屑顺畅，加工热量较小

表 1-14　刀具断屑槽选用禁忌（一）

工件材质	图 示 说 明		
	精加工（S/F）	半精加工（M）	重加工开粗（H/R）
正	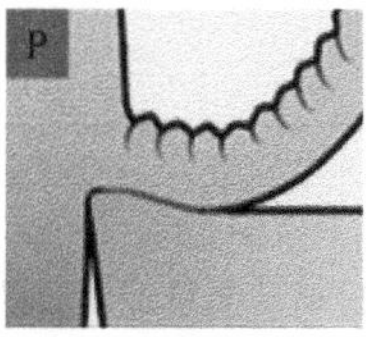 P 钢件	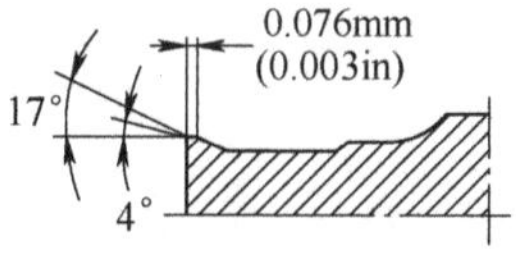 17° 4° 0.076mm (0.003in)	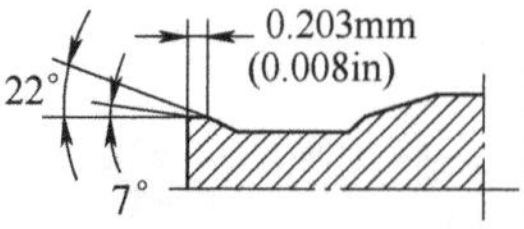 22° 7° 0.203mm (0.008in)	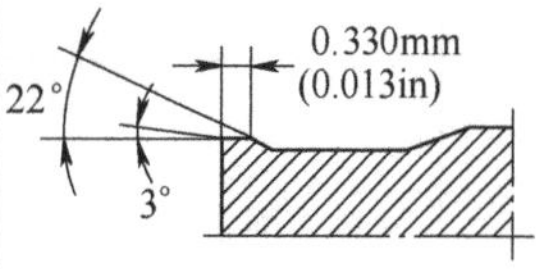 22° 3° 0.330mm (0.013in)
	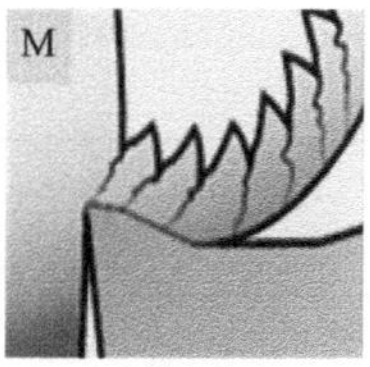 M 不锈钢	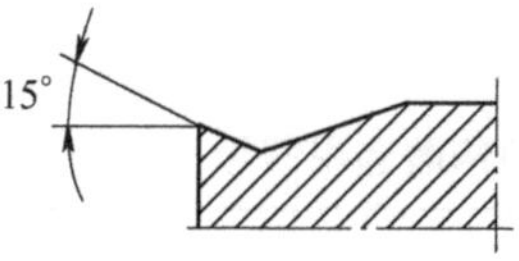 15° 0.305mm (0.012in)	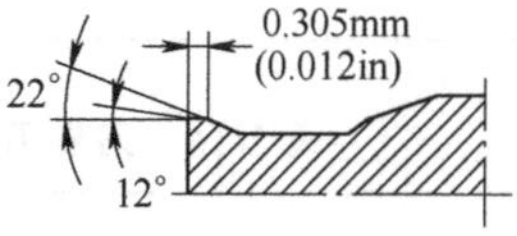 22° 12° 0.305mm (0.012in)	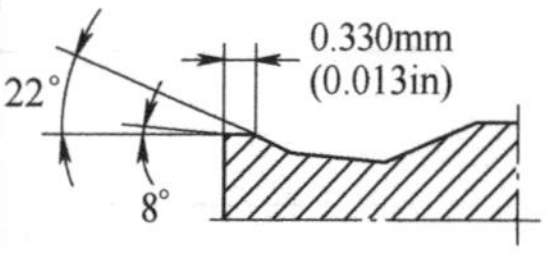 22° 8° 0.330mm (0.013in)
	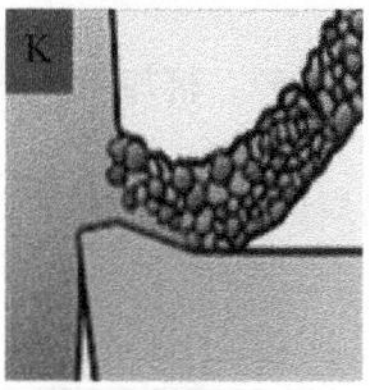 K 铸铁	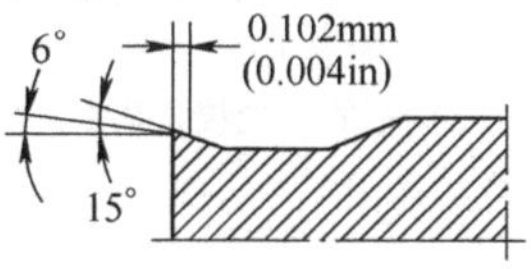 6° 15° 0.102mm (0.004in)	2° 15° 0.254mm (0.010in)	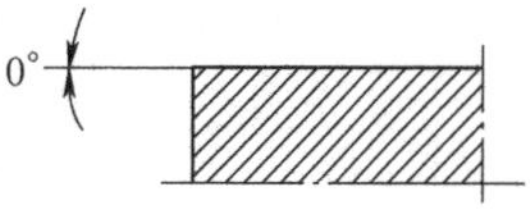 0°
	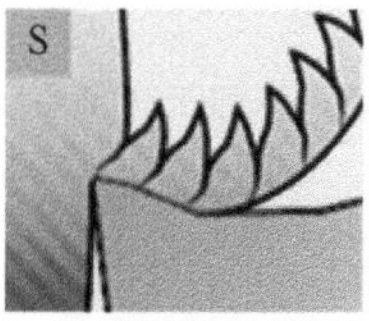 S 有色金属	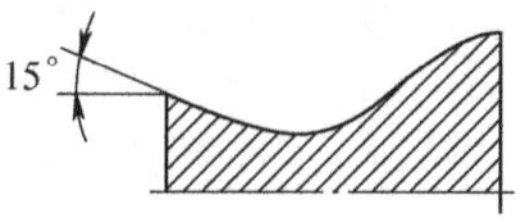 15°	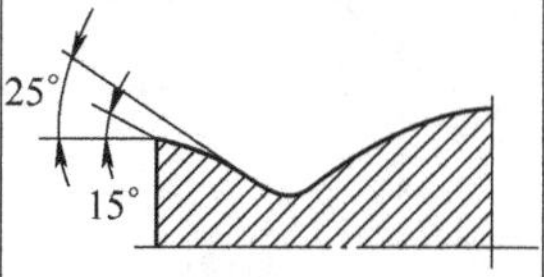 25° 15°	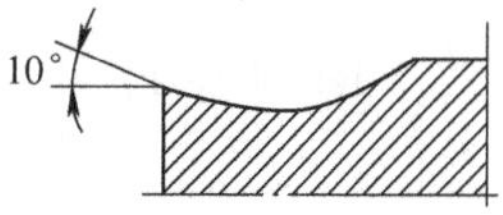 10°

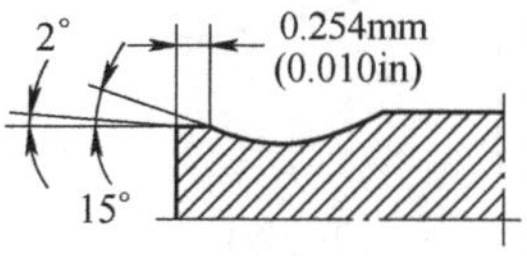

注：1in = 0.0254m。

表 1-15　刀具断屑槽选用禁忌（二）

	刀具断屑槽选用及禁忌		说　明
误	重切削选用了（S/F）轻型/精加工的断屑槽	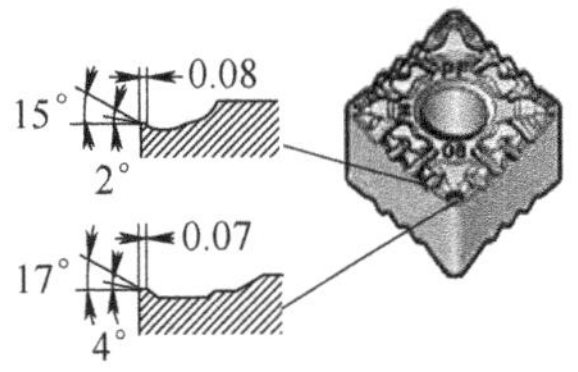 15°　0.08　2°　17°　0.07　4°	1）S/F 断屑槽是为轻型、精加工而制造，显然更不耐冲击和磨损 2）不能承受较大热量，容易崩刃、破损
	轻切削选用了 H/R 重型/粗加工断屑槽	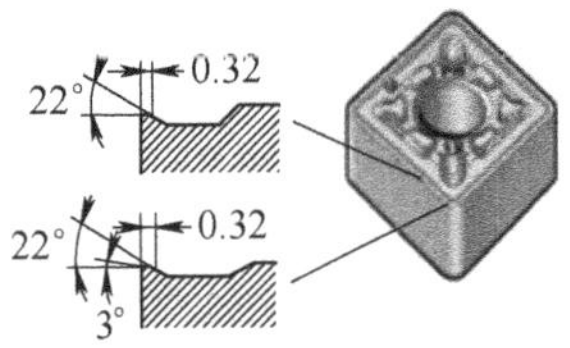 22°　0.32　22°　0.32　3°	1）H/R 断屑槽是为重、粗加工而制造的，容易发生颤刀，不利于排屑，抗力较大 2）不适宜薄壁零件、长轴加工及精加工
正	重切削需要选用（H/R）重/粗加工断屑槽	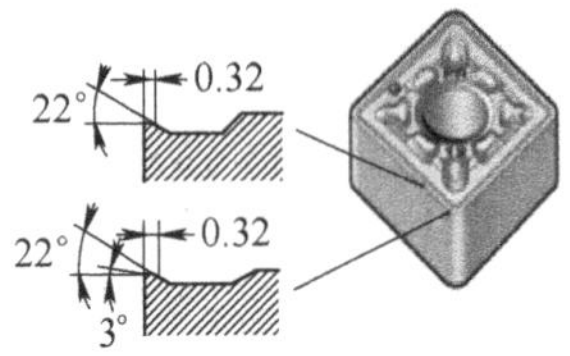 22°　0.32　22°　0.32　3°	1）H/R 断屑槽是为重、粗加工而制造，更有利于耐冲击、耐剥离、耐高温和耐破损 2）可以较大地去除余量
	轻切削需要选用（S/F）轻型/精加工断屑槽	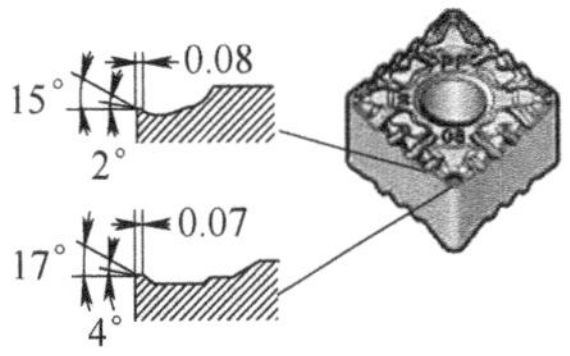 15°　0.08　2°　17°　0.07　4°	1）S/F 断屑槽是为轻、精加工而制造，切削抗力较小，更有益于薄壁零件加工 2）轻/精加工零件，排屑顺畅，加工热量较小

表 1-16　刀具刃口修磨选用禁忌

	刃口修磨选用禁忌	说　明
误	重切削（H/R） 不修磨或修磨棱边宽度较小 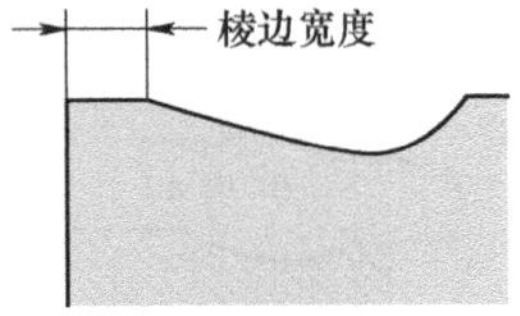 棱边宽度 （平边棱）	1）刃口不修磨或小修磨适用于轻、精加工，不耐冲击，不耐磨损 2）不能承受较大热量，容易崩刃、破损
	轻切削（S/F） 切削刃修磨宽度较大 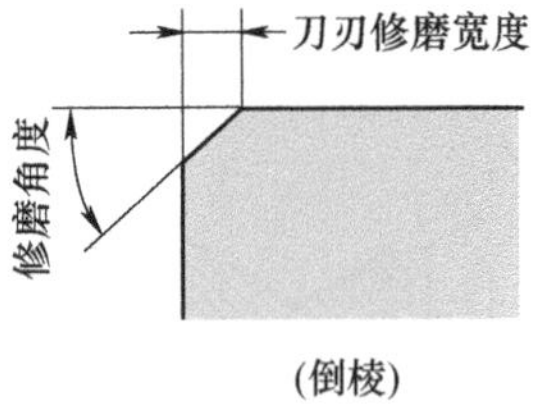 刀刃修磨宽度 修磨角度 （倒棱）	1）较大的修磨刃口适用于重、粗加工，容易发生颤刀，不利于排屑，抗力较大 2）不适宜薄壁零件、长轴加工及精加工

（续）

刃口修磨选用禁忌			说 明
正	重切削（H/R）	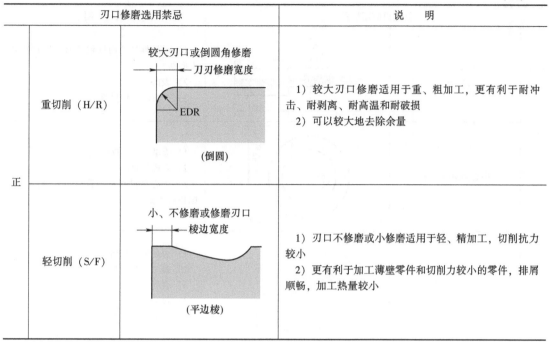 较大刃口或倒圆角修磨 刀刃修磨宽度 EDR （倒圆）	1）较大刃口修磨适用于重、粗加工，更有利于耐冲击、耐剥离、耐高温和耐破损 2）可以较大地去除余量
	轻切削（S/F）	 小、不修磨或修磨刃口 棱边宽度 （平边棱）	1）刃口不修磨或小修磨适用于轻、精加工，切削抗力较小 2）更有利于加工薄壁零件和切削力较小的零件，排屑顺畅，加工热量较小

（张世君）

1.1.10 Wiper 修光刃刀片应用禁忌

在刀尖圆弧半径与直线刃的接合部设有修光刃（精加工刃、挤压刃）。修光刃（见图 1-12）有两种：圆弧形和直线形。

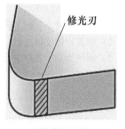
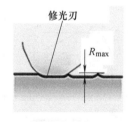
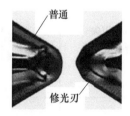

a）修光刃示意　　　　b）修光刃切入示意　　　c）普通刀具与修光刃刀具对比

图 1-12　修光刃示意

使用修光刃刀片的优点是可改善加工表面的表面质量，即加工条件不变，使用修光刃刀片，即使进给量提高也能改善加工工件表面的表面质量，提高加工效率。提高进给量不仅能缩短加工时间，同时还能将粗加工与精加工两道工序合并成一个工序，从而提高生产率。延长刀具寿命和增加进给量，将缩短加工一个工件的时间，因此每个刃角加工的工件数量增加。

修光刃应用禁忌见表 1-17。

表 1-17 修光刃应用禁忌

修光刃应用禁忌			说　明
误	钢杆悬伸过长 （$L_F > 3D_{MM}$）	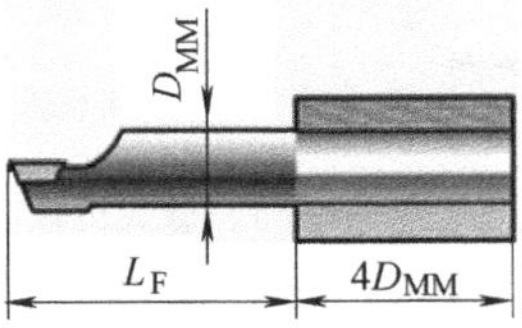	1）因悬伸过长而导致颤刀是失效的最大问题 2）表面不良 3）严重时工件报废
	中心高>0.05mm	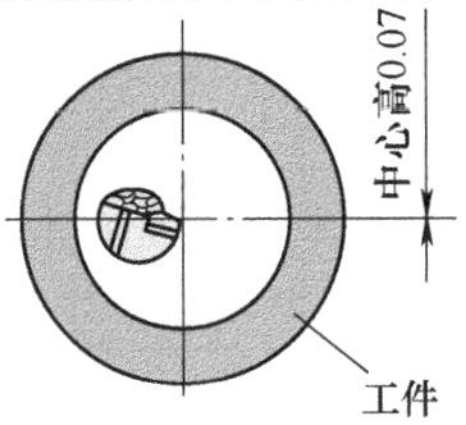	1）修磨刃口不能修光 2）表面质量不良 3）中心高过高会导致后角磨损，过低则积屑严重
	进给量f_n过低 （$f_n < R_E/2$）	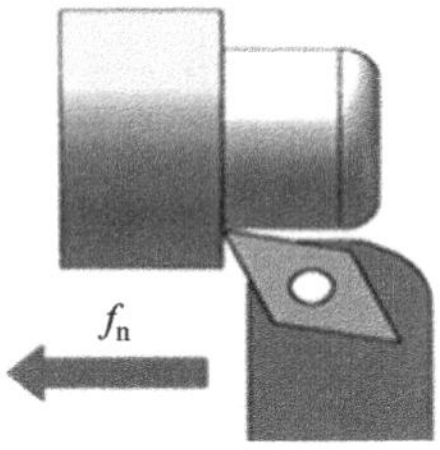	1）容易发生积屑 2）颤刀趋势增加 3）表面振动 4）效率降低 5）修光刃磨损严重 6）刀具寿命缩短
	刀尖圆弧半径 R_E过大（$R_E \geqslant 1.2a_p$）	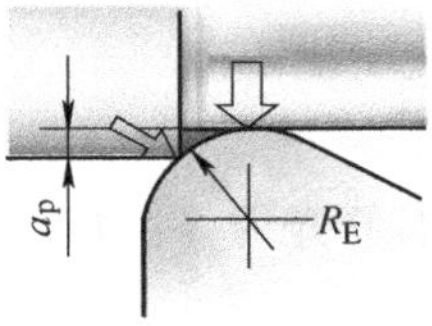	1）导致抗力增加 2）排屑困难，更容易发生积屑瘤 3）增加颤动趋势
	吃刀量a_p<刀尖 圆弧半径R_E	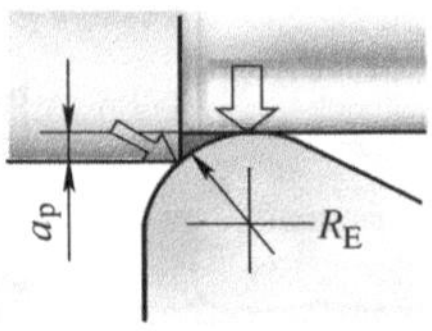	1）吃刀量过小，起不到修光的作用 2）表面粗糙度值过大 3）表现为加工表面发毛
正	悬伸合理控制 $L_F \leqslant 3D_{MM}$	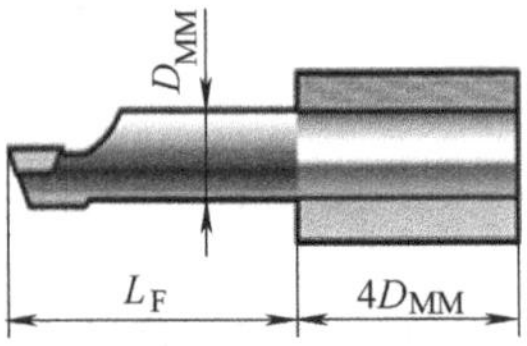	1）降低振动趋势 2）提升表面质量 3）延长刀具寿命
	中心高为-0.05~+0.05mm	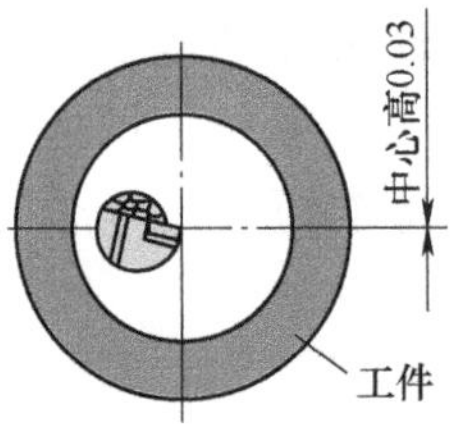	1）修光刃受力最小 2）修光效果最佳 3）表面粗糙度值最低 4）刀具寿命最长

（续）

修光刃应用禁忌		说　　明
正	进给量控制 $f_n = (2/3 \sim 1) R_E$	1) 消除振动趋势 2) 表面质量得到保证 3) 切削效率得到保证 4) 刀具寿命得到保证
	刀尖圆弧半径 $R_E = （2/3 \sim 1） a_p$	1) 排屑得到保证 2) 表面质量得到保证 3) 刀具寿命得到保证 4) 修光效果得到保证
	吃刀量 $a_p = （1 \sim 1.2） R_E$	1) 排屑得到保证 2) 降低振动趋势 3) 表面质量得到保证 4) 刀具寿命得到保证 5) 修光效果得到保证

（张世君）

1.1.11　车削薄壁零部件刀具应用禁忌

薄壁件没有确切定义，壁厚相对于长度或直径比较薄，壁厚一般 3~5mm，可分为不规则薄壁件和规则薄壁件。影响薄壁零件加工的因素有：受力变形、弹性变形量大、自激振动、受热变形及刀具破损等。

加工薄壁零件的措施如下：

1) 增加产品工件刚性，规则工件采取的检具方案有芯轴、可胀芯轴、全包爪、赛钢卡爪和包爪等工装。

2) 消除工件自激振动，可用异型工件增加支撑面积等办法。可用材料有橡胶、聚氨酯材料、石膏和石蜡等。

3) 利用德国 MATRIX 矩阵夹持技术中液压驱动多根圆柱体夹持技术，可以夹持异型面或曲面。

以图 1-13 所示薄壁零件为例，进行分析。此规则薄壁零件内孔直径 580mm±0.10mm，外圆直径 600mm±0.10mm，长度 260mm；外圆对内孔轴线的径向圆跳动要求 0.05mm。毛坯材质：航空铝材，单边加工余量 3mm。

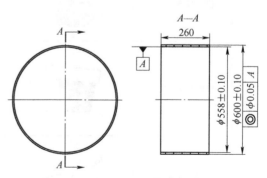

图 1-13　薄壁零件（规则薄壁零件）

工艺流程如下：先立车加工外圆，然后以外圆为基准夹紧加工内孔，保证同轴度 0.05mm。薄壁零件工装装夹如图 1-14 所示。工艺选择刀具清单见表 1-18。

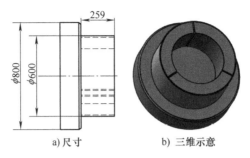

a) 尺寸   b) 三维示意

图 1-14　薄壁零件工装装夹示意

表 1-18　薄壁零件切削刀具清单

编号	ODR-25-T1	ODF-25-T3
刀杆	SVJBR 2525M 16	SVJBR 2525M 16
刀片	VCMT160408	VCMT160404
图示		
v_c/(m/min)	300~400	350~500
a_p/mm	1.0~2.0	0.3~0.5
f_n/(mm/r)	0.20~0.25	0.20~0.25
冷却方式	湿式（建议采用高压乳化液）	

薄壁零件（细长轴）切削刀具应用禁忌见表 1-19。

表 1-19　薄壁零件（细长轴）切削刀具应用禁忌

	薄壁零件（细长轴）切削刀具应用禁忌		说　明
误	顶角较大刀片		1) 阻力较大，接触面积增加，抗力增加，容易颤动 2) 排屑空间较小，不利于排屑 3) 不推荐使用 S 形、W 形刀片
	负前角刀片		1) 负前角阻力较大，容易颤动 2) 后角较小，不利于排屑
	刀尖圆弧半径 R_E 过大		1) 刀尖圆弧半径 R_E 较大，阻力较大 2) 容易颤动 3) 顶角较大，不利于排屑

（续）

	薄壁零件（细长轴）切削刀具应用禁忌		说　　明
误	重型断屑槽或无断屑槽	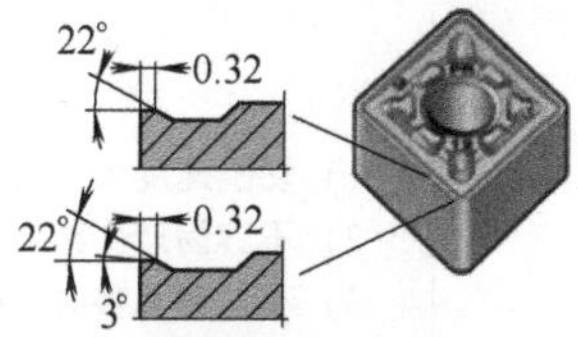	1）重型断屑槽阻力较大，易颤动 2）重型断屑槽不利于散热，容易引起热变形
	切削速度过低	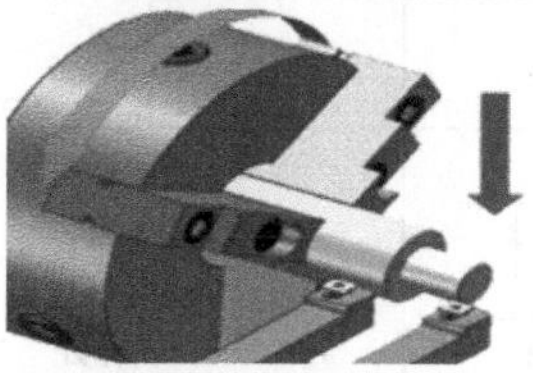	1）低的切削速度不利于排屑 2）容易产生积屑及缠屑 3）加工表面容易产生毛刺
	中心高不合适	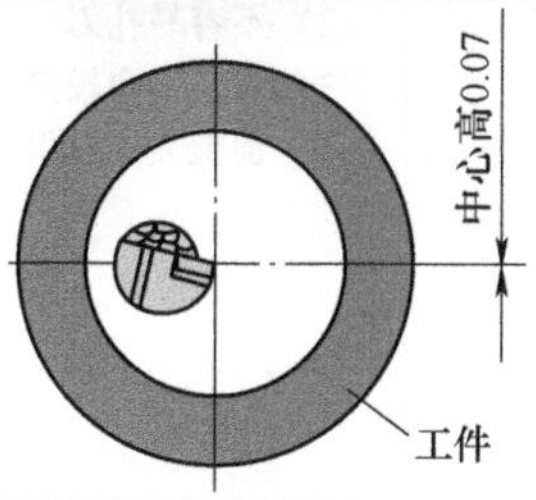	1）中心高过高，容易增加振动趋势 2）中心高过高，容易扎刀 3）特别是薄壁件及细长轴更需要关注中心高
	背吃刀量 a_p 过大或过小	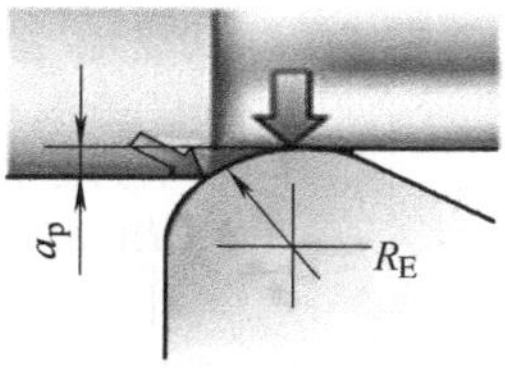	1）更容易发生振动 2）更容易发生表面质量不良的情况
正	55°以下刀片顶角		1）顶角小阻力较小，不容易颤动 2）顶角较小，有利于排屑 3）推荐 55°、35°
	推荐正前角刀片	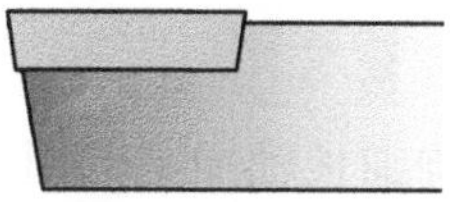	1）正前角阻力较小，不容易颤动 2）后角较大，有利于排屑
	合适的刀尖圆弧半径 R_E（0.2/0.4/0.8mm）	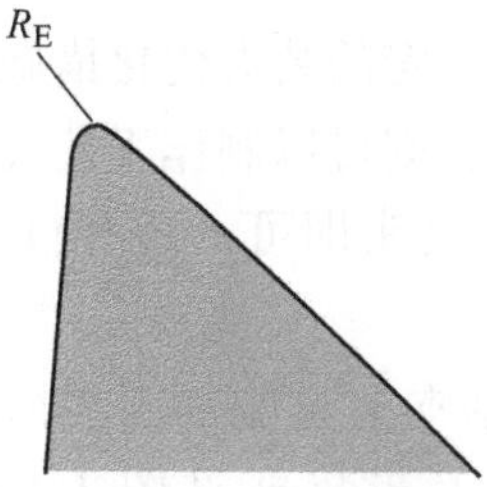	1）刀尖圆弧半径 R_E 较小，阻力较小，不容易颤动 2）顶角较小，有利于排屑
	轻断屑（F/S/等）	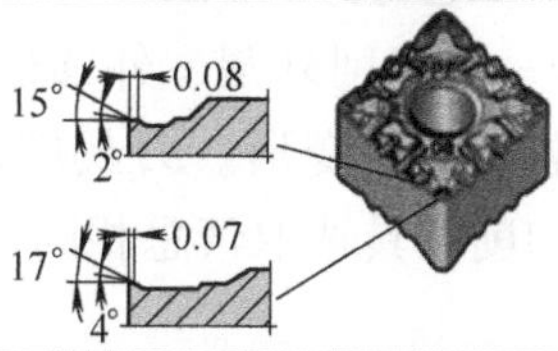	1）轻型断屑槽阻力较小，不易颤动 2）利于散热，不容易引起热变形

（续）

	薄壁零件（细长轴）切削刀具应用禁忌		说　明
正	合理的切削速度	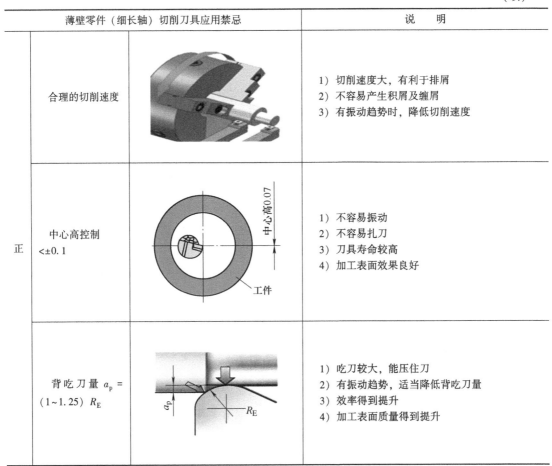	1）切削速度大，有利于排屑 2）不容易产生积屑及缠屑 3）有振动趋势时，降低切削速度
	中心高控制 <±0.1		1）不容易振动 2）不容易扎刀 3）刀具寿命较高 4）加工表面效果良好
	背吃刀量 $a_p =$ $(1 \sim 1.25) R_E$		1）吃刀较大，能压住刀 2）有振动趋势，适当降低背吃刀量 3）效率得到提升 4）加工表面质量得到提升

（张世君）

1.1.12　细长轴刀具应用禁忌

长径比 $L/D>25$ 的长轴定义为细长轴。影响细长轴加工的因素有受力变形、自激振动、受热变形及刀具破损等诸多失效模式。

为增加产品工件刚性，对加工细长轴采取一定的装夹优化措施：中心架、跟刀架、赛钢卡爪和包爪等工装，如果两端同轴度要求较小，则可以制作工艺夹头，使用左右刀同时进行加工，保证以车代磨，加工两端，再去掉工艺夹头即可；还有自定心夹头、鱼叉式顶针等治具。

近几年细长轴专机已经在逐步普及，但基本上只能加工无阶梯的或一级台阶细长轴。以图 1-15 所示的细长轴为例，进行分析。工艺装夹见图 1-16。工件长 380mm，直径 15mm，长径比为 25.3：1，属于细长轴范畴。有车削外圆、外圆槽和外圆螺纹等工步，细长轴加工中的难点是细长轴容易变形、挠曲和发热变形。刀具图片、清单及切削参数见表 1-20。细长轴刀具具体选取禁忌与薄壁件切削刀具选取禁忌相同（见表 1-19）。

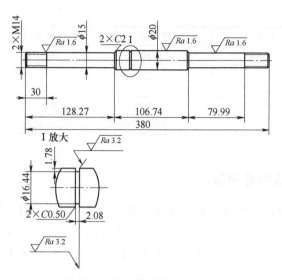

图 1-15　细长轴

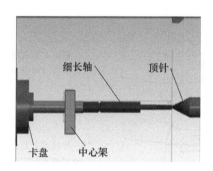

图 1-16　细长轴工艺装夹

表 1-20　刀具图片、清单及切削参数

编　号	ODR-25-T1	ODF-25-T3	ODG-25-T5	ODT-25-T7
刀杆	SVJBR 2525M 16	SVJBR 2525M 16	RF123T06-2525BM	MMTER2525M16
刀杆图示				
刀片	VNMG160408	VBMT160404	浅槽槽宽 1.0	16ER-IS01.5
刀片图示				

23

（续）

编　号	ODR-25-T1	ODF-25-T3	ODG-25-T5	ODT-25-T7
v_c/(m/min)	120~150	120~200	80~100	60~80
a_p/mm	1.2~2.0	0.3~0.5		
f_n/(mm/r)	0.2~0.25	0.2~0.25	0.03~0.05	螺距×转速
冷却方式	建议采取湿式加工，高压乳化液			

（张世君）

1.1.13　常用刀具结构选用禁忌

常用的车削刀具按其结构型式不同可分为整体车刀、焊接车刀、机夹车刀、机夹可转位车刀和成形车刀等。随着制造业的飞速发展，普通的机夹式刀具在实际应用中几乎被机夹可转位式刀具完全替代。刀具在使用过程中具体选择技巧与禁忌见表1-21。

表1-21　刀具选择技巧与禁忌

	禁忌内容		说　明
误	刀具的选择不合理	 a）整体车刀	整体式刀具磨损更换时，刃磨、换刀的辅助时间较长，且材料成本较高
		 b）焊接车刀	焊接式刀具由于存在焊接内应力和刀杆基本不重复使用等不利因素，因此应根据实际生产选用
正	刀具的结构型式与刀具材料有关	 c）机夹车刀	硬质合金材料刀片大多被制成机夹式或焊接式结构，而高速钢材料则制作成整体式结构（见图e）
	刀具的结构型式与切削刃的复杂程度有关		切削刃复杂时，宜采用整体结构，如铰刀、麻花钻和中心钻等多制成整体式结构，常将硬质合金焊接式刀具的切削刃做成零度或较小的前角。一般机夹式刀具刀片的切削刃不宜制作得太复杂
	刀具的结构型式与刀具切削部分的结构尺寸有关	 d）机夹可转位车刀	一般小型的刀具宜制成整体式结构，而用于加工批量较大产品、大尺寸的刀具则制成机夹式和可转位式结构
	刀具的结构型式与生产数量有关		当单件或小批量生产时，宜考虑选用整体式刀具；当大批量生产时，宜选用机夹可转位式刀具
	数控加工建议尽可能选用机夹可转位式刀具	 e）成形车刀	机夹式刀具和机夹可转位式刀具的转位与更换的辅助时间较短，且更换的刀片精度很高，补偿值不用重新调整，或通过微调即可满足产品加工精度要求，更适宜于数控及流水线作业

（尹子文、邹毅）

1.1.14 常用刀具材料性能选用禁忌

1. 刀具切削部分的基本性能及选用禁忌

（1）刀具切削部分结构组成 常用的车削刀具结构可分为两部分：刀头与刀体（刀柄），如图 1-17 所示。一般刀体可选用价格稍便宜的优质碳素结构钢或合金工具钢，而刀头（刀片）又称切削部分，其材料选择是加工的关键。

（2）刀具切削部分选用 刀具切削部分忌高温、高压，以及强烈的摩擦、冲击和振动的切削环境。刀具切削部分的材料、几何参数以及结构合理性等是影响切削性能的重要因素，其中刀具的材料性能选择对刀具使用寿命、生产效率、加工质量及生产成本都有着很大影响，所以要合理选择刀具切削部分材料。刀具切削部分材料性能见表 1-22。

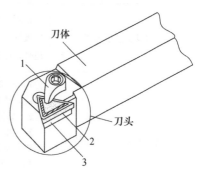

图 1-17 机夹可转位车刀
1—夹紧机构 2—刀片 3—刀垫

表 1-22 刀具切削部分材料性能

性 能	说 明
具备高的硬度和耐磨性	在选型时，一般刀具材料的硬度越高，耐磨性越好。常温下，硬度应>60HRC
具备足够的强度和韧性	刀具在切削时会承受很大的切削负荷、振动和冲击，因此，刀具材料必须具备足够的强度和韧性
具备高的热稳定性	刀具在高温下工作时，为避免刀具在高温下硬度、耐磨性、强度和韧性等的快速变化，所以要求刀具材料应具备较高的热稳定性，才能保持正常切削
具备良好的物理特性	刀具材料应保证良好的导热性、大热容量以及优良的热冲击性能
具备良好的工艺性和经济性	刀具材料必须具备良好的锻造性、热处理性、机械加工性和经济性

2. 刀具切削部分的常用材料及应用禁忌

目前，刀具切削部分材料种类繁多，常用的有硬质合金、高速钢、陶瓷、金刚石和立方氮化硼等。车削加工常用的刀具材料主要有硬质合金、高速钢和刀具涂层三大类。硬质合金、高速钢和刀具涂层材料的应用禁忌见表 1-23。

表 1-23 刀具切削部分常用材料及应用禁忌

应 用 禁 忌	原因及解决办法
硬质合金刀具忌承受大的冲击	由于硬质合金中的金属碳化物具备熔点高、硬度高、化学稳定性与热稳定性好等特性，因此硬质合金刀具的硬度、耐热性、耐磨性均高于高速钢刀具。切削钢材时，切削速度可达 200~235m/min。但由于其抗弯强度和韧性较差，所以在车削过程中应尽量避免承受大的振动与冲击力，避免间断切削
高速钢刀具忌高速切削	高速钢刀具有较高的强度，抗弯强度为硬质合金的 2~3 倍，韧性比硬质合金高几十倍，具有一定的耐热性，制造工艺性好，因此适合制作各种结构复杂、抗冲击的刀具，例如，钻头、丝锥、拉刀、成形刀具和齿轮刀具等。常用的高速钢类型较多，其中 W18Cr4V 应用较为广泛

（续）

应 用 禁 忌	原因及解决办法
涂层刀具切削忌速度太小	常用的涂层材料有碳化钛（TiC）、氮化钛（TiN）和氧化铝（Al_2O_3），涂层材料已发展到复合多涂层，如 TiC/TiN 双层复合涂层，TiC/Al_2O_3/TiN 三层复合涂层等及其组合。经表面涂层处理后的刀片在高速切削领域应用广泛，寿命可延长数倍
刀具切削部分忌无序选择	1）机夹可转位式刀具是数控车削的首选刀具，建议刀具材料优选硬质合金刀具材料或者选择涂层刀片 2）如涉及自行修磨的刀具，建议优选高速钢刀具材料 3）加工精密有色金属、合金及高硬度的耐磨零件，可考虑选择超硬类刀具材料，必要时须先进行工艺试验 4）长期加工批量或大批量的某些固定产品，建议选择在行业内有一定影响力的固定品牌刀具，这样有利于充分掌握刀具的性能和使用技巧，从而更好地提高产品质量和生产效率

（邹毅、尹子文）

1.1.15 表面涂层车刀在切削加工中的应用禁忌

1. 涂层的分类、方法及使用

随着涂层技术的应用和推广，根据涂层刀具基体材料的不同，涂层刀具可分为硬质合金涂层刀具（见图 1-18）、高速钢涂层刀具（见图 1-19）、陶瓷涂层刀具、立方氮化硼涂层刀具和金刚石涂层刀具等。

图 1-18 硬质合金涂层刀具

图 1-19 高速钢涂层刀具

2. 表面涂层刀具材料的性能及应用禁忌

如图 1-20 所示，在实际应用中，涂层方式有单涂层、多涂层、梯度涂层、软/硬复合涂

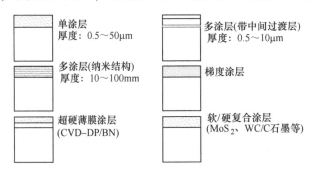

单涂层
厚度：0.5～50μm

多涂层(带中间过渡层)
厚度：0.5～10μm

多涂层(纳米结构)
厚度：10～100mm

梯度涂层

超硬薄膜涂层
(CVD–DP/BN)

软/硬复合涂层
(MoS_2、WC/C石墨等)

图 1-20 典型的涂层结构

层、纳米涂层及超硬薄膜涂层等，它们的共同特点就是硬度高、化学稳定性好、抗扩散磨损性能好及摩擦因数小，从而能降低切削温度与切削力，使刀具的切削性能显著提高。下面对几种生产实践中常用的涂层进行分析，具体涂层刀具材料的性能及应用禁忌见表1-24。

表1-24 涂层刀具材料的性能及应用禁忌

禁忌内容	原因及解决办法
TiAlN 涂层忌低速切削	氮铝钛涂层（TiAlN）化学稳定性好，硬度高，抗氧化、抗粘结和抗扩散磨损能力强，不适宜在低速切削的场合下使用。特别适合于加工耐磨材料，如灰铸铁、硅铝合金等
Al_2O_3 涂层忌低速切削	氧化铝涂层（Al_2O_3）具有良好的化学稳定性、热稳定性和较高的抗氧化性。在高温下能保持良好的化学稳定性和热稳定性，不适用于低速切削
TiC 涂层忌高速切削	碳化钛涂层（TiC）是目前应用最多的一种涂层材料，有良好的抗磨损和抗月牙洼磨损能力。由于涂层易扩散到基体内，与基体粘结牢固，所以低速切削温度下有较高的耐磨性。通常用于产生剧烈磨损材料的场合
TiN 涂层忌与基体粘结不牢	氮化钛涂层（TiN）是一种通用的涂层，其硬度稍低于TiC，对金属的亲和力小，润湿性能好，可以提高刀具硬度并具有较高的氧化温度。普遍应用于高速钢刀具、慢速加工工具、耐磨零件以及注塑模具等
TiCN、TiC 涂层和 TiN 涂层硬度更高	氮碳化钛涂层（TiCN）是在TiN的基础上添加碳元素，具备TiC和TiN的综合性能，其硬度高于TiC和TiN。为显著延长刀具的寿命，可将TiCN用于刀具的主耐磨层，TiCN是一种较为理想的刀具涂层材料

随着国内外金属加工技术的飞速发展，对刀具的质量要求越来越高，需求数量也要求越来越大。为了满足高切削速度、大进给量、高稳定性、长寿命、高精度和良好的切屑控制性，国内外涂层技术的研发和应用使刀具的切削性能取得了重大突破。目前，涂层技术已应用于各种车刀、高速钢钻头、立铣刀、剃齿刀、插齿刀、成形拉刀、铰刀、齿轮滚刀及各种机夹可转位刀具中，以满足高速切削加工的需要。

（邹毅）

1.1.16 锥孔精车加工刀具设计及应用禁忌

1. 应用背景

安装座的装夹加工如图1-21所示。该零件为组合件，要求在数控卧式车床上完成锥孔的精车加工。原锥孔的车削是使用一把普通的内孔机夹车刀进行"分层式"加工，由于粗车和精车是一次进行，所以经常出现刀具磨损、表面粗糙度和尺寸精度不符合图样要求的现象。针对刀具刚性不足，效率不高，劳动强度过大，以及产品质量不稳定等问题，自主设计了一种专用刀具用来批量加工该零件。

2. 车刀的自主设计与应用禁忌

安装座这类零件属于不规则的组合件，为了满足用户需求，针对该零件的外形和技术要求进行全面的剖析，并制定解决方案。车刀的自主设计及应用禁忌见表1-25。

图1-21 安装座的装夹加工

表 1-25　车刀的自主设计与应用禁忌

	禁 忌 内 容	说　　　明
误	采用 1 把刀具进行粗车和精车	采用 1 把普通的内孔精车机夹车刀进行"分层式"加工，由于粗车和精车是一次进行，所以易产生刀具磨损、甚至"扎刀"现象，表面粗糙度和尺寸精度受到很大影响
正	采用 2 把刀具分别进行粗加工和精加工	a) 设计的内孔粗加工刀具 b) 内孔精加工刀具	应采用粗、精加工分开的原则，禁止把粗加工和精加工合并一次进行 　车削孔时，不宜使用刚性不足的刀杆，在工艺上应采取粗加工、精加工两把刀，分工序车削等措施；粗加工时，采用背吃刀量较大和刚性较高、大前角的刀具车削 　采用设计的粗加工刀具成本低且效率高，能够满足大负荷、高强度的内孔车削工作

（邹毅）

1.1.17　断续车削时刀具应用禁忌

　　在实际车削过程中，难免会遇到断续车削工件的情况，在断续车削过程中会发生较大的冲击力，除保证工艺系统的刚性足够外，还必须选择合理的刀具及其切削参数，否则，极有可能导致车刀毁损或扎刀、废件等不良现象。因此，在断续车削工件的过程中必须保证工艺系统的刚性足够，并认真选择所用刀具的材质、样式及切削参数。断续车削时刀具应用禁忌见表 1-26。

表 1-26　断续车削时刀具应用禁忌

	选 择 条 件	对 应 问 题
误	YT30 或 YT15 刀具	YT30 或 YT15 刀具硬度高且脆性大，冲击韧度较差，断续车削工件时选用此类刀具容易发生刀片碎裂
	正前角较大	正前角较大时，刀具切削刃部分的整体强度降低，在断续车削过程中受到冲击力的作用，很容易导致崩刃
	刀尖圆弧半径过大或过小	刀尖圆弧半径过大，车削过程中在工件上会产生较大的径向力，且在同等吃刀量的情况下，还会使切削刃与工件的实际接触长度增加，这也就导致了切削阻力不论在径向还是在轴向上都发生了一定的增大，这会引起工件发颤、扎刀及工件被甩出的隐患。另外，也影响工件表面的表面粗糙度和尺寸精度。刀尖圆弧半径过小，刀尖部分的强度较小，在车削过程中受到断续冲击力的作用，有可能发生崩刃
	较大的刃倾角	较大的刃倾角导致刀尖处在车削过程中先受到工件的冲击，且刀尖处的强度也存在相对降低的情况，很容易导致折刃
	较大或较小的主偏角	主偏角较小时，容易使刀具对工件产生较大的径向力，存在引起工件发颤、扎刀及工件被甩出的隐患。另外，也影响工件表面的表面粗糙度和尺寸精度。主偏角较大时，刀具在车削过程中会因刀尖处先进入车削状态而易引发刀尖崩刃和扎刀的现象
	较快的切削速度	切削速度较快，工件对切削刃发生相对更大的冲击力，刀具易损坏

(续)

选择条件		对应问题
误	较大的进给量	较大的进给量易使断续车削的刀具受到较大的冲击力，使刀尖容易损坏，严重的会存在扎刀或将工件顶歪的隐患。另外，也影响工件表面的表面粗糙度和尺寸精度
	吃刀量过大	吃刀量过大，会产生较大的切削阻力，容易导致刀尖损坏和发生扎刀及将工件顶歪的隐患；另外，也影响工件表面的表面粗糙度和尺寸精度
正	YT5/YT14/YW2/YG8/高速钢	在进行断续车削时，如果被加工件的材质为碳钢或合金钢，通常选择耐冲击较好的 YT5、YT14 刀片，其冲击韧度较好，刀尖不易崩刃，但其车削速度不易过快；如果被加工件的材质为耐热钢、高锰钢、合金钢等强度较大的难加工材料，通常选择 YW2 刀片。如果被加工件的材质为铸铁或脆性铜类材料，通常选择 YG8 刀片，但在粗加工铸造毛坯时也可选择此类刀具。高速钢主要用来车削材质相对较软的工件，但不易车削铸造的毛坯件在车削过程中需要加切削液
	较小的正前角	较小的正前角能够相对地保证切削刃的强度，有利于承受断续车削过程中的冲击载荷
	刀尖圆弧半径适中	刀尖圆弧半径一般在 1~3mm，根据设备功率、工件及工艺系统的刚性、车削进给量的大小，通常按正比例的方式调整
	较小的刃倾角	较小的刃倾角可以相对提高刀尖的强度，提高其在断续车削过程中的冲击韧度
	主偏角 75°左右	通常选择 75°左右的主偏角，在车削过程中使刀尖滞后于主车削刃进入车削状态，有利于保护刀尖不受损伤
	相对较小的切削速度	由于设备传动系统间隙的存在及工艺系统弹性变形无法杜绝，冲击车削过程中必然会导致车削速度的间歇式变化，在瞬间接触时的切削速度会快于理论的车削速度，再加上该类刀具的耐热性较差，所以要选择相对较低的车削速度
	较低的每转进给量	由于工艺系统的间歇和弹性变形的存在，故断续车削过程中时刻发生着微量的轴向冲击，如果进给量过大，则易发生扎刀。因此，断续车削必须选择较小的每转进给量
	吃刀量不易过大	断续车削过程中，由于工艺系统的间隙和弹性变形的存在，以及间歇式的车削冲击力的忽高忽低，所以吃刀量过大时会导致崩刃、刀片碎裂或工件因受较大的切削作用力而发生加紧松动，导致被甩出的隐患

断续车削易扎刀，可以采取"阻尼式"进给，消除工艺系统在进给方向上的间隙。

(赵忠刚)

1.1.18　淬火薄壁零件刀具应用禁忌

在机械加工领域中将淬火硬度>45HRC 的切削定义为硬态切削。硬态切削多数情况下只能采用 PCBN（聚晶立方氮化硼）刀片或金刚石刀片进行加工。此类刀片多采用负前角切削方式，刃口不锋利，刀片韧性差、易破碎，且切削速度要求快、价格昂贵，用此类刀片加工薄壁零件，易产生振动，且不能进行断续切削。因此，淬火薄壁零件加工时刀具的合理选择和应用就显得非常重要。

以图 1-22 所示零件为例，说明淬火薄壁零件刀具应用时存在的禁忌（见表 1-27）。

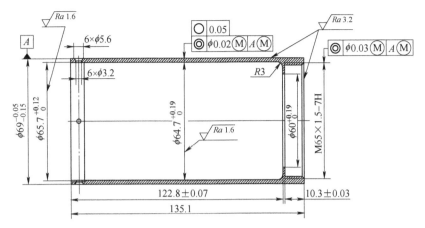

图 1-22 淬火薄壁零件

表 1-27 淬火薄壁零件刀具应用禁忌

	刀　具	说　明
误	刀具磨损快，刀具易损坏，零件尺寸易超差	1）刀杆选择不正确 2）冷却困难，切屑不易排出 3）刀片的几何形状选择不正确 4）刀片的断屑槽型选择不正确 5）刀片材质选择不正确 6）刀尖圆弧半径过大
	零件表面质量差	1）冷却方式选择不正确 2）机床主轴刚性差，稳定性不好 3）刀杆基体材质选择不正确 4）切屑清理不及时 5）切削参数选择不合理
正	刀体刚性好，刀具正常磨损，刀具不易损坏，零件尺寸符合设计要求	1）外圆刀杆应选择正前角，内孔刀杆应充分考虑刀杆悬伸长度，尽可能选择横截面大的刀杆，要防止零件内孔两端直径出现大小不一的情况 2）应选择有内冷孔的整体硬质合金刀具，使零件加工部位能得到充分冷却，同时要控制好排屑方向，将切屑排出零件外 3）刀片的材质宜选择物理涂层（PVD）复合陶瓷，涂层结构（Ti，Al）N+TiN，抗变形性能强，切削刃锋利，耐磨性好 4）断屑槽型选择 F1 或 WF 5）刀尖圆弧半径应选择 0.2～0.4mm
	零件表面粗糙度符合设计要求	1）冷却方式采用内冷+外冷，使加工部位得到快速充分冷却，以减小切削时切削热对零件的变形影响，切削液对零件冷却时切忌时有时无，以避免刀具因出现冷热交变而产生破裂现象 2）选择主轴刚性好、稳定性好的机床 3）合理选择切削参数：外圆半精车刀采用转速 400r/min、进给量 0.15mm 和吃刀量 0.3mm；外圆精车刀采用转速 400r/min、进给量 0.1mm 和吃刀量 0.2mm；镗孔半精车刀采用转速 400r/min、进给量 0.15mm 和吃刀量 0.5mm；镗孔精车刀采用转速 500r/min、进给量 0.1mm 和吃刀量 0.2mm；螺纹车刀采用转速 200r/min、进给量 1.5mm 和吃刀量 0.95mm

（邹峰）

1.1.19　抑制积屑瘤生成的刀具应用禁忌

在加工过程中，由于工件材料是被挤裂的，因此切屑对刀具的前刀面产生很大的压力，并摩擦生成大量的切削热。在这种高温高压下，与刀具前刀面接触的那一部分切屑受摩擦力的影响，流动速度相对减慢，形成滞留层。当摩擦力一旦大于材料内部晶格之间的结合力时，滞留层中的一些材料就会粘附在刀具近刀尖的前面上，形成积屑瘤，如图 1-23 所示。

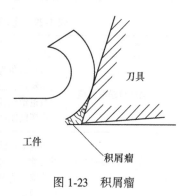

图 1-23　积屑瘤

由于积屑瘤是在很大的压力、强烈摩擦和剧烈的金属变形条件下产生的，所以切削条件也必然要通过这些作用而影响积屑瘤的产生、长大与消失。

除从切削用量抑制积屑瘤外，在刀具几何角度的选择上也有相应的说明，见表 1-28。

表 1-28　抑制积屑瘤生成的刀具应用禁忌

	刀具几何角度		说　明
误	产生积屑瘤		刀具前角过小，切削力增大，切削变形也大，切削温度高，易产生积屑瘤 刀具前刀面的表面粗糙度值高，会导致切屑与前刀面之间的摩擦大，切屑底层容易滞留在粗糙的表面上形成积屑瘤
正	未产生积屑瘤		刀具前角增大，可以减小切屑的变形、切屑与前刀面的摩擦、切削力和切削热，可以抑制积屑瘤的产生或减小积屑瘤的高度 刀具前刀面较高的表面质量可以减少切屑与前刀面的摩擦，不易形成积屑瘤

（赵敏）

1.1.20　影响寿命及加工质量的刀具前角、后角选用禁忌

刀具的前角、后角如图 1-24 所示，其角度的微小变化对刀具寿命及加工质量都有明显的影响。

加大前角，可使刃口锋利，减小切削变形及前刀面与切屑之间的摩擦，从而降低切削力和切削热，减小工件与刀具因热变形对加工精度的影响。加大后角，可减小后刀面与工件之间的摩擦，降低已加工表面的表面粗糙度值。但前、后角过大，会降低切削刃强度、刚度和散热体积，缩短刀具寿命，刀具磨损加快，从而影响工件尺寸精度和表面粗糙度。

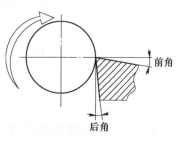

图 1-24　刀具前角、后角示意

因此，应该根据加工性质、刀具材料和工件材料合理选择刀具的前角、后角。在实际加工过程当中应注意以下禁忌（见表1-29）。

表1-29　考虑刀具寿命及加工质量的刀具前角、后角的选用禁忌

禁　忌	原因及解决办法
刀具后角忌取负值	刀具后角为负值时，楔角增大，切削刃切入工件困难，后刀面与工件之间产生强烈摩擦，发出噪声，已加工表面出现磨损亮斑和鳞刺，尤其是径向切削（如车端面、切断等）时，当刀具进到较小直径处，就无法工作，甚至使刀具损坏 在车削刚性差的轴类零件时，可在后刀面上磨0°~1°的容棱面，以起阻尼减振作用
高速钢刀具忌取负前角	刀具取负前角的目的是增加切削刃强度和抗冲击性能。高速钢刀具韧性好，具备较高的抗冲击能力。采用负前角，会使切削变形和切削力增大，切削温度升高。如果因刀具结构而不得不取负值时，应通过合理的修磨改善结构缺陷，例如修磨麻花钻横刃，以减小钻心处负前角的数值
硬质合金及陶瓷刀具的前角、后角忌过大	硬质合金、陶瓷等脆性刀具材料的抗弯强度和韧性差，如果前角、后角过大，切削时易崩刃，缩短刀具寿命。应取较小的前角、后角，以增加切削刃的抗弯强度和抗冲击能力，必要时，可取负前角
粗加工时刀具的前角、后角忌过大，精加工时刀具的前、后角忌过小	粗加工余量大，切削抗力大和更发热，具有一定的冲击，刀具需要足够的强度、刚度和散热体积，以便尽快去除多余的金属层。因此，刀具应取较小的前角和后角。 精加工时应取较大的前角和后角，切削刃锋利，切削轻快，减小刀具与工件之间的摩擦，从而保证工件的尺寸精度、形状精度和表面质量
加工塑性金属时刀具的前、后角忌过小，加工脆性金属时刀具的前角、后角忌过大	塑性金属切削变形大，前刀面与切屑间的接触面积大，产生的压力和摩擦力也较大。为减小切削变形、切削力和降低加工硬化，刀具应选择较大的前角和后角。加工脆性金属易产生崩碎状切屑，冲击性切削力作用于刃口附近，刀具需有较高的强度和刚度。因此，刀具应取较小的前角和后角
加工强度和硬度高的材料时刀具的前角、后角忌过大，加工塑性大和硬度低的材料时刀具的前角、后角忌过小	加工强度和硬度高的材料，切削力大，切削温度高，若刀具的前角、后角过大，刀具磨损很快。为增加刀具的强度和散热体积，应选择较小的前角和后角 加工塑性大、硬度低的材料，切削变形大，加工硬化严重，易产生粘刀现象。若刀具的前角、后角过小，则切削变形增加，前刀面与切屑、后刀面与工件之间的摩擦增大，切削温度升高，排屑不顺利。因此，应选择较大的前角和后角
带有冲击性的切削忌采用较大的刀具前角和后角	对加工余量不均匀、表面不平整的工件（如铸、锻毛坯）进行加工以及断续切削时，刀具承受较大的冲击载荷。若刀具的前角、后角过大，切削刃强度和刚度降低，影响刀具寿命，切削易产生崩尖和崩刃现象。因此，为增强刀具的抗冲击能力，应采用较小的前角和后角。必要时，可选择负前角或刃磨负倒棱

（赵敏）

1.1.21　高塑性材料加工刀具应用禁忌

高塑性材料属难加工材料，主要包括电工纯铁、软磁合金、不锈钢、高温合金、钛合

金、纯铜及防锈铝等，具有塑性好、韧性好、易出现积屑瘤等加工特点。在此类零件加工中，切屑不易排出，易造成刀具磨损和损坏快，切削时切屑极易缠绕刀体上，划伤工件表面，导致零件表面质量差，尺寸精度、几何公差难控制，甚至在零件表面出现划痕的现象。因此，在加工高塑性材料时，必须通过选用合适的刀具（见图 1-25）和合理的切削参数，才能充分发挥出数控机床加工精度高、尺寸一致性好、工作效率高的优点，保证高塑性材料的加工质量。高塑性材料加工刀具应用禁忌见表 1-30。

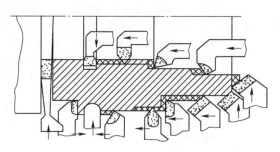

图 1-25　高塑性材料 11 种常用的加工刀具

表 1-30　高塑性材料加工刀具应用禁忌

	刀具选用	原因分析
误	刀具磨损快，易损坏，零件尺寸易超差	1）刀具选择不正确 2）切屑不易排出，造成冷却困难 3）刀片的几何形状选择不正确 4）刀片的断屑槽型选择不正确 5）刀片材质选择不正确 6）刀尖圆弧过大
	零件表面质量差	1）机床主轴刚性、稳定性差 2）冷却方式选择不正确 3）刀杆基体材质选择不正确 4）切屑清理不及时 5）切削参数选择不合理
正	刀具正常磨损，刀具不易损坏，零件尺寸精度符合设计要求	1）加工高塑性材料的镗孔刀最好采用钢制刀杆，且刀杆悬伸长度要小于刀杆直径 5 倍的使用极限，选择截面积尽可能大的刀杆，防止零件内孔两端直径出现大小不一的情况 2）选择有内冷却孔的刀杆，使工件加工部位能得到充分冷却，避免切屑阻挡切削液无法到达刀尖处，控制好排屑方向 3）刀片的几何形状最优选择为：菱形正前角刀片，前角 11°，后角 7°，刀片上的涂层为采用物理气象沉降方式获得的物理涂层（PVD）TiAlN，抗变形性能强，切削刃锋利，耐磨性好 4）断屑槽型选择 LF、FF 或 F1 5）刀片材质选择 KC5010 或 CP500 6）刀尖圆弧半径应选择 0.2~0.4mm

（续）

刀 具 选 用		原 因 分 析
正	零件表面粗糙度符合设计要求	1）选择主轴刚性好、稳定性好的机床 2）冷却方式采用内冷+外冷的大流量模式，降低切削热，减少出现带状切屑的情况 3）高塑性材料塑性较好，切屑容易缠绕在刀杆上，如不及时清理，容易造成零件内外表面划伤，甚至损坏刀尖。因此加工零件时，在半精车、精车的每一个循环完成后应设置暂停，及时清理切屑 4）合理选择切削参数。对于高塑性材料，最好采用小吃刀量、大进给量的方式才能起到最好的断屑效果。吃刀量选择：P 类材料选择 0.5～1mm；N 类材料选择 1～1.5mm；S 类材料选择 0.5～0.8mm；M 类材料选择 0.5～1mm 进给量选择：P 类材料 0.2～0.3mm；N 类材料 0.2～0.3mm；S 类材料 0.15～0.2mm；M 类材料 0.2～0.25mm 主轴转速选择：P 类材料线速度 200～270mm/min；N 类材料线速度 250～400mm/min；S 类材料线速度 30～50mm/min；M 类材料线速度 40～80mm/min

（邹峰）

1.1.22　车削中仿形刀具应用禁忌

在数控机床广泛应用的今天，人们不仅追求其高效率和一致性，而且更注重数控机床对复杂形面的加工精度，如圆弧、球面、圆弧与锥面相连接及锥面与锥面相连接等的位置精度、尺寸精度、表面粗糙度和形状精度。这些复杂形面的加工精度，都需要通过仿形刀具来实现和保证。

图 1-26　仿形刀具

车削中仿形刀具（见图 1-26）可分为中置、左手、右手以及全角为 35°、55°的仿形刀。车削中仿形刀具应用禁忌见表 1-31。

表 1-31　车削中仿形刀具应用禁忌

刀具选择及切削参数		说　明
误	刀具磨损快，刀具易损坏，零件尺寸容易超差	1）刀具选择不正确 2）冷却困难，切屑不易排出 3）刀具安装不正确 4）走刀路线不正确 5）刀具与切削速度搭配不合理 6）仿形刀切削时产生"过量切削"现象
	表面质量差	1）刀具切削参数选择不合理 2）刀具材质与工件材料不匹配 3）刀片的断屑槽型选择不正确 4）刀尖圆弧半径选择不正确 5）系统刚性不足 6）加工设备选择不正确

（续）

刀具选择及切削参数		说　　明
正	刀体刚性好，刀具正常磨损，刀具不易损坏，零件尺寸符合设计要求	1）仿形刀进行加工时，为避免振动，仿形刀体尽量选择刚性好的刀杆。仿形刀体悬伸长度比例，一般不超过 1∶5，确保刀尖的刚性和稳定性，保证仿形刀具加工时的强度 2）冷却方式，采用刀体内出水冷却方式和外冷的大流量冲刷模式，使加工部位得到快速充分冷却，以减小切削时的切削热，避免工件热变形 3）刀具安装时，刀尖一定要与工件的旋转中心等高，以保证加工后特殊曲线、特殊形状的正确性 4）仿形刀走刀路线正确，加工特殊曲线、特殊形状工件时进刀方向非常关键，一般采用 G73 仿形方式进行加工（见图） 5）仿形加工时，仿形刀的进给量不宜过大。P 类材料选择 0.15~0.25mm 进给量；N 类材料选择 0.2~0.3mm 进给量；S 类材料选择 0.06~0.1mm 进给量；M 类材料选择 0.1~0.15mm 进给量 6）使用仿形刀具加工时，一定要注意副偏角有无干涉，以免出现"过量切削"现象
	零件表面粗糙度符合设计要求	1）刀具切削线速度选择：P 类材料线速度 150~200mm/min；N 类材料线速度 250~400mm/min；S 类材料线速度 30~50mm/min；M 类材料线速度 40~80mm/min 2）刀具材质与工件材料应匹配，加工不同材料时应选择不同材质的刀片。P、N 类材料以物理（PVD）涂层为主；S 类材料以硬质合金加 TiAlN+TlC 涂层为主；M 类材料以硬质合金加 TiAlN 涂层为主 3）刀片的断屑槽型应选择 HF 或 FF 槽型 4）仿形刀刀尖圆弧半径选择的数值，应依据被加工曲线和型面选择 5）使用仿形刀加工工件时，机床主轴刚性、工件的夹持刚性和辅助支撑刚性一定要好 6）仿形刀加工较大的特殊形状时，机床必须具备恒线速度功能，以保证仿形刀的刀尖在切削到不同直径时，刀尖的线速度保持一致

（邹峰）

1.1.23　修光刃刀片应用禁忌

表面粗糙度是指加工表面具有的较小间距和微小峰谷的不平度，其两波峰或两波谷之间的距离很小，它属于微观几何形状误差。表面粗糙度值越低，则表面越光滑。为了在相同进给量的情况下获得更低的表面粗糙度值，得到更好的表面质量；或者为了在保持相同表面粗糙度的情况下实现更大的进给量，得到更高的加工效率，通常会使用带有修光刃的车刀片。修光刃刀片应用禁忌见表 1-32。

表 1-32　修光刃刀片应用禁忌

使用标准刀片、常规修光刃和 Crossbill™	说　明
误	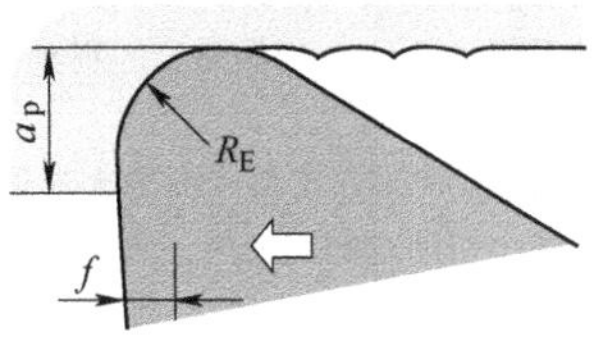 标准刀片槽型如图所示。在车削过程中，影响表面粗糙度的因素通常有刀尖圆弧半径 R_E 和每转进给量 f_n（刀尖圆弧半径相同的情况下，为了保证表面质量，通常会牺牲效率）
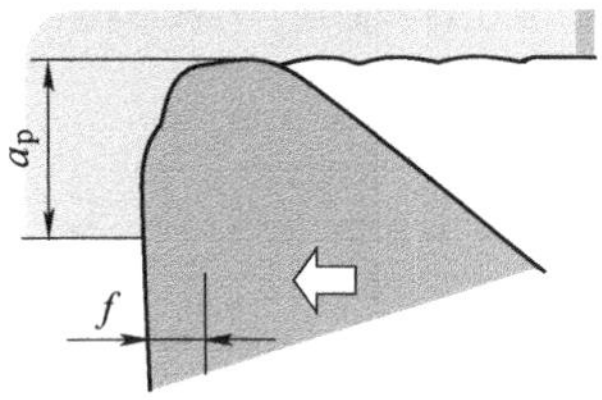	为了在相同的每转进给量的情况下获得更低的表面粗糙值，或者在获得相同表面粗糙度的情况下实现更大的进给量，通常需使用带有修光刃的车刀片。高进给修光刃刀片槽型如图所示
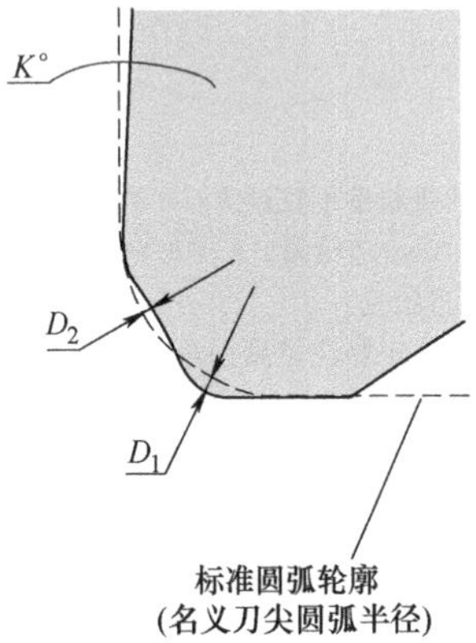 标准圆弧轮廓（名义刀尖圆弧半径）	从微观角度来看，常规修光刃刀片的刀尖并不是一个完整的圆弧，而是由一段非常短的直线段或者非常大的圆弧形成
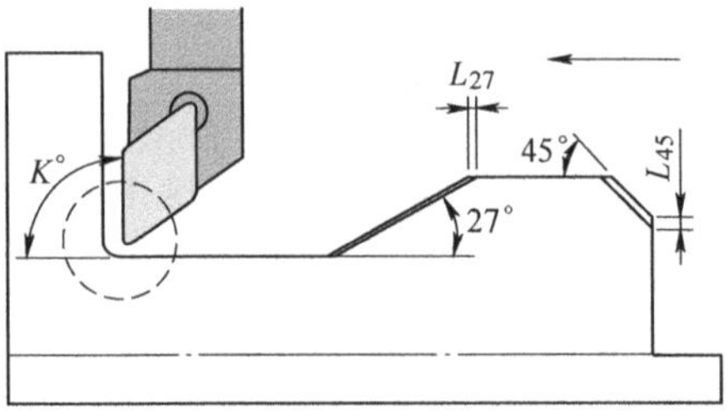	由于常规修光刃刀片的特征，所以在某些情况下，加工出来的实际尺寸（或外形轮廓）并不是程序设定的理想尺寸，容易产生偏差（或者残留）
正 修光刃部分　修光刃部分	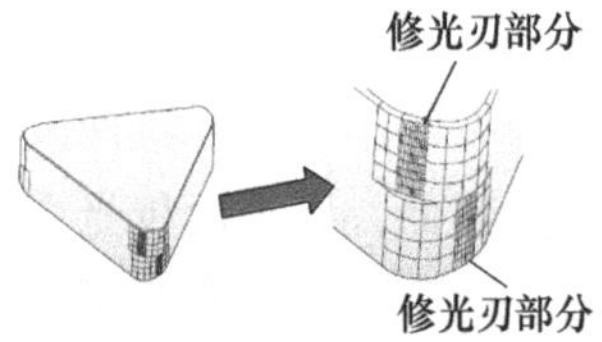 SECO Crossbill™ 修光刃刀片可避免正常圆弧刀片（常规刀片）产生偏差，同时又实现修光刃刀片的优点

（续）

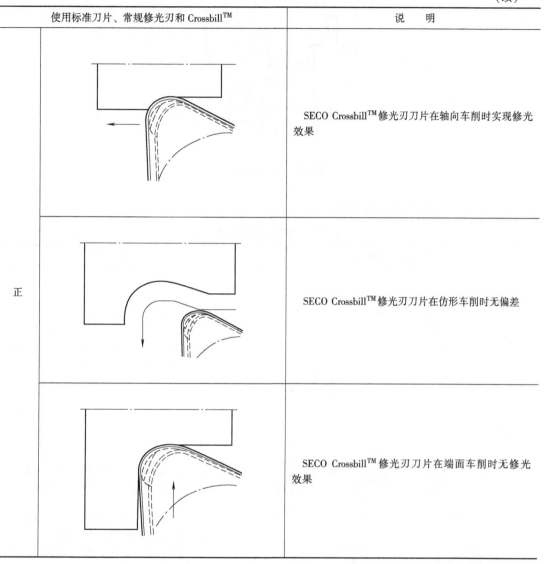

使用标准刀片、常规修光刃和 Crossbill™	说　明
正	SECO Crossbill™修光刃刀片在轴向车削时实现修光效果
	SECO Crossbill™修光刃刀片在仿形车削时无偏差
	SECO Crossbill™修光刃刀片在端面车削时无修光效果

（宋永辉）

1.1.24　多方向车刀应用禁忌

图 1-27 所示为 MDT（多方向车削）系统。该系统由用于外圆径向、外圆轴向和内孔加工的刀杆和刀片组成，可用于车削、仿形加工、切槽、切断和螺纹加工。

当有多种不同直径、复杂轮廓和槽的车削应用时（见图 1-28），可用一把 MDT 刀具替代几把标准和非标刀具。通过减少换刀次数和刀具库存，可节约成本，因此被广泛使用。

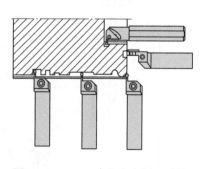

图 1-27　MDT（多方向车削）系统

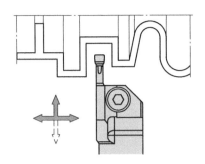

图 1-28 复杂轮廓车削

多方向车刀应用禁忌见表 1-33。

表 1-33 多方向车刀应用禁忌

尽量避免后拉式切削	说　明
误	刀杆和刀片的连接锁紧结构限制了刀片 5 个方向（后、左、右、上和下）的位移，但不能限制前向位移。当后拉式切削时，有可能将刀片从刀杆中拉出，故需尽量避免
正 a) b) c) d) e) f)	1）加工端面至圆角或倒角的终点（见图 a） 2）在圆角或倒角的终点切槽至所需的深度（见图 b） 3）加工端面至圆角或倒角的终点（见图 c） 4）加工出圆角或倒角（见图 d） 5）沿要求加工的直径横向车削至另一侧圆角或倒角的底端（见图 e） 6）加工出圆角或倒角（见图 f）
D　a_p	在某些应用中必需一次连续完成切削时，应使用圆刀片，并注意背吃刀量 a_p 的控制。圆刀片直径选择 2/3/4/5/6/8/10mm 时，a_p 对应选择 0.12/0.15/0.20/0.22/0.25/0.40/0.40mm

（续）

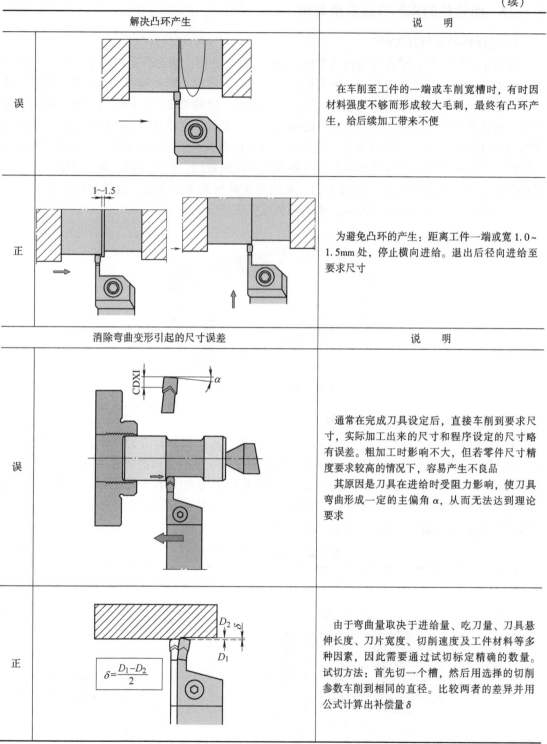

	解决凸环产生	说　明
误		在车削至工件的一端或车削宽槽时，有时因材料强度不够而形成较大毛刺，最终有凸环产生，给后续加工带来不便
正	1~1.5	为避免凸环的产生：距离工件一端或宽 1.0~1.5mm 处，停止横向进给。退出后径向进给至要求尺寸

	消除弯曲变形引起的尺寸误差	说　明
误	CDXI　α	通常在完成刀具设定后，直接车削到要求尺寸，实际加工出来的尺寸和程序设定的尺寸略有误差。粗加工时影响不大，但若零件尺寸精度要求较高的情况下，容易产生不良品 其原因是刀具在进给时受阻力影响，使刀具弯曲形成一定的主偏角 α，从而无法达到理论要求
正	D_2　δ D_1 $\delta = \dfrac{D_1 - D_2}{2}$	由于弯曲量取决于进给量、吃刀量、刀具悬伸长度、刀片宽度、切削速度及工件材料等多种因素，因此需要通过试切标定精确的数量。试切方法：首先切一个槽，然后用选择的切削参数车削到相同的直径。比较两者的差异并用公式计算出补偿量 δ

（宋永辉）

1.1.25 组合件的车削方法选用禁忌

1. 组合件的车削方法简述

本节主要以五件套组合件为例（见图1-29），进行介绍。组合件是由多个零件通过螺纹配合、偏心配合、圆锥配合和内、外圆配合等装配组合而成。因其涵盖了车工的多项操作技术、工艺分析及装配基准选取等技巧，所以车削时有一定的难度，这种组合件在技能鉴定考试和技能比赛中常常会遇到。在组合件的加工中，如果只考虑单件零件的加工方法，虽然尺寸精度和几何公差均符合图样要求，但是由于没有按有关经验"组装放量"，未对配合面进行修配，所以一次组装就能达到组合精度要求是比较困难的。要想顺利、高质量地完成组合件的加工，加工前就要认真地分析工艺，采用切实可行的加工方法，设计准确的工序、工步，并合理地选择刀具及切削参数，才能顺利地完成组合件的加工。

图1-29 五件套组合件三维效果

2. 工艺安排必须合理、节约用料

1) 此组合件为五件套组合，由锥套、螺母、偏心套、偏心台阶套和锥度轴组成，提供的毛坯材料尺寸为 $\phi56mm×245mm$。螺母、偏心套、偏心台阶套和锥度轴共使用1根料。此组合件的5件零件的长度之和为210mm，去除切断必须用去的 $4×5 = 20mm$，备料毛坯材料的总长度只多15mm。如果不能正确地选择坯料尺寸，零件的加工就会导致不完整和无法实现单个零件的顺利加工。五件套组合件工序见表1-34。

表1-34 五件套组合件工序

工 序	说 明
![五件套组合图] 1 2 ∕ 0.025 A B 3 4 5±0.035 C ∥ 0.03 C A B 90±0.045 C a) 五件套组合 1—螺母 2—锥套 3—偏心台阶套 4—锥度轴 5—偏心套	车削前的工艺分析至关重要，正确的加工工艺能保证零件的尺寸精度和装配效果

（续）

工　　序	说　　明
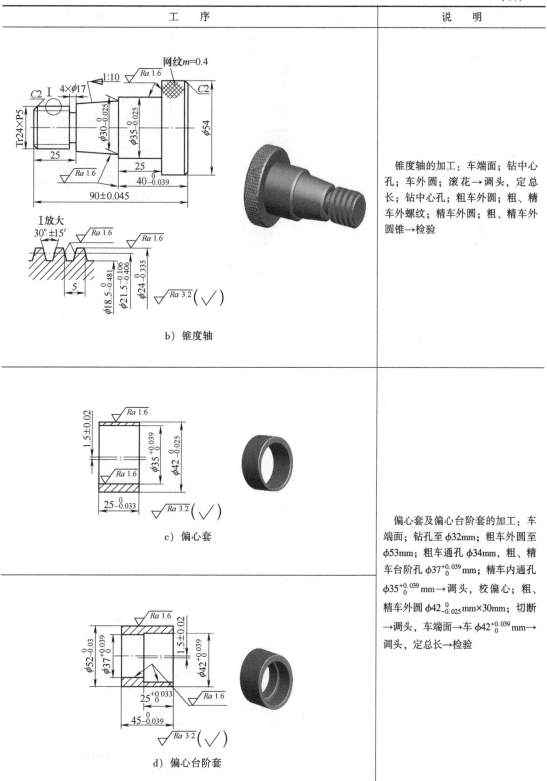	锥度轴的加工：车端面；钻中心孔；车外圆；滚花→调头，定总长；钻中心孔；粗车外圆；粗、精车外螺纹；精车外圆；粗、精车外圆锥→检验
b）锥度轴	
c）偏心套	偏心套及偏心台阶套的加工：车端面；钻孔至 $\phi32$mm；粗车外圆至 $\phi53$mm；粗车通孔 $\phi34$mm，粗、精车台阶孔 $\phi37^{+0.039}_{0}$mm；精车内通孔 $\phi35^{+0.039}_{0}$mm→调头，校偏心；粗、精车外圆 $\phi42^{0}_{-0.025}$mm×30mm；切断→调头，车端面→车 $\phi42^{+0.039}_{0}$mm→调头，定总长→检验
d）偏心台阶套	

（续）

工　　序	说　　明
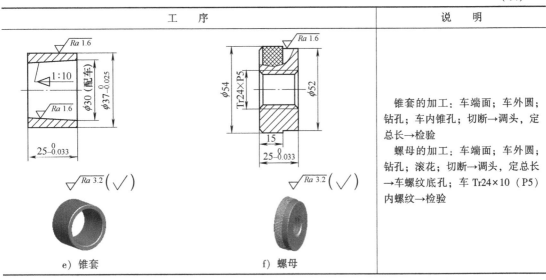	锥套的加工：车端面；车外圆；钻孔；车内锥孔；切断→调头，定总长→检验 螺母的加工：车端面；车外圆；钻孔；滚花；切断→调头，定总长→车螺纹底孔；车 Tr24×10（P5）内螺纹→检验

2）此五件套组合件主要包含了锥套与偏心台阶的圆柱配合，偏心套与锥度轴、偏心台阶的偏心配合，锥度轴与锥套的锥度配合，以及螺母与锥度轴的螺纹配合；除了未标注公差外，所有尺寸精度均要求较高，且各配合面的表面粗糙度值要求 $Ra=1.6\mu m$。组合后的偏心台阶套端面距离锥度螺母一侧槽宽（5±0.035）mm，锥度螺母左端面相对基准 C（锥度轴右端端面）的平行度为 0.03mm，锥度螺母外圆和偏心台阶套外圆相对于基准 A、B（锥度轴中心线）的轴向圆跳动≤0.025mm，组装后的组合件总长为（90±0.045）mm，即与锥度轴同长。如果可以借助辅助装夹或者"一次加工到位"，车削时就能有效地保证零件的几何公差。

3）根据以上技术要求及先加工配合基准（外圆、外螺纹）的加工原则，选择先加工锥度轴，然后加工锥套、螺母、偏心台阶套和偏心套的加工顺序比较合理。如果不采用基准先行的原则，零件就会导致无法装配或者装配耗时费力的不利因素。

3. 组合件车削禁忌

组合件车削禁忌见表 1-35。

表 1-35　组合件车削禁忌

禁　　忌	说　　明
内、外圆配合：各件均忌采用极限尺寸	车削内、外圆及台阶尺寸配合的组合件时，要掌握直接影响零件配合精度的极限尺寸，应取中间值为最佳
圆锥配合忌配合基准不统一、忌配合表面粗糙度超差	车削有圆锥配合的组合件时，应选择外圆锥作为装配基准，并采用"基准先行"的原则进行加工；精车基准圆锥面时，避免圆锥表面粗糙度值高；刀具刀尖严格对准工件旋转中心，防止圆锥素线形成双曲线误差而造成内、外圆锥的配合接触面超差现象
偏心配合加工	车削有偏心配合的组合件时，应选择偏心轴作为装配基准并先加工；除偏心距要按公差的中间值加工外，其配合的内、外圆尺寸忌取尺寸公差的中间值。而应将内、外圆尺寸分别按上、下极限尺寸加工 找正偏心距时，不允许过定位装夹，用单动卡盘装夹找正时，应采用垫纯铜片的方法，切忌卡盘卡爪直接夹持工件。要高度重视轴向圆跳动的准确性，确保让偏心部分轴线与整个工件轴线平行，从而提高组合精度

（续）

禁 忌	说 明
螺纹配合加工	内、外螺纹配合时忌将螺母作为装配基准；螺纹的加工严禁使用丝锥、板牙等螺纹刀具加工，以保证基准轴线与其他部位轴线的同轴度；螺纹装配基准精车时，应保牙型角准确，防止倒牙、表面粗糙度值过高等问题，否则将造成尺寸精度超差、难以正确组合
组合件刀具及切削参数	数控车削组合件时，刀具选用机夹车刀可减少换刀和刃磨的辅助时间，常用车刀切削参数和禁忌见表 1-36（刀具材料为硬质合金，工件材料为 45 钢）

表 1-36 常用车刀切削参数和禁忌

车刀种类	车刀外形	加工内容	切削用量			禁忌说明
			主轴转速 $n/(\mathrm{r/min})$	背吃刀量 a_p/mm	进给量 $f_n/(\mathrm{mm/r})$	
95° 外圆车刀（左偏刀）		粗车端面、外圆、台阶	600~700	1.5~2	0.1~0.2	粗车时切削速度不宜过快，尽可能选用大背吃刀量和进给量
93° 外圆车刀（左偏刀）		精车外圆、台阶和圆弧等异形轮廓	1200~1500	0.2~0.5	0.09~1	精车时根据加工精度和表面粗糙度要求，宜选用较快的切削速度
切槽刀		切断、切外圆槽	450~500	3~5	0.1~0.15	刀柄、刀头安装应与工件轴线垂直，切断禁止快走刀
		切内孔槽	500	3	0.15	刀柄伸出不宜过长，防止刀杆强度下降过大
螺纹刀		车外螺纹	700~800	1.5	0.4~0.25	在加工过程中忌随意调整刀具轨迹，防止乱扣现象
		车内螺纹	600~700	1.5	0.4~0.25	
内孔车刀		车内孔、内圆弧、内台阶	800~1000	0.2~0.3	0.1~0.2	忌车刀不对工件中心。刀柄装夹不宜伸出太长，防止加工过程中振刀现象

组合件经过正确的工艺分析、合理的工序设计和掌握组合车削技巧与禁忌后，能够保证各个加工环节顺利进行，使整个加工过程井然有序。这样不但能够在规定的时间内保证单个零件的尺寸精度和几何公差达到图样技术要求，而且能保证各零件能够顺利组装起来，达到图样的组合技术要求。

（邹毅、尹子文）

1.1.26 大型薄壁零件加工变形控制禁忌

1. 永磁电动机机座简述

永磁电动机机座（见图 1-30）是机车永磁电动机的重要部件，是典型的薄壁零件。在加工过程中，由于机座材质比较软，直径大，壁较薄，所以容易产生加工变形，变形会对电动机的使用性能产生很大的影响。通过工艺分析，选择合理的加工路线；改进刀具及夹具，可防止加工变形，保证尺寸和几何精度的技术要求。

2. 影响加工变形的因素

由图 1-30 可知，永磁电动机机座壁较薄，刚性差，强度低，因而在加工过程中常出现加工变形，加工精度得不到保证。根据零件的形状特点、技术要求和装夹方案，对零件精车工艺（见图 1-31）进行分析可知，影响机座加工精度和变形的因素主要表现为两个方面：一是工件的弹性变形的影响，也是决定性的因素；二是切削力的影响、工艺系统热变形以及零件的残余应力等。因此，要加工出能满足图样尺寸精度和几何精度的电动机座，就必须解决这些关键问题。

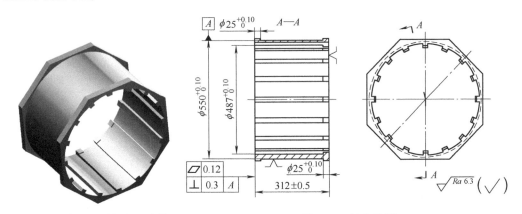

图 1-30　永磁电动机机座实体　　　　　　图 1-31　精车外圆

3. 电动机座变形的解决方案和禁忌

电动机座变形的解决方案和应用禁忌见表 1-37。

表 1-37　电动机座变形的解决方案与应用禁忌

禁 忌 内 容	说　明	
工艺路线忌精加工前不进行防止变形的热处理	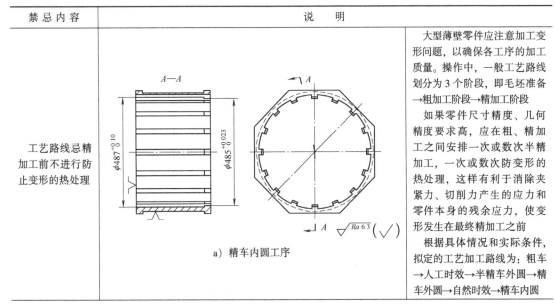 a）精车内圆工序	大型薄壁零件应注意加工变形问题，以确保各工序的加工质量。操作中，一般工艺路线划分为 3 个阶段，即毛坯准备→粗加工阶段→精加工阶段 如果零件尺寸精度、几何精度要求高，应在粗、精加工之间安排一次或数次半精加工，一次或数次防变形的热处理，这样有利于消除夹紧力、切削力产生的应力和零件本身的残余应力，使变形发生在最终精加工之前 根据具体情况和实际条件，拟定的工艺加工路线为：粗车→人工时效→半精车外圆→精车外圆→自然时效→精车内圆

（续）

禁忌内容	说　明	
薄壁零件的刚度较差，忌使用径向切削力较大的刀具角度	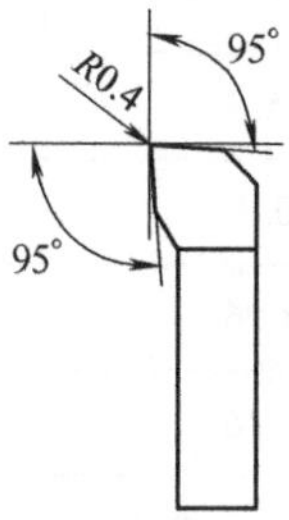   b）可转位车刀偏角　c）装夹后的可转位车刀　d）复合涂层刀片	切削力是切削加工中产生变形和振动的主要原因之一 刀具前角和后角适当地增大，切削变形和摩擦力减小；刀具主偏角的大小决定轴向和径向切削力的分配，因此，加工径向切削力较大、刚度较差的薄壁零件的刀具应该采用较大的主偏角 90°~95°
加工薄壁零件时，忌忽视切削参数	各种切削余量与切削要素见表 1-38	加工大型薄壁零件时，背吃刀量和进给量同切削力成正比，若三者同时增大，变形也增大，会影响薄壁零件的加工精度。当背吃刀量减小、进给量增大时，则表面粗糙度值增高，导致薄壁工件内应力增加。因此在精车时减小背吃刀量和进给量，增加切削次数，是保证零件加工质量的关键
大型薄壁零件精车时，忌常规装夹，尽可能用轴向压紧取代径向夹紧，如确实需要径向夹紧时，也应夹在工件相对强度大的部位	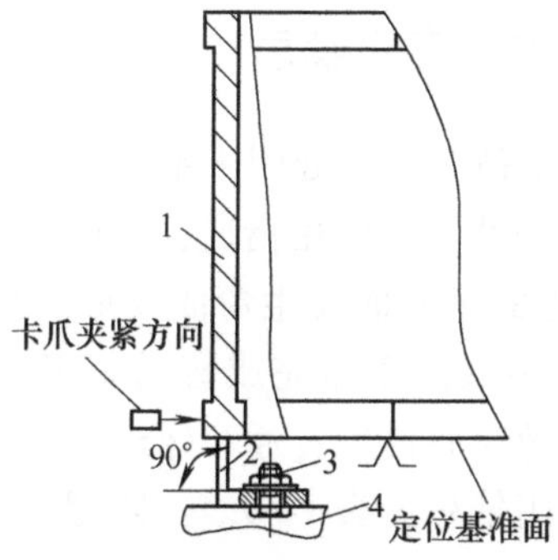 e）精车外圆加工夹具 1—工件　2—90°等高垫铁　3—压紧螺杆　4—工作台 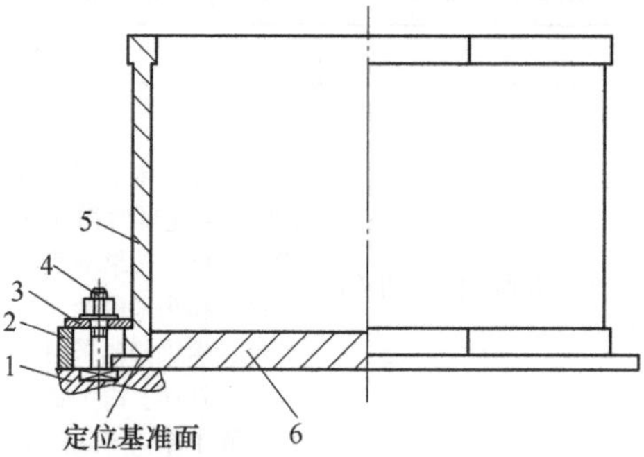 f）精车内圆加工夹具 1—工作台　2—支撑铁　3—压板 4—压紧螺杆　5—工件　6—夹具体	如图 e 所示，精车外圆的夹具装夹加工时，是以等高垫铁为机座的端面平行基准，装夹时，须使机座端面紧贴等高垫铁，再用单动卡爪夹紧机座端面的凸台处 在精车内圆时，也不允许以常规的方法用单动卡爪装夹和切削，否则会因受到径向装夹力和轴向切削力而造成零件变形，很难达到技术要求。因此，设计出一套适合该薄壁零件精车内圆的专用夹具，如图 f 所示

表 1-38　各种切削余量与切削要素

精车切削余量（mm）		6	5	4	3	2	1
切削速度/（mm/min）		15.7					
进给量/（mm/r）	粗车	0.4					
	半精车	0.26					
	精车	0.16					
吃刀量/mm	粗车	5	4.1	3.2	2.3	1.4	
	半精车	4.9	4	3.1	2.2	0.5	0.9
	精车	0.1	0.1	0.1	0.1	0.1	0.1
$\phi 485^{\ 0}_{-0.023}$ mm		合格	合格	合格	合格	合格	合格
冷却后测量内圆尺寸变化/mm		-0.07	-0.05	-0.03	-0.02	-0.02	合格

通过上述加工方法和采取相应的措施，拟定合理的加工路线，优选刀具种类和采用合理的切削要素以及改进夹具等，有效地解决了大型薄壁零件加工变形的难题。

（邹毅、尹子文）

1.1.27　数控车床去螺纹毛刺时刀具应用禁忌

螺纹毛刺是在螺纹加工时，螺纹部位头、尾处因不足以形成一个完整牙形而产生的，其长度一般约为 1/3 倍螺距（按照产品的性能及使用情况，一般要求至少 1/2 倍螺距的长度上无毛刺）。毛刺会因切削力、残余应力的影响而发生弯曲变形。在车削螺纹时，产生毛刺是一个必然现象，无法根除，但可以利用数控车床完成普通车床的毛刺去除工作，加工效率高，螺纹一致性好，可避免数控车削螺纹后再用普通车床进行后续补充加工。

数控车床去螺纹毛刺时刀具的应用禁忌见表 1-39。去除螺纹毛刺所用自制 A、B 型刀具的参数见表 1-40。

表 1-39　数控车床去螺纹毛刺时刀具应用禁忌

刀具使用		说　明
误	使用标准刀具，无法有效去除数控机床螺纹加工产生的毛刺，螺纹毛刺去除不彻底	在数控机床上通过螺纹加工固定循环指令 G92、G76 等固定螺纹循环方法，使用标准螺纹刀具去除螺纹毛刺，效果不明显 螺纹扣头采用标准外圆刀、镗孔刀进行增大倒角处理，螺纹扣尾采用标准切槽刀、内钩槽刀进行增大倒角处理。由于金属材料塑韧性好，螺纹毛刺无法去除干净，因此达不到螺纹合格的标准

（续）

刀 具 使 用	说 明
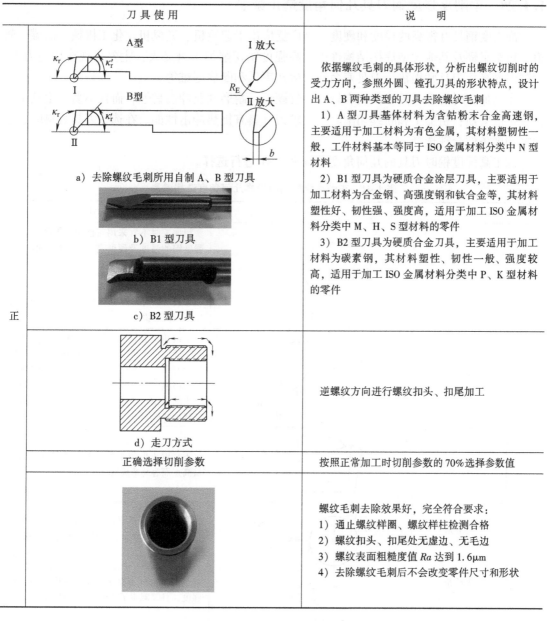 依据螺纹毛刺的具体形状，分析出螺纹切削时的受力方向，参照外圆、镗孔刀具的形状特点，设计出 A、B 两种类型的刀具去除螺纹毛刺 1）A 型刀具基体材料为含钴粉末合金高速钢，主要适用于加工材料为有色金属，其材料塑韧性一般，工件材料基本等同于 ISO 金属材料分类中 N 型材料 2）B1 型刀具为硬质合金涂层刀具，主要适用于加工材料为合金钢、高强度钢和钛合金等，其材料塑性好、韧性强、强度高，适用于加工 ISO 金属材料分类中 M、H、S 型材料的零件 3）B2 型刀具为硬质合金刀具，主要适用于加工材料为碳素钢，其材料塑性、韧性一般、强度较高，适用于加工 ISO 金属材料分类中 P、K 型材料的零件	

正 栏说明：

- a）去除螺纹毛刺所用自制 A、B 型刀具
- b）B1 型刀具
- c）B2 型刀具
- d）走刀方式 —— 逆螺纹方向进行螺纹扣头、扣尾加工

正确选择切削参数	按照正常加工时切削参数的 70% 选择参数值

螺纹毛刺去除效果好，完全符合要求：
1）通止螺纹样圈、螺纹样柱检测合格
2）螺纹扣头、扣尾处无虚边、无毛边
3）螺纹表面粗糙度值 Ra 达到 $1.6\mu m$
4）去除螺纹毛刺后不会改变零件尺寸和形状

表 1-40 A、B 型刀具参数

刀具类型		刀具材料	前角 γ_o/（°）	后角 α_0/（°）	主偏角 κ_r/（°）	负偏角 κ'_r/（°）	刃倾角 λ_s/（°）	刀尖圆弧半径 R_E（修光刃 b_ε）/mm
A	1	含钴高速钢棒	10	11	98	29	1	0.2
B	1	硬质合金	7	8	98	29	1	0.2
	2	硬质合金	7	5	98	29	0	0.4

（邹峰）

1.1.28 车削高强度钢刀具几何角度选用禁忌

高强度钢具有很高的强度和硬度，其广泛应用于起重机、鼓风机、化工机械、油罐、管道、机车车辆及其他大型焊接结构件中。高强度钢切削加工难度大，主要表现在切削力大、切削温度高、刀具磨损快、刀具寿命短、生产率低和断屑困难等。

车削加工时要求刀具不仅具有较高的红硬性、耐磨性及冲击韧性，而且不易产生粘结磨损和扩散磨损；粗加工和断续切削时，要求刀具具有抗热冲击性能。在选择刀具材料时，应根据切削条件合理选择。

加工高强度钢时刀具的几何角度应按表1-41进行选择。

表1-41 车削高强度钢时刀具几何角度选用禁忌

	角 度		说 明
误	正前角		粗加工时不宜采用正前角，否则会因高强度钢的强度及硬度高，导致切削时应力集中在刀尖而造成崩裂
	后角为0°		粗加工时车刀的后角不宜过小，否则会使刀具后面与工件切削表面之间摩擦加剧，导致刀具磨损
	主偏角太大		主偏角不宜过大，增大主偏角，虽然可减少径向切削力，但主偏角增大后，刀尖角会变小。而高强度钢在切削加工时所产生的高温以及切削力大都集中在刀尖附近，过大的主偏角会使切削刃及刀尖的耐热性及强度降低
	正刃倾角		不宜取正值刃倾角，否则会因刀尖处在最高点而容易造成崩尖
正	负前角		为了提高刀具强度及耐冲击能力，粗加工时前角应取负值，一般在-10°~-5°选取
	大后角		加工时刀具后角应取3°~5°，虽然后角稍大，但楔角没有变化，故不会影响刀具的强度，且又减少了磨损，使车刀更锋利
	主偏角一般应在10°~20°选取		主偏角应取得小些，这样可以增加刀尖散热体积，延长车刀寿命
	刃倾角应取成负值		在加工高强度钢时，为了增加刀头的强度，刃倾角通常应成负值，一般在-4°~-2°选取，同时选取半径为0.5~1.5mm的刀尖圆弧，以加强刀尖的强度

(赵敏)

1.1.29　车削平底孔的刀具应用禁忌

内孔加工较外圆加工而言，由于受到孔径大小影响，因而加工内孔的刀具的刀杆截面积不可能很大。内孔机工刀具较外圆机工刀具的刚性要差，切削用量不能大，否则容易在加工中出现振刀和噪声大的现象，且表面质量不易保证，在加工平底孔时，这种情况更加突出。在加工平底孔时，刀具需要车削至内孔中心，车刀的退刀量更大，刀尖至刀杆外侧距要小于内孔孔径的 1/2，进一步消减了内孔刀的截面积，造成平底孔的刚性差，容易产生崩刀、车刀损坏和让刀现象。因此平底孔加工一直是孔加工中的一个难点。

平底孔加工时，选用不同的刀具几何角度，不仅切屑流向不同，而且直接影响加工质量。具体刀具应用禁忌见表 1-42。

表 1-42　车削平底孔刀具应用禁忌

	切屑的流向		说　　明
误	切屑向刀头方向流出		平底孔车刀的刃倾角不应为正值，否则切屑向刀头前方排出，会缠绕在刀具及刀头上，既影响内孔的表面质量，也容易产生让刀现象
正	切屑向尾座方向流出		通常选带有 $-2° \sim 0°$ 刃倾角和卷屑槽的平底车刀，从而使切屑呈螺旋状向尾座方向排出孔外

（赵敏）

1.1.30　沉淀硬化不锈钢类材料的车削刀具应用禁忌

沉淀硬化不锈钢经固溶和时效处理后的材料特点为：强度高、韧性好、耐腐蚀，是近几年航空领域零件常用的材料。但其材料特性使其加工硬化严重，切削力大，切削温度高，工件易产生热变形，导致断屑困难、工件粘刀现象明显，且刀具易快速磨损，切削不易折断，易粘结等，加工较困难。

为保证该类材料的高效切削加工，需正确选择切削刀具并合理选择切削参数，具体选用禁忌见表 1-43。

表 1-43　沉淀硬化不锈钢类材料的车削刀具应用禁忌

切屑形式和刀具磨损状态		说　明
误	堵塞切屑	主偏角选择过小，不能车削 90°轴肩，轴向和径向都会产生作用力，这可能导致工件产生振动。切削参数选择不合理造成刀具损耗过快，加工质量不可控
	刀具异常磨损 a）切削速度过快产生后刀面磨损 b）粗加工到 8m 时刀具崩刃 c）切削速度慢产生积屑瘤	
正	可控切屑	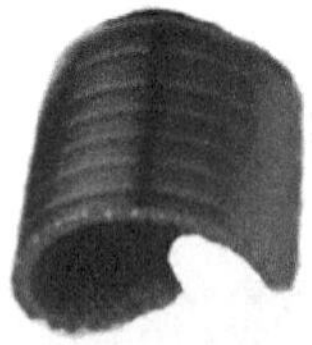 为获得良好的排屑形式和加工质量，需要针对不同的工件材料制定不同的切削参数 粗加工刀杆选择 WALTER 公司外圆刀杆 DWLNL2020K08，刀片选择 WNMG080408-NM4 WSM30，精加工刀杆选择 SANDVIK 公司外圆刀杆 SDJCR 2020K 11，刀片选择 DCMX 11 T3 04-WF 1125，粗加工时切削参数为 $v_c = 80\text{m/min}$，$a_p = 1\text{mm}$，$f_n = 0.26\text{mm/r}$ 较为合适；精加工时切削参数选择 $v_c = 100\text{m/min}$，$a_p = 0.4\text{mm}$，$f_n = 0.1\text{mm/r}$ 较为合适。粗加工刀具寿命可达到 15m，在达到 15m 后会产生后刀面磨损，建议更换刀片；精加工刀具寿命可到达 30m，零件表面粗糙度值可达 $Ra = 0.3\mu\text{m}$，在达到 30m 后刀具磨损量累计 0.03～0.05mm（累计刀补值），建议更换刀片 实际生产中，用户可监听钻削中切屑形成的声音，来准确判定切屑的形式。连续的声音表明钻孔排屑良好
	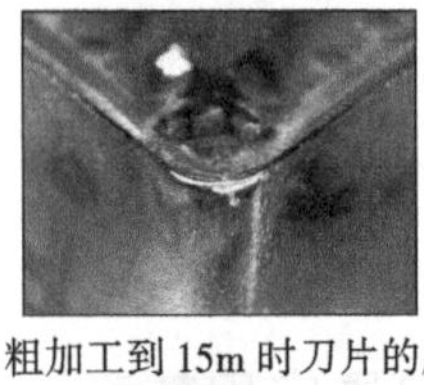 刀片正常磨损 d）粗加工到 15m 时刀片的磨损 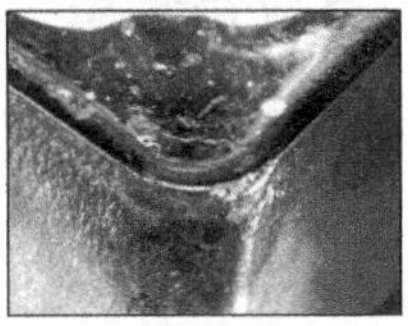 e）合适的切削速度精加工到 30m 时刀片的磨损程度	

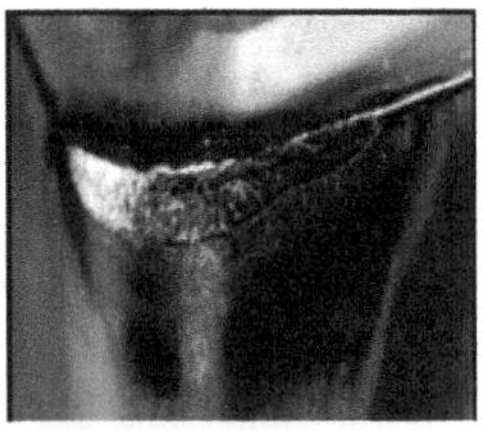

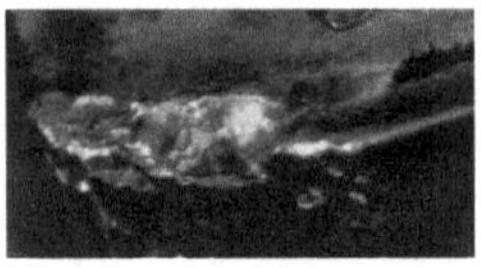

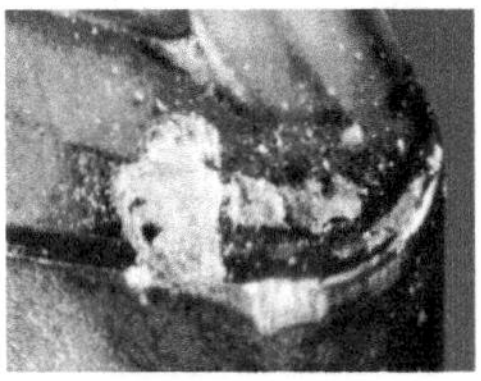

（范存辉）

1.2 工艺应用禁忌

1.2.1 车削轴类件圆面禁忌

按图样要求，选取数控车床和合适车刀，对轴类件圆面进行车削。为获得良好的表面质量，既要合理选用刀片和刀杆，又要正确计算数控编程涉及的工艺参数。否则，失效频次高——如崩刃、积削瘤等，生产效率会下降，轴类件圆面表面粗糙度超差甚至出现鳞刺——在已加工表面上沿切削速度 v_c 方向出现鳞片状毛刺。鳞刺会使工件圆面表层产生残余应力，使工件表面因出现微裂纹而降低疲劳强度。

分析图 1-32 所示鳞刺形成的 4 个过程：抹试→导裂→层积→刮成/切顶，可知车刀前刀面与切屑摩擦形成粘接层并逐渐堆积，周期性滞留在前刀面上的切屑代替前刀面继续挤压切削层金属，并使其塑性变形加剧；积聚的切削层金属使切削层增大并向切削线以下延伸，导致切削刃前方加工面因受拉应力影响而导裂；当切削力超过粘结力时，切屑流出被切离，但导裂层会残留在已加工表面上形成鳞刺。控制轴类件圆面车削鳞刺的措施见表 1-44。

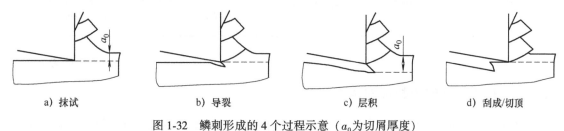

| a) 抹试 | b) 导裂 | c) 层积 | d) 刮成/切顶 |

图 1-32 鳞刺形成的 4 个过程示意（a_0 为切屑厚度）

表 1-44 控制轴类件圆面车削鳞刺的措施

问　题	示　意　图	控　制　措　施
进给量	轴类件　刀片　Rz　f	据公式 $Rz = 1000 f_z^2/(8R_E)$ 正确设定进给量，尤其是低速切削时的进给量。式中，f_z 是进给量（mm/z）；Rz 为表面粗糙度值（μm）；R_E 为刀片的刀尖圆弧半径（mm）
刀具选择	$\gamma_0=0$　工件　刀片　γ_0　工件　刀片	重新选择刀片，增大前角 γ_0，使切削刃更锋利；减小前刀面与切屑底层的摩擦 前角 γ_0 的选择口诀：前角作用大，合理选择它；工件硬度高，前角要选小；工件塑性大，前角要选大；硬质合金刀，前角要选小；高速钢刀具，前角要选大；粗切要选小，精切要选大

（续）

问 题	示 意 图	控 制 措 施
冷却	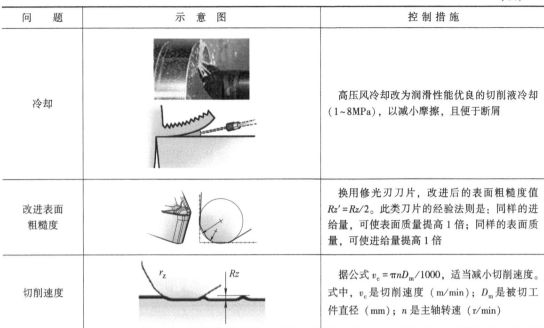	高压风冷却改为润滑性能优良的切削液冷却（1~8MPa），以减小摩擦，且便于断屑
改进表面粗糙度		换用修光刃刀片，改进后的表面粗糙度值 $Rz' = Rz/2$。此类刀片的经验法则是：同样的进给量，可使表面质量提高 1 倍；同样的表面质量，可使进给量提高 1 倍
切削速度		据公式 $v_c = \pi n D_m/1000$，适当减小切削速度。式中，v_c 是切削速度（m/min）；D_m 是被切工件直径（mm）；n 是主轴转速（r/min）

（刘胜勇）

1.2.2 车削刀具碰撞数控机床禁忌

数控机床按照数字化电信号预先给定的轨迹控制刀具或工件沿运动方向前进，最终加工出用户要求的零件形状或实现应有的用途。实际运用中受操作、编程、外界干扰等因素影响，常会出现刀具碰撞工件、机床或夹具的事故，造成刀具断折、工件报废、机床精度丧失及夹具变形等。为此，总结车削刀具碰撞数控机床禁忌见表 1-45。

表 1-45 车削刀具碰撞数控机床禁忌

问 题	常见原因	操作禁忌	示 意 图
机床参考点返回错误	1）在增量编码器有挡块控制的数控机床上，减速挡块处存有切屑或粘附油泥，使得前后两次减速距离不一致，造成刀具切削基准变化	机床防护罩不得失效，参考点减速信号良好	挡块压下减速开关　　减速开关抬起 挡块　　减速开关 X9.n/×DEC1 参考点减速信号1: OFF　0: ON
		切屑不得堆积、缠绕，否则减速挡块会在错误的位置被压下，错误的切削基准引发撞刀、废件等事故	

（续）

问　题	常见原因	操作禁忌	示　意　图
机床参考点返回错误	2）在绝对编码器有/无挡块控制的数控机床上，拔掉编码器电缆、更换参考点储存电池或编码器等操作后，机床参考点务必找回。若找回步骤及参照基准与丢失之前不一致，就会造成刀具切削基准变化	切不可断电更换参考点存储电池，否则参考点丢失，形成300号等报警	
		编码器电缆不得近乎0°弯折，不得出现破皮短路、搭接等	
		对刀操作按步骤进行，如试切测量、多刀基准、百分表寻找多轴耦合关系等，严禁简化步骤，杜绝漏掉小数点	
坐标系设定错误	工件坐标系（G54～G59）的原点设定错误，或程序中调用的工件坐标系错误，或参数设定的坐标原点偏移量错误，均会造成加工中撞机事故，严重者工件报废	在多刀多产品的操作中，坐标系选定需正确；搜索参数时不得将"搜索"键错按成"输入"键，使得0000号参数被误改	
		编程人员精细操作，杜绝错用工件坐标系代码	G54；调用工件坐标系1 G90 G01 X50.0 Y50.0；刀具当前点不管在何处均移至工件坐标系1中（50，50）上
		原则不使用坐标系原点偏移量，若使用，需一次性认真设定	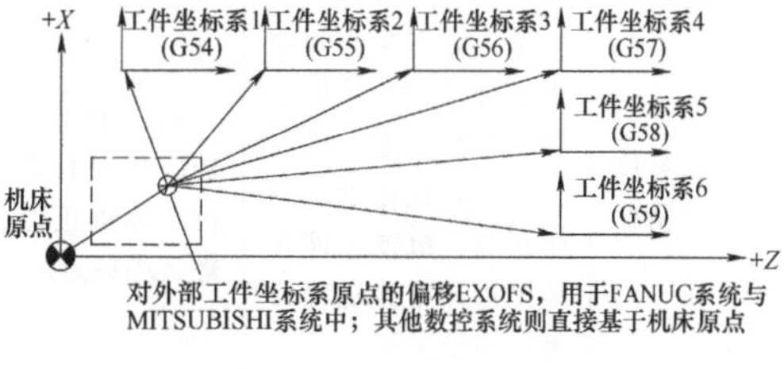

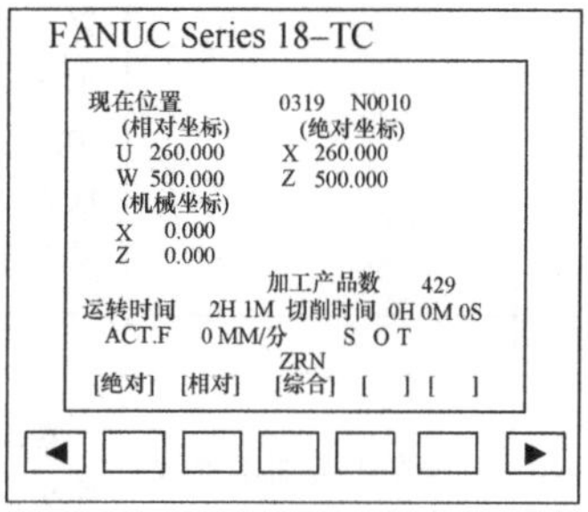

（续）

问　题	常见原因	操作禁忌	示意图
机床参数设定错误	机床参数设定错误（如 FANUC 系统 #0000 的 bit2 = 0→1 使得公制单位变为英制），重新回装的参数不对，操作中误改动，以及编程中省略小数点等，均会造成数据单位混乱而撞机	精细操作，过多画面不乱动：参数画面将"搜索"键错按成"输入"键，使得0000 号参数被误改，公制变英制	00832 N00000（参数画面示意图）
		备份存储数据宜采用时间格式命名，杜绝多数据混乱，引发回装异常事故。备份、回装所用指令不得错选，否则系统崩溃	SYSTEM MONITOR MAIN MENU 60W3T01 引导系统的版本号 1.END 2.USER DATA LOADING 3.SYSTEM DATA LOADING 4.SYSTEM DATA CHECK 5.SYSTEM DATA DELETE 6.SYSTEM DATA SAVE 7.SRAM DATA UTILITY 8.MEMORY CARD FORMAT …MESSAGE… SELECT MRNU AND HIT SELECT KEY [SELECT][YES][NO][UP][DOWN] （主菜单画面；退出引导系统起动CNC、用户数据写入F-ROM中、系统数据写入F-ROM中、确认ROM文件的版本号、删除F-ROM或CF卡内文件、F-ROM中数据备份全CF卡、备份或恢复SRAM区的数据、格式化CF卡；显示简单的操作方法的错误信息；屏幕下方的操作软键）
		编程中小数点很重要：不带小数点与带小数点的数据相差1000 倍，一旦漏掉小数点，会引发碰撞、废件等事故	N0130G03X0.0 Y-168.0 R126.0 F900.0；XOY 平面内以900mm/min 速度逆时针切入大盘面至 12 点
误操作	程序正常加工中误操作使运行停止。若用户仅单击面板[RESET]键复位后立即循环起动，就会发生撞机	程序切换需回至程序头，生效的 G、M、S、T 等模态代码需注销掉，DRAM 内预读信息得清除掉，否则再次起动机床时会引发撞刀、废件事故	MDI　EDIT　MEMCRY　TAPE DRY RUN　PROGRAM CHECK　MACHINE LOOK　SELECT SINGLE BLOCK　OPTIONAL STOP　BLOCK SKIP　RESTART RAPID OVERRIDE 〰 %
刀具补偿值设定错误	手工对刀操作间隙大，对刀处工件尺寸测量存在误差，机内自动对刀仪松动或粘附积屑，机外工件在线测量异常致远程刀补反馈错误等	对刀操作要仔细，辅以塞尺有必要，工件坐标得正确，数据输入小数点	（对刀示意图：主轴 M、机床原点、刀具、机床参考点、+Z、+X、L_X、L_Z）

（续）

问　题	常见原因	操作禁忌	示　意　图
刀具补偿值设定错误	手工对刀操作间隙大，对刀处工件尺寸测量存在误差，机内自动对刀仪松动或粘附积屑，机外工件在线测量异常致远程刀补反馈错误等	切屑不得堆积、缠绕，杜绝撞刀、废件事故	
		机内在线测量的工件不得缠有切屑，干扰测量	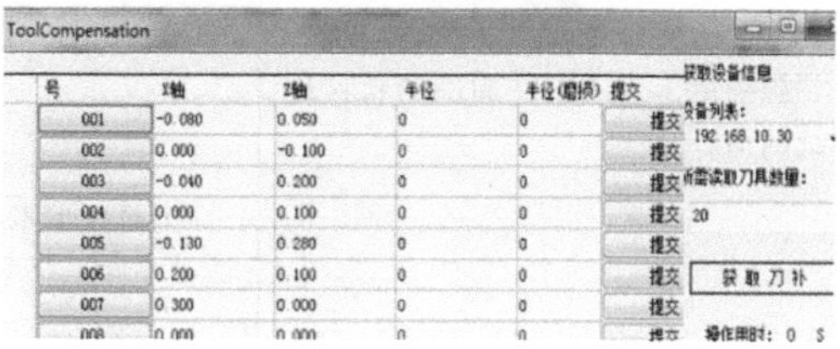
伺服进给数据反馈异常	编码器污染，坦克链内反馈电缆偶发断线，有异常干扰等	设备保养需到位，操作动作要正确，严禁只使用不保养	 a）编码器被污染 　　b）光栅尺有积屑
		电缆要固定，避免旋转中异物将其拉伤	 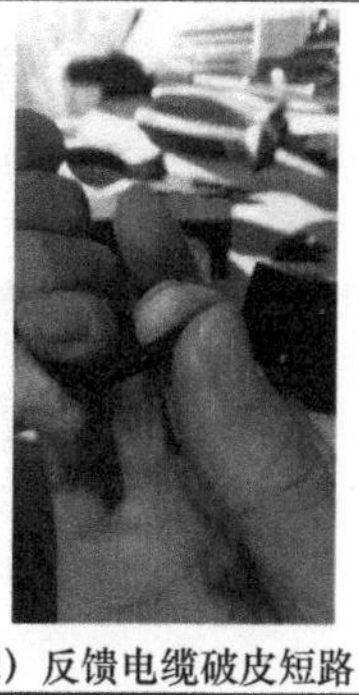
		机床周边不得有电焊机等	c）读数头有积水　　d）反馈电缆破皮短路

（刘胜勇）

1.2.3　车削加工中切屑控制禁忌

车削加工中，有的切屑呈螺卷状，到一定长度时自行折断；有的切屑折断成 C 形、6 字形；有的呈发条状卷屑；有的碎成针状或小片，四处飞溅，影响安全；有的带状切屑缠绕在车刀和工件上，易造成事故。不良的排屑状态会影响车削的正常进行。影响断屑的因素主要有：刀片槽型、刀尖圆弧半径 R_{E}、主偏角 κ_{r}、背吃刀量 a_{p}、进给量 f_{n}、切削速度 v_{c} 及材料等。车削加工中切屑控制禁忌见表 1-46。

表1-46　车削加工中切屑控制的禁忌

常见切屑样式	存在问题	控 制 措 施
 缠绕在车刀或工件周围的长且连续的切屑	切削条件不当	可减慢切削速度 v_c，但不得过低；否则，会出现积屑瘤、切削刃变钝、表面质量差等新问题
		可提高进给量 f_n，但不得太大；否则，会出现切屑失控、月牙洼磨损、切屑熔结及高功率消耗等新问题
		可增大背吃刀量 a_p，但不得过深；否则，会出现刀片破裂、切削力增大及高功率消耗等新问题
		校正切削刃高度，使其保持在工件中心±0.1mm内
		湿式切削改为干式切削
	刀具选型不当	重选刀片断屑槽型，如山特维克的R、M或F等断屑槽型
		减小刀尖圆弧半径 R_E，兼顾加工表面的质量变化
		减小侧切刃角（$90°-\kappa_r$，肯纳刀具称其余偏角），即较大主偏角刀柄，使切屑撞击刀具后断屑，如 $\kappa_r=90°$
 极短且飞散的切屑，偶尔会粘在一起	切削条件不当	可降低进给量 f_n，不得太小；否则，会出现狭长切屑、后刀面磨损过快、积屑瘤等新问题
		可减小背吃刀量 a_p，但不得过浅；否则，会出现切屑失控、振动、过热等新问题
		湿式切削改为干式切削
	刀具选型不当	重选刀片断屑槽型，如山特维克的R、M或F等断屑槽型
		增大刀尖圆弧半径 R_E，以获得更高进给量 f_n、较大背吃刀量 a_p，以及提高切削刃强度
		增大侧切刃角（$90°-\kappa_r$），即较小主偏角刀柄，使切屑撞击工件后断屑及减少沟槽磨损，如 $\kappa_r=45°\sim75°$，但过小的 κ_r 会造成振动且不能车削90°轴肩

（刘胜勇）

1.2.4　车削加工尺寸精度控制禁忌

尺寸精度是指车削后的工件实际尺寸与图样要求尺寸相符合的程度。受机床精度、工件装夹精度、刀具几何参数、切削用量选用、量具精度和测量方法等因素影响，工件加工精度不可避免地存在着波动。稳定控制尺寸精度，既能获得良好的加工质量，又能降低生产成本，还能提高生产效率。车削加工尺寸精度的控制禁忌见表1-47。

表 1-47　车削加工尺寸精度的控制禁忌

存 在 问 题	车削尺寸形式	控 制 措 施
刀片精度不当，车削尺寸不稳定	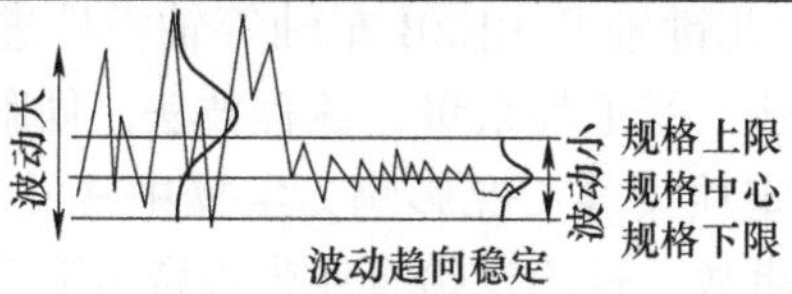	改用高精度车刀片，如肯纳的 MG（半精加工）、MW（半精加工带修光刃）或 FW（精加工带修光刃）等型号刀具
工件或刀具有间隙		重选刀片断屑槽型，如京瓷刀具的 S、Q 或 P 等槽型
	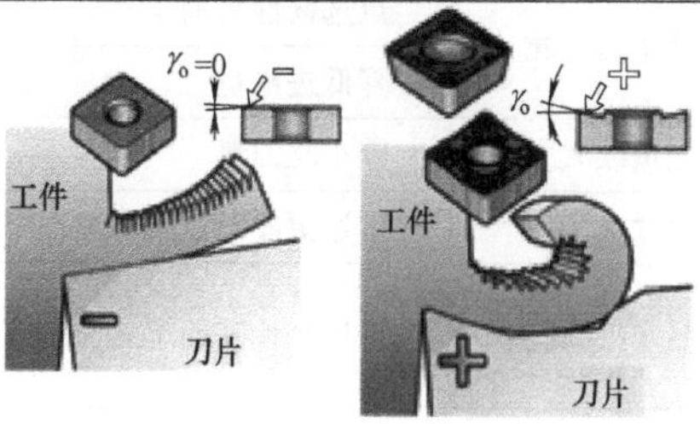 a) $\gamma_o = 0$　b) $\gamma_o > 0°$	增大刀具前角
	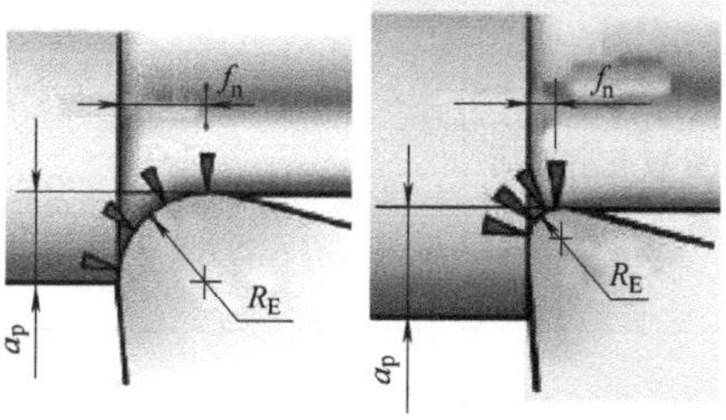 a) 大 R_E　b) 小 R_E	减小刀尖圆弧半径 R_E，经验法则是：$a_p \geqslant 2R_E/3$
	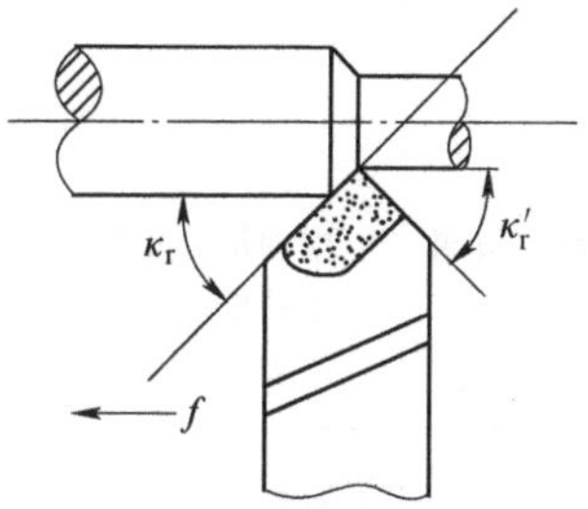	减小侧切刃角（$90°-\kappa_r$），即选用较大主偏角的刀柄
		增强刀柄刚性，考虑抗弯曲度、抗扭刚度和刃口位置
		重新固定工件及刀具，消除间隙/振动
		悬伸量 l 尽可能小，钢质整体镗杆时 $l/d \leqslant 4$，短型减振杆时 $l/d < 7$，长型减振杆时 $l/d < 10$ 等
		检查刀塔单元、伺服机构的机械紧固度

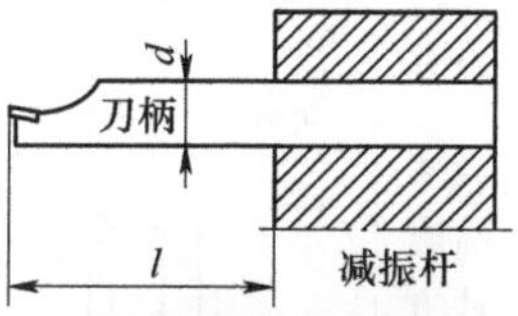

（刘胜勇）

1.2.5 CNC 车床刀具崩刃控制禁忌

借助 CNC 车床，对输入轴、传动轴、花键轴及 RE2B 车轴等轴类件进行车削加工，现已成为减材制造领域内常用的金属切削方法。受毛坯余量、编程技法、伺服刀塔、轴数据反馈、刀具参数、工艺参数、驱动卡盘及尾座顶尖等工况影响，实操中常发生车刀崩刃问题，继而造成刀杆松动、工件残次品或废品等事故。这不仅给企业带来资金浪费，也降低了生产效率。为此，总结 CNC 车床刀具崩刃控制禁忌，见表 1-48。

表 1-48   CNC 车床刀具崩刃控制禁忌

常发问题	刀具崩刃示意	可能原因	控制措施
刀片碎裂		此牌号车刀太脆	重选韧性高的车刀
			降低进给量
		刀片上负载太大	减小吃刀量
		刀片尺寸太小	重选更厚、更大的车刀片
切削刃细微崩		此牌号车刀太脆	重选韧性高的车刀
		车刀片槽型薄弱	重选槽型强度高的刀片，陶瓷刀片选更大的倒角
液压刀塔换刀后锁紧不到位		继电器触点粘连而提前锁紧	更换中间继电器及其安装座
		电磁换向阀阀杆不到位	更换电磁换向阀
		缺少锁紧到位检测开关	增加检测开关，连接电路，改 PLC 程序，添加不到位监测报警
车刀扎入台阶根部圆弧		错用圆弧插补指令 G02/G03，造成圆弧插补的顺/逆时针方向与其所在工作平面不一致	重新确定圆弧指令

（续）

常发问题	刀具崩刃示意	可能原因	控制措施
车刀碰撞工件		对刀错误	CNC 车床重新对刀
		磨损数据输错	强化责任心，确保输入准确
车削中刀具轴传动异常		带轮松动、打滑	拆卸后做防松处理，再装配
		带轮偏离中心	校对两带轮中心，再装配
在线探测失准导致补偿错误		在线测量仪损坏	更换在线测量仪
		探针松动歪斜	涂抹螺纹胶，强化检查频次
		探针粘附积屑	增加机内监控，线外屏幕显示
毛坯尺寸提供错误		毛坯输送线混入异型产品	输送线增加防错装置，具备声光报警功能
		上道工序未加工便流入下道工序	优化 CNC 车床装卸料程序，杜绝机器人装卸料误判

（刘胜勇）

1.2.6 车削工件单轴尺寸精度控制禁忌

实际车削中，受刀具错位、传动间隙、数据异常和夹具松动等因素影响，偶发单坐标轴的加工尺寸偏离图样，造成工件报废。此种情况一旦发生于柔性制造线中，不仅造成产品损失，也会带来后道工序的无效加工，进而影响生产效率。为此，以热处理前（简称热前）盘形从动锥齿轮的车削加工为例，总结车削工件单轴尺寸控制禁忌。

热前盘形从动锥齿轮上精车削顶锥、端面、内孔与内锥的刀具轨迹如图 1-33 所示，采用的设备为 YV-500E 单柱立式数控车床。顶锥和端面 2 的车刀杆为 PCLNL2525 M12，刀片

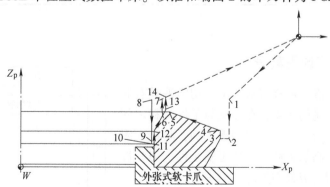

说明： ----为刀具快速移动进给； ——为刀具直线或圆弧切削进给；
→ 为刀具移动或坐标的正方向

图 1-33 热前盘形从动锥齿轮上精车削的刀具轨迹

为 CNMG120408-PF4215，刀具编号为 T07。内孔 2 和内锥的车刀杆为 A32T-DCLNR12，刀片为 CNMG120408-PM4215，刀具编号为 T09。精车削热前盘形从动锥齿轮时单轴尺寸的控制禁忌见表 1-49。

表 1-49　精车削热前盘形从动锥齿轮时单轴尺寸的控制禁忌

单轴尺寸	偶发问题	可能原因	采取措施
虚线为合格廓形	T07+Z 向尺寸低	Z 轴正向脉冲丢失	更换增量式编码器反馈线
		刀塔锁紧不到位	使锁紧到位检测开关生效
		刀尖粘附积屑瘤	改善润滑工况，优化工艺参数：加快切削速度或增大进给量等
虚线为合格廓形	T07+X 向尺寸小	X 轴负向脉冲丢失	更换增量式编码器反馈线
		X 向滚珠丝杠副反向间隙回弹	更换滚珠丝杠副，丝杠再预紧，激光干涉仪进行滚珠丝杠动态分析
虚线为合格廓形	T09+Z 向尺寸高	刀杆窜动，导致少切	重新紧固车刀杆
		刀尖破损，导致少切	优化刀片寿命，增加断刀检测
虚线为合格廓形	T09+X 向尺寸大	X 轴负向脉冲丢失	更换增量式编码器反馈线
		机床回零后，调用 T09 刀具时出现参考点漂移	紧固减速挡块；取消回零换刀限制，改为安全位置换刀

（刘胜勇）

1.2.7　车削切削液选用禁忌

加工时使用切削液，俗称湿式加工。切削液具有润滑、冷却、清洗和防锈的作用，在刀具与工件材料之间实现排屑、冷却和润滑。切削液应用得正确，将最大限度地增加产量，并提高加工精度、加工安全性、刀具性能和零件质量等。切削液分类如图 1-34 所示。

乳化液——这种油水混合物（水中的油含量为 5%～10%）是最常见的切削液介质油。某些机床使用油而不是乳化液，切削液的主要质量控制指标有黏度、闪点、

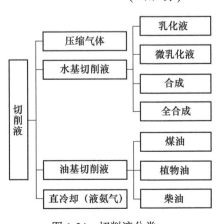

图 1-34　切削液分类

倾点、脂肪含量、硫含量、氯含量、铜片腐蚀、水分、机械杂质和四球试验等。压缩空气可用于排屑，但不能很好地散热。切削液的选用及禁忌见表 1-50；水基切削液部分成分含量的控制禁忌见表 1-51。

表 1-50　切削液选用禁忌

切削工件材质		切削液类型	说　明
误	P（钢件）	乳化液	基本无禁忌，水基及煤油根据工艺选择
	M（不锈钢）	合成切削液	合成润滑性能欠佳，不利于刀具排屑及防止粘结
	K（铸铁）	乳化液	成本较高，冷却性较差，易产生烟雾，污染环境
	N（有色金属）	全合成切削液	容易发生氧化及氯化（要求不能含氯）
	S（淬火件）	油基切削液	加工热量太大，容易着火
正	P（钢件）	水基切削液	水基切削液都适合，根据车削或铣削等工艺选择
	M（不锈钢）	微乳化液	寿命较长，性价比更好，防止粘结效果好
	K（铸铁）	全合成或煤油	性价比较高，煤油有利于排屑及加工表面
	N（有色金属）	微乳化液或煤油	有利于切削及产品防氧化
	S（淬火件）	水基切削液	更有利于防火

表 1-51　水基切削液部分成分含量的控制禁忌

质量控制点	控 制 要 点	说　明
脂肪含量（基础油）	油性添加剂，根据加工的产品及工件工艺含量不同，区分车削、铣削、攻螺纹和钻孔的工艺特点	1）含量过高会导致冷却性能降低 2）含量过高会导致冒烟，污染空气环境 3）含量过低会导致润滑性降低，防锈性能较差 4）在攻螺纹及铣削时增加其含量比例
氯含量	日本标准 JIS 规定氯含量不得超过15%，来自于极压剂氯含量，控制氯含量有利于不锈钢加工中防止粘结，氯含量过高会导致环境污染（根据加工的特点控制氯含量）	1）氯含量过高会造成接触皮肤的腐蚀，遇水或温度过高时会分解产生 HCl 而引起腐蚀、生锈 2）氯含量过低会导致润滑性能降低
硫含量（极压剂）	硫含量为 0.1% 即可产生明显的极压效果。含硫极压剂对抑制积屑瘤特别有效	1）硫含量控制在 w_s 0.1% 左右 2）切削加工不锈钢及铜件铝件等需要分开管理、使用 3）加工铝件杜绝使用
亚硝酸盐（防腐剂）	防腐剂，具有防腐性能	对人体有害，是致癌物，明确规定禁止添加

（张世君）

1.2.8　车削加工表面质量控制禁忌

在车削过程中，常见的表面不良可分为 3 种情况：积屑、振动及表面粗糙度值过高。下面分别对 3 种情况的解决方案及禁忌进行介绍。

（1）积屑　表面看上去或摸上去有间断的刀痕或切屑挤压的痕迹，解决方案及禁忌见表 1-52。

表 1-52 积屑问题解决方案及禁忌

	解决方案及禁忌		说　明
误	减慢切削速度	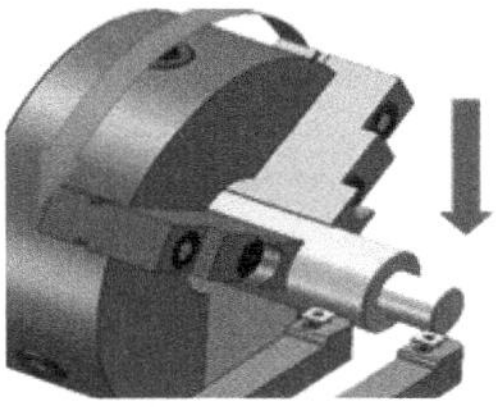	1）离心力较低，切屑抛不出来 2）过低转速导致排屑不畅，形成严重的积屑瘤 3）经济性较差，成本升高
	减小吃刀量	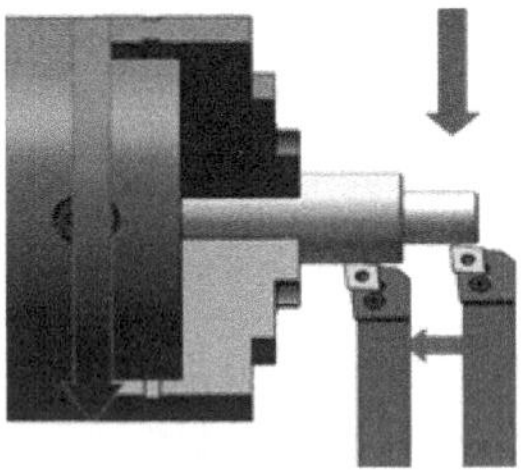	1）无法进行切削控制 2）容易产生积屑 3）容易发生过热 4）经济性差
	降低进给量	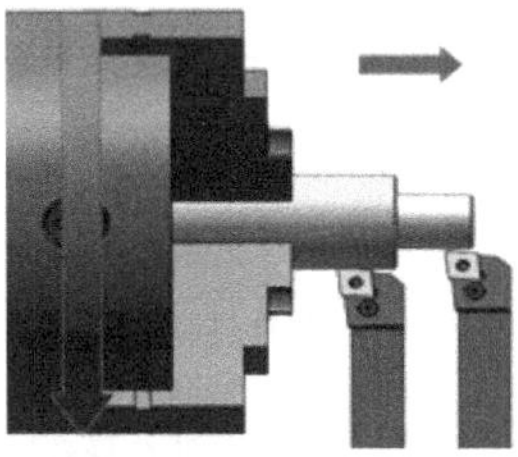	1）容易产生长切屑而发生缠绕 2）经济性差，效率较低
	较小的正前角/后角	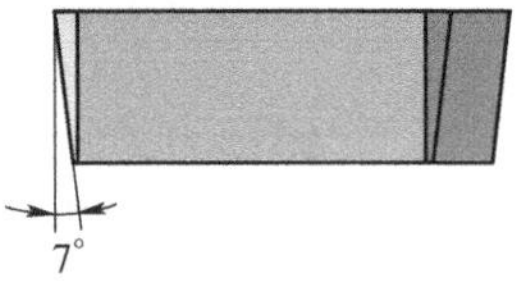	1）更容易发生排屑不畅 2）抗力增加，热量增加，产生粘刀情况 3）增加了积屑瘤几率
	较小的主偏角	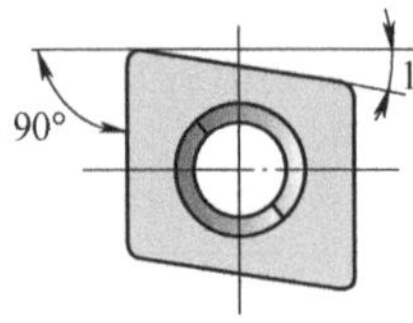	1）较小的排屑空间使排屑不畅 2）主偏角较大，会引起刀片刚性不足
正	加快切削速度	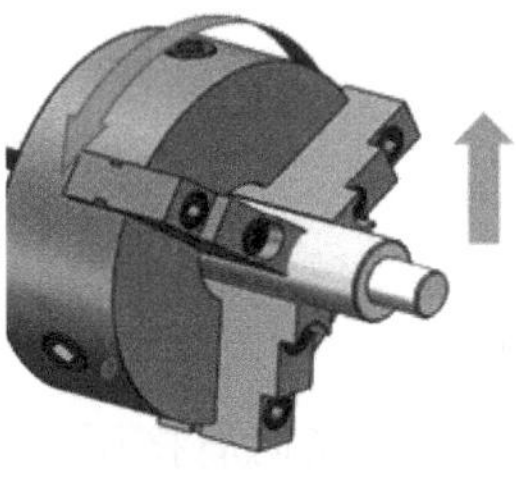	1）离心力较大，切屑容易抛甩出来 2）过高转速容易排屑，不容易形成积屑瘤 3）经济性较好，成本降低

（续）

	解决方案及禁忌		说　明
正	增大吃刀量	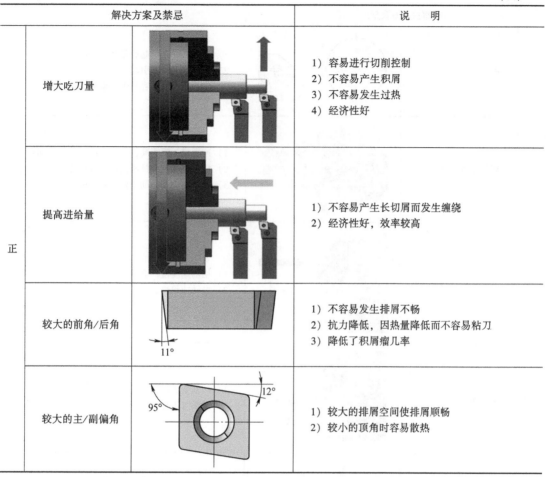	1）容易进行切削控制 2）不容易产生积屑 3）不容易发生过热 4）经济性好
	提高进给量		1）不容易产生长切屑而发生缠绕 2）经济性好，效率较高
	较大的前角/后角		1）不容易发生排屑不畅 2）抗力降低，因热量降低而不容易粘刀 3）降低了积屑瘤几率
	较大的主/副偏角		1）较大的排屑空间使排屑顺畅 2）较小的顶角时容易散热

（2）振动　刀具或刀具安装导致的振动或颤动擦痕，通常出现在使用镗杆进行内圆加工时。振动解决方案及禁忌见表 1-53。

表 1-53　振动问题解决方案及禁忌

	解决方案及禁忌		说　明
误	刀杆悬伸过长		1）刀杆悬伸过长，容易引起振动 2）振动现象造成表面振纹 3）严重时发生崩刀而撞机 4）严格控制刀杆悬伸
	刀尖圆弧半径 R_E 过大		1）R_E 过大抗力增加 2）容易引起刀杆振动 3）发生振动情况

（续）

解决方案及禁忌		说　明
误	中心高不合适	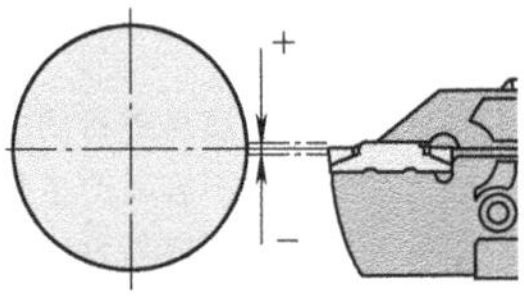 1）中心高过高引起后角磨损 2）切削抗力增加引起振刀 3）中心高过低，容易引起崩刃情况
	切削速度过快	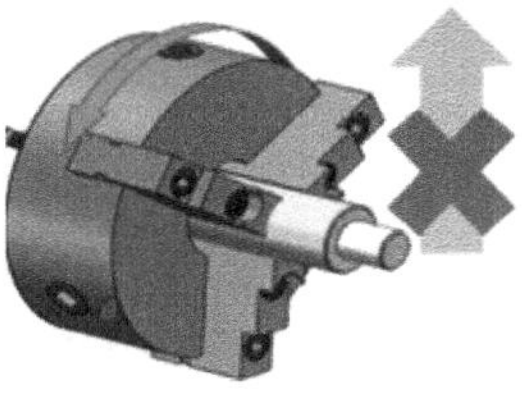 1）速度快，频率高，切削力高，引起振动 2）切削速度与刀杆刚性需要成正比 3）速度过快，切削条件变差，引起振动
	切削速度过慢	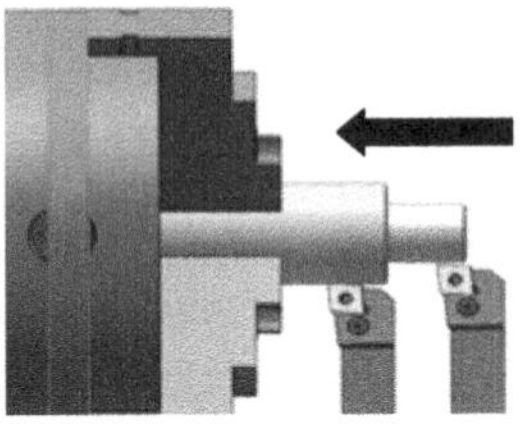 1）切削速度慢，会引起工件刀杆之间的共振 2）振动的趋势加大
	吃刀量过小	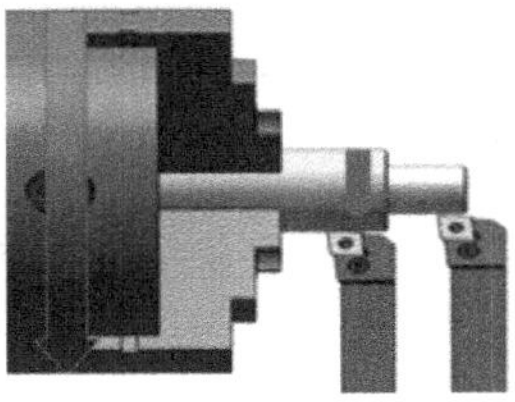 1）切削变成挤压摩擦趋势 2）刀具与工件共振
正	刀杆悬伸合适	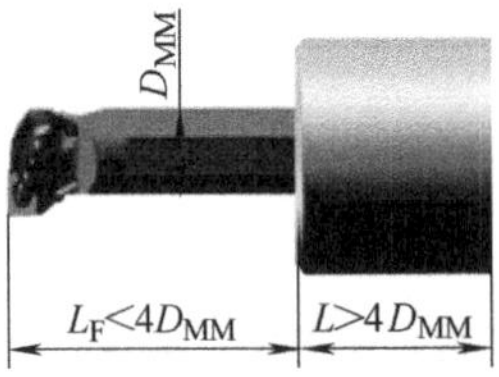 1）缩短悬伸，提高刀杆刚性 2）杜绝引起振动的刀杆因素 3）控制在合理区间 4）具体刀杆悬伸见表1-10
	刀尖圆弧半径 R_E 减小	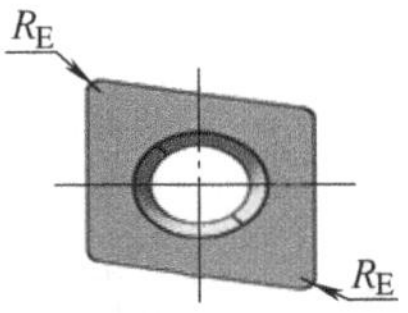 1）选择较小刀尖圆弧半径 R_E，降低切削抗力 2）排屑相对容易，切削力降低
	中心高合理调整	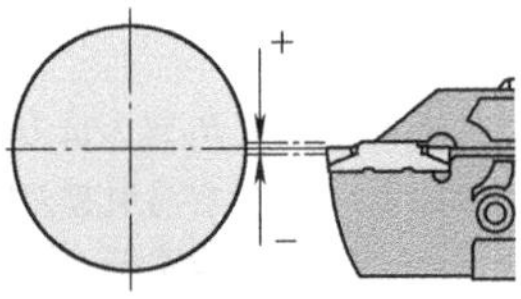 1）中心高控制±0.1mm，有利于排屑 2）修光刃刀片控制在±0.05mm 3）不容易发生后角干涉情况

（续）

解决方案及禁忌			说　　明
正	减慢切削速度	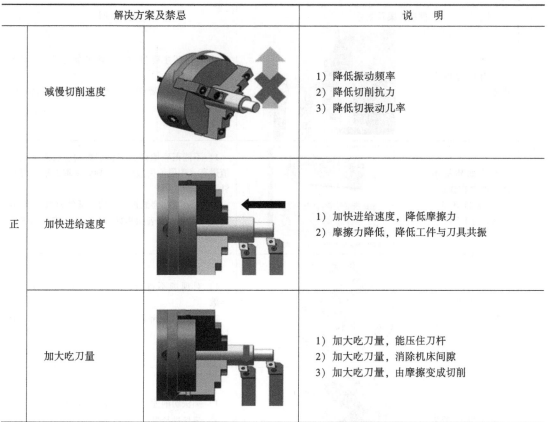	1）降低振动频率 2）降低切削抗力 3）降低切振动几率
	加快进给速度		1）加快进给速度，降低摩擦力 2）摩擦力降低，降低工件与刀具共振
	加大吃刀量		1）加大吃刀量，能压住刀杆 2）加大吃刀量，消除机床间隙 3）加大吃刀量，由摩擦变成切削

（3）表面粗糙度　表面粗糙度值过大，加工条件导致表面质量达不到要求，寻找表面粗糙度值过大的原因如图 1-35 所示。具体解决方案及禁忌见表 1-54。

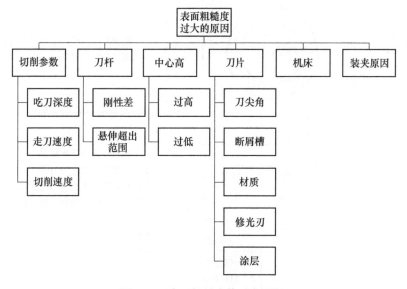

图 1-35　表面粗糙度值过高原因

表 1-54　表面粗糙度值过高的解决方案及禁忌

解决方案及禁忌		说　明
误	没有区分加工状态	1）粗加工主要目的是去除多余的材料，更关注加工效率 2）精加工主要考虑加工精度及表面粗糙度，表面要求较高
	对表面质量不良识别存在误区、测量支持不利、判别能力不足	1）不能正确地区分和识别振动、表面粗糙度值过高、积屑等失效模式，导致采取的措施没有针对性 2）没有识别表面粗糙度值高低的能力，例如：缺乏目视经验及表面粗糙度对比块、表面粗糙度测量仪器
	盲目提升切削参数	1）对现场不进行分析判别，盲目提升切削参数 2）需要对全部因素进行甄别、筛选，进行有针对性的调整
正	调整切削三要素	1）加快切削速度 v_c（加快转速 n） 2）降低进给量 3）加大吃刀量
	调整中心高	1）粗加工时，可以适当提高刀具中心高 2）精加工时，刀具中心高为 $-0.1\sim+0.1$mm
	调整刀片形状/材质	1）加大刀尖圆弧半径 R_E 2）采用带有修光刃刀片 3）断屑槽调整为轻型（S/F） 4）适当采取顶角较大的刀片 5）采取正前角刀片 6）采用带修磨刃口的刀片 7）更换符合工件材质的刀片

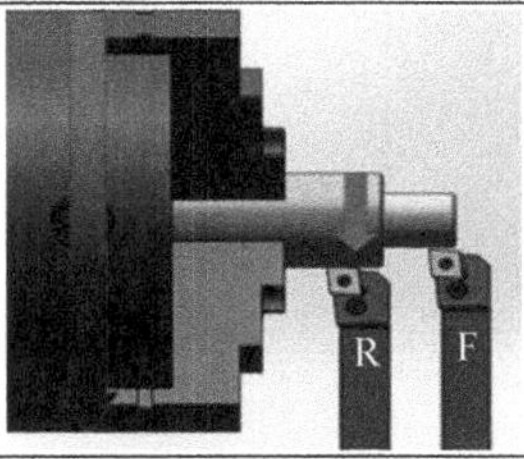

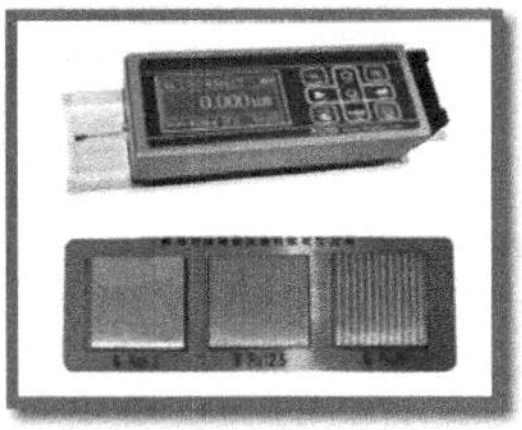

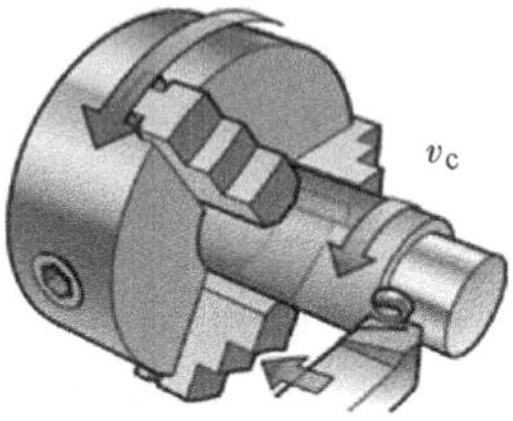

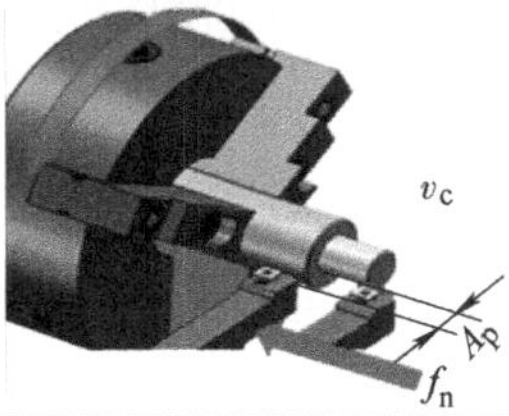

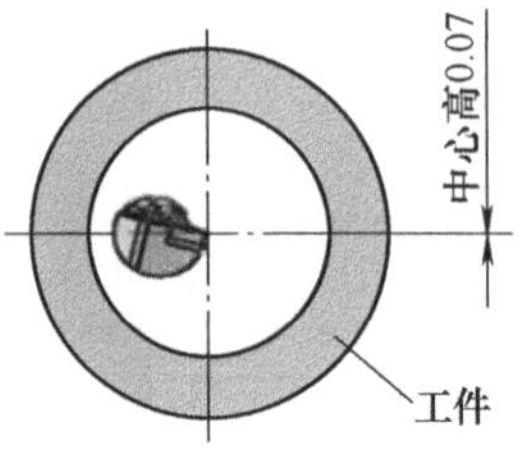

调整刀片形状/材质细项：
调整刀尖圆弧半径 R_E	加大
调整刀片	修光刃
调整断屑槽	轻型（S/F）
刀片顶角加大	推荐 C/W/R
前角	正前角
刃口	修磨
材质	符合工件材质的刀片

（续）

	解决方案及禁忌		说　明
正	冷却方式改变		1）推荐湿式冷却 2）提高冷却压力 3）改变上冷却、下冷却方式 4）采取内冷方式

（张世君）

1.2.9　CBN 刀片的冷却应用禁忌

　　一般来说，使用 CBN（立方氮化硼）硬车刀片加工时，是不需要使用切削液的。但在某些特殊场合，比如圆度、尺寸精度要求极高的时候，为了克服热变形等问题，仍然需要增加切削液。CBN 刀片的冷却场合和应用禁忌见表 1-55。

表 1-55　CBN 刀片的冷却场合和应用禁忌

	存 在 形 式	说　明
误	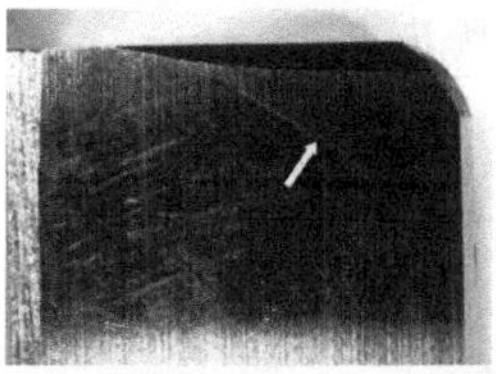	使用切削液时，注意整个加工过程均需冷却充分。不能出现一些刀片使用切削液，另一些刀片不使用切削液的情况，避免 CBN 刀片因忽冷忽热而出现热裂纹，最终导致刀片碎裂
正	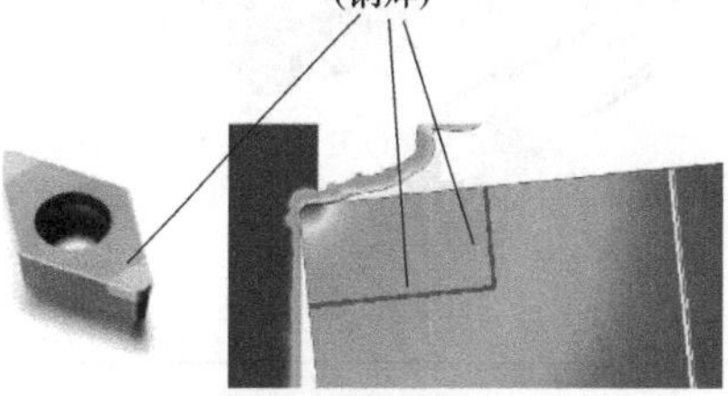 （铜焊） 	一般来说 CBN 刀粒是铜焊接在刀片上的，在无切削液时，需观察焊接位置，尽量使焊接位置远离切削热；或者选择大一型号的刀片，保证其安全性
正	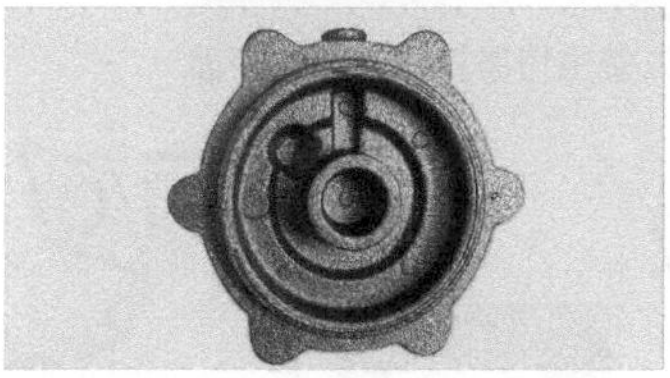	CBN 刀片还经常用于加工铸铁件，由于粗加工铸铁的冲击性较大，所以对刀片的强度要求极高。为了保证刀具的安全性，建议使用整体式 CBN 刀片

（周巍）

1.2.10　CBN 硬车加工禁忌

　　CBN（立方氮化硼）由含陶瓷或氮化钛作为黏结剂的氮化硼组成，能承受很高的切削温度，适用于高速切削。CBN 常用于淬硬钢的精加工车削，以及快切削速度下灰口铸铁的粗加工。

CBN 硬车刀具目前在汽车行业被广泛应用，主要有以下优点：大部分情况下能以车代磨，能够很容易地加工出复杂的工件形状，不需要昂贵的成形磨砂轮，不会产生磨削废料；一台设备上能够完成多道工序，减少装夹次数，降低工件加工过程中的危险系数；硬车加工出的产品拥有良好的尺寸和几何公差；无切削液等。

使用 CBN 刀具时需注意以下几点。

1) 选择正确 CBN 含量的刀具，具体刀具应用禁忌见表 1-56。

表 1-56　不同 CBN 含量的刀具应用禁忌

不同 CBN 含量的刀具	低 CBN 含量	高 CBN 含量
立方氮化硼含量（%）	40~75	75~99
黏结剂	陶瓷	金属
应用	淬硬钢 很好的抗化学磨损 低到中等强度的加工	良好的耐磨性，铸铁和粉末材料 高韧性 高强度加工

2) 避免切屑撞击已加工表面。CBN 硬车加工禁忌见表 1-57。

表 1-57　CBN 硬车加工禁忌

问　　题	解　决　办　法
刀具 CBN 含量选择不正确	根据表 1-56 选择对应的正确刀具
切屑撞击已加工表面	方法 1：使用背装（反装）方式可以避免切屑划伤已加工表面 方法 2：改变切削方向，也可以避免切屑划伤已加工表面

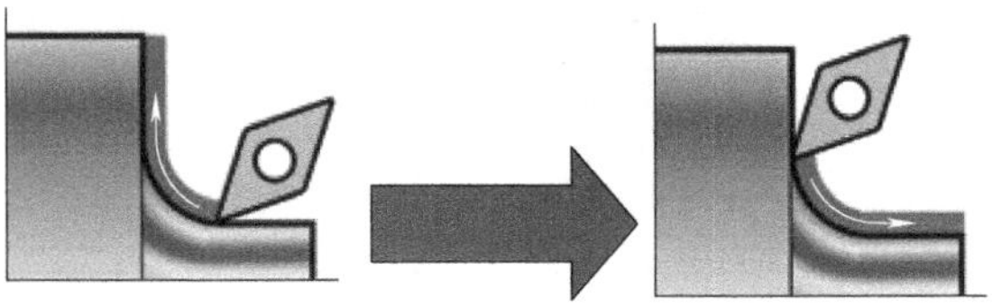

（周巍）

1.2.11 深槽车削加工方法的选用禁忌

深槽通常是指槽的深度（D）大于槽的宽度（W）5 倍以上（$D/W \geqslant 5$）的槽。部分车削中碰到宽度较小的深槽，如果刀具刚性不足，就会导致加工效率低，或者因刀具受切削力弯曲，而出现加工尺寸不稳定等问题。这类槽可以是径向槽，也可以是轴向（端面）槽，这类深槽车削加工方法的选用禁忌见表 1-58。

表 1-58 深槽车削加工方法的选用禁忌

使用分层切削法		说 明
误	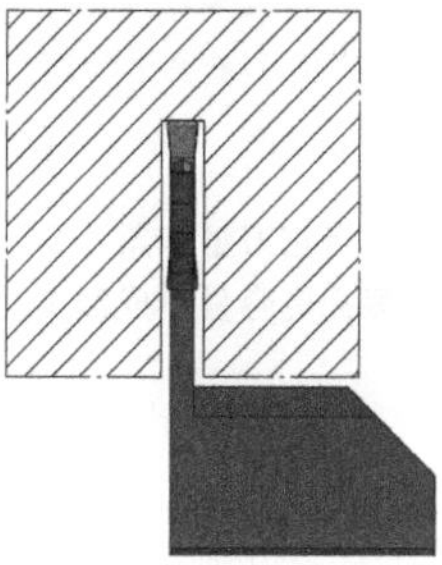	尝试单方向切削到底，可能会产生以下问题 1）切屑无法顺利排出，导致断刀 2）刀体较弱，导致切偏 3）切削热无法散发，加速刀具磨损
正	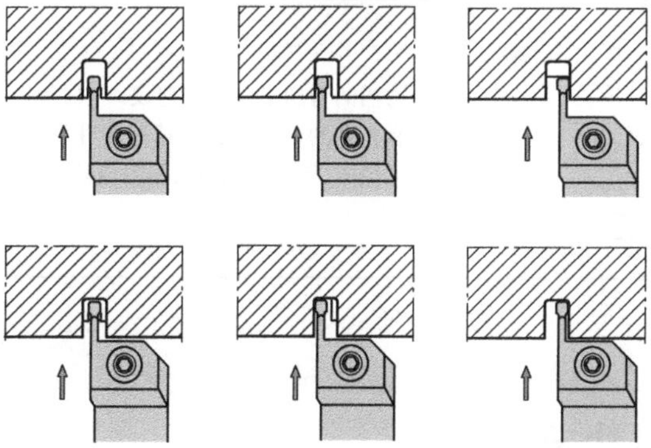	1）在被加工槽中间切一段较浅的槽 2）沿槽两侧壁切至相同的深度，再沿中间切下一深度的槽 3）沿槽的两侧壁再切至该深度 4）退出时不要快速退刀，使用正常的进给速度或略快的进给速度退刀
	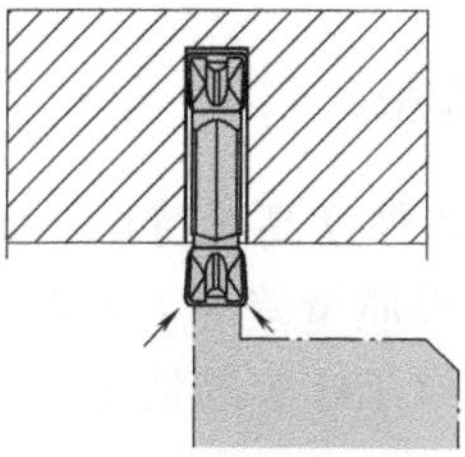	注意事项：当使用双头刀片时，须注意由于设计原因，其吃刀量受到一定限制，主要表现在后侧的刀尖干涉。加工深槽时应考虑吃刀量不应大于刀片允许的最大加工深度
	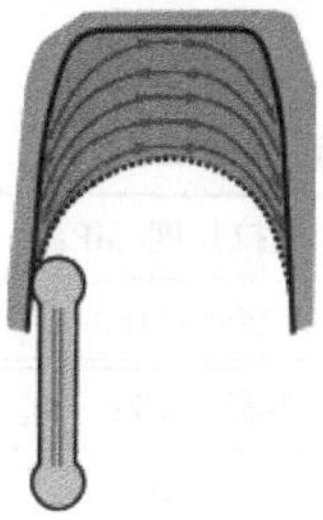	采用动力车削的方法，控制每次的平均切削量一致，实现稳定高效加工

（宋永辉）

1.2.12　高温合金精车过程吃刀量选用禁忌

高温合金加工过程中非常容易产生加工硬化层，通过与普通钢（42CrMo4）的切削性能作对比，高温合金的应变硬化率远高于普通钢。加工硬化层的力学性能会和材料原本的性能不同，因此在一些要求较高的应用领域是不允许产生加工硬化的，可以通过以下方法尽量避免加工硬化（见表1-59）。

表1-59　高温合金加工参数选用禁忌

注 意 事 项		说　　明
误	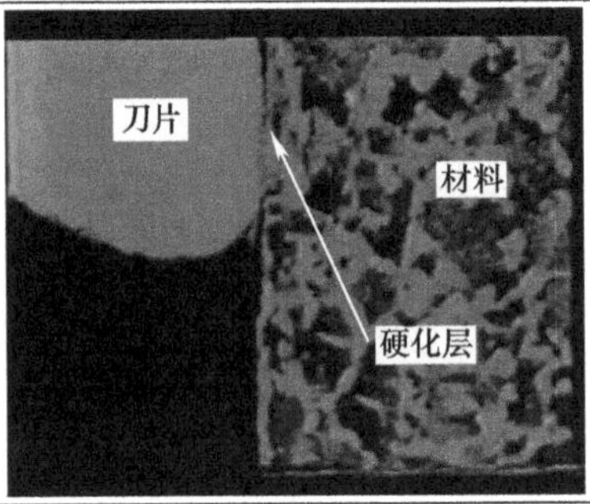	当吃刀量非常小时，刀片与材料之间产生摩擦，更容易形成加工硬化
正	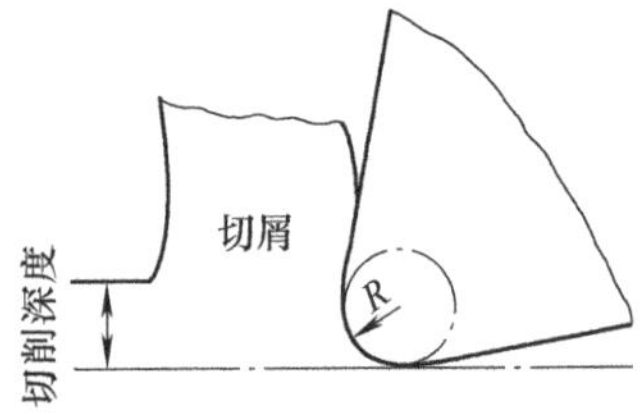	适当的精加工余量（建议>0.15mm）。当已经没有足够的余量时，可通过使用更小的刀尖圆弧半径 R_E 和更锋利的切削刃设计

（宋永辉）

1.3　特殊加工对象的车削应用禁忌

1.3.1　钛合金薄壁异形零件的车削刀具应用禁忌

钛合金具有强度（强度/密度）高、抗蚀性好及热强度高等特点，属于难加工材料，加工中存在切削效率低、刀具磨损快、排屑困难以及表面质量差等工艺难点。

钛合金材料不同类别及其加工难度如下：工业纯钛 TAI 容易切削；α 钛合金 TA7 较易切削；α+β 钛合金 TC4 较难切削；β 钛合金 TBI 很难切削。

钛合金 TC4 的物理机械特性见表1-60。

表1-60　钛合金（TC4）物理机械特性

密度/(g/cm³)	弹性模量/GPa	抗拉强度/MPa	蠕变极限/MPa
4.43	10	900~1180	830~1030
断后伸长率/%	硬度/HBW	比热容/(J/kg·K)	热导率/(W/m·K)
8~15	320	520	7.5

从表 1-60 可以看出，钛合金的物理、机械特性造成了其加工时存在如下 3 个技术难题。

1）钛合金具有比较低的弹性模量，在切削力作用下工件已加工表面容易产生回弹，在加工过程中易引发刀具振动，导致后刀面磨损加剧，直接影响零件的尺寸精度和表面粗糙度。

2）钛合金热导率和比热容都非常低，切削钛合金时，切屑与刀具前刀面接触的长度短，使切削热大量（约 75%）集中在切削刃附近的小面积内不易散发，导致局部区域切削温度过高，加快了刀具失效；同时，钛又是化学亲和力极强的元素，在加工表面易形成加工硬化层，使刀具磨损加快。

3）钛合金切削时容易与刀具发生粘结，切削温度高易产生积屑瘤，直接影响零件尺寸及表面粗糙度，甚至可能会引起刀具折断。

钛合金薄壁异形零件如图 1-36 所示，其车削禁忌及加工机床功能选择禁忌见表 1-61 和表 1-62。

图 1-36　钛合金薄壁异形零件

表 1-61　钛合金薄壁异形零件的车削禁忌

	加工问题	说　明
误	表面质量不合格	钛合金车削刀片切削角度或断屑槽型若选择不合适，易产生带状切屑，切削力大，影响已加工表面的表面粗糙度和加工效率
	选用 CVD（化学涂层）刀片，刀具磨损快，寿命短	车削钛合金时如果选用 CVD（化学涂层）刀片，切削刃锋利性差，造成刀具在切削时因高温作用下与钛合金产生亲合性，使得刀具耐磨性变差
	刀具刀片寿命短	对钛合金进行粗加工和精加工时，若吃刀量和切削余量选择得过小，使刀具磨损加快，缩短刀具寿命
	加工效率低下，产品质量差	车削钛合金时未注意切削刀具及切削参数选择，如选择参数不合适，必然造成加工效率低下，产品质量差
	加工完成后零件尺寸超差	加工完成后，在切削力作用下工件已加工表面容易产生回弹，造成零件尺寸超差
正	表面粗糙度达到图样要求	刀片断屑槽型选择合适，加工时会形成单元切屑，减小切屑对已加工表面的表面粗糙度和加工效率的影响。一般选择前角为 18° 及以上的刀片，断屑槽型为 FF 或 F1
	减缓刀具磨损速度，延长刀具使用寿命	车削钛合金时应选用 CVD（物理涂层）刀片，涂层为 TiAlN+TiN，刀具具有非常良好的耐磨性和切削刃锋利性，刀具在切削时不易因高温作用而与钛合金产生亲合性，可延长刀具寿命
	正确选择刀具的切削参数	对钛合金进行粗加工和精加工时，选择正确的吃刀量和切削余量，才能使刀具正常磨损，刀具寿命长。粗加工时刀具刀片背吃刀量 a_p 为 2.5mm，精加工时 a_p 为 0.15mm

（续）

加工问题	说　明
正 尽量选择刚性好的切削刀具	车削钛合金时尽量选择刚性好的切削刀具及最优切削参数，以提高钛合金加工效率，保证产品质量。各刀具的转速、进给量和背吃刀量如下 1）外圆粗车刀：400r/min、0.15mm/r、1.5mm 2）外圆精车刀：600r/min、0.1mm/r、0.1mm 3）多功能切刀：500r/min、0.05mm/r、9.0mm 4）内孔粗车刀：800r/min、0.08mm/r、0.5mm 5）内孔精车刀：600r/min、0.06mm/r、0.05mm 6）M24×1.5mm 内孔镗刀：800r/min、0.08mm/r、1.0mm 7）内孔槽刀：400r/min、0.03mm/r、8.0mm 8）内孔仿形刀：800r/min、0.15mm/r、0.5mm 9）螺纹退刀槽刀：800r/min、0.02mm/r、1.5mm 10）螺纹车刀：800r/min、1.5mm/r、1.7mm
零件尺寸符合图样要求	加工完成后，对零件轮廓尺寸精度要求高的轮廓，按最后一次走刀路线再加工一次，消除因钛合金弹性模量变形所造成的零件变形

表 1-62　钛合金薄壁异形零件的加工机床功能选用禁忌

机床加工现象	说　明
误 车削钛合金时零件表面有颤纹，加工时出现车床主轴负载过大、主轴过载停转的现象	因数控机床主要采用的是主轴电动机加带传动方式，故传递转矩有限，切削力大于主轴功率时，易导致车床主轴负载过大、主轴过载停转现象
数控机床装夹薄壁零件时，零件易变形	数控机床主要采用的是液压夹紧方式，夹紧力大，精加工薄壁零件时容易导致工件变形
车削钛合金时选用切削油作为切削液	车削钛合金时如果选用切削油，因切削油比热容小，切削时温度高，切削油的闪点也比较低，则切削温度高时易发生自燃
零件表面质量差，刀具磨损快	数控机床加工时若没有采用恒线速控制机床转速，易产生积屑瘤，划伤已加工表面，则达不到理想的切削效果
正 车削钛合金时应选择功率大、刚性好、振动小及有较大变速性能的数控机床	可以避免车削钛合金时零件表面有颤纹，避免加工时出现车床主轴负载过大、主轴过载停转的现象
根据零件的壁厚，把数控机床卡盘液压夹紧力调整到合适范围内	根据零件薄壁的厚度，将卡盘液压夹紧力控制在0.2~0.8bar（1bar=10^5Pa）
选用水基极压切削液	车削钛合金时应选用水基极压切削液，流量≥15L/min，因切削液比热容大，切削时能有效将刀尖处的切削温度控制在800℃以下，避免工件表面形成加工硬化层
使用恒线速控制机床	车削钛合金时必须使用恒线速控制机床转速，使不同直径的外圆和端面线速度保持一致，以达到比较理想的切削效果

（邹峰）

1. 3. 2　耐热优质合金外圆车削陶瓷刀片应用禁忌

HRSA 耐热优质合金材料可分为 3 类：镍基、铁基和铬基合金。切削加工性都比较差，特别是在时效处理情况下，这就对切削刀具提出了特殊要求。在航天航空工业中，加工被分为 3 个阶段：初始阶段加工（FSM）、中间阶段加工（ISM）和最后阶段加工（LSM）。在 LSM 中，表面的完整性是最重要的，这将限制切削速度和强调锋利切削刃的重要性，以避免形成具有不同硬度和残余应力的所谓白口层。

粗加工（初始阶段加工，FSM）可使用 CC670 陶瓷刀片（晶须增强），使用小的主偏角或圆刀片（见图 1-37~图 1-39），切削速度 v_c 可更快，但进给量 f_n 和背吃刀量 a_p 都必须减小，以获得最佳刀具寿命。陶瓷刀片常选用的刀杆形式如图 1-40 所示。

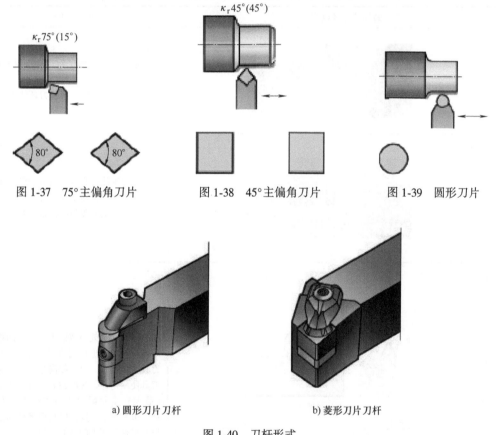

图 1-37　75°主偏角刀片　　　图 1-38　45°主偏角刀片　　　图 1-39　圆形刀片

a) 圆形刀片刀杆　　　　　　　b) 菱形刀片刀杆

图 1-40　刀杆形式

半精加工（中间阶段加工，ISM）工序使用陶瓷刀片优点最明显。可使用硅铝氧氮陶瓷刀片，此类刀片具有出色的耐沟槽磨损性，并且与硬质合金牌号相比，可以使用更快的切削速度 v_c（150~280m/min）和较高的进给量 f_n（0. 15~0. 35mm/r），但是一定要使用稳定的装夹和正确的切削液（流量比压力更重要）。获得最大生产效率的首选是 CC6060 陶瓷刀片，较不稳定工况的首选是 CC6065。在加工时效处理材料中的背吃刀量比在粗加工（FSM）工序中的背吃刀量要小一些。

用 RNGN 12、RCGX 12 等类型陶瓷刀具加工 Inconel 718 高温合金（硬度 38~46 HRC），

不同材质陶瓷刀片的起始切削参数推荐值见表1-63。

表1-63　不同陶瓷刀片的起始切削参数推荐值

牌　　号	切削速度 v_c/(m/min)	背吃刀量 a_p/mm	进给量 f_n/(mm/r)
CC670	200~250	2	0.1~0.15
CC6060	250~300	2~3	0.15~0.2
CC6065	200~250	2~3	0.15~0.2

加工耐热优质合金材料时要使用正确的加晶须的合成型陶瓷刀片，供给充足的冷却水、确保屑流无阻、工艺系统稳固及无振动倾向，尽量避免断续车削，具体应用禁忌见表1-64。

表1-64　HRSA 耐热优质合金外圆车削用陶瓷刀片应用禁忌

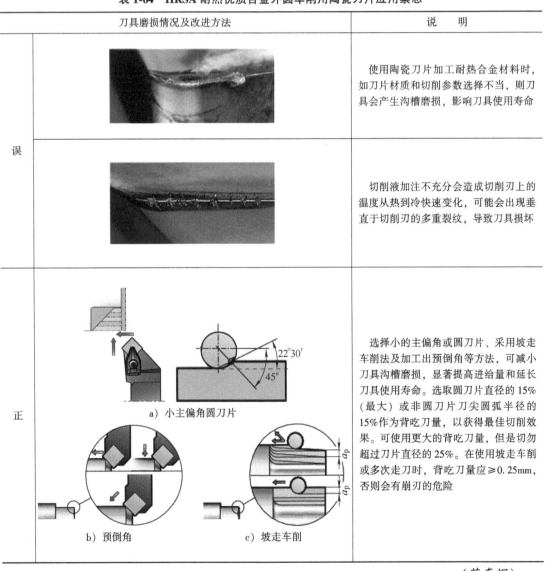

刀具磨损情况及改进方法	说　　明
误	使用陶瓷刀片加工耐热合金材料时，如刀片材质和切削参数选择不当，则刀具会产生沟槽磨损，影响刀具使用寿命
	切削液加注不充分会造成切削刃上的温度从热到冷快速变化，可能会出现垂直于切削刃的多重裂纹，导致刀具损坏
正 a) 小主偏角圆刀片 b) 预倒角　c) 坡走车削	选择小的主偏角或圆刀片、采用坡走车削法及加工出预倒角等方法，可减小刀具沟槽磨损，显著提高进给量和延长刀具使用寿命。选取圆刀片直径的15%（最大）或非圆刀片刀尖圆弧半径的15%作为背吃刀量，以获得最佳切削效果。可使用更大的背吃刀量，但是切勿超过刀片直径的25%。在使用坡走车削或多次走刀时，背吃刀量应≥0.25mm，否则会有崩刃的危险

（范存辉）

1.3.3　精确高压内冷外圆车削刀具加工钛合金应用禁忌

按照钛成分的结构，钛合金可分为 α、α-β 和 β 钛合金 3 类，其中 α 钛合金的机械加工性能最好。从 α-β 到 β 钛合金，加工性能越来越差。由于钛合金材料具有变形系数小，切削温度高，单位面积上的切削力大，冷硬现象严重，以及刀具易磨损等切削特性，所以要求刀具材质具有抗磨性、抗塑变、抗氧化、高强度及刃口锋利等特点。

由于钛合金导热系数很小，切削产生的大部分热量都传送到刀具上，所以切屑与刀具接触面的切削温度非常高。当车削钛合金时应始终使用切削液，切削液流量应该大并且直接喷向切削刃，但传统的切削液喷管装置始终使刀片的最小区域暴露在冷却区之外，大量的切屑阻碍了切削液到达刀片切削区域，使切削液无法穿透切屑和刀片之间。使用高精度切削液供应技术，切削液可穿透热影响区，可更有效地冷却刀片，不仅可以实现完全的切屑控制和温度控制，切削速度可以加快 20%，刀具寿命可延长 50%，还可显著改善断屑。精确高压冷却和传统切削液喷管冷却的对比如图 1-41 所示。

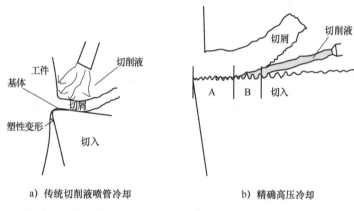

a) 传统切削液喷管冷却　　　　　　　b) 精确高压冷却

图 1-41　两种冷却方式示意

使用精确高压内冷刀具加工钛合金材料可以使切削液穿透热影响区，可更有效地冷却刀片，降低切屑和刀片接触面积，降低切削热，提高加工效率，延长刀具寿命。但此类刀具对机床及切削液的选用有一些特殊要求，具体应用禁忌见表 1-65。

表 1-65　精确高压内冷外圆车削刀具加工钛合金应用禁忌

使用条件与情况	说　　明
误　 a) 使用普通切削液箱中含氯的切削液	如果使用含氯的切削液，切削过程中在高温下将分解释放出氢气，被钛吸收引起氢脆，也可能引起钛合金高温应力腐蚀开裂。普通切削液箱没有过滤装置，切削液中的杂质都会通过刀具的冷却孔作用在切削区域，杂质会被重复切削，杂质的体积越大，整个循环中的切削液中被重复切削的杂质也会越多，对刀具的磨损和工件的加工影响也就越明显

（续）

使用条件与情况		说　明
正	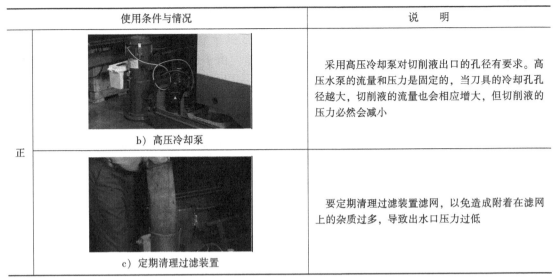b）高压冷却泵	采用高压冷却泵对切削液出口的孔径有要求。高压水泵的流量和压力是固定的，当刀具的冷却孔孔径越大，切削液的流量也会相应增大，但切削液的压力必然会减小
	c）定期清理过滤装置	要定期清理过滤装置滤网，以免造成附着在滤网上的杂质过多，导致出水口压力过低

（范存辉）

1.3.4　环氧件车削刀具应用禁忌

　　环氧件复合材料是玻璃纤维和一定比例的树脂粘合，然后经加温加压制作而成。其在常温下力学性能好，在高温下电气绝缘性能稳定，环氧零件加工及零件实物如图 1-42 所示。环氧件在切削加工过程中，影响刀具寿命的因素和金属材料加工一样，主要有切削热、切削刀和接触的摩擦力。另外，环氧件复合材料里有玻璃纤维硬质点，类似于砂轮中的砂粒，对刀具切削刃口进行研磨，使刀具磨损加快，工件起层、掉渣、粉尘严重。它的切削加工完全不同于金属材料的切削加工，其导热性比金属材料小得多，车削加工时散热条件差，加工效率低，产品质量不稳定。环氧件在切削加工中，刀具几何形状决定了其切削性能，刀具材料决定其使用寿命。加工环氧件时，刀具材料是其切削性能的一个决定因素，必须合理选择刀具材料。根据其加工特点，要求刀具材料和刀具几何参数相对合理，既要耐磨、锋利，又要散热条件好，才能有效地加工，达到理想的刀具寿命。在实际加工过程当中应注意以下禁忌，具体见表 1-66。

a）环氧零件加工　　　　　　　　　　　　b）零件实物

图 1-42　环氧零件加工及零件实物

表 1-66　环氧件车削刀具应用禁忌

事　项	分　析
刀具材料的选择	不同材料的切削刀具对环氧件进行车削加工会产生不同加工效果。为获得较高的表面质量，延长刀具寿命及提高加工经济性，宜选用硬质合金刀具材料（YG8、YG6、YG6X、YG3 及 YG3X）和人造金刚石（PCD）材料等。表面质量精度要求较高时，不宜选用高速钢 W18Cr4V、W6Mo5Cr4V2 和涂层硬质合 YBC251 刀具材料 　　选择正确的加工环氧件刀具材料，不仅可以满足产品的加工精度和技术要求，还能大大提升切削效率和减少不必要的切削加工成本
加工禁忌	1）车削环氧零件时，应考虑刀具材料的耐磨性和刀具硬度，这样可以有效避免工件加工表面质量不良和刀具刃口卷刃现象。当刀具刃口卷刃时，会导致车刀车削性能下降，影响加工质量及自身寿命和可靠性 　　2）当选用涂层硬质合刀具车削时，应考虑刀具表面涂层材料与环氧件中的硬质玻璃纤维产生互相研磨，避免加工表面质量不良和刀具非正常磨损现象 　　3）当需获得较低的表面粗糙度值时，宜选用硬度高、综合性能较稳定的人造金刚石（PCD）刀具材料，此种刀具解决了传统刀具不耐磨的问题，选取合理的切削工艺参数进行加工，可以稳定切削，提高加工效率，降低加工成本，提高零件的加工质量，甚至可以实现"以车代磨"的功能。人造金刚石（PCD）刀具一种很好的环氧件加工刀具

（常文卫、邹毅）

1.3.5　铝合金薄壁半球壳体车削禁忌

　　铝合金薄壁半球壳体毛坯一般采用模压与焊接制坯，毛坯内外表面需要采用数控车床车削成形。铝合金薄壁半球壳体由于壁薄、刚性差，所以在车削过程中需考虑工艺系统的刚性，防止工件变形与车削过程中发生弹刀现象，确保工件的壁厚与工件表面的表面粗糙度满足加工要求。车削铝合金薄壁半球壳体忌直接夹持或压紧工件，正确的做法是制作专用的型胎，夹压工件，以确保加工过程中工艺系统的刚性。具体车削禁忌见表 1-67。

表 1-67　铝合金薄壁半球壳体车削禁忌

	装夹方式		说　明
误	直接压紧	刀柄　圆形刀片　16处螺钉固定 进刀方向 理论轮廓　毛坯	直接夹持或压紧工件，铝合金薄壁半球壳体处于无支持状态，整体工艺系统刚性差，易出现工件变形。车削过程易发生弹刀现象，致使工件的壁厚与工件表面的表面质量难以保证

（续）

装夹方式		说　明
正	制作专用的型胎，夹压工件 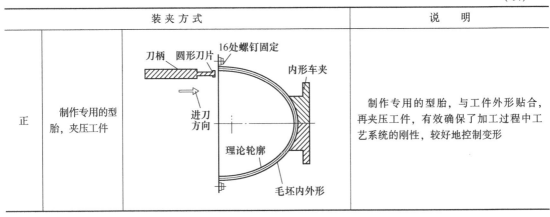	制作专用的型胎，与工件外形贴合，再夹压工件，有效确保了加工过程中工艺系统的刚性，较好地控制变形

（王华侨）

1.3.6　镁合金铸件车削刀具及切削参数选用禁忌

　　镁合金是以镁为基加入其他元素组成的合金。其特点是密度低、比强度和比刚度高、减振性能好、导电导热性能良好、工艺性能良好、耐蚀性差、易于氧化燃烧以及耐热性差。在实用金属中是最轻的，其密度大约是铝的2/3，是铁的1/4，主要用于航空、航天、运输和化工等行业。图1-43所示为镁合金铸造飞机轮毂的车削加工。

　　基于镁合金特点，特别是其耐蚀性差、易于氧化燃烧及耐热性差的特点，在车削时需要注意刀具和切削参数的合理选择。具体选用禁忌见表1-68。

图1-43　镁合金铸造飞机轮毂的车削加工

表1-68　镁合金铸件车削刀具及切削参数选用禁忌

选择刀具及切削参数切屑的表现形式			说　明
误	粗车切屑		车削时若未优先考虑切屑形状和排出，选择刀具和切削参数不合适，则可能引起切屑堵塞及被加工表面的表面质量不良
	精车切屑		此种切屑堵塞可能会造成排屑不畅及产生切削区域高温，从而影响车削质量和可靠性，甚至产生火灾事故
正	粗车切屑		为获得良好的切削形式和车削质量，需要选择合适的刀具和合理的切削参数，不要让刀具中途停顿在工件上，并及时排屑 实际生产中，选用刀具要求锋利并兼具强度。粗车时：一般吃刀量≥2mm，切削速度≤220m/min，进给量≥0.1mm/r，以不出现崩碎屑为佳
	精车切屑		精车时：一般吃刀量≥0.3mm，切削速度≤220m/min，进给量≥0.1mm/r，以切削顺畅、不产生积屑瘤为佳

（李创奇）

1.3.7 钨铜合金加工中车刀应用禁忌

钨铜合金是一种由体立方结构的钨和面立方结构的铜所组成的既不相互固溶又不形成金属化合物的两种独立混合组织，通常称为伪合金，其铜含量一般为 10%～50%，弹性模量 $E=239.79\mathrm{GPa}$，硬度约 28HRC。因它既具有钨的高强度、高硬度、低膨胀系数等特性，又具有铜的高塑性、良好的导电导热性等特性，导致零件加工难度大，废品率高。钨铜合金加工中车刀应用禁忌见表 1-69。

表 1-69 钨铜合金加工中车刀应用禁忌

	刀 具	说 明
误	车削加工钨铜合金零件尺寸精度、表面质量差，产品质量不合格 	1）钨铜合金材料毛坯为非常不规则圆棒，车削加工时易发生窜动，造成外圆柱面加工过程中产生锥度 2）钨铜合金材料的性质比较特殊，它既具有钨的高强度、高硬度、低膨胀系数等特性，同时又具有铜的高塑性，如果采用的刀具、切削方法和切削参数不正确，外圆柱面加工过程中会产生锥度 3）钨铜合金材料切削时，刀尖和工件上会产生比较高的温度，如不及时冷却，将导致外圆柱面加工过程中产生锥度 4）刀具切削参数选择不合理
正	车削加工钨铜合金零件尺寸精度、表面质量好，产品质量合格	1）增加毛坯棒料粗加工工序，保证棒料公差等级在 H8 以内 2）加工零件时，先要分半精加工和精加工选择刀具。SCLCR202OK09 刀杆精加工时选择 CCPT09T302-HP KC5010 刀片，半精加工时选择 CCMT09T304-LF KC5010 刀片。其刀杆刚性好，主偏角为 95°且刀片为正前角 20°，物理涂层（PVD）结构为（Ti，Al）N+TiN，韧性、耐磨性好，切削锋利，加工硬度为 40HRC 半精加工编程时，刀具应按斜线方式运动，此种加工方法能有效避免切削时，因反复锤击刀片相同部位而造成刀片刀尖快速磨损，影响零件加工质量 3）依据钨铜合金材质特性，切削液采用水溶性极压切削液。切削液的比热大，能迅速带走工件和切屑上的热量，同时外冷时应使切削液对准刀尖部位，使加工部位得到快速充分冷却，以减小切削时切削热对刀片刀尖的影响，避免产生锥度，延长刀具使用寿命 4）合理选择切削参数：SCLCR202OK09 刀杆外圆精加工选择 CCPT09T302-HP KC5010 刀片，采用转速 3000r/min、进给量 0.12mm/r、吃刀量 0.5mm；外圆半精加工选择 CCMT09T304-LF KC5010 刀片，采用转速 3500r/min、进给量 0.08mm/r、吃刀量 0.1mm

（邹峰）

1.3.8 R 型圆弧车刀在整体轮加工中的应用禁忌

1. 整体轮加工简述

整体轮在机车转向架中担负着机车导向作用，又是整车中受力大、工作条件异常恶劣的关键部件，其质量状态直接影响机车的安全运行。整体轮加工中，由于直径和加工余量大、材料硬，导致刀具易磨损，尺寸精度不稳定，表面质量难达到设计要求，生产效率无法提高。针对大型锻件零件加工，怎样合理地选择加工刀具和切削参数是实现整体轮高效、低耗、高质量加工的关键。

德国进口锻件整体轮毛坯件如图 1-44 所示，毛坯质量约为 1000kg，锻件的孔与外圆偏心较为严重。由于内外圆的偏心和轮廓直径加工余量大，且轮坯表面附着硬度很高的氧化层及深陷的钢印号，使整个切削成为具有较大冲击负荷的间断切削环境，切削刃很容易损坏，因此延长刀具的寿命和保持正常切削成为亟待解决的问题。

2. 常用圆弧车刀（R 型圆弧车刀）的结构及材料

圆弧车刀（R 型圆弧车刀）由圆弧刀片和刀体两部分组成，如图 1-45 所示。一般刀体材料选用铬钼合金钢，其中刀头圆弧刀片材料采用硬质合金，夹紧螺钉一般选用 SCM435 合金钢。此刀具适用于强力车削和仿形加工。

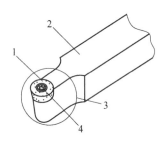

图 1-44　德国进口锻件整体轮毛坯件　　　图 1-45　圆弧机夹可转位车刀
1—圆弧刀片　2—刀体　3—刀头　4—夹紧螺钉

3. R 型圆弧车刀在整体轮实例加工中的应用与禁忌

（1）整体轮材料　整体轮材料等相关信息见表 1-70。通过了解整体轮材质及硬度，在粗加工较大的锻件毛坯时，会优先考虑刀具材料应具有较好的切削性能，因此在整体轮粗加工中应尽量选用优质高效刀具，才能充分发挥数控机床的高效率。

表 1-70　整体轮材料相关信息

零件名称	出　产　地	材　　质	牌　　号	硬　　度
整体轮	德国	车轮钢	R8T	280HBW

（2）R 型圆弧车刀的优选性能比较及选用禁忌　使用 $\phi20mm$ 和 $\phi28mm$ 涂层硬质合金刀片加工整体轮时，两种刀片切削三要素的比较见表 1-71。

表 1-71　两种刀片实际加工中切削三要素的比较

刀片规格 /mm	进给量 f_n/(mm/r)	背吃刀量 a_p/mm	切削速度 v_c/(m/min)	工件直径 D/mm	转速 n/ (r/min)
$\phi28$	0.4~0.6	4~5	67.8	360	60
$\phi20$	0.7~1	5~9	90.4	360	80

$\phi20mm$ 的小直径圆弧车刀及刀具组件如图 1-46 所示。R 型圆弧车刀的使用禁忌见表 1-72。

| a)刀具实物 | b)螺钉 | c)圆弧刀片 |

图 1-46 φ20mm 的小直径圆弧车刀及刀具组件

表 1-72 R 型圆弧车刀应用禁忌

禁忌内容		说 明
误	φ28mm R 型圆弧刀杆	R 型圆弧车刀是针对机车整体轮坯料的特点而选用的。当加工类似产品时，若零件直径较小，表面质量高且表面不规则，忌选用大直径 R 型圆弧车刀；如果表面规则且是仿形轮廓，则应选用涂层硬质合金的小直径圆弧刀具 目前在国内外轨道交通制造过程中，常出现锻打零件和整体轮零件的加工，如果 R 型圆弧车刀的性能不高、操作使用不当，就会导致产品报废或者产品质量出现问题
正	φ20mm R 型圆弧刀杆	此刀具刀片直径小，切削时刀片接触面积小，因而降低了切削抗力，无振刀现象，对机床损耗小 刀片材料为涂层硬质合金，具有表面硬度高、耐磨性好，能承受高速切削和强力切削等特点 切削效率高，切削时刀具寿命比未涂层刀具寿命延长 3~4 倍以上。由于消除了振动，所以切削速度加快 20%~70%，加工精度高 0.5~1 级，刀具消耗费用降低 20%~50%

1）当锻件余量较大时，往往需要多层车削。切削时，应避免切削刃直接接触锻件表面氧化皮或者坯件的表面；同时，背吃刀量应满足 $3mm \leqslant a_p \leqslant 8mm$，这样不仅能够提高刀具的切削性能，还能提高零件的生产效率。

2）R 型圆弧车刀属于重型切削的一种，禁止在接触面积大、切削抗力大的场合切削，避免零件表面、机床振刀现象，防止机床受损。

3）刀具安装时，刀体伸出尽可能短，夹紧必需牢固、稳定，避免加工过程中刀具松动和振刀引起刀具崩裂和"扎刀"现象。

4）由于刀片材料为涂层硬质合金，具有表面硬度高、耐磨性好等特点，因此在车削过程中，要合理使用切削液，降低切削热，使车削过程保持在充分冷却润滑的环境下，从而使刀具充分发挥高速、强力切削等优越性，严格禁止不用切削液的"干切削现象"。

5）R 型圆弧车刀从选型、试验、数据比较等几个阶段的验证，能够在各种车型机车整体轮产品上进行重切削加工，推动了锻件整体轮坯件切削的进步。

（邹毅）

1.3.9 钛合金加工参数选用禁忌

钛合金由于具有密度小、强度高、耐腐蚀等诸多优点，因此被广泛应用在各行各业，尤其是在航空航天领域。随着航空器的性能越来越高，很多零件采用钛合金代替铝合金，但两种材料的切削性能却截然不同。加工钛合金时，因未正确使用切削参数而容易导致机床内着火。钛合金加工参数选择禁忌见表1-73。

表1-73　钛合金加工参数选用禁忌

问　题	原　因	解 决 办 法
未正确使用切削参数而导致机床内着火	1）钛合金材料的热导率极低，切削热量无法被切屑带走 2）切削参数不合理，采用了非常快的切削速度，但切削量小和进给速度又非常低 3）使用了油性冷却介质，使加工区域有燃烧介质	1）使用更好的冷却方法，例如 Jetstream© 系列刀具 2）合理的切削参数 3）使用水溶性切削液

Jetstream© 系列刀具（见图1-47）是通过刀体内的复杂机构将切削液引导至刀尖的前刀面位置，集中喷射在产生切削热的刀尖部位，从而实现最佳冷却效果。精加工时应选择精加工导流器，使切削液更接近刀尖位置，实现更好的冷却效果。

图1-47　Jetstream© 系列刀具

（宋永辉）

1.4　其他禁忌

1.4.1　干式车削抛丸件防火禁忌

在汽车行业内，锥齿轮、磨削轴等零部件大都先进行渗碳淬火处理，以提高钢材的强度和硬度；然后进行抛丸处理，以增大淬火件的抗拉强度并提高表面硬度 1~2HRC；最后经由磨削工艺的替代方式——高精度车削实现产品配合表面/内孔的切削加工。在以车代磨抛丸件的干式加工中，车削平面/内孔会产生大量的易燃性粉尘（成分：碳粉71%，铁粉26.2%，其他物质2.8%，其中碳粉最具易燃性。粉尘的自燃温度为480℃），积聚在 CNC 车床不易清理的旮旯内。一旦干式切削产生飞溅性火花，或者车床内电缆线短路见明火，则会引燃堆积粉尘。被引燃的粉尘起初是看不见的，仅有粉尘变色、表面高温，待达到自燃温度后，迅速燃烧，乃至引发火灾。无论是单台 CNC 车床，还是嵌有此类工序的智能化生产线，比如锥齿轮副智能化生产线（见图1-48），失火都是非常危险的，也是严格禁止的。为此，以从动锥齿轮热后车削端面和内孔为例，给出干式车削抛丸件严禁失火的控制禁忌（见表1-74）。

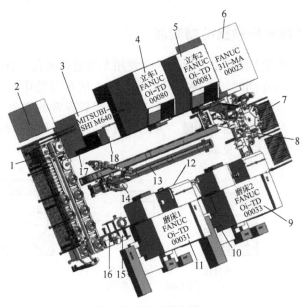

图 1-48　锥齿轮副智能化生产线

1—上料装置　2—电控柜　3—卧式车床　4、5—立式车床　6—研齿机　7—下料装置　8—姿态转换台　9、11—外圆磨床
10—自动测量机　12、17、18—缓料台　13—地轨　14—机器人　15、16—抽检台

表 1-74　干式车削抛丸件严禁失火的控制禁忌

可能原因	图 形 示 意	针 对 措 施
车削产生的团状切屑缠附刀具	a) 平面和内孔车削图样 b) 团状切屑缠附刀具	降低 A50UMCLNR12 内孔车刀的切削速度 $v_c = 110\text{m/min}$
		提高 CNGA120408S-01525-L1BCBN160C 车刀片的进给量 $f_n = 0.1\text{mm/r}$
		两把刀车削改为一把刀车削，增大吃刀量
		减小刀尖圆弧半径 R_E，兼顾表面粗糙度值（算术平均值偏差）Ra，注意 X、Z 方向的刀尖补正量 ΔX 和 ΔZ
		优化车刀片使用寿命（平均加工数）：内孔 140 件/片，端面 60 件/片；固化工艺文件
干式切削增加刀尖风冷	c) 干切出现飞溅性火花	利用机床原有湿式切削管路，增加电路和 PLC 控制，实现 M 代码控制刀尖吹气开/关
提高排屑机效率		循环起动后先运行排屑机，切削结束延时关停排屑机，以排空残屑
强化清扫频次	d) 刀片崩刃	要求每班次后，清理机床旮旯内粉尘屑
新刀片	e) 刀片磨损	采用高硬度材料干式切削的 CBN 刀片

（刘胜勇）

1.4.2 内圆车削时接长杆颤振控制禁忌

对于盘套、小型支架等类的零部件，一般会使用车床进行通孔、盲孔、槽及内凹槽的切削，如图 1-49 所示。内圆车削时，夹持在刀架或刀塔上的车刀受切削参数、刀杆悬伸量以及目标件的刚性和孔径等影响，会出现接长杆颤振和排屑异常的现象，造成内圆表面有波纹、内圆尺寸带锥度、刀尖积屑瘤等问题。为此，结合内圆车刀的选择和应用方式，给出内圆车削时接长杆颤振控制禁忌（见表 1-75）。

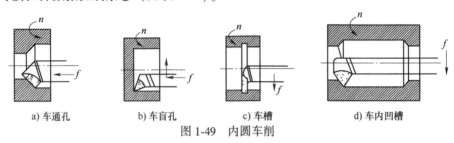

| a) 车通孔 | b) 车盲孔 | c) 车槽 | d) 车内凹槽 |

图 1-49 内圆车削

表 1-75 内圆车削时接长杆颤振控制禁忌

可能原因	图形示意	针对措施
内圆刀具刚度差		结合目标件孔径，采用尽可能大的直径 D 和尽可能短的悬伸量 l，务必保证刀杆与孔间留有足够的排屑空间 $D=32\text{mm}$ 的整体式钢制刀杆在平均切削力 $F=1.6\text{kN}$ 作用力下，$l=12\,D$ 时，颤斜量 $\delta=2.7\text{mm}$；$l=4D$ 时，颤斜量 $\delta=1\text{mm}$
刀杆夹紧长度错误		内圆刀杆夹紧于带夹套的刀柄内时，夹紧长度为（3~4）D
		压紧刀杆务必做到整体支承，刀杆圆周处于完全夹紧状态，以获得最高稳定性
切削参数不匹配导致切屑缠附在刀杆上	过短切屑 机床高功率 刀杆颤振 刀片月牙洼 a) 过短切屑的伴随状况 团状长屑 负载异常 刀杆缠屑 b) 团状切屑的伴随状况 短螺旋屑 排屑顺畅 负载均衡 良好表面 c) 短螺旋屑的伴随状况	采用湿式切削，刀尖降温、冲洗切屑
		换用山高 Jetstream Tooling 飞流刀具，将切削液以高压射流形式送达切削刃部位
		附加压缩空气吹屑，经主轴通孔另一侧出屑
		采用新的车削工艺——倒立式车削（工件不动、刀具旋转），使切屑远离切削刃
		减慢切削速度 v_c，获得较短螺旋切屑
		提高进给量 f_n，杜绝过短切屑或团状长屑
		采用小型号的内圆切削头，增大容屑空间

（续）

可 能 原 因	图 形 示 意	针 对 措 施
刀具主偏角不当	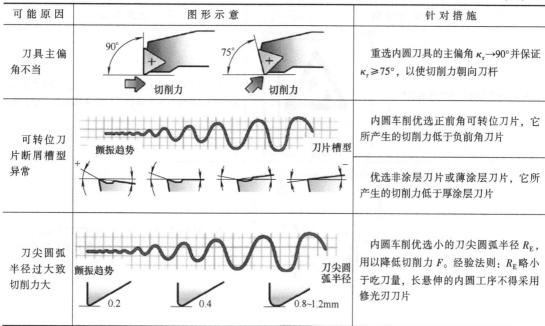	重选内圆刀具的主偏角 $\kappa_r \to 90°$ 并保证 $\kappa_r \geqslant 75°$，以使切削力朝向刀杆
可转位刀片断屑槽型异常		内圆车削优选正前角可转位刀片，它所产生的切削力低于负前角刀片
		优选非涂层刀片或薄涂层刀片，它所产生的切削力低于厚涂层刀片
刀尖圆弧半径过大致切削力大		内圆车削优选小的刀尖圆弧半径 R_E，用以降低切削力 F。经验法则：R_E 略小于吃刀量，长悬伸的内圆工序不得采用修光刃刀片

（刘胜勇）

1.4.3　硬质合金刀具安全防护禁忌

硬质合金刀具在加工中担任着非常重要的任务，因此在使用过程中需要注意事项较多，见表 1-76。

表 1-76　硬质合金刀具在使用过程中安全防护禁忌

安 全 问 题	防 护 办 法
直接触摸锐利的切刃可能导致伤害	 刀具尖角锋利，戴手套保护，轻拿轻放，不要裸手触摸锋利的切削刃等部位
不当的工作条件可能导致刀具破损或碎片四溅	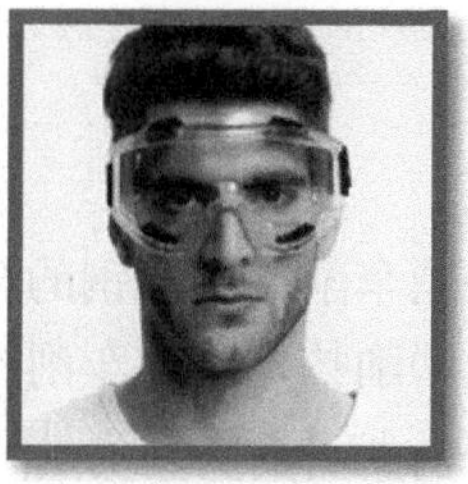 始终把安全放在第一位，按照 SOP 执行规范操作

（续）

安 全 问 题		防 护 办 法
容易灼伤或烫伤身体任何部位	 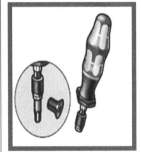	空冷或干切削的刀具不能直接碰触，否则可能导致烫伤，要做好安全防护，严格佩戴手套、防护镜
如刀片或部件安装不良，可能会发生掉落或四散并造成伤害		完全按照规范执行，安装完毕检查确认后使用，特别是高速使用的刀具。损坏的螺钉旋具杆及时维修更换
操作时产生的热火花或高温切屑可能导致烧伤		佩戴安全防护，关闭安全门，不要轻易打开或在加工过程中打开安全门。杜绝用裸手触摸刀具及工件
安装刀片前未清洁安装面和紧固件		碎屑会导致精度下降及失效，包括微小碎屑会导致螺纹失效

（张世君）

1.4.4　CBN 硬车削毛坯防护禁忌

近些年，硬车削技术得到了快速发展。硬车削指淬硬钢的车削，其作为最终加工或精加工的工艺方法，可用来替代目前普遍采用的磨削技术。硬车削技术在汽车工业领域应用极为广泛，常用于发动机、变速器、传动轴的热后加工，硬车削加工温度模拟情况如图 1-50 所示。硬车削加工禁忌见表 1-77。

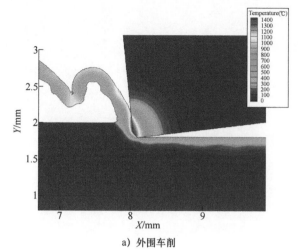

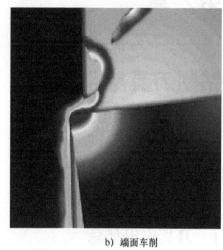

a）外围车削　　　　　　　　　　　　　　　b）端面车削

图 1-50　硬车削加工温度模拟情况

表 1-77　硬车削加工禁忌

问　题	原因及解决办法
设备起火	由于硬车削是利用高温、表面融化的一种加工方式，并且一般无需加切削液，在淬火后未进行清洗，直接在数控机床上进行硬车工序，加工高温会导致设备起火，所以在硬车削工序之前需将工件清洗干净
人员安全	由于使用防护条件较差的数控机床进行硬车削加工，加工高温及薄切屑飞溅，导致衣物燃烧，烧伤皮肤，所以应做好防止切屑飞溅的防护措施

（周巍）

第2章

钻削刀具应用禁忌

2.1 刀具应用禁忌

2.1.1 钻削纯铜麻花钻应用禁忌

纯铜是一种塑性很大（伸长率 $A \geqslant 40\% \sim 50\%$）的纯金属材料。如图 2-1 所示，推盘零件就是典型的纯铜材质，其加工难度和塑性变形很大。钻孔时，经常会产生孔形不圆，变形呈多边形或多角形；孔壁表面质量不高，有撕裂痕迹和毛刺；断屑性能差，不易断屑，极易发生粘刀，排屑连绵不断，缠绕在麻花钻上。由于纯铜线膨胀系数大，冷却时孔径回缩快，很容易使麻花钻咬死在孔中，因此纯铜钻削加工是一项难度较大的操作。在实际加工过程中应注意以下禁忌，具体见表 2-1。

图 2-1　推盘零件

表 2-1　纯铜麻花钻的刃磨和操作禁忌

问　题		原因及解决办法
三重顶角钻头		纯铜钻孔，因其材料软刃磨时要考虑钻心形状是否合适，以保证钻削时平稳，定心牢靠，从而有效避免产生"扎刀"和钻头抖动，出现孔形不圆或多角形现象
分屑钻头		钻头刃磨时，应在两个主切削刃上磨 3 条分屑槽，将原排出的 2 条较宽切屑分成了 5 条，既能改善切屑拥剂、阻塞等造成钻头"抱死"的排屑环境，由于横刃窄，又能解决切削热过高等问题，适用于直径较大的钻头 对纯铜麻花钻刃磨时，还需考虑选取外刃顶角等于 120°，有利于排屑和改善孔壁表面质量

（常文卫、邹毅）

2.1.2　U 钻应用禁忌

U 钻,即可安装刀片的可转位钻头,是低成本减材孔加工的首选方式,更多用于径深比为 2~5 的中等或较大直径孔钻削。U 钻在使用的过程中,无法断屑是影响加工质量的首要因素,切屑缠绕在刀具上会造成孔表面质量差。采用外冷方式时,因切削液无法到达刃口处,会产生刀片磨损加快等一系列问题。

在钻孔时,可转位刀片钻头产生的切屑形式主要取决于工件材料、刀片槽型、切削液压力/容量和切削参数等因素。工件材料和刀片槽型可对照刀具供应商提供的样本进行选型,切削液的向下喷射距离应<30cm,且切削液压力应随钻孔直径增大而减小。切削参数对切屑形式的影响如图 2-2 所示,进给量 f_n 增大,切屑的厚度和硬度增加,切削速度 v_c 增快,摩擦力更小且切屑卷曲半径增加。

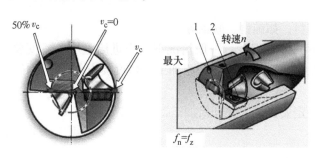

a) 可转位刀片的参数　　　　　　　　b) v_c 和 f_n 的关系示意

图 2-2　切削参数对切屑形式的影响

1—中心刀片　2—周边刀片

采用可转位刀片钻头进行钻削时,不同的切削参数会产生不同形式的切屑,具体说明见表 2-2。

表 2-2　钻削中可转位刀片钻头的应用禁忌

	切屑形式		说　明
误	堵塞切屑		钻削时未优先考虑切屑形状和排出,选择不合适的切削参数,可能引起钻沟中切屑堵塞及被钻孔内壁表面质量不良 切屑堵塞可能会造成钻头的径向移动,从而影响孔的质量和钻头寿命,甚至产生折断事故
正	理想切屑		为获得良好的排屑形式和钻孔质量,需要针对不同的工件材料制定不同的切削参数 实际生产中,可通过监听钻削的声音,来判定切屑的形式,钻削声音连续且稳定,表明钻孔排屑状态良好
	可接受切屑		

另外，U钻应用过程中还要注意以下问题：

1）U钻上中心和边缘所使用刀片不同，安装刀片时应注意不要装错位置，否则容易造成U钻损坏。

2）加工编程时尽量不要使用G83深孔钻，使用G81即可。如使用G83深空钻，在钻头离开加工处时，切屑可能会落入孔中，二次加工容易造成刀片崩刃。

3）在小孔径的深孔加工中，U钻对切削液的要求很高，必须使用内冷，有利于排屑和冷却。

4）U钻切削参数应严格按照厂家说明书，但也要考虑刀片品牌、机床功率，加工中可以参考机床负载值大小做适当调整，一般采用高转速和低进给。

5）根据工件硬度和钻头悬长量来调整进给量，工件越硬刀具悬长量越大，进给量应越小。

6）不建议采用U钻加工较软材料，如纯铜、软铝等。

7）加工不同材料时，应选用不同槽形刀片。一般情况下，当进给量小、精度要求高、U钻长径比大时，选用切削力较小的槽形刀片；反之，粗加工、精度要求低、U钻长径比小时应选择切削力较大的槽形刀片。

8）使用U钻加工阶梯孔时，一定要先从大孔开始加工，再加工小孔。

（刘胜勇、岳众祥）

2.1.3　硬质合金钻头选用禁忌

硬质合金钻头多用于小直径孔的钻削，可满足更高转速需求，也可在较慢切削速度下进行钻孔。相比可转位刀片钻头，硬质合金钻头可采用更大的进给量 f_n，孔径加工精度高，后刀面磨损后可多次修磨继续使用。为获得良好的切屑形式和钻孔质量，表2-3给出硬质合金钻头钻孔参数选用禁忌。

表2-3　硬质合金钻头钻孔参数选用禁忌

影响参数		造成后果	选择禁忌	图示
钻顶角	大顶角	轴向抗力增加，转矩减小，切削刃长减小，切削厚度增加，切屑厚度增加，稳定性降低	钻后孔壁毛刺严重时，改用大顶角	
			高硬钢钻孔，宜选大顶角	
	小顶角	轴向抗力减小，转矩增加，切削刃长增加，切削厚度减小，切屑厚度减小，稳定性提高	铝等软质材料钻孔，宜选小顶角钻头	
			小顶角钻孔时，机床负荷较大，可换用大顶角钻头	

（续）

影响参数	造成后果		选择禁忌	图　示
螺旋角 β	大 β	前角增大，切削性能提升，切削刃强度降低，排屑线路长，切屑导向好	铝等软质材料，选大 β	
			排屑务必良好的工件钻孔，选大 β	
	小 β	前角减小，切削性能降低，切削刃强度增大，排屑线路短，切屑导向差	切削性差的工件钻孔，选小 β	
			高硬钢钻孔，选小 β	
后角 α	大 α	切削性能提升，钻孔切削热被抑制，与工件摩擦减小，后面磨耗被抑制，切削刃强度降低	根据工件材料及用途，选择适合的钻头后角	最适合钻削切削抗力小的铝材、铜质件和塑料件	
	小 α	切削刃强度升高，与工件摩擦增大，轴向抗力增大，易发后面磨损		最适合钻削高硬度件，满足大进给量、高精度工况钻削	

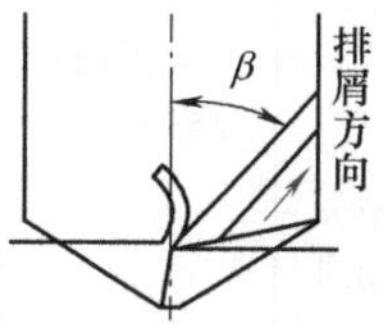

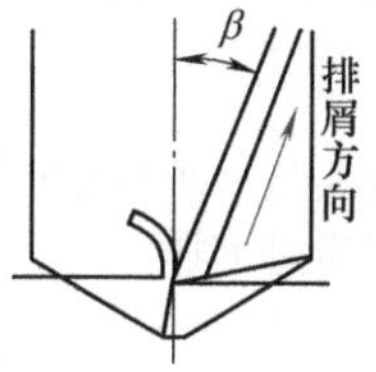

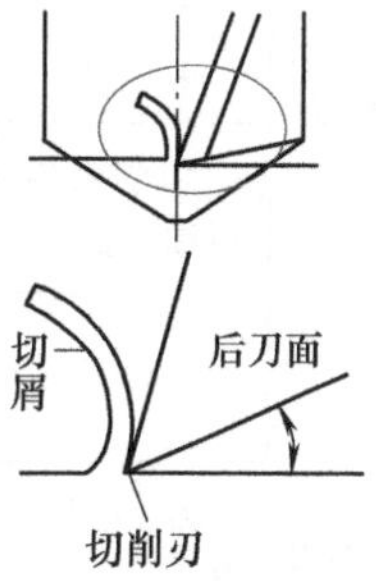

（刘胜勇）

2.1.4　硬质合金钻头应用禁忌

硬质合金为粉末冶金材料，其主要成分为硬质相碳化钨 WC（质量分数为 88% ~ 94%）与黏结相金属钴 Co（质量分数为 6% ~ 12%）。添加 Ti、Nb 或 Ta 等金属元素，用以提高刀具硬度或改善刀具韧性及耐高温能力。硬质合金钻头的失效与对应措施见表 2-4。

表 2-4　硬质合金钻头的失效与对应措施

失效形式	可能原因	对应措施	图示	
			正确	错误
钻头崩损	未正确选择机床	选用刚性好、功率大的数控机床，钻尖跳动不超 0.02mm	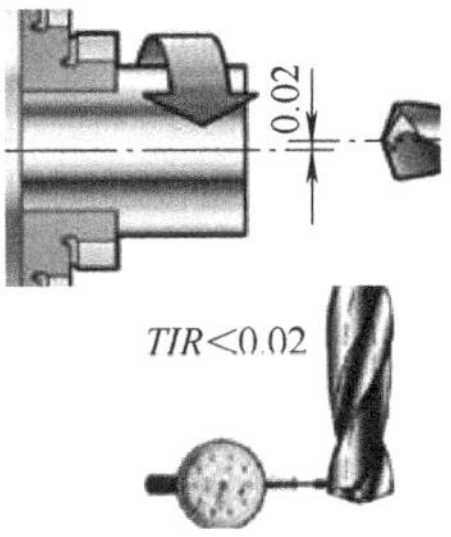	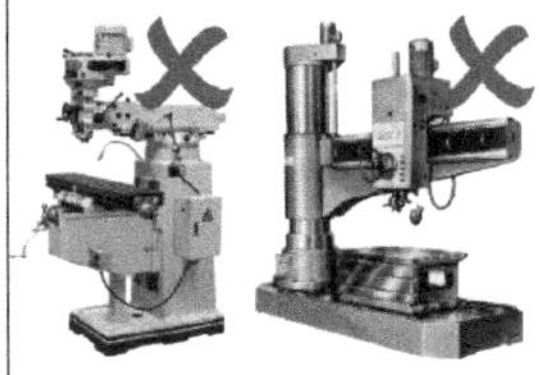
	机床主轴精度差	不选摇臂钻、万能铣等功率小的普通设备	$TIR<0.02$	
钻头打滑	刀柄选用错误	选用弹簧夹头、侧压刀柄、液压刀柄或热胀刀柄等		
		由于夹紧力不够，所以不能选择快换夹头		
产生积屑瘤	v_c 过低	提高 v_c，增加外部冷却	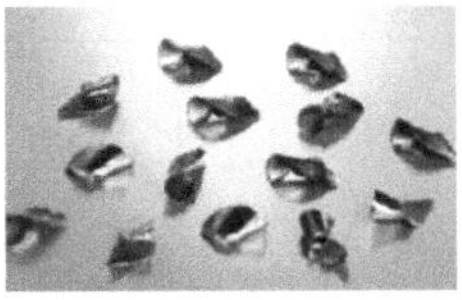 理想切屑	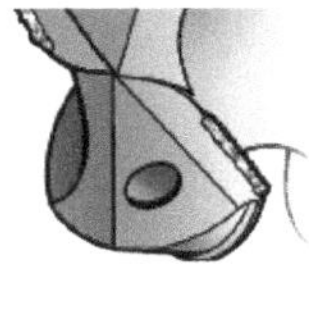
	负刃带大	选更锋利的切削刃		
	未涂层	钻头刃部涂层		
	切削液内机油含量少	提高机油含量的百分比		
切削刃微崩	夹持不稳	检查夹具和刀柄，保证夹紧稳定	 可接受切屑	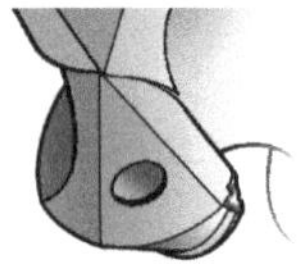
	径向圆跳动大	钻尖处径向圆跳动<0.02mm		
	间歇钻削	减小进给量 f_n		
	切削液不足，引发热裂纹	优化切削液供应，改为内冷，调外冷方向		
切削刃磨损大	v_c 过高	查钻头手册，减小 v_c	随着切削速度的加快，钻头寿命（孔）缩短，水基切削液冷却比采用油基切削液冷却钻头寿命长	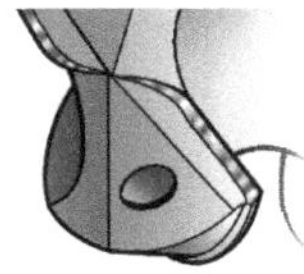
	f_n 过低	查钻头手册，增大 f_n		
	钻头材质硬度较低	查手册，换用硬度高的硬质合金钻头		
	缺少切削液	优化切削液供应		
切削刃微崩	工况不稳	检查夹紧、跳动等	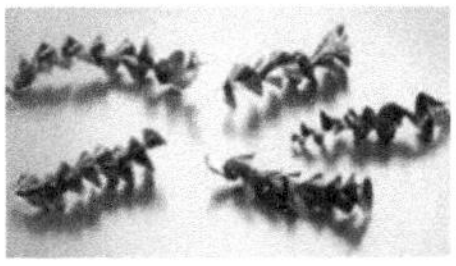 堵塞切屑（不推荐）	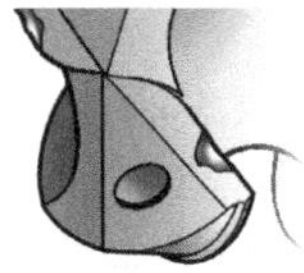
	超过最大允许磨损量	统计钻头使用寿命，更换新钻头		
	刀具材料刃型较差	换用刃型较好的钻头材料		

（续）

失效形式	可能原因	对应措施	图示 正确	错误
横刃磨损或崩损	v_c 过高	选择合理切削参数	钻头寿命随进给量的增大先延长后缩短	
	f_n 过低	查钻头手册，增大 f_n		
	选型不当使横刃强度低	重新选择钻头，加强横刃强度		
崩棱边有缠绕	钻孔不稳	改善系统刚性，钻尖跳动量<0.02mm	钻头寿命随切削速度的增大先延长后缩短	
	钻尖跳动			
	v_c 过高	选择合理切削参数		
	棱边宽或棱边倒锥小	钻头重新选型，减小棱边，加大棱边倒锥		
钻头折断	撞刀	正确编程		
	f_n 大、v_c 低	选择合理切削参数		
	切屑堵塞	重选槽形，啄式钻孔，改善冷却条件		
	棱边破损			
	达到使用寿命	及时更换新钻头		

　　虽然硬质合金钻头的综合性能优越，但是价格昂贵。因此，在使用硬质合金钻头时应注意以下几点：

1. 选择合适机床

　　硬质合金钻头可应用于数控机床、加工中心等功率大、刚性好的机床，并且应保证刀尖跳动 $TIR<0.02mm$。而摇臂钻，万能铣等机床因功率较小，主轴精度不高，容易导致硬质合金钻头的早期崩损，应尽量避免。

2. 选择正确的刀柄

　　弹簧夹头、侧压刀柄、液压刀柄及热胀刀柄等都可使用，但由于快换钻夹头夹紧力不够，所以容易导致钻头打滑而失效，应避免使用。

　　在弹簧夹头上，定柄硬质合金钻头的夹持长度需为钻柄直径的 4~5 倍，才能够夹牢。

3. 正确的冷却

　　1）外冷应注意冷却的方向组合，形成上下梯次配置，并且尽可能减小与刀具的夹角。

　　2）内冷钻头应注意压力和流量，并应防止因切削液泄漏而影响冷却效果。

4. 正确的钻孔工艺

　　1）当入钻表面倾角>8°~10°时，不可钻；当入钻表面倾角<8°~10°时，进给量应减至

正常的 $1/3 \sim 1/2$。

2）当出钻表面倾角>5°时，进给量应减至正常的 $1/3 \sim 1/2$。

3）当钻交叉孔时，进给量应减至正常的 $1/3 \sim 1/2$。

5. 选择合适的切削参数

合适的切削速度对于加工效率和刀具使用寿命都有极大的影响。由于快的切削速度可以提高加工效率，但会加剧刀具的磨损，所以合适的切削参数既兼顾加工效率也能考虑到刀具成本，使两者达到平衡。

（刘胜勇、岳众祥）

2.1.5 可转位刀片钻头应用禁忌

可转位刀片钻头又称为浅孔钻，其切削刃由内外 2 个刀片搭接组成，过中心的内刀片称为中心刀片，刀尖回转直径即孔径的外刀片称为周边刀片。其螺旋槽容屑空间更大，排屑性能更好。相比锥柄麻花钻 HSS，在硬度为 $220 \sim 260$ HBW 的 45 钢件上钻削 $Z_8 = 40$mm 且 $DT = 33$mm 的盲孔，可转位刀片钻头的钻孔效率会比锥柄麻花钻快 79.3%。但可转位刀片钻头在切削速度 v_c、进给量 f_n、内冷切削液供应等综合因素的影响下，易发生刃口崩碎、刀片破损、孔尺寸大或钻体磨损等问题。可转位刀片钻头失效与对应措施见表 2-5。

表 2-5 可转位刀片钻头的失效与对应措施

失效形式	可能原因	对应措施	图 示	
			正 确	错 误
钻削振动	悬伸不当	被加工材料硬度越高，钻头悬伸需增加且降低 f_n		
	v_c 过高	降低 v_c，优化参数		
	f_n 过低	增大 f_n，钻削软材料时降低 f_n，并提高 v_c		
	装夹松动	增强工件的加持稳定性		
机床转矩不足	f_n 过高	降低 f_n，优化参数		
	槽形不当	选用轻切削槽形以降低切削进给力 F_f，钻削硬材料时需降低 f_n		
机床功率不足	转速过高	降低转速		
	f_n 过高	降低 f_n，优化参数		
	机床主轴功率不足	根据公式计算实际切削功率 P_c，重新选择加工机床	$P_c = \dfrac{v_c D_c f_n k_{cn}}{240 \times 10^3}$	

（续）

失效形式	可能原因	对应措施	图　　示	
			正　　确	错　　误
钻沟中切屑堵塞	长切屑造成堵塞	检查刀片形状，重选参数，降低 f_n 提高 v_c	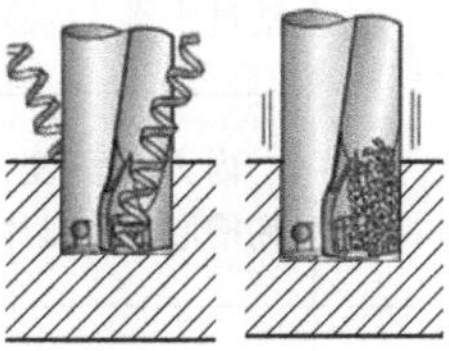	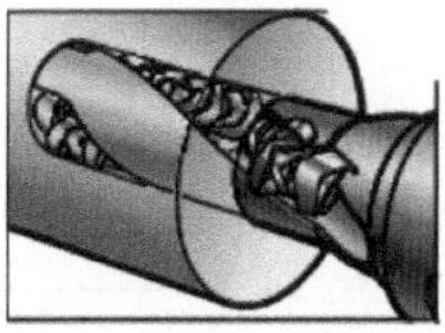
		增大切削液供应，清洁过滤器及内冷却孔		
	切屑较小但发生堵塞	提高内切削液压力和流量，降低 f_n		
内外刀片的后刀面磨损	v_c 过快	降低 v_c，优化参数	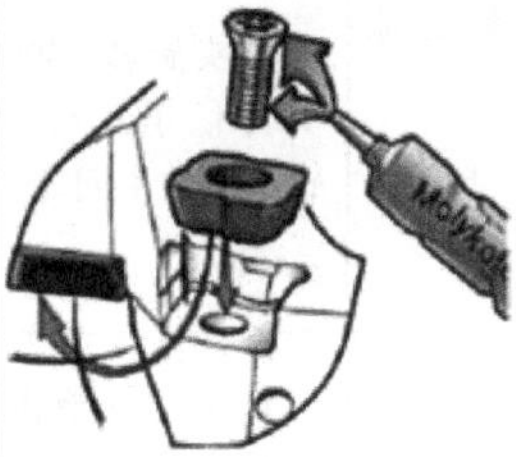	
	材质不耐磨，夹持松动	选耐磨性好的刀片，紧固夹紧装置防松		
	悬伸太长	换短悬伸的刀具		
刀片月牙洼磨损	外刀片前刀面温度高，发生扩散磨损	选用 Al_2O_3 涂层刀片，防止氧化	涂层金相 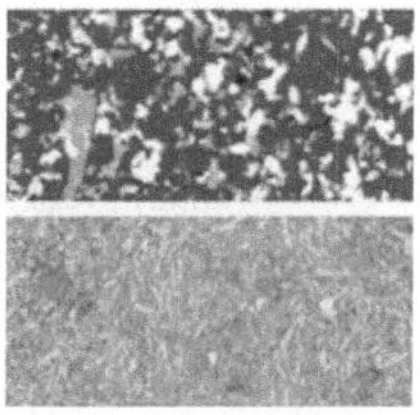	
		降低转速 n		
	积屑瘤致内刀片磨料磨损	降低 f_n		
		换用晶粒细化的硬质合金刀片，采取 PVD 的 $3\mu m$ 厚 TiAlN 涂层		
内外刀片刃口崩碎	刀片材质韧性不足	选择韧性更好的材质，如 GC4044	 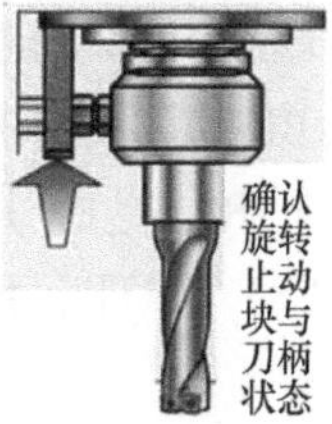	 
	刀片槽形导致切削刃强度低	重选槽形，如 GT、切削刃倒棱内刀片		
	积屑瘤	加快 v_c，或选用更锋利槽形的刀片	钻通孔防止废料片高速飞出	刃口崩碎
	加工表面质量差	降低工件入口处 f_n		
	稳定性差	装夹刀具和工件	确认旋转止动块与刀柄状态	寿命不到
	铸铁夹砂	选择 GR 或 GT 槽形刀片，降低 f_n		

（续）

失效形式	可能原因	对应措施	图　示	
			正　确	错　误
孔径变大	回转钻头存在异常	增大切削液供应，清洁过滤器及内冷却孔		
		内刀片不变，换更坚韧槽形的外刀片		
	非回转钻头调整不当	检查车床对准情况		
		钻头旋转180°，使内刀片低于工件中心线，改善不对中问题		
孔在底部变宽	内刀片存在切屑卡滞现象	增大切削液供应，清洁过滤器及内冷却孔		
		外刀片更换槽形，优化 f_n		
		缩短钻头悬伸量		

（刘胜勇）

2.1.6　小直径长切屑零件啄式钻削禁忌

为提高孔的几何精度，需要选用适宜牌号的硬质合金钻头，保证钻尖相对于轴线的跳动量≤0.02mm，还需要确保机床主轴、工装及工件装夹的稳定性和刚性。除了对上述因素进行合理的设置外，实际的钻削工况还会产生其他问题，如预钻孔径 D_r≤1mm 的深孔钻削常常发生钻头折断于孔内的现象，细长钻屑堵塞螺旋槽使得钻头寿命急剧缩短等。此时，需改用啄式钻孔，通过钻头在每次钻削循环后回退孔外的安全点获得最佳的排屑效果，以确保切屑不会保留于螺旋槽内，每次啄钻的推荐钻削行程约为钻头直径 D_c 的钻深。所用设备的数控系统不同，啄式钻孔循环（又称 T 退刀排屑式深孔钻削循环）指令及其细节参数便不同。在铣床版 FANUC、MITSUBISHI 系统中，啄钻指令为模态有效的 G83，格式为 [G90/G91] [G98/G99] G17 G83 X_Y_Z_R_ Q_F_ K_。在车床/铣床版 SINUMERIK 系统中，啄钻指令为 CYCLE83，格式为 CYCLE83（RTP，RFP，SDIS，DP，DPR，FDEP，FDPR，DAM，DTB，DTS，FRF，VARI）。

为正确应用小直径长切屑零件的啄式钻孔循环，给出 CYCLE83 指令啄式钻孔的操作禁忌（见表 2-6）。

表 2-6　SINUMERIK 系统 CYCLE83 指令啄式钻孔的操作禁忌

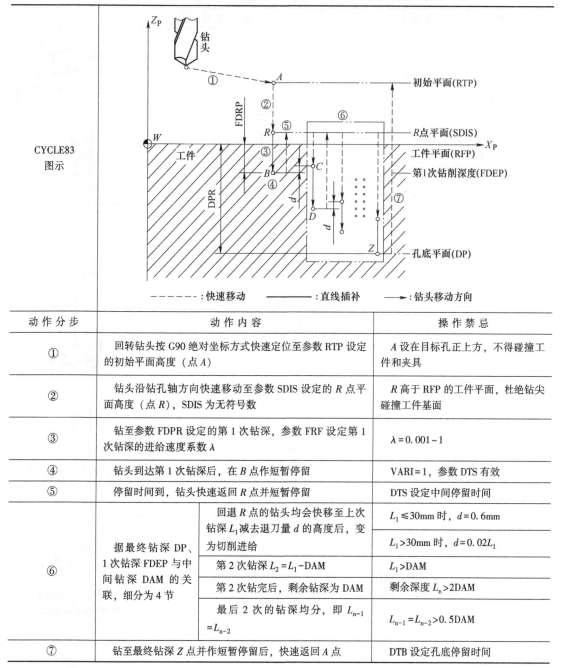

CYCLE83
图示

- - - - - - ：快速移动　　——：直线插补　　——→：钻头移动方向

动作分步	动作内容		操作禁忌
①	回转钻头按 G90 绝对坐标方式快速定位至参数 RTP 设定的初始平面高度（点 A）		A 设在目标孔正上方，不得碰撞工件和夹具
②	钻头沿钻孔轴方向快速移动至参数 SDIS 设定的 R 点平面高度（点 R），SDIS 为无符号数		R 高于 RFP 的工件平面，杜绝钻尖碰撞工件基面
③	钻至参数 FDPR 设定的第 1 次钻深，参数 FRF 设定第 1 次钻深的进给速度系数 λ		$\lambda = 0.001 \sim 1$
④	钻头到达第 1 次钻深后，在 B 点作短暂停留		VARI=1，参数 DTS 有效
⑤	停留时间到，钻头快速返回 R 点并短暂停留		DTS 设定中间停留时间
⑥	据最终钻深 DP、1 次钻深 FDEP 与中间钻深 DAM 的关联，细分为 4 节	回退 R 点的钻头均会快移至上次钻深 L_1 减去退刀量 d 的高度后，变为切削进给	$L_1 \leqslant 30mm$ 时，$d = 0.6mm$
			$L_1 > 30mm$ 时，$d = 0.02L_1$
		第 2 次钻深 $L_2 = L_1 - DAM$	$L_1 > DAM$
		第 2 次钻完后，剩余钻深为 DAM	剩余深度 $L_n > 2DAM$
		最后 2 次的钻深均分，即 $L_{n-1} = L_{n-2}$	$L_{n-1} = L_{n-2} > 0.5DAM$
⑦	钻至最终钻深 Z 点并作短暂停留后，快速返回 A 点		DTB 设定孔底停留时间

（刘胜勇）

2.1.7　不规则表面及交叉孔钻削禁忌

钻削加工有时会在凸面、凹面、倾斜面等不规则表面上进行，有时还会钻削交叉孔，如正交孔或斜交孔。为获得良好的钻孔质量，避免钻头刃崩裂或磨损过快，特给出不规则表面及交叉孔钻削的禁忌（见表 2-7）。

表 2-7 不规则表面及交叉孔钻削的禁忌

钻 孔 类 型	失 效 形 式		钻 削 禁 忌	图　　示
不规则表面钻孔	不规则、表面粗糙	可转位刀片崩裂	进入或离开表面时，减小每转进给量 f_n	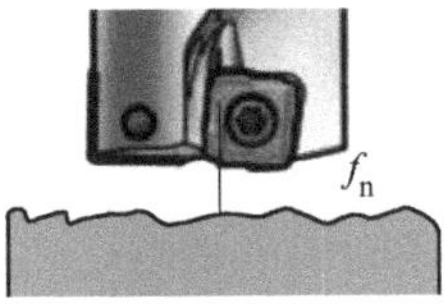
		硬质合金钻头刃口崩碎	硬质合金钻头接触表面的进给量为钻入后进给量的 1/4	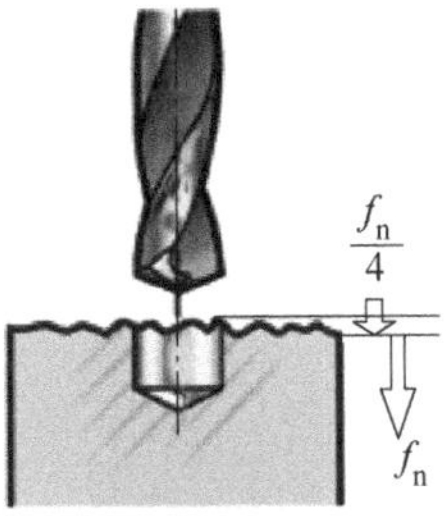
			用短钻头预钻导向孔	
凸面钻孔	可转位刀片钻头正常钻孔		据使用手册优化 f_n（中心刀片先接触凸面）	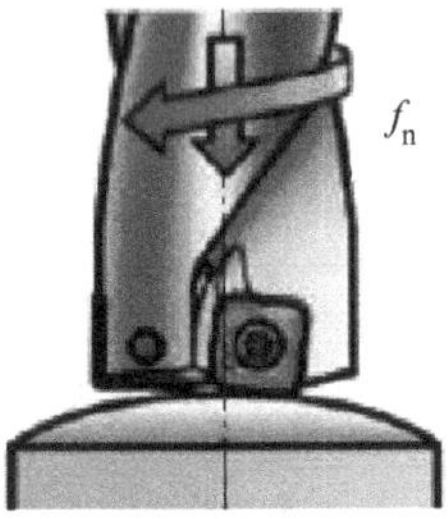
	$r>4D_c$，中心歪斜或钻头折断		硬质合金钻头进入凸面的进给量为 $1/2f_n$	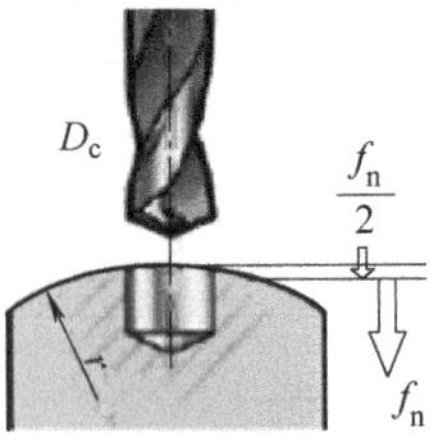
凹面钻孔	凹面比孔径小，周边刀片先接触，切削力突变，易崩刃		可转位刀片钻头进入凹面的进给量为 $1/3f_n$	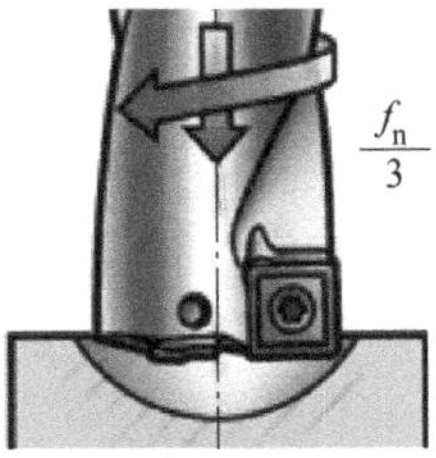
	$r>15D_c$，切削力不均匀，易崩刃		硬质合金钻头进入凹面的进给量为 $1/3f_n$	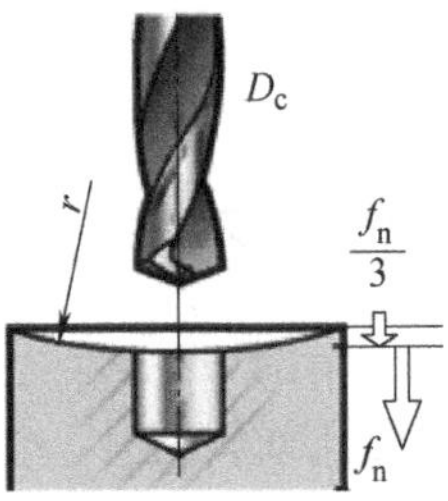

（续）

钻孔类型	失效形式	钻削禁忌	图　示
角度或倾斜表面钻孔	可转位刀片钻头的切削刃受力不匀，易振动，恶化孔形状误差	选用悬伸量短的钻头，以稳定内孔公差	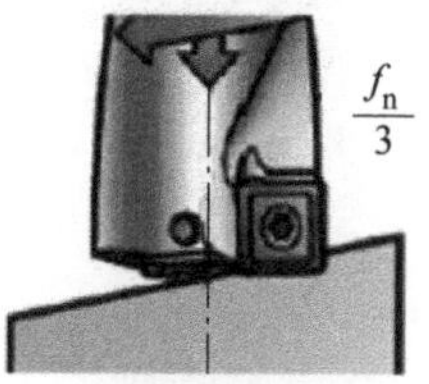
		倾斜角 $\lambda>2°$ 时，钻头钻入/出斜面的进给量为 $1/3f_n$	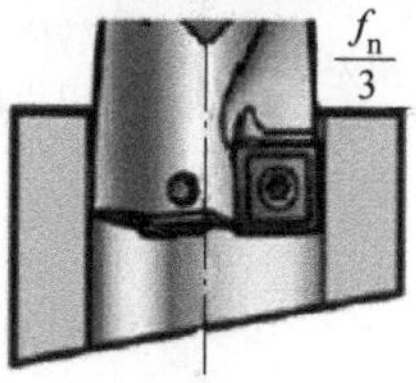
	硬质合金钻头钻削 $\lambda>5°$ 零件表面，钻头打滑且轴线歪斜甚至折断	$\lambda\leq5°$，进入或钻透斜面的进给量为 $1/3f_n$，间歇钻削至钻径全部接触	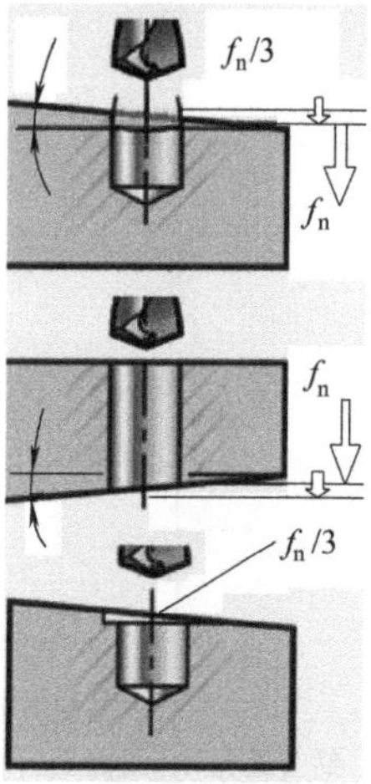
		$5°<\lambda\leq10°$，预先钻定心孔	
		$\lambda>10°$，预先铣削一垂直于钻头进给方向的小平面	
非对称曲面钻孔	可转位刀片钻头穿透工件时，钻头自中心向外弯曲而受力不匀，易发崩刃	周边刀片切入凹面的进给量为 $1/3f_n$，直至中心刀片全切入后，进给量提高至 f_n	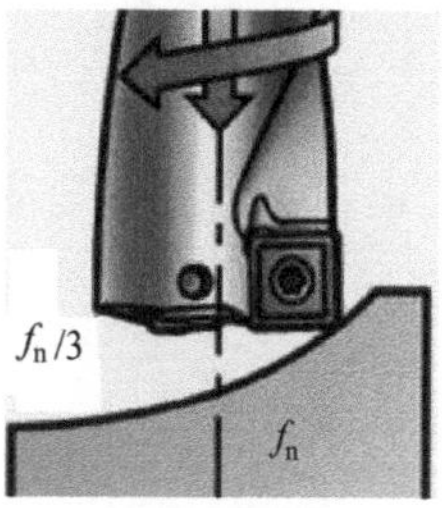
		严禁使用硬质合金钻头	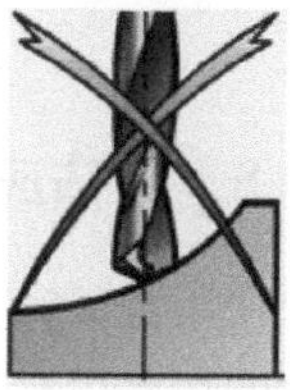

（续）

钻孔类型	失效形式	钻削禁忌	图　　示
预先钻导向孔	可转位刀片钻头直接钻削工件，中心刀片和周边刀片所受切削力不平衡	预钻直径 $d<0.25D_c$ 的导向孔	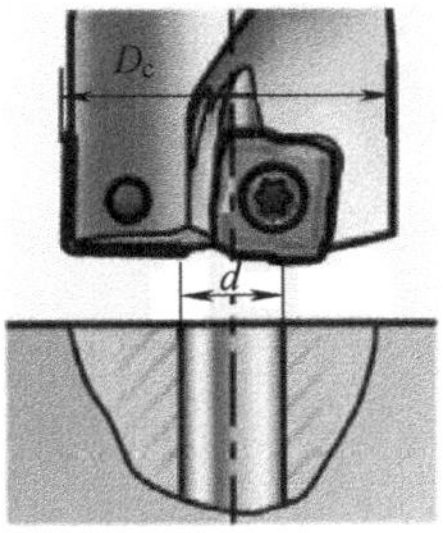
		严禁使用硬质合金钻头	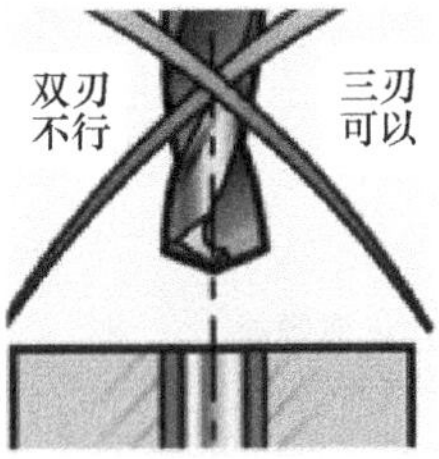
钻交叉孔	钻交叉孔时，钻头离开上一孔的凹面后，再次进入另一孔的凹面时，常发排屑异常、钻头颤振	$4d>D_c$，可转位刀片钻头的进给量为 $1/4f_n$	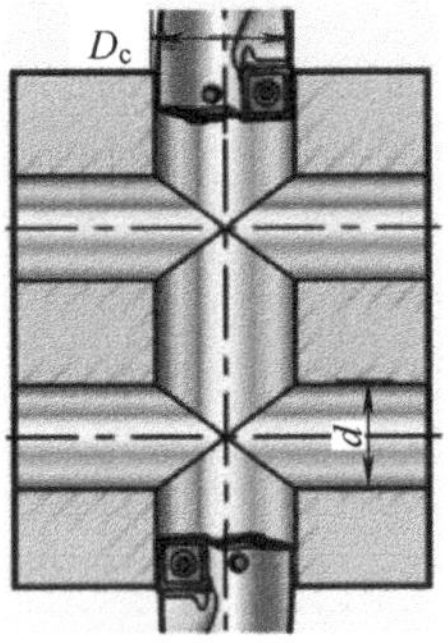
		用三刃硬质合金钻头钻交叉孔，f_n 减小 $25\%\sim35\%$	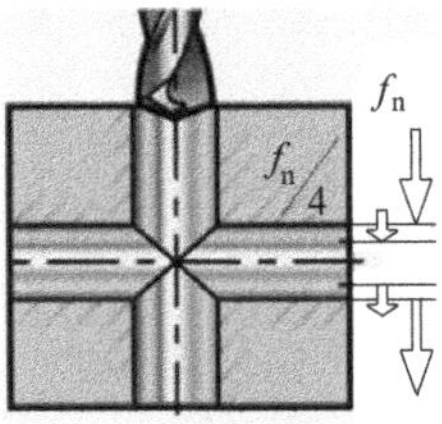
		选特制钻头钻削透孔，如钻体附加支承板	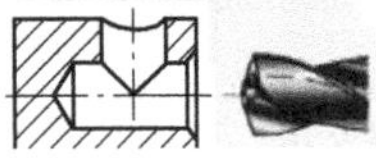

（刘胜勇）

2.1.8　枪钻应用禁忌

使用普通钻头加工深孔，由于钻头前端弯曲，导致切削液无法达到刀具头部，同时加工产生的切屑很难排出，难以达到加工目的。因而，主要使用枪钻加工深孔，枪钻加工出的孔和铰孔一样，精度很高，同时还兼具加工高效的优点，尤其是 ϕ10mm 以下的深孔。

枪钻最初用于加工枪管而得名，主要由 3 部分组成：刀头、钻杆、钻柄，如图 2-3 所示。刀头一般为硬质合金，刀杆内有月牙形的孔与刀头的油孔相连，使得切削液可以到达刀头。同时，刀杆上的 V 形槽可以使得切削液和切屑通过，排出至工件外部。

图 2-3　枪钻

枪钻可在专用设备上使用，也可在加工中心上使用。在加工中心使用时，需要机床有内冷的功能，使得枪钻可以使用内冷排屑。

在使用枪钻时，其排屑能力很重要，若刀具不能很好地将产生的切屑排出加工区域，就会导致刀具打刀，因此刀具系统的切削液流量很关键；在使用枪钻时，需要按照一定的步骤来加工，否则会导致刀具折弯，出现非正常损坏。设计枪钻时，一定要将枪钻钻杆留有排屑的空间，如果将钻杆设计为圆形，刀头直径与钻杆直径相差较小时，会导致切屑无法排出，将机床堵死，并且会使刀具破损。具体说明见表 2-8。

表 2-8　枪钻使用禁忌

	刀具磨损形式		说　　明
误	刀柄无密封		使用普通弹簧夹头加持刀具刀柄时，刀柄切削无密封，打开内冷后，大部分切削液从刀柄头部流出，无法达到密封效果；会造成切削液泄压，切削液流量减少，无法将加工切屑排出工件内孔，导致刀具破损
	直接钻孔		枪钻结构为偏心设计，钻杆大约 1/3 是无材料的，如不预先钻引导孔，在较高转速下，刀具会直接折弯而报废
	圆形钻杆		使用圆形钻杆，由于刀头和钻杆的直径差值比较小，为 0.10~0.20mm，所以不利于排屑 微小切屑会将排屑空间堵死，导致切屑无法排出，刀具很容易断裂

（续）

刀具磨损形式			说　明
正	刀柄密封良好	  	为获得良好的密封效果，需使用密封垫片对刀盖和刀柄进行过渡连接 密封垫片内孔与刀柄配合，密封垫片上的台阶外圆与刀盖的内孔配合。经密封垫片密封后，在使用内冷时，刀柄头部位置不会出现切削液喷出，效果良好
	按规定步骤钻孔	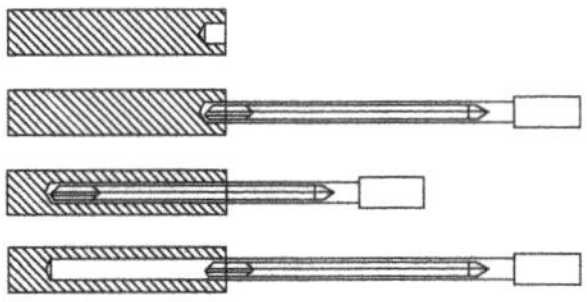	钻孔步骤： 1）钻初始孔，深孔为 2 倍孔径 2）反转低速进孔，至小于初始孔钻孔深度的位置 3）正转至合适加工转速，开内冷，加工至规定深度 4）退刀至进刀位置，降低转速，关闭切削液 5）退刀至工件外面 钻初始孔是为给枪钻做引导，同时起到支撑枪钻的作用。低转速可使枪钻精准地进入初始孔。合适的转速和充足的切削液可以使切屑较容易的排除内孔，保证刀具的安全性
	V 形钻杆	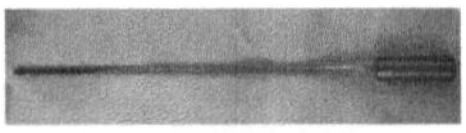 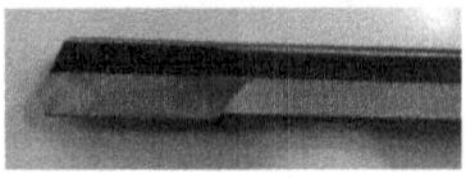	采用 V 形钻杆，在 V 形钻杆位置有足够的空间存储切屑，在使用的过程中有大量的切削液可将切屑排出至工件外部

（刘壮壮）

2.1.9　深孔合金钻头应用禁忌

由于合金钻头优越的切削性能，卓越的加工效率，良好的加工表面质量，所以使其得到越来越广泛的应用，并从铝合金、铸铁等材料逐步向高强度合金钢等发展。深孔硬质合金钻头的应用，不仅解决了小直径深孔的加工难题，同时还提高了深孔的加工效率和表面质量。

根据其可以加工的长径比，深孔合金钻头可分为带内冷和不带内冷两种形式。不带内冷的长径比可达 8 倍径，带内冷的钻头可达 30 倍径，其差别较大。下面主要介绍带内冷合金钻头的应用禁忌，其刀具外形见图 2-4。

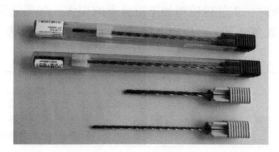

图 2-4　合金钻头

1）应用合金钻头时，一般需要加工引导钻。引导钻的直径选择对后续深孔合金钻头的应用有很重要的影响，下面以瓦尔特（WALTER）合金钻头为例进行说明，具体见表 2-9、表 2-10。

表 2-9　引导钻选择禁忌

引导钻选择			说　明
误	随意选择		若随意选择钻头的引导钻，会导致钻出的孔径有 3 种结果： 1）孔径偏小，深孔钻头无法顺利进入引导孔 2）孔径偏大，导致引导孔对深孔钻头的支撑作用减弱，使得深孔钻加工出的内孔不能满足图样要求 3）偶尔钻出的孔满足引导要求，但加工过程不受控，加工不稳定
正	根据样本配套选择	参考表 2-10	为保证引导孔对深孔钻头有合适的支撑作用，一般需引导钻的孔径比深孔钻头直径大约 0.02mm。样本中提供的引导钻在正常情况下可满足加工要求，因此在使用深孔钻头时要特别注意配套选择引导钻 样本中提供多种直径，多种刀具结构及不同钻尖角的引导钻，使用时需根据零件内孔结构及状态进行选择

表 2-10　配套样本引导钻选择参数

		引导钻	
订货号	A6181AML	A6181TFT	A7191TFT	K5191TFT
类型	X. treme Pilot 150	XD Pilot	X. treme Pilot 180	X. treme Pilot 180C
直径/mm	2~2.9	3~16	3~10	4~7
样本页码	B117	B118	B138	B140
图例				

2）在应用合金钻头时，工件材质对加工质量影响很大，如果选择的刀具不适合加工工件的材质，会导致加工效率低下，出现加工质量问题，具体说明见表2-11。

表2-11　合金钻头选择禁忌

	合金钻头选择		说　明
误	只考虑钻头直径，不考虑加工材质	参考表2-12	只考虑钻头直径和长度，而不考虑工件材质，会导致钻出的小孔不合格。工件加工过程中会出现钻头易磨损，切屑不易折断，内孔出现环带、划痕，孔壁表面粗糙度值不符合图样要求，加工效率低下等
正	根据材质匹配钻头型号	参考表2-13、表2-14	表2-13是样本中根据材质种类进行的不同分类，一般刀具样本中都会有介绍 表2-14为同种长度和直径的钻头根据刀具结构、钻头材料、刀具涂层等分为不同的种类。在确定好工件材质、孔径和长度时，选择适合的钻头进行加工，可取得良好的加工效果

表2-12　样本合金钻参数

钻头长度可达到$5D_c$

订货号	A3389DPL	A3382XPL	A3999XPL	A3999XPL	A3387	A3384
类型	X. treme Plus	X. treme C1	X. treme	X. treme	Alpha JET	Alpha Ni
直径/mm	3~20	3~20	3~25	3~25	4~20	3~12
样本页码	B86	B81	B89	B112	B85	B84
图例						

表2-13　不同材质钻头分类

材料组	工件材料		布氏硬度/HBW	抗拉强度R_m/MPa	加工材料组
P	非合金及低合金钢	退火（调质）	210	700	P1-P4、P7
		易切削钢	220	750	P6
		调质	300	1010	P5、P8
		调质	380	1280	P9
		调质	430	1480	P10
	高合金钢及高合金工具钢	退火	200	670	P11
		淬火回火	300	1010	P12
		淬火回火	400	1360	P13
	不锈钢	铁素体/马氏体	200	670	P14
		铁素体、调质	330	1110	P15
M	不锈钢	奥氏体、双相不锈钢	230	780	M1、M2
		奥氏体、PH不锈钢	300	1010	M2

（续）

材 料 组	工 件 材 料		布氏硬度/HBW	抗拉强度 R_m/MPa	加工材料组
K	灰口铸铁		245	—	K3、K4
	球墨铸铁	铁素体、珠光体	365	—	K1、K2 K3、K4
	蠕墨铸铁		200	—	K7
N	锻造铝合金	非时效处理	30	—	N1
		时效处理	100	340	N2
	铸造铝合金	≤12%硅	90	310	N3、N4
		>12%硅	130	450	N5
	镁合金		70	250	N6
	铜和铜合金（青铜/黄铜）	非合金、电解铜	100	340	N7
		黄铜、青铜、红黄铜	90	310	N8
		铜合金、短切屑	110	380	N9
		高强度的 Ampco 合金	300	1010	N10

表 2-14 钻头推荐

钻头长度可达到 $5D_c$					
订货号	A3389DPL	A3382XPL	A3999XPL	A3387	A3384
标准	DIN6537L	DIN6537L	DIN6537L	DIN6537L	DIN6537L
直径/mm	3～20	3～20	3～25	4～20	3～12
刀具材料	K30F	K30F	K30F	K20F	K20F
涂层	DPL	XPL	XPL	无涂层	无涂层
样本页码	B86	B81	B89/B112	B85	B84
图例					
退火（调质）低合金钢	●●		●●		
易切削钢	●●				
调质低合金钢（1010MPa）	●●		●●		
调质低合金钢（1280MPa）	●●		●●		
调质低合金钢（1360MPa）	●●		●●		●
退火钢	●●		●●		
淬火回火钢（1010MPa）	●●		●●		
淬火回火钢（1360MPa）	●●		●●		●
铁素体/马氏体不锈钢	●●		●●		
铁素体、调质不锈钢	●●		●●		
奥氏体、双相不锈钢	●●		●●		
奥氏体、PH 不锈钢	●●		●●		●

注：●●为推荐使用；●为一般推荐使用；无●为不推荐使用。

3）深孔加工中还有一个重要因素即钻头的断屑能力和排屑能力，如果在加工过程中不能良好地断屑和排屑，就不能实现稳定加工，具体说明见表2-15。

表 2-15　钻头断屑禁忌

钻屑的形式		说　明
误	带状切屑或絮状切屑	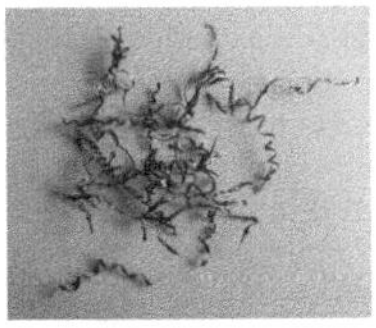  在加工过程中出现带状切屑或絮状切屑是一种不好的现象，这两种切屑会很容易将工件的内孔堵死，从而导致刀具断裂 出现图示切屑是因为钻头的切削参数不合适造成的，因此在加工时要选择合适的加工参数
正	节状切屑	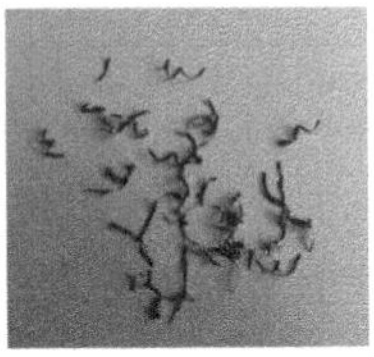 节状切屑是理想的加工切屑，微小的切屑可以非常容易地顺着钻头的排屑槽排出深孔外 要获得节状切屑，第一要根据样本上加工参数进行大体范围设置。第二是要根据加工状态及时进行调整，刀具样本提供的加工参数不一定完全合适

除了上述三点之外，深孔加工方式也很重要，选择合适的加工方式可以获得良好的表面质量，延长刀具寿命，具体说明见表2-16。

表 2-16　加工方式禁忌

钻孔方式		说　明
误	啄钻	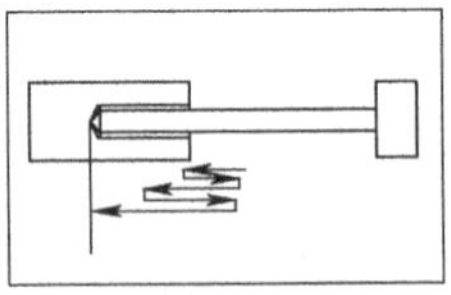 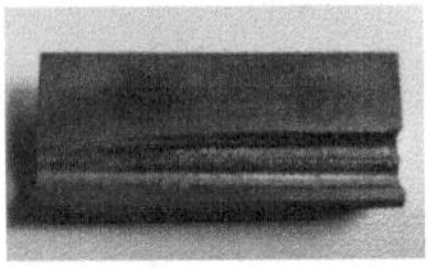 采用啄钻方式加工时，一般会选择等距的钻孔深度，会在内孔孔壁上留下等距的加工印记、环带，甚至是沟槽 如果加工程序设置不合理，钻头以较高的钻速退出工件表面，会导致钻头折断，尤其是比较细小的钻头
正	一次钻完	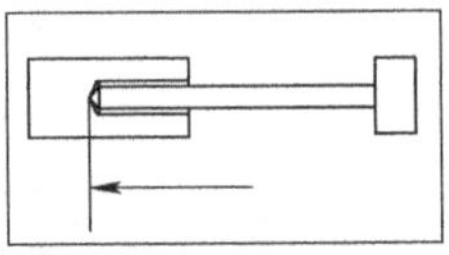 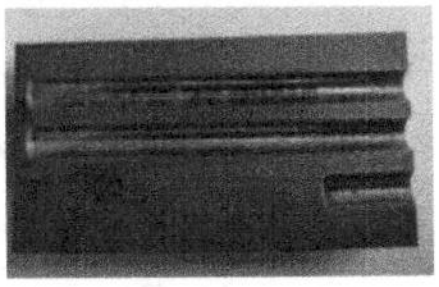 一次钻完避免钻头在内孔重复接触待加工底面而引起的振动和摆动，可以保证内孔表面的一致性。图示照片中，中间的孔即为一次钻削完成 合金钻头带有内冷，且钻头排屑槽经抛光处理，容易实现排屑，因此即使不使用啄钻这种加工方式，也能保证切屑顺利排出

（刘壮壮）

2.1.10 深孔合金钻头直线度控制禁忌

深孔钻削设备一般有两种：深孔钻专用设备和通用设备。现主要介绍使用通用设备进行深孔钻削的直线度控制及注意事项。

1）需要准备两把钻头：一把为 3 倍径引导钻，另一把为深孔钻（麻花钻或枪钻，必须带内冷，设备切削液压力>10MPa），然后按照表 2-17 操作。

表 2-17 深孔钻削操作步骤

步骤示意	说　明
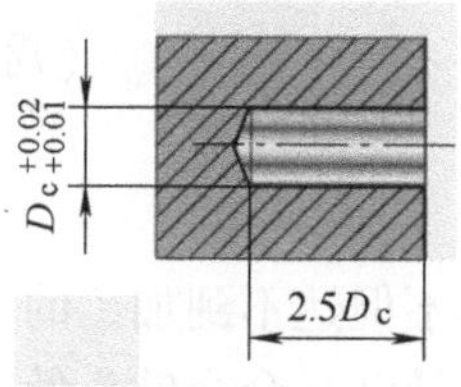	1）引导钻钻削 2.5 倍深度 注意：引导钻直径尺寸比深孔钻大 0.01~0.02mm
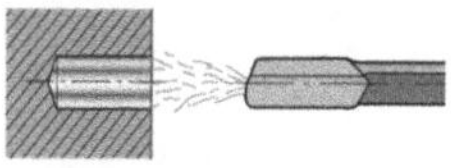	2）打开内冷，将深孔钻钻入导向孔 注意：深孔钻在未进入导向孔前千万不能旋转，否则将会导致钻头断裂，甚至造成事故
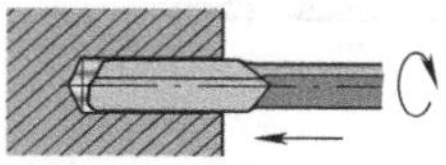	3）进入导向孔后，深孔钻开始旋转和切削 注意：钻削过程中，不建议调整设备进给倍率开关。进给量 f_n 过小容易造成排屑受阻导致钻头卡死
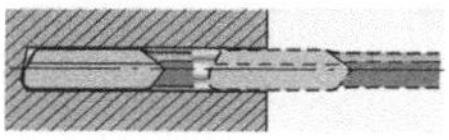	4）钻孔结束后，快速返回至导向孔位置，关闭切削液，钻头停止旋转。从工件中退出深孔钻

2）深孔加工时，容易造成工件直线度超差，可以通过以下方式改进，见表 2-18。

表 2-18 深孔加工改进工件直线度误差

示　意	说　明
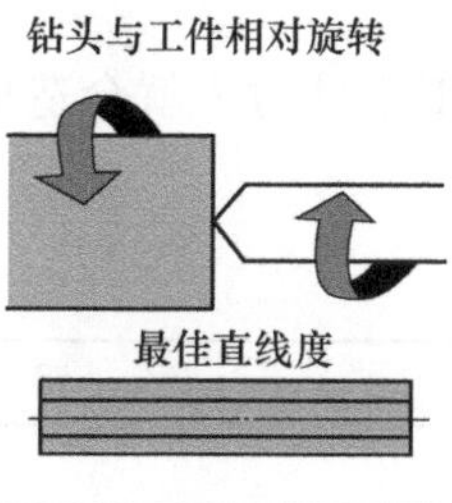 钻头与工件相对旋转 最佳直线度	最佳直线度可通过钻头与工件以相反的转向进行旋转来获得，建议加工 10 倍径以上的深孔
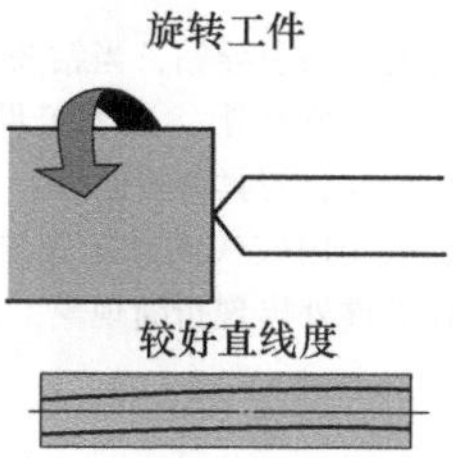 旋转工件 较好直线度	较好直线度可通过工件进行旋转来获得，建议加工 5~10 倍径的深孔

（续）

示　　意	说　　明
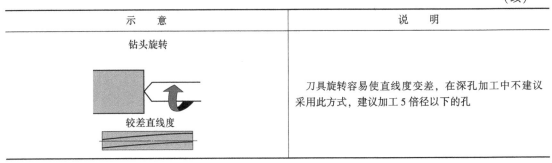	刀具旋转容易使直线度变差，在深孔加工中不建议采用此方式，建议加工 5 倍径以下的孔

（周巍）

2.1.11　深孔钻头钻孔前引导钻应用禁忌

加工深孔时加工步骤很关键，如不能采用正确的加工方式，不但达不到加工的目的，还有可能损坏刀具。在加工深孔时，加工步骤一般分为 4 步：钻引导钻；合金钻头低速进入内孔；钻孔至深度；低速退刀。具体加工步骤如图 2-5 所示。

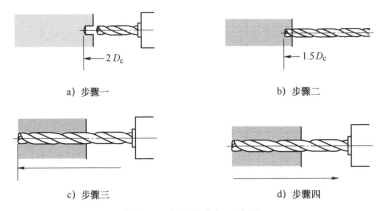

a) 步骤一　　　　　　　　　　b) 步骤二

c) 步骤三　　　　　　　　　　d) 步骤四

图 2-5　合金钻头加工步骤

如果在钻孔过程中，省略引导钻步骤，仅使用钻头加工工件时，就会造成严重的后果，具体说明见表 2-19。

表 2-19　引导钻应用禁忌

是否钻引导钻			说　　明
误	未钻引导钻		钻孔前不钻引导钻，当钻头加工速度较慢时，钻头无法正常切削，进入工件时，无法保证刀具的安全性，刀具会折断 当钻头使用较快的加工速度进行切削时，钻头会在工件外出现折断现象，从而损坏

（续）

是否钻引导钻		说　明
正	钻引导钻	钻引导钻后，深孔钻头可顺利进入工件内部，钻出的引导钻对深孔钻头有很好的支撑作用，保证了刀具使用的安全性，不会因钻头使用较快的切削速度而使钻头出现折弯，断裂等
		钻头进入引导孔后，转速为2000r/min，钻头安全工作

（刘壮壮）

2.1.12　浅孔钻应用禁忌

作为高性能钻削工具，浅孔钻具有其他钻削工具无可替代的优势：一方面，其使数控加工中高效实现插钻、镗削、螺旋插补及交叉孔镗削成为可能，并可以获得高的表面质量和精度，使数控加工中钻孔不再成为阻碍提高生产效率的"瓶颈"问题；另一方面，使用转速高、刚性好、冷却系统强的数控机床为有效载体，能够更好地发挥浅孔钻的高效性能，使浅孔钻成为高效生产的倍增器。因此，浅孔钻在数控加工中得到了广泛推广和应用，可以最大限度同时发挥浅孔钻和数控机床的技术优势。浅孔钻如图2-6所示。

浅孔钻在数控加工中的优势如下：

1）浅孔钻可在倾斜角<30°的表面上钻孔，而无须降低切削参数。

2）浅孔钻的切削参数降低30%后，可实现断续切削，如加工相交孔、相贯孔、相穿孔等。

3）浅孔钻可实现多阶梯孔的钻削，并能镗孔、倒角、偏心钻孔。

4）浅孔钻可加工精度为±0.05mm、表面粗糙度值 $Ra = 1.6\mu m$ 的浅孔，并可实现大进给量、高速度、高效率切削。

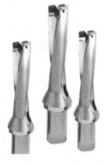

图2-6　浅孔钻

5）浅孔钻钻削时钻屑多为短碎屑，并可利用其内冷系统进行安全排屑，无须清理刀具上的切屑，有利于产品加工连续性，缩短加工时间，提高效率。

6）在标准长径比条件下，使用浅孔钻钻孔时无须退屑。

7）浅孔钻为可转位刀具，刀片磨损后无须修刃，更换较为方便，且成本较低。

8）使用浅孔钻加工孔表面质量高，尺寸精度高，可替代部分镗刀。

9）使用浅孔钻无须预钻中心孔，加工出的盲孔底面较为平直，省去了平底钻头。

10）使用浅孔钻技术不但能减少钻削工具，且因浅孔钻采用的是头部安装硬质合金刀片方式，其切削寿命为普通钻头的十几倍。同时，刀片上有 4 个切削刃，刀片磨损时可随时更换切削，节省了大量刃口修磨合更换刀具时间，平均提高工效 6~7 倍。

浅孔钻的应用禁忌见表 2-20。

表 2-20　浅孔钻应用禁忌

	刀　具	说　明
误	机床抖动，影响机床加工零件精度	使用浅孔钻机床刚性差，刀具与工件中心不一致
	刀片损坏过快，刀具易折断，加工成本增加	浅孔钻中心刀片、周边刀片断屑槽形、材质选用不正确
	加工时发出刺耳的啸叫声，切削状态不正常	加工不同材料时，未能选用合适的刀片槽形
	加工后零件表面质量和尺寸精度差	使用浅孔钻时未考虑机床主轴功率，浅孔钻装夹不稳定，切削液压力和流量达不到要求，浅孔钻排屑效果差
	加工后零件底面出现针状凸起	浅孔钻装夹不到位，浅孔钻中心刀片高度与工件中心不重合
	加工后零件底面出现较大凸起点	浅孔钻中心高，调整不正确，中心刀片的刀尖圆弧过大
	刀片磨损快，加工后零件表面质量和尺寸精度差	使用浅孔钻时，未能根据加工材料特性选择合适的切削参数
	浅孔钻试切削时，出现浅孔钻刀片破损或浅孔钻刀体损坏现象	浅孔钻试切削时，切削进给量过小，或主轴转速过低
	使用浅孔钻加工时，出现切削温度过高，刀片磨损快	浅孔钻两侧刀片选择不正确
	使用浅孔钻加工阶梯孔时，发出刺耳的啸叫声	使用浅孔钻加工阶梯孔时，因先加工小孔导致浅孔钻两侧刀片受力不均匀
	浅孔钻使用过程中，出现切屑堵塞，造成浅孔钻损坏甚至折断的现象	浅孔钻使用时，切削液压力不足，排屑不畅
	浅孔钻切削时出现振动和异常声响	浅孔钻中心和边缘所使用的刀片不正确
	使用浅孔钻钻孔时，出现损坏、折断	使用浅孔钻钻孔时，工件旋转、刀具旋转方向错误
正	机床无抖动，切削状态正常，无刺耳的啸叫声	数控机床选用正确，浅孔钻对机床刚性、刀具与工件对中性要求较高，因此浅孔钻适合在大功率、高刚性、高转速的数控机床上使用
	刀具寿命长，无异常破损、折断	1) 浅孔钻刀片选型正确，中心刀片应选用韧性好的刀片，周边刀片应选用比较锋利的刀片 2) 刀片槽型选择正确。根据加工材料不同，选用刀片槽型：一般情况下，小进给量、公差小、浅孔钻长径比大时，选用切削力较小的槽形刀片；粗加工、公差大、浅孔钻长径比小时，则选切削力较大的槽形刀片

（续）

刀　具		说　明
正	加工后零件表面质量和尺寸精度达到设计要求	机床主轴功率满足浅孔钻使用要求，浅孔钻装夹稳定可靠，切削液压力为 150Pa，流量要保证扬程为 12m，同时控制好浅孔钻的排屑效果，否则将在很大程度上影响孔的表面质量和尺寸精度
	加工后零件底面不再出现针状凸起，不会影响后续工序的加工	装夹浅孔钻时，一定要使浅孔钻中心与工件中心重合，误差<0.1mm，并垂直于工件表面
	加工后零件底面不再出现较大凸起点	浅孔钻调整中心高时，只需每次将浅孔钻旋转一定角度，即使浅孔钻的中心刀片和侧面刀片切削刃与工件端面的切削角度线平行，减小中心刀片的刀尖圆弧（调整好中心的浅孔钻，钻出的底平面会出现一个<0.5mm 的正常凸起）
	刀片磨损正常，零件表面质量和尺寸精度符合设计要求	使用浅孔钻时，要根据不同零件材料，选择合适的切削参数 1）45 钢：进给量 0.06~0.18mm；转速 2500~3500r/min；线速度 200~275m/min 2）淬硬钢：进给量 0.05~0.14mm；转速 1500~2000r/min；线速度 80~200m/min 3）不锈钢：进给量 0.06~0.18mm；转速 1500~3000r/min；线速度 115~165m/min 4）铝合金：进给量 0.1~0.18mm；转速 3000~4500r/min；线速度 300~385m/min 5）钛合金：进给量 0.08~0.16mm；转速 1000~2000r/min；线速度 40~50m/min
	浅孔钻试切削时，不再出现浅孔钻刀片破损或浅孔钻刀体损坏现象	浅孔钻试切削时，切勿随意减小进给量或降低转速，应按正常线速度加工
	切削温度保持正常状态，刀片磨损正常	浅孔钻中心与侧面刀片选择更锋利的刀片槽型，可有效降低切削温度，减慢刀片的磨损速度
	使用浅孔钻加工阶梯孔时，不再出现刺耳的啸叫声	使用浅孔钻加工阶梯孔时，一定要先从大孔加工再加工小孔
	浅孔钻使用过程中，排屑顺畅，不再出现浅孔钻异常损坏甚至折断现象	浅孔钻使用时，切削液必须具备足够的压力和流量，一般选择 150Pa 和 12m 的流量扬程
	浅孔钻切削时状态正常，无振动和异常声响	1）浅孔钻上中心和边缘所使用的刀片不同，不可错用，否则将会损坏浅孔钻刀杆 2）可采用工件旋转、刀具旋转及刀具和工件同时旋转的加工方式，不能出现刀具和工件同向旋转。当刀具以线性进给方式移动时，最常用方法是工件旋转方式

（邹峰）

2.2　工艺应用禁忌

2.2.1　深孔加工转速设置禁忌

在加工深孔时，加工步骤一般分为 4 步，具体步骤如图 2-5 所示。为保证刀具应用的安全性，在加工过程中要科学设置钻头加工速度，尤其是钻头转速。一般深孔加工时，使用钻头长径比就非常大，如 25 倍径、30 倍径，在这种情况下，刀具刚性较差，在一定转速下会导致钻头出现摆动。但切削加工时，要求钻头需要较快的切削速度、较低的每齿切削量，这样才能保证刀具的耐用性和安全性。因此，钻头转速的科学设置就显得尤为重要。

通常加工工件分为钻头未加工工件、正加工工件两种状态，需设置两种不同的转速，具体说明见表 2-21。

表 2-21　钻头转速设置禁忌

		钻头转速设置	说　明
误	按照 1 种转速设置	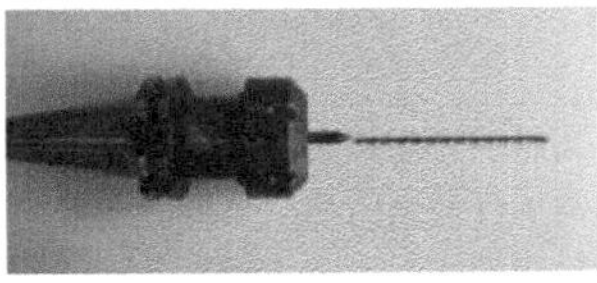 钻头  低速切削	当钻头以慢加工速度进行切削时，为保证钻头不会折断，转速一般不会超过 100r/min 当钻头使用较快加工速度进行切削时，钻头会在工件外出现折断，从而损坏
正	根据加工步骤降速、加速	 低速进入  高速切削  低速退出	当钻头在工件外时，要以较低转速转动，一般不超过 100r/min。在步骤二和步骤四（见图 2-5）时要正常降速 当钻头加工时，需要快切削速度、高转速。加速过程发生在步骤二结束，步骤三（见图 2-5）开始之前，以保证钻头使用的安全性

（刘壮壮）

2.2.2　斜面钻孔加工禁忌

机加工中斜孔加工如图 2-7 所示。根据先面后孔的加工原则，一般需在斜面上进行钻孔。在斜面上钻孔需要使用正确的加工方法，否则会导致钻出的孔的轴线与基准面距离超

差，角度不合格，或位置度等几何公差不能满足图样
要求。

　　钻斜孔前，一般需要使用平底刀具进行引导平面的
加工，此引导平面与孔轴线垂直，能使钻头很好地定
心，并保证钻孔质量，但引导平面的深浅对钻头的定心
效果影响很大；除在加工引导平面时要注意其深度，加
工斜孔的方法也很重要，如果斜孔加工方法不合适，也
会导致零件不合格。具体说明见表 2-22。

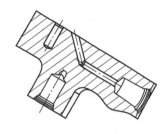

图 2-7　图样规定的斜孔

表 2-22　斜面钻孔加工禁忌

	斜面钻孔加工方法		说　　明
误	引导平面浅		引导平面太浅，此时引导平面为不规则的平面，未完全复制出刀具的底部形状 　　后续钻头无法稳定定心，钻头会出现滑动，在工件孔口出现摆动，导致工件孔口出现啃伤等，且会使得尺寸超差。左栏下图上孔展示了这种现象，下孔为正常现象
	加工方法：钻平台→钻孔		工件外圆上需钻小孔，属于加工斜孔。最初的加工方案为：钻平台→钻孔。加工后，小孔中心与工件轴线间距离超出图样尺寸上限要求 0.2mm 　　此距离超差是因为受夹持工件的夹具影响，钻头露出刀柄外的部分较长，在加工中出现让刀，导致距离尺寸超差

（续）

斜面钻孔加工方法		说　明
正	引导平面深	合适的引导平面加工深度将加工刀具的底部形状完全复制出来，呈现圆形，其直径为刀具直径。具体加工深度要根据斜面角度进行计算 　引导平面足够深时，后续钻头可以稳定定心，也不会出现类似打滑
	加工方法：钻平台→钻孔→扩孔	扩孔使用刀具为加长铣刀。使用铣刀扩孔，铣刀对小孔轴线有修正作用，铣刀刀杆较粗，刚性较好，能保证小孔中心位置不发生变化 　更换加工方法后，能保证小孔轴线实际位置与理论位置的偏差在 0.1mm 内，满足加工要求

（刘壮壮）

2.2.3　考虑孔口毛刺的钻头顶角选用禁忌

　　钻头尖部的角叫"顶角（锋角）"，一般高速钢钻头顶角为 118°～120°。但钻头的顶角角度，取决于钻头本身的材质和被加工材料的材质，如整体硬质合金钻头的顶角通常在 140°～150°；直槽钻头的顶角通常为 130°；三刃钻头的顶角通常在 150°左右。对于被加工材料也有所不同，如加工一般钢铁、铜、铝等材料，顶角选择 115°～120°比较适宜；加工铸铁件时顶角 140°左右比较适宜。因此，钻头、待加工材料、加工要求等决定顶角的大小，如图 2-8 所示。具体禁忌见表 2-23。

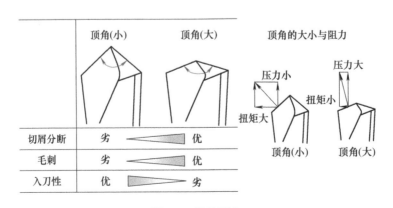

图 2-8　钻头顶角

表 2-23　考虑孔口毛刺的钻头顶角选择禁忌

问　题	原因及解决办法
钻孔孔口有毛刺	造成毛刺的主要原因是钻透时材料变薄导致塑性变形。顶角越小毛刺越大，顶角越大毛刺越小，如平底钻、薄板钻，基本无毛刺

小结：

1）顶角大。轴向推力增加，扭矩减小，切削刃长减短，切削厚度变深，切屑厚度变厚。

2）顶角小。轴向推力减小，扭矩增大，切削刃长增长，切削厚度变浅，切屑厚度变薄。

（周巍）

2.2.4　车床平钻锪孔加工禁忌

在车床上用平钻锪孔也是许多车工师傅经常遇到的一种加工台阶孔或止口的方式，换件过程中，一般是退一下尾座的套筒，使钻头离开工件一段距离，不干涉更换工件即可。车床上平钻锪孔的加工禁忌见表 2-24。

表 2-24　车床上平钻锪孔的加工禁忌

	车床上平钻锪孔	说　明
误	在尾座锥孔中随意装卸钻头	对于床身导轨磨损严重的车床，其尾座锥孔轴心线与卡盘回转轴心线交叉，将钻头重新安装在尾座上后，钻头的两个刃尖易移位，锪孔尺寸从而产生变化 即便是新车床，由于制造精度和调整精度的误差，两轴心线也绝难重合，将钻头重新安装在尾座上后，钻头的两个刃尖也未必处于卡盘回转中心线原始的径向尺寸位置 上述两条轴心线即使重合，钻头的刃尖与其锥柄的轴心线也存在不对称的状态，钻头在车床尾座锥孔中随意安装后，由于锥孔和钻头存在灰尘或磕碰，其刃尖也难处于原始位置，此时锪孔尺寸变化
正	在尾座上取下钻头前，在钻头和尾座连接处刻一个标记，重新安装钻头时对正标记	在车床尾座锥孔中对正标记安装钻头后，不论车床卡盘回转轴心线与尾座锥孔轴心线处于什么状态，都保证了钻头刃尖的原始位置，可使其锪孔尺寸趋向稳定一致 注意：若车床卡盘回转轴心线与尾座锥孔轴心线存在严重交叉，随着钻头刃磨变短或尾座前后推移变化，必须要结合钻头的变化尺寸来控制尾座的位置，使钻头刃尖与工件的距离和离开尾座端面的距离尽量维持原尺寸，并且要做好操作过程的抽件检验

（赵忠刚）

2.2.5　工件终端端面不平时钻头刃磨与应用禁忌

加工过程中有时会遇到钻削工件终端端面的倾斜状态与钻头的切削刃平行的情况，稍不注意，很容易扎钻、折钻等。钻削工件终端端面倾斜时钻头刃磨与应用禁忌见表 2-25。

表 2-25　钻削工件终端端面倾斜时钻头刃磨与使用禁忌

钻削工件终端端面倾斜时钻头刃磨与使用		说　明
误	钻头主切削刃与工件孔终端端面接近平行或平行	此情况下，钻头是突然钻透工件的，在接近钻透工件时（通常剩1~2mm左右，随钻孔的尺寸大小不同，其破孔的剩余量不同），整个工艺系统的弹变应力瞬间释放，使钻头的切削刃向件面外"弹出"，可能发生"扎钻"，导致折钻或憋机
正	钻头主切削刃与工件孔终端端面不平行	此情况下，钻头逐渐钻出工件，整个工艺系统的弹变应力也随钻头"破面"至完全钻出工件的过程中慢慢释放，不存在冲击势态，不会发生"扎钻" 钻削该类工件时，将钻头顶角磨小一些，使钻头两主切削刃适当变长，以延长其破面至完全钻出工件的时间；另外，在临近钻透时，适当调小进给量，这样可有效避免发生"扎钻"

（赵忠刚）

2.2.6　钻套中钻头的安装禁忌

在加工作业中，许多钻头的扁尾被拧歪或拧断，主要是因为在钻套中安装钻头时的方式方法不良。钻套中安装钻头的禁忌见表 2-26。

表 2-26　钻套中钻头的安装禁忌

钻套中钻头的安装		说　明
误	在钻套中随意安装钻头	钻头尾柄有灰尘，导致钻头尾柄与钻套接触不良，易诱发钻孔过程中钻头与钻套脱落或松动；同时，尾柄扁尾部分容易在钻削过程中因钻头松动而被拧断或拧歪
正	将钻头尾柄和钻套内外均擦拭干净；在钻套中安装钻头时，将钻头扁尾与钻套扁尾紧密贴合；并在铁板上将钻套尾部敲紧，使钻头尾柄与钻套内壁牢固接触 在易于脱落的立式加工设备上钻孔时，可将钻头尾柄段在线切割设备上将其沿着轴线纵向割80%长度	1）消除了钻头在钻削过程中因受力较大而导致扁尾被折断或变形的隐患。钻头尾柄扁尾已经与钻套内壁良好接触，杜绝了因钻头受力较大或受到交变载荷而发生冲击式转动，导致扁尾损伤 2）立式加工设备上钻孔，钻头有时会因安装不良而脱离钻套。采取此措施后，钻头尾柄有了弹性形变，增加了其抗冲击载荷的优势，钻头便不易脱落 3）有些钻头或刀柄在钻套中较难取出，可将钻套沿轴向中心线在线切割设备上割80%，这样再卸钻头或刀柄时就较为容易了

（赵忠刚）

2.2.7　预钻底孔尺寸选用禁忌

攻内螺纹时，需在目标工件上预先钻削适宜的底孔——通孔或盲孔。预钻通/盲孔的直径D_T及预钻盲孔的深度L_1务必正确选择，否则攻制的内螺纹会出现质量问题，伴随丝锥折断或是机床主轴负载异常等。

1）预钻底孔直径D_T选择禁忌见表 2-27。D_T经验公式及推导计算公式见表 2-28。

表 2-27　预钻底孔直径 D_T 选择禁忌

问题	常见原因	选择禁忌		图　示
丝锥折断	$D_T <$ 内螺纹小径 D_c，使得丝锥根部会碰触工件	根据工件塑性及钻孔扩张量，正确计算 D_T	1）牙型角 60° 的米制普通三角内螺纹和通用米制内螺纹及牙型角 55° 的寸制惠氏内螺纹，按经验公式给定 D_T 2）牙型角均为 60° 的日本米制螺纹和美制统一螺纹，用螺纹嵌合率 δ 推导计算 D_T	
内螺纹牙形异常	$D_T < D_c$ 时，造成切削刃缺少足够空隙来容纳被挤出的多余金属			工件　挤压出的金属　丝锥　丝锥小径　螺纹大径　底孔直径
内螺纹强度低	D_T 过大，使基础金属量变少，造成螺纹配合松动			内螺纹　$5H/8$　a　d D_T　外螺纹(标准牙形)

表 2-28　D_T 经验公式及推导计算公式

方式	内螺纹形式	D_T 计算公式	说　明
经验公式计算	米制普通三角内螺纹与通用米制内螺纹	$D_T \approx D - P$	钢及黄/紫铜等塑性零件，中等扩张量钻头
		$D_T \approx D - (1.05 \sim 1.1)P$	铸铁及青铜等脆性零件，小扩张量钻头
	寸制惠氏内螺纹	$D_T \approx 25\left(D - \dfrac{1}{n}\right)$	
		$D = \dfrac{3}{16}'' \sim \dfrac{5}{8}''$ 时，$D_T \approx 25\left(D - \dfrac{1}{n}\right) + 0.1$	钢及黄/紫铜等塑性零件，中等扩张量钻头
		$D = \dfrac{3}{4}'' \sim 1\dfrac{1}{2}''$ 时，$D_T \approx 25\left(D - \dfrac{1}{n}\right) + 0.2$	
螺纹嵌合率 δ 计算	日本米制螺纹	由 $\delta = \dfrac{d - D_T}{2}$，$h = \dfrac{5}{8}H$，$H = \dfrac{\sqrt{3}}{2}P$ 得，	直径及螺距的单位为 mm，特征代号为 M
	美制统一螺纹	$\delta = \dfrac{a}{h} \times 100\% = \dfrac{8(d - D_T)}{5\sqrt{3}} \times 100\%$， 故 $D_T = d - \dfrac{5\sqrt{3}P\delta}{800} \approx d - 1.0825 \times \dfrac{\delta}{100}$	直径以分数或小数的英寸表示，螺距以每英寸内的牙数表示

注：1. D、P、n 依次为内螺纹的公称直径、螺距、每英寸牙数。
　　2. d、h、H 依次为外螺纹的大径、标准牙形高度、原始三角形高度。

2）预钻底孔深度L_1选择禁忌见表 2-29；螺纹盲孔钻攻加工的数学关系见表 2-30。

表 2-29　预钻底孔深度L_1选择禁忌

问题	常见原因	选择禁忌			图　示
丝锥折断	$L_1 \approx L_0 + 0.7$ 小于规定值，L_0 为螺纹深度	正确计算相关参数	钻头切削进给总距离Z_1		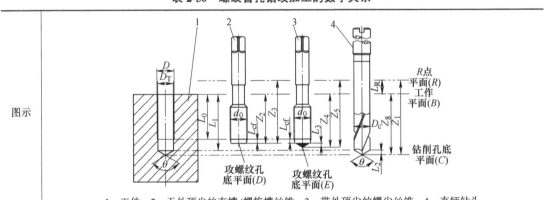
			底孔钻削深度Z_8		
			丝锥无外顶尖	丝锥切削进给总距离Z_3	
				丝锥切削进给总距离Z_5	
机床主轴负载异常	丝锥前端部碰到孔底，憋机		丝锥带外顶尖	攻螺纹深度Z_2	
				攻螺纹深度Z_4	

表 2-30　螺纹盲孔钻攻加工的数学关系

图示	

1—工件　2—无外顶尖的直槽/螺旋槽丝锥　3—带外顶尖的螺尖丝锥　4—直柄钻头

硬质合金直柄钻头		无外顶尖的直槽/螺旋槽丝锥		带外顶尖的螺尖丝锥	
Z_8	Z_1	Z_2	Z_3	Z_4	Z_5
$L_1 + L_2 = L_1 + \dfrac{D_c/2}{\tan(\theta/2)}$	$L_R + Z_8 = L_R + L_1 + L_2$	$L_0 + L_{cf}$	$L_R + Z_2$	$L_0 + L_{cf} + L_3$	$L_R + Z_4$

注：1. R 点平面为钻头或丝锥自快速移动状态转为切削进给的转折位置。

2. d_0、L_{cf}、L_3 依次为丝锥的公称直径、切削锥长度和外顶尖高度；D_c、θ、L_2 依次为钻头的直径、外转角和尖端高度，$L_2 = \dfrac{D_c/2}{\tan(\theta/2)}$；$D$ 为内螺纹公称直径。

（刘胜勇）

2.2.8　零件钻削加工性控制禁忌

不同材料的众多零件基于自己的独特性能，如硬度、韧性、导热性、抗氧化性及化学稳定性等，彼此的切削加工性便会迥然不同，以致严重影响着切削刀具材料、牌号、槽形及切削参数的选择。也就是说，钻削刀具务必与零件材料的切削加工性相匹配，以达到优异的材料去除效果。

通常，零件材料按 ISO 标准，分为 6 种类型，即钢（P）、不锈钢（M）、铸铁（K）、有色金属（N）、耐热合金（S）及淬硬钢（H）。它们的切削加工性由特定切削力 k_{c1} 或 k_{cn} 表示（见图 2-9），前角 $\gamma_o = 0°$ 时，刀片在切削方向上平均切屑厚度 $h_m = 1\text{mm}$ 且面积 $S = 1\text{mm}^2$ 切屑所需要的力 F_c（N）记为 k_{c1}，γ_o 不为零时，刀片在切削方向上平均切屑厚度 h_m 且面积 $S = 1\text{mm}^2$ 切屑所需要的力 F_c（N）记为 k_{cn}。对于钻削，$h_m = f_z \sin \kappa_r$，实际切削功率 $P_c = \dfrac{v_c D_c f_n k_{cn}}{240 \times 10^3}$，式中 f_z、f_n、κ_r、D_c、v_c 依次为每齿进给量、每转进给量、主偏角、钻头直径、钻削速度，$k_{cn} = k_{c1} h_m^{-m_c}\left(1 - \dfrac{\gamma_o}{100}\right)$（N/mm²），$m_c$ 为 k_{cn} 相对于 h_m 的切削曲线斜率。此外，整体式/焊接式钻头 $f_z = \dfrac{f_n}{2}$，可转位刀片钻头 $f_z = f_n$。特定切削力 k_{cn} 与平均切屑厚度 h_m 的关系如图 2-10 所示。

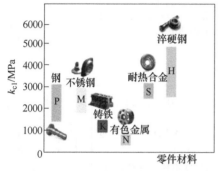

图 2-9　不同零件材料的切削加工性示意

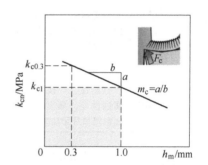

图 2-10　特定切削力 k_{cn} 与平均切屑厚度 h_m 关系

为保证减材制造中工件具有良好的切削加工性，既要了解零件材料的金相组织和力学性能，又要正确选择钻头式样及涂层成分（如金刚石、黄金等）；采用可转位刀片钻头时，需要考虑中心/周边刀片的宏观和微观级切削刃槽形。此外，还要兼顾考虑切削参数、切削力、材料热处理、表面质量、冶金夹杂物、刀柄及其他工况。在此，给出钻削匹配零件切削加工性的控制禁忌（见表 2-31）。

表 2-31　钻削匹配零件切削加工性的控制禁忌

零件材料		切削加工性	控 制 禁 忌	图　示
ISO P	非合金钢	$w_C < 0.25\%$，材料黏性大，断屑难，易黏结	1) $k_{c1} = 1400 \sim 3100\text{MPa}$ 2) 整体硬质合金钻头优选材质为细晶粒牌号 GC1220，槽形 R844，使用 TiAlN 基 PVD 涂层提高韧性 3) 焊接硬质合金钻头优选材质 P20，经 TiN 基 PVD 涂层提高耐磨性 4) 可转位刀片钻头的刀片材质优选周边刀片为 GC4024，中心刀片为 GC1044，槽形 LM 5) 钻屑异常时，可提高 V_c、降低 f_n（非合金钢中增大），或采用混合比 4%~7% 的高压和内部切削液	
		零件硬度和 C、Si 含量越低，切屑越长		

（续）

零件材料		切削加工性	控制禁忌	图示
ISO P	低合金钢	切削加工性取决于合金含量及硬度	1）$k_{c1}=1400\sim3100$MPa 2）整体硬质合金钻头优选材质为细晶粒牌号 GC1220，槽形 R844，使用 TiAlN 基 PVD 涂层提高韧性 3）焊接硬质合金钻头优选材质 P20，经 TiN 基 PVD 涂层提高耐磨性 4）可转位刀片钻头的刀片材质优选周边刀片为 GC4024，中心刀片为 GC1044，槽形 LM 5）钻屑异常时，可提高v_c、降低f_n（非合金钢中增大），或采用混合比 4%～7%的高压和内部切削液	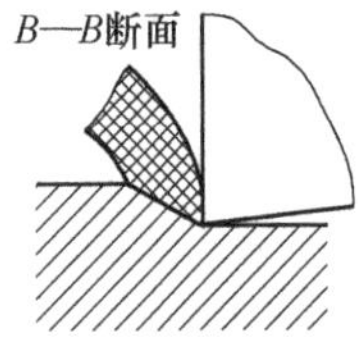 B—B断面 
		常见磨损形式有月牙洼磨损和后刀面磨损		
		零件硬度较高时，钻削热量大，易发切削刃塑性变形		P_c
	高合金钢	高硬度零件的合金量增多，切削加工性降低		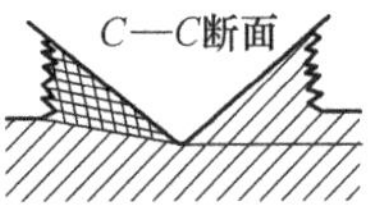 C—C断面 
		硬度>450HB 且合金量 12%～15%时，要求钻头耐热好且抗塑性变形		
ISO M	铁素体不锈钢	有磁性、焊接性和耐腐蚀性差，易出现后刀面磨损和月牙洼磨损	1）不得使用焊接硬质合金钻头，严禁干式钻削 2）孔深$3d_1$时，优选内部冷却，有短切屑时，选配外部冷却 3）薄壁或低强度不锈钢件钻孔时，f_n要稍小些	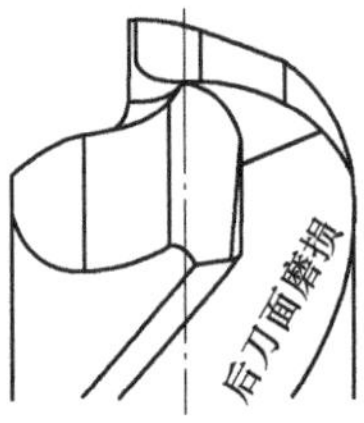 后刀面磨损
	马氏体不锈钢	钻孔中后刀面磨损较大且会形成积屑瘤		
	奥氏体不锈钢	$w_C\leqslant0.05\%$且加工硬化时，产生高强度连续长切屑，易沟槽磨损	采用正前角槽形的锋利切削刃，吃刀量须恒定	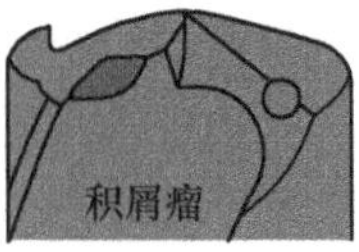 积屑瘤
		因切屑黏结而产生积屑瘤，涂层和基体材料易被剥离，致刃口崩刃	$k_{c1}=1800\sim2850$MPa，相对切削加工性：铁素体>马氏体>奥氏体>双相不锈钢>超级奥氏体	 沟槽 磨损
	双相不锈钢	高硬度切屑，随切削热积聚钻头会产生塑性变形及严重月牙洼磨损	钻头主偏角κ_r尽可能小	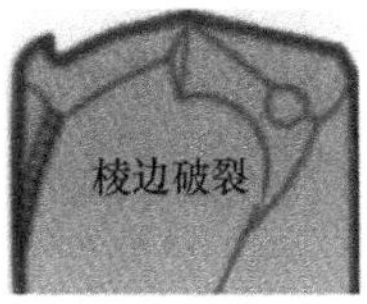 棱边破裂
			确保钻头和工件稳定夹持	P_c

（续）

零件材料		切削加工性	控制禁忌	图　示
ISO K	灰口铸铁 GCI	冲击强度低，钻孔切削力低，磨损形式仅为磨料磨损，无化学磨损	1）通常 k_{cl} = 790～1350MPa，多数工况产生良好短切屑。高速加工夹砂的铸铁，易产生磨料磨损 2）整体硬质合金钻头优选材质 GC1210，槽形 R842，多钻削直径不超 20mm 的小孔，孔深不超 7 D_c 3）焊接硬质合金钻头优选材质 K20，对 WC-Co 硬质合金基体进行 PVD 的 TiN 涂层，可降低摩擦因数。多钻削直径>20mm 的孔，孔深最大 10 D_c 4）可转位刀片钻头优选刀片材质：周边 GC4024 和中心 GC1044，槽形 GR。中心刀片形成锥形切屑，周边刀片形成类似于车削切屑。切屑异常时，提高 v_c 并降低 f_n 5）孔深>7 D_c 时，推荐钻削导向孔，抛光排屑槽的钻头可提高排屑性能 6）配混合比 5%～7%的内部切削液	
	可锻铸铁 MCI	切削加工性类似 NCI，珠光体（铁素体）组织易产生磨料磨损（黏着磨损）		
	球墨铸铁 NCI	铁素体组织极易产生积屑瘤，间断切削中黏着磨损会使涂层剥落		
		珠光体组织易导致磨料磨损或塑性变形，切削热较高		
	蠕墨铸铁 CGI	导热性差，钻切削热高；添加 Ti 元素会缩短钻头寿命		D_c=60～80
	等温淬火球墨铸铁 ADI	易产生锯齿状切屑；相比 NCI，刀具寿命缩短 40%～50%，加工硬化严重，磨损集中在切削刃周围和前刀面上		边缘磨损/崩裂
ISO N	铝基合金	纯铝有黏性，须选用锋利的切削刃和较高 v_c	Si 含量多时，优选 PCD 刀具钻孔	
			k_{cl} = 350～700MPa，P_c 低	
	铜基合金	多产生长切屑，切屑形态易控制	整体硬质合金钻头的优选材质 GCN20D，槽形 R850，适宜大 f_n	

（续）

零件材料		切削加工性	控制禁忌	图　示
ISO S	耐热优质合金	HRSA 加工难度：铁基 >镍基>钴基。导热差，切屑多为锯齿状，易产生沟槽磨损	$k_{cl} = 2400 \sim 3100MPa$，$P_c$ 很高	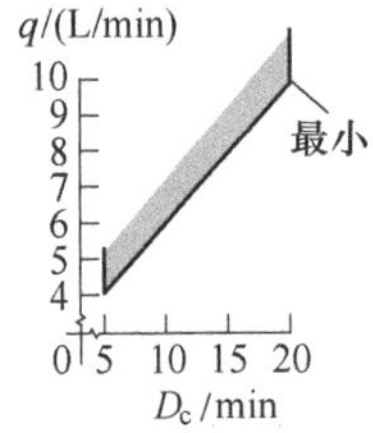
			整体硬质合金钻头首选材 GC1220，槽形 R846，内部切削液，流量 q 与钻头直径 D_c 关系如右图所示	
	钛合金	切削加工性差，导热性差，切削热量易积聚于切削刃处	$k_{cl} = 1300 \sim 1400N/mm^2$，$P_c$ 很高	
			v_c 过高→切屑与刀具发生化学反应→钻头崩刃或破裂	
		Ti-6Al-4V 为混合 α+β 合金，应用最广，产量最大，多薄壁件	可转位刀片钻头的周边、中心刀片优选超细晶粒非涂层硬质合金，正前角或开放槽形	
ISO H	45~68HRC 钢材	常见钢材有渗碳钢、轴承钢和工具钢	$k_{cl} = 2550 \sim 4870MPa$，$P_c$ 高	
			钻头材质：抗塑性变形强，高温化学稳定性好，机械强度高且耐磨料磨损	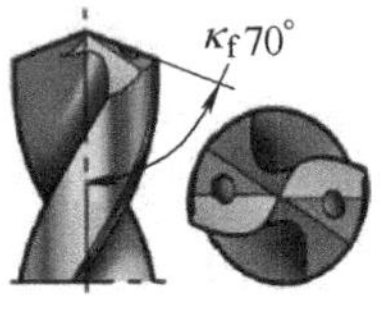
	400~600HB 硬铸铁	硬铸铁包括白口铸铁和 Kymenite 球墨铸铁	可转位刀片钻头的周边、中心刀片优选 PVD 涂层硬质合金，切屑形态良好，后刀面易磨损	

（刘胜勇）

2.2.9　钻削时切削参数最佳匹配禁忌

钻孔时，既可选用整体硬质合金钻头，以合理的进给量 f_n、切削速度 v_c 参数进行直径<20mm 精密孔的钻削；也可选用可转位刀片钻头，以最低成本进行中大直径的通孔或平底盲孔钻削；还可选用铜焊刀尖的焊接硬质合金钻头，凭借钢制刀体的足够韧性进行稳定性

稍差场合的钻削。无论采取哪种钻削方式，终端需求均是无故障的高效切削、最长的刀具寿命及最高的利润率。为实现这一满意效果，既离不开目标件适宜钻头的选用，也离不开最佳切削参数的给定。

钻削涉及切削参数主要有切削速度 v_c 和进给量 f_n。v_c 影响钻头寿命和功率 P_c 消耗，v_c 越大钻削产生的温度越高，切削刃的磨料磨损加剧。f_n 既影响孔的加工质量，也关系切屑的形成，还牵连着切削进给力 F_f ($F_f = 0.5k_c \dfrac{D_c}{2} f_n \sin kr$)。$f_n$ 越大，钻削时间 $T_c = \dfrac{Z_8}{v_f}$ 越短（Z_8 为钻削深度，v_f 为穿透率且 $v_f = nf_n$），每次钻削的磨损会减少，但会加剧钻头崩裂的危险。为此，给出主偏角 $\kappa_r = 88°$、前角 $\gamma_o = 15°$ 的可转位刀片钻头在不同材料上钻孔的切削参数（见表 2-32）。

表 2-32 可转位刀片钻头在不同材料上钻孔的切削参数

图示							

零件材料		钻径 D_c /mm	钻深 Z_8/mm	切削速度 v_c/(m/min)	进给量 f_n /(mm/r)	刀片槽形	周边刀片/中心刀片材质
低碳钢	ISO P	20	$3D_c$	300	0.06	LM	GC4024/GC1044
奥氏体不锈钢	ISO M	20	$3D_c$	180	0.10	MS	GC2044/GC1144
蠕墨铸铁	ISO K	20	$3D_c$	150	0.18	GR	GC4024/GC1044
铝合金	ISO N	20	$3D_c$	400	0.10	LM	H13A/H13A
镍基合金	ISO S	20	$3D_c$	30	0.05	LM	GC4044/GC4044
淬硬钢 HRC55	ISO H	20	$3D_c$	60	0.10	GM	GC4024/GC4024

（刘胜勇）

2.2.10 钻头内外部切削液应用禁忌

基于零件材料正确选择适宜的刀具材料和切削参数，受综合工况影响，钻头寿命和孔的加工质量可能达不到要求，如出现长切屑、螺旋钻沟被碎屑堵塞、后刀面磨损太快等问题（见图 2-11）。通过配用内外部切削液，对切屑进行冲刷，降低钻尖温度，润滑孔壁，可提高加工效果。钻头内外部切削液应用禁忌，见表 2-33。

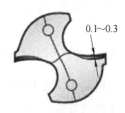

图 2-11 后刀面磨损示意

表 2-33　钻头内外部切削液应用禁忌

应用明细		操作要点	图示
冷却管路布置	外冷管路	钻削深度 $Z_8<3D_c$，或产生切屑较短，可采取外部冷却，避免产生积屑瘤	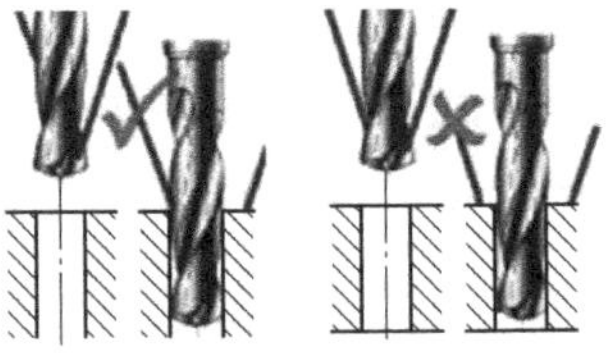
		外冷多为双管路形式，上下梯次配置，尽可能减小喷嘴与钻头间夹角	
	内冷管路	钻削深度 $Z_8 \geqslant 3D_c$，优选内部冷却；注意切削液的压力和流量，防止泄漏	
切削液压力		钻削深度 $Z_8 \leqslant 5D_c$，推荐切削液压力为 1MPa	内切削液压力与钻头直径的关系 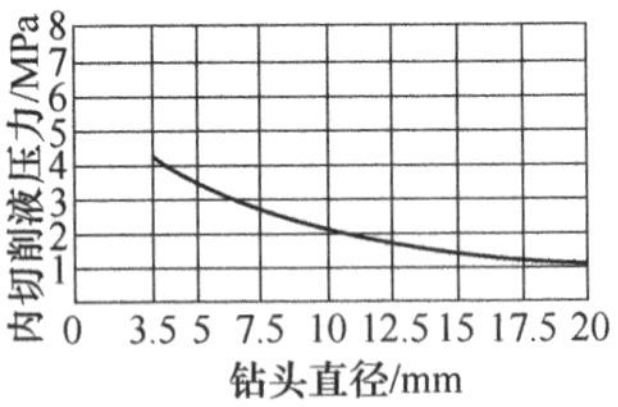
		钻削深度 $5D_c<Z_8 \leqslant 16D_c$，推荐最小切削液压力为 3MPa	
		钻削深度 $Z_8 > 16D_c$，推荐最小切削液压力为 4MPa	
切削液流量		钻尖处采用秒表和量杯检测最小流量	内切削液流量与钻头直径的关系 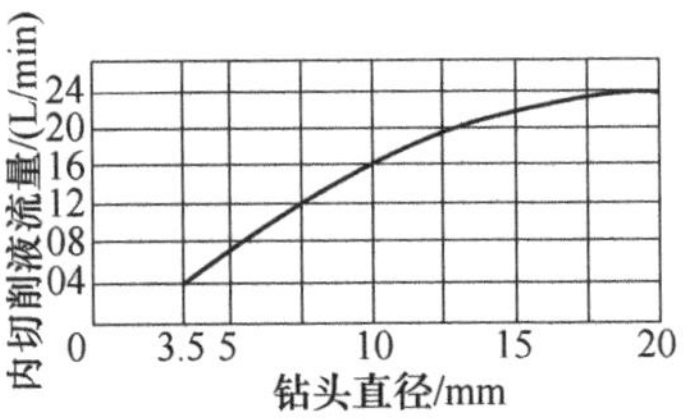
		通常，切削液箱容积比切削液每分钟供给量大 5~10 倍	
切削液配比		切削液多使用水基乳化液，一般钻削场合下乳化液的推荐含量为 6%~8%	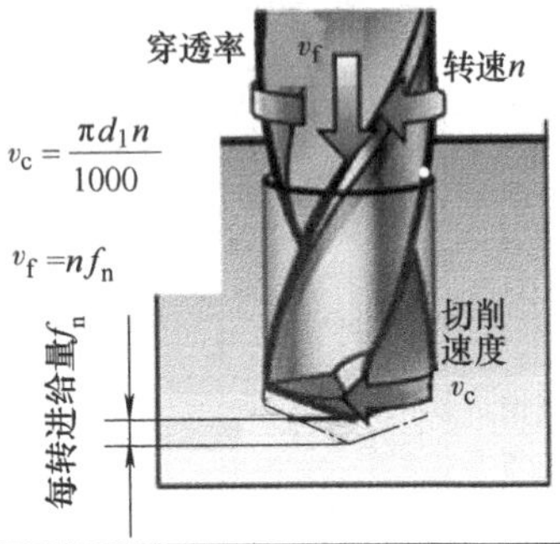 穿透率　转速 n $v_c=\dfrac{\pi d_1 n}{1000}$ $v_f=nf_n$ 切削速度 v_c　每转进给量 f_n
		钻削不锈钢、耐热合金与高强度钢时，推荐乳化液的含量为 10%，不得使用干式切削 焊接硬质合金钻头不得使用干式钻削	

（刘胜勇）

2.3　特殊加工对象钻削应用禁忌

2.3.1　钢件用硬质合金钻头倒钝选用禁忌

机械加工中有 30% 以上是孔加工，孔加工中又有不少直径<16mm 的孔，这类孔多采用整体硬质合金钻头；而>16mm 孔多采用可转位钻头加工，可转位钻头可以轻松制造或选择获得不同且容易观察分析的槽形、刃形加工，加工灵活，可控性较好。

　　硬质合金钻头结构，如螺旋角、槽型、槽宽、顶角等参数都较为直观，比较容易检测，但倒棱、倒钝很难观察，因此倒棱、倒钝是影响加工性能、加工表面质量、刀具寿命的重要因素。钢件材料有一定的韧性和塑性，切削时容易缠屑造成刀具损坏、零件报废，因此对断屑的要求比较高。针对钻尖刃口负倒棱的加工，可分为数控磨床加工、人工手动加工和机械倒钝三种工艺，因各厂工艺不同而不同，但可以明确的是各种工艺都有优缺点。由于最终的倒钝角度和宽度都是需要不断修正参数才能保证，不是一次设置后就不再改变尺寸精度，所以要关注这个重要指标。

　　如图 2-12～图 2-14 所示，加工钢件用的硬质合金钻头用同样的基体和加工参数，采用不同的倒钝宽度会有不同的切削状态，有的甚至无法加工。硬质合金钻头进行高速加工时，容易发生切屑伸长，引发切屑飞散甚至导致伤害、切屑缠绕在钻头上等安全问题。为防止这些问题，切屑必须被细小分断。为获得良好的排屑形式和钻孔质量，需针对不同的工件材料制定不同的切削角度设计，一般根据刀具参数调整加工参数，必要时根据工况调整刀具设计参数，即非标设计刀具。

　　需注意的是，良好的刀柄能获得更好的装夹跳动，更容易正确地评估刀具状况；而良好的切削液也能帮助润滑和降温排屑，以获得理想的切屑形状。钢件用硬质合金钻头倒钝选用禁忌见表 2-34。

图 2-12　钻头倒钝宽度与角度示意

图 2-13　倒钝过大的钻头

图 2-14　钢件钻头倒钝太小

表 2-34　钢件用硬质合金钻头倒钝选用禁忌

	钢件用合金钻头切屑状态		说　明
误	倒钝太宽	切屑成挤压状态	钻头倒钝过宽，切屑是挤压状态，钻沟中切屑堵塞及被钻孔内壁表面质量不良，钻头径向偏摆，将产生折断事故 　判断倒钝过宽问题：新钻头的出口毛刺很大
	倒钝太小		刃部过于锋利，切削过程中切削刃对材料挤压太小，产生缠绕严重的带状切屑，导致后续切屑不能顺利排出，最终刀具崩损；此外，刀具过于锋利，刀具刃部遇到断续加工处易崩损

（续）

钢件用合金钻头切屑状态			说　明
正	优异切屑		合适的刃带宽度可产生短小卷曲的切屑，从钻头的容屑槽中顺滑排出，减少后续排出切屑的阻力，降低切屑堵塞对切削刃的损伤，从而延长刀具寿命，降低加工成本
	可接受切屑		

（华斌）

2.3.2 加工带预铸孔铝合金件的硬质合金钻头应用禁忌

铝压铸件具有生产效率高、加工成本低、生产过程中易实现机械自动化、铸件尺寸精度高、表面质量好及整体力学性能好等优点，在汽车零件中得到了广泛的应用。

压铸件设计时应尽量避免机加工，原因如下：一是机加工会破坏零件表面的致密层，影响零件力学性能；二是机加工会使压铸件内部的气孔暴露，影响表面质量，同时也会增加零件成本。压铸件无法避免机加工时，应尽量避免切削量较大的设计，结构设计尽量便于机加工或减小机加工面积，减小机加工成本。对一些汽车零件表面上的螺栓孔，可以在毛坯上设计预铸孔以尽量减少加工余量，避免压铸件表面致密层因受到破坏而影响零件的质量。

图 2-15 为乘用车发动机压铸铝合金凸轮轴盖零件，其安装在发动机气缸盖上，是固定发动机凸轮轴的一个零件，具有严格的加工尺寸、泄漏量、清洁度，以及严格的装配尺寸和较高的几何公差精度等要求。该零件属于典型的压铸件，表面有大量待加工的具有大长径比的螺栓孔的毛坯预铸孔，加工位置度设计为 0.1mm。

非标硬质合金双刃直槽钻，具有结构简单、刚性好、成本低、制造周期短等特点，在汽车零件孔加工中得到广泛应用。采用硬质合金钻头进行毛坯预铸孔加工时，如何满足孔加工的

图 2-15　压铸铝合金凸轮轴盖

几何公差精度和表面粗糙度要求，成为刀具应用选择的主要因素，具体应用禁忌见表 2-35。

表 2-35　加工带预铸孔铝合金件的硬质合金钻头应用禁忌

毛坯预铸孔加工		说　明
误	孔加工几何公差超差  钻尖 120°直槽钻	采用钻尖 120°直槽钻，前角为 0°，导致钻孔时切削刃切削力不均，孔位置坐标偏移。钻孔程序孔位置坐标按图样进行编程，加工孔位置取决于切削刃切削力和工件工况，造成加工孔位置度和表面粗糙度值时有超差。综合检具检查时有干涉情况，需对加工程序坐标进行修正，毛坯预铸孔严重偏移时还会导致刀具折断
正	孔加工几何公差优良 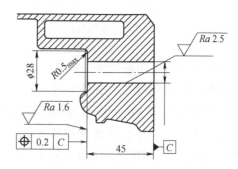 螺旋槽平底钻	改用螺旋槽平底钻，钻尖 180°，纠正了毛坯预铸孔坐标和加工孔坐标的不一致，基本消除了综合检具检查时干涉的情况发生。刀具 15°正前角螺旋槽，减小了刀具轴向进给切削力，使刀具轴向刚性得到加强，中心出水孔可保证加工中的冷却和润滑，使加工效率和加工质量得到有效保证

（徐国庆）

2.3.3　铝合金零件硬质合金平底锪钻的加工应用禁忌

图 2-16 为乘用车发动机使用的油底壳机加工成品，此产品总成安装在发动机底部，在实现机油对发动机运动部件的润滑时，同时具有存贮、沉淀、过滤及吸油等功能，属于典型的压铸铝合金件。图 2-17 是油底壳产品与发动机缸体底面连接的螺栓孔部位机加工简图。

图 2-16　乘用车发动机使用的油底壳机加工成品　　图 2-17　油底壳的螺栓孔部位机加工

硬质合金平底锪钻起主要切削作用的是端面切削刃，是螺栓孔端面的首选加工方式，通过主轴轴向旋转运动，实现螺栓孔端面的加工。

铝合金零件的硬质合金平底锪钻加工的关键点是防止加工切削刃部位产生积屑瘤。主要关键点是：刀具加工部位要保证良好的切削液润滑冷却作用，切削刃部位的切削角度，以及合适的切削参数。具体应用禁忌见表 2-36。

表 2-36 铝合金零件硬质合金平底锪钻的加工应用禁忌

刀具结构形式选用		说　明
误	刀具选用错误	采用棒状 0°前角的焊接硬质合金两刃端面锪刀，造价低，加工效率高，刚性好，适合加工铸铁类脆性材料零件 但由于锪刀 0°前角的硬质合金刀具在加工铝合金材料过程中，切削刃尖部产生了积屑瘤参与切削，积屑瘤不断地形成和脱落，导致加工的表面质量变差，致使尺寸超差
正	选用正确的刀具	采用整体硬质合金磨制刀具，整体刚性更好，可承受更大的轴向力 刀具约 5°正前角，使刀具切削刃变得很锋利，避免了加工过程中，在切削刃尖端积屑瘤的产生，尺寸也得到了有效保证，使加工更加顺畅。不仅加工效率更高，加工表面质量同时也得到了改良

（徐国庆）

2.3.4　高压切削液深孔加工设备枪钻加工禁忌

加工深孔首选枪钻加工方式，其使用成本低，加工效率高，且能够达到较高的加工精度。枪钻更多用于孔深为钻头直径 20~200 倍的小/中等直径的孔钻削，且加工过程应注意多个方面。高压切削液深孔加工设备的使用，可以使 CNC 加工中心、数控/普通镗铣床、车床等设备具备加工深孔能力。图 2-18 为硬质合金焊接枪钻，图 2-19 为机夹式枪钻。

图 2-18　硬质合金焊接枪钻　　　　　　　　图 2-19　机夹式枪钻

深孔加工设备用枪钻加工时需注意：引导孔的预钻、设备水箱注水比例、切削液压力、工件材料、切削参数等。如图 2-20 所示，在使用枪钻前必须先钻引导孔，引导孔直径比枪钻加工直径大 0.03~0.06mm，钻削深度 15~20mm，以便枪钻刀头部位定心。设备水箱注水，切削液与水以 1：10 的比例注入水箱。由于枪钻长度较长，因此所需切削液压力也较大，很多设备无法达到使用要求。为使所有设备都满足枪钻的使用要求，如图 2-21 所示，可使用高压切削液深孔加工设备。使用高压切削液系统供给气压必须要求 >0.6MPa，若达不到压力要求，则会直接影响加工参数。当供给气压达到要求时，可按照工件材料对切削参数进行调整。使用枪钻时需注意，加工前钻头停转进入导向孔，加工结束钻头停转后退出。枪钻使用禁忌见表 2-37。

图 2-20　钻引导孔

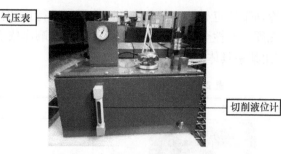

图 2-21　高压切削液深孔加工设备

表 2-37　枪钻使用禁忌

	加 工 形 式	说　　明
误	供给气压<0.6MPa，切屑堵塞，枪钻断裂	供给气压较低时，切削液压力不足，会使切屑堆积在排屑槽中，这些受挤压的切屑将排屑槽堵塞后，硬质合金枪钻会出现扭断，而机夹枪钻因排屑不畅而导致刀片磨损严重，刀片崩刃，刀杆报废
正	供给气压>0.6MPa，排屑顺畅，孔壁光滑，孔径质量有保证	按加工材质选择合理的切削参数，在加工过程中时刻观察排出的切屑形状，听切削声音，来判断枪钻的加工情况

（张永洁）

2.3.5　大直径深孔加工的内冷钻应用禁忌

加工大型零部件时会经常遇到大直径深孔（直径>50mm、深度>500mm）。原加工方法是先采用小直径麻花钻预钻孔，然后用大直径钻头进行扩孔，最终达到图样要求。按此加工方法不仅效率低，辅助时间长，需经常修磨钻头，还需严防钻头卡死在工件本体里。方案改进后采用大直径内冷钻，如图 2-22 所示。大直径内冷钻直径及长度均可调整，钻头中心设有定心钻，便于孔定心，防止偏移。采用大直径内冷钻加工大直径深孔，是高效率、低成本的首选加工方式，最大有效钻孔深度可达到 1000mm，如图 2-23 所示。对于孔深>1000mm的大直径深孔，可以采用对称双边同时钻孔的钻削形式。

图 2-22　大直径内冷钻

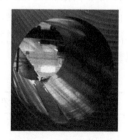

图 2-23　加工成品后的深孔

采用大直径内冷钻加工大直径深孔必须具备以下条件：

1）拉钉、刀柄、钻头必须具有内冷孔。

2）设备必须具备内冷系统，且切削液压力不能低于 20MPa。若压力较低，切屑难以排出，加工过程中长时间处于排屑不畅状态，会导致内冷钻报废，影响孔的加工质量。

3）由于大直径内冷钻带有定心钻，因此待加工孔无须进行预钻孔。

4）刀片磨损时，无须一次性全部更换新刀片，需按相关顺序依次更换。

大直径内冷钻的应用禁忌具体见表2-38。

表2-38　大直径内冷钻的应用禁忌

	刀片更换形式		说　明
误	刀片全部更换		加工过程中刀片磨损，若对内冷钻周边刀片全部更换，再次加工时，外侧刀片会摩擦到原加工面，孔壁表面质量降低。更换刀片后加工至底面，会出现振动现象
正	刀片按相关顺序更换	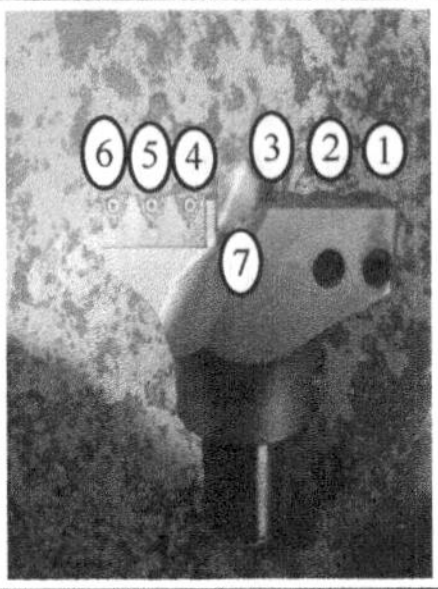	按顺序更换刀片不仅降低了振动，且孔壁表面质量也较好。具体更换顺序如图所示：首次加工①、③、⑤更新，保证最大径加工，②、④、⑥使用稍有磨损。这样可避免接长后刀片①最大外径摩擦原加工面，因为其在首次加工会产生磨损

（张永洁）

2.3.6　修磨麻花钻分屑槽选用禁忌

传统麻花钻切削刃钻削时处于半封闭状态，钻削尘屑排屑困难，易堆挤在钻削孔内发生堵塞，切削液不能进入钻削工作面内，导致钻头切削刃温度升高，钻削力增大，加剧钻头磨损，甚至造成钻头折断或烧伤，缩短钻头使用寿命。这样不仅钻孔精度低、钻孔表面质量不好，而且影响钻削效果。故而在麻花钻刃磨分屑槽，目的就是使切屑变为狭条，改善排屑条件，有利于切削液的注入，从而改善散热条件，延长钻头使用寿命及钻削效率。

在修磨麻花钻分屑槽时，如不能合理选择分屑槽位置、大小及深度，会使钻屑困难，严重无法钻削。在修磨分屑槽时，其位置、大小、深度也可通过钻孔排屑情况进行修磨。具体选用禁忌见表2-39。

表2-39　修磨麻花钻分屑槽选用禁忌

	钻孔时排屑形式		说　明
误	无法断屑且排屑困难		分屑槽位置过浅，无法达到分屑的目的。位置相同，在切削表面上产生凸台

（续）

钻孔时排屑形式		说　明
正	优异的切削	为获得良好的排屑形式和钻孔质量，需对不同规格的花钻，以及位置、大小、深浅选择合适的分屑槽

分屑槽尺寸选择

钻头直径 /mm	槽总数 /个	l_2 /mm	c /mm	l'_1 /mm	l_1 /mm	l''_1 /mm
12~18	2	0.85~1.3	0.6~0.9	2.3	4.6	–
>18~35	3	1.3~2.1	0.9~1.5	3.6	7.2	7.2

（赵敏）

2.3.7　镁合金铸件钻削刀具及切削参数选择禁忌

　　镁合金具有密度低、比强度高、减振性好、导电导热和工艺性能良好、耐蚀性能差，以及易于氧化燃烧及耐热性差等特点。在实用金属中是最轻的，密度约是铝的 2/3，铁的 1/4。主要用于航空航天、运输、化工及火箭等工业领域。钻削加工的镁合金铸造飞机轮毂如图 2-24 所示。

　　基于镁合金特点，特别是其耐蚀性能差、易于氧化燃烧、耐热性差。在钻削时需要注意刀具和切削参数的合理选择，具体说明见表 2-40。

图 2-24　镁合金铸造飞机轮毂

表 2-40　镁合金铸件钻削刀具及切削参数选择禁忌

选择刀具及切削参数切屑的表现形式		说　明
误	堵塞切屑	钻削时若未优先考虑切屑形状和排出，刀具和切削参数若选择不合适，则可能引起切屑堵塞及被加工表面质量不良 此种切屑可能会造成排屑不畅，使钻头径向移动及产生切削区域高温，从而影响钻削质量及可靠性，甚至产生火灾事故

（续）

选择刀具及切削参数切屑的表现形式		说　明
正	正常切屑	 　为获得良好的切削形式和钻削质量，需要选择合理的刀具及切削参数，不要让刀具中途停顿在工件中并及时排屑 　实际生产中，选用刀具要求锋利并兼具强度，材质不限，一般采用啄钻方式，深度≤2mm，切削速度≤30m/min，进给量≥0.15mm/r，以出现崩碎屑为佳

（李创奇）

2.3.8　内冷却钻头应用禁忌

　　如图 2-25 所示，内冷却钻头是一种高效钻削工具，具有普通钻头无可替代的优势。一方面，内冷却钻头使数控加工中实现高效深孔加工成为可能，通过内冷却方式，利用高压反向水折断切屑，使内冷却钻头头部得到充分冷却，有效降低切削温度，延长刀具寿命，并获得良好的表面质量和较高精度，使数控加工中钻孔不再成为阻碍提高生产效率的"瓶颈"问题；另一方面，使用转速高、刚性好、冷却系统强的数控机床为有效载体，能够更好发挥内冷却钻头的高效性能，使内冷却钻头成为高效生产的倍增器。因此，内冷却钻头在数控加工中得到了广泛推广和应用，可最大限度同时发挥内冷却钻头和数控机床的技术优势。内冷却钻头的应用禁忌见表 2-41。

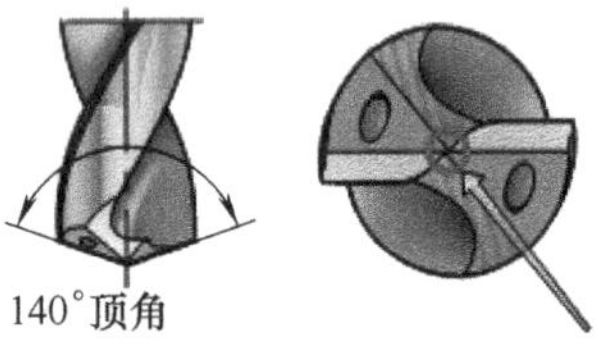

140°顶角

图 2-25　内冷却钻头

表 2-41　内冷却钻头应用禁忌

切削状态及情况		说　明
误	机床抖动，影响加工零件精度	机床刚性差，造成内冷却钻头与工件中心不一致
	钻头前端损坏过快，加工时发出异响，切削状态不正常，刀具易折断，加工成本增加	钻头选用不正确，加工不同材料时，应选用不同的内冷却钻头顶角角度、涂层及基体材质
	加工后零件表面质量和尺寸精度差	使用内冷却钻头时未考虑机床主轴转速，内冷却钻头装夹不稳定，切削液压力和流量达不到要求，内冷却钻头排屑效果差
	内冷却钻头磨损快，加工后零件表面质量和尺寸精度差	使用内冷却钻头时，未根据不同的零件材料来选择合适的切削参数
	内冷却钻头试切时，钻头刀体出现损坏现象	内冷却钻头试切时，切削进给量过小或主轴转速过低
	使用内冷却钻头加工时，出现切削温度过高，刀尖磨损快现象	内冷却钻头选择不正确

（续）

	切削状态及情况	说　明
误	内冷却钻头使用过程中，出现内孔扩大，钻头损坏甚至折断的现象	使用内冷却钻头加工孔时，因钻头中心与工件中心不重合，造成钻头两侧受力不均
	使用内冷却钻头钻孔时，钻头损坏或折断	使用内冷却钻头钻孔时，工件旋转、钻头旋转方向错误
正	机床无抖动，切削状态正常，无异响	数控机床选用正确，内冷却钻头对机床刚性、钻头与工件对中性要求较高，因此内冷却钻头适合在高刚性、高转速、高稳定性的数控机床上使用
	刀具寿命长，无异常破损和折断	加工不同材料时，选用的内冷却钻头顶角角度、涂层及基体材质也不同 1）P、N 类材料以整体硬质合金加物理（PVD）涂层为主，钻头顶角为 118° 2）S 类材料以整体硬质合金加 TiAlN+TiC 涂层为主，钻头顶角为 140° 3）M 类材料以整体硬质合金加 TiAlN 涂层为主，钻头顶角为 135°
	加工后零件表面质量和尺寸精度达到设计要求	机床主轴功率、主轴转速满足内冷却钻头使用要求，内冷却钻头装夹稳定，切削液压力为 1MPa。流量要保证扬程为 12m，内冷却钻头排屑效果好，否则，将在很大程度上影响孔的表面质量和尺寸精度
	内冷却钻头磨损正常，加工后零件表面质量和尺寸精度好	使用内冷却钻头时，应根据不同的零件材料，选择合适的切削参数。 进给量： P 类材料选择 0.1~0.2mm N 类材料选择 0.2~0.3mm S 类材料选择 0.06~0.1mm M 类材料选择 0.1~0.15mm 主轴线速度： P 类材料选择 200~270mm/min N 类材料选择 250~400mm/min S 类材料选择 30~50mm/min M 类材料选择 -80~40mm/min
	内冷却钻头试切时，内冷却钻头刀体无损坏现象	内冷却钻头试切时，一定不要随意减小进给量或降低转速，应按正常线速度加工
	使用内冷却钻头加工时，切削温度正常，刀尖磨损正常	内冷却钻头材质、切削参数、切削液压力和流量选择正确
	内冷却钻头使用过程中，无内孔扩大及钻头损坏甚至折断的现象	使用内冷却钻头加工孔时，必须使钻头中心与工件中心重合，否则会造成钻头两侧受力不均，出现内孔扩大、钻头损坏甚至折断的现象
	使用内冷却钻头钻孔时，钻头工作正常	使用内冷却钻头钻孔时，工件旋转、钻头旋转方向切忌不要误选，加工时可采用工件旋转、钻头旋转及钻头和工件同时旋转的加工方式，但切忌不能出现钻头和工件同向旋转的现象；当钻头以线性进给方式移动时，最常用方法是采用工件旋转方式 内冷却钻头钻通孔时，快要钻通时，切记一定要降低进给量（降低50%），以免造成钻头损坏

（邹峰）

2.3.9　微孔精密加工中钻头应用禁忌

在加工零件日益小型化的今天，带有微小孔零件的产品需求越来越大，如航天火箭液体发动机雾化装置、打印机墨盒喷墨孔、航空航天惯性陀螺仪中的仪表元件及手机线路板上的芯片插孔等，直径<1mm的孔出现得越来越多，且小孔直径小、加工精度要求高的趋势也越发明显，对用于小孔加工的微孔钻选用和使用技巧要求也随之提高。

通常情况下，我们把1mm以下的麻花钻头称为微孔钻。微孔加工中因孔小、钻头细、易折断，加工难度大，属于公认的加工难题。微孔钻的加工方法按加工原理可分为机械加工和特种加工两大类，根据被加工微孔的材料、精度、表面质量、尺寸及形状精度等基础条件的不同，据统计有约50多种微孔加工方法，如化学、激光、微孔钻、等离子束、磨料等，如图2-26、图2-27所示。微孔精密加工中钻头应用禁忌见表2-42。

图2-26　微孔钻加工实例

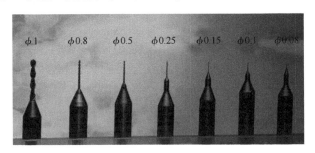

图2-27　刀具示意

表2-42　微孔精密加工中钻头应用禁忌

	刀具选用	说　明
误	表面质量差	1）冷却方式选择不正确 2）机床主轴刚性差、稳定性差 3）微孔钻基体材质选择不正确 4）切屑清理不及时 5）切削参数选择不合理
	微孔钻磨损快、易折断、零件尺寸易超差	1）微孔钻直径小，悬伸长，刚性差 2）微孔钻的钻削选择不正确 3）微孔钻切入方式选择不正确 4）微孔钻的夹持方式选择不正确 5）微孔钻材质选择不正确 6）微孔钻使用方法不合理
正	零件表面粗糙度符合设计要求	1）微孔钻加工时，由于形成的切屑很小甚至为粉末状，因此传入切屑的切削热不多，冷却时可采用油雾和压缩空气的方式来辅助排屑和冷却钻头 2）机床进给轴要具有足够的灵敏度和足够小的分辨率，主轴精度高、刚性好、稳定性好、振动小，能以很小的动态径向圆跳动高速旋转（>50000r/min），因此加工前必须做动平衡检测 3）微孔钻选用时必须与被加工材料相互匹配，根据被加工材料来选择钻头尖部的几何形状，制定合理的切削参数，以便充分发挥微孔钻最大加工效率 4）微孔钻钻削工件时，刚开始切入的进给量要远低于随后切入工件的正常进给量，如钛合金、高温合金加工时，初次切入进给量为0.002mm，正常进给量为0.005mm

（续）

刀具选用		说　明
正	微型钻头正常磨损，不易损坏，零件尺寸符合设计要求	1）微型钻头几何形状多为阶梯型钻头，可有效增加刀具刚性，防止切削部分摆动，便于制造和装夹 2）微型钻头钻削时，一般采用"啄击"式钻削方式，但钻削较深微孔时，可采用暂停进给方式进行断屑，而没有必要将钻头完全退出工件外，因为完全有可能使孔径产生圆度误差，喇叭口或切屑残留孔内，造成钻头折断 3）微型钻头加工零件时，最好以垂直角度切入工件，如果需要斜面钻孔时，一种可采用带有 B 轴的数控机床，另一种可在斜面上用中心钻预钻孔或用铣刀铣出一小段平面 4）刀具夹头和夹筒精度要求高，因为任何径向圆跳动误差都会对微型钻头产生很大影响 5）微型钻头基体材料多为含钴粉末高速钢和硬质合金，也有复合结构，如在钻头前端增加金刚石、立方氧化硼，刀具外部涂有 TiC、PCD 涂层等模式 6）微型钻头一般钻孔深度为直径的 10~15 倍，孔径圆度误差可以控制在 0.0025mm 内

（邹峰）

2.3.10　脆性材料工件钻削禁忌

在脆性材料工件上钻通孔，若钻头出刀悬空，孔口必然会产生掉渣，使得孔口变得毛糙，所以钻头出刀不宜悬空。正确做法是在工件表面加一个与工件同材质的垫块来进行钻孔，这样可避免钻孔孔口掉渣。脆性材料工件钻削禁忌见表 2-43。

表 2-43　脆性材料工件钻削禁忌

工艺方案选择			说　明
误	工件悬空钻通孔	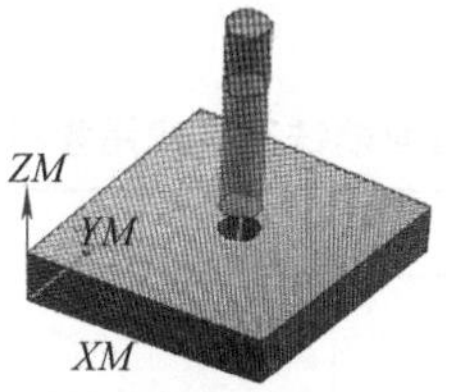	工件悬空钻削通孔，在钻头钻穿时，孔口会产生掉渣
正	在工件底面加垫工艺垫块钻通孔	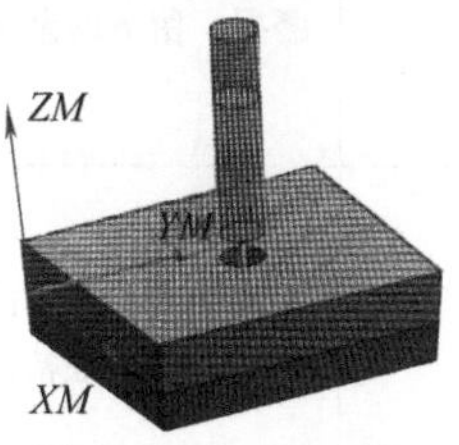 图中下面为工艺垫块	将工件贴实在工艺垫块上钻孔，可有效避免出刀孔口产生掉渣，将工件与工艺垫一体化，整个钻孔过程在工件内部完成。此法可推广到脆性材料铣削中，防止铣削棱边掉渣与崩料

（吴国君）

第3章

铣削刀具应用禁忌

3.1 刀具应用禁忌

3.1.1 钛合金复杂曲面端铣刀具应用禁忌

钛合金是一种比强度较高的金属材料,耐蚀性好,耐热性高,广泛应用于航天航空产业,如航空发动机用的高温钛合金和机体用的结构钛合金。但钛合金切削加工特别困难,其变形系数小,切削温度高,刀具易磨损,单位面积的切削力大,冷硬现象严重,是公认的难加工材料。加工钛合金复杂曲面时,精加工一般不选用端铣刀,但粗加工均会用到端铣刀。

钛合金复杂结构曲面粗加工时,切忌选用大直径的端铣刀,原因一是用大直径的端铣刀铣削钛合金,切削阻力大,易产生粘结现象,刀具容易磨损;二是用大直径端铣刀粗加工时,留下的余量极不均匀,不利于后续的精加工。正确的方法是选择直径合适的端铣刀开粗,这样既可保证粗加工的效率,延长刀具寿命,又能保证精加工所留余量的均匀性,具体说明见表3-1。

表 3-1 钛合金复杂曲面端铣刀具应用禁忌

	刀具选择	加工效果模拟	说 明
误	大直径端铣刀		运用大直径端铣刀开粗,切削阻力大,刀具容易磨损,留下的余量极不均匀,不利于精加工
正	直径合适的端铣刀		选择直径合适的端铣刀开粗,既可保证开粗的效率,又能保证精加工所留余量的均匀性

(吴国君、王华侨)

3.1.2 高强合金复杂轮廓侧铣刀具应用禁忌

高强合金的切削性能普遍较差,在铣削高强合金复杂轮廓时,一般会选择分层铣削,尽量不要选用整体硬质合金刀具进行加工；为了减少刀具的损耗，提高刀具寿命，节约成本，正确的做法是选择可转位侧铣刀进行加工，具体说明见表 3-2。

表 3-2　高强合金复杂轮廓侧铣刀具应用禁忌

	刀 具 选 择		说　　明
误	整体硬质合金刀具		刀具磨损严重，一旦出现磨损，则需要刃磨，甚至会造成刀具的直接报废。刀具损耗较大，换刀频繁
正	可转位侧铣刀	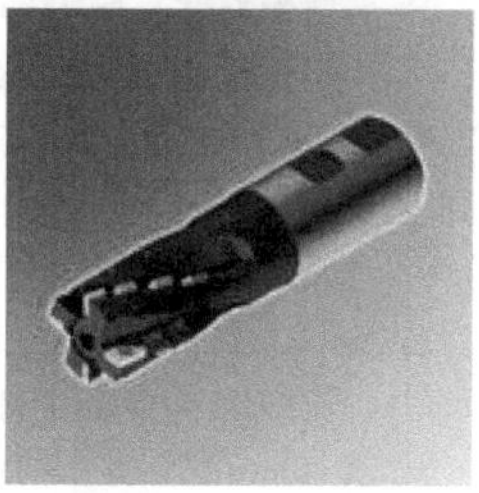	刀体寿命长，节约刀体材料，减少因焊接切削刃、刃磨所造成的内应力和裂纹，可提高刀具寿命。铣刀用钝后，只要将刀片转位就可继续使用，因而缩短了换刀、对刀等辅助时间

（吴国君、王华侨）

3.1.3　铣刀材质选用禁忌

完美铣削效果的获取，既离不开对工件形状和现有机床的充分考虑，也离不开面铣、方肩铣、仿形铣及槽铣等加工类型的合理选择，更离不开铣刀材质的适应性匹配。对于可换刀片的密齿铣刀、梳齿铣刀和超密齿铣刀而言，用户可选用硬质合金、立方氮化硼（CBN）、陶瓷或聚晶金刚石（PCD）等材质的刀片，来满足各类生产工况的实际需求。常见铣刀片材质及其应用技巧见表 3-3。

表 3-3　常见铣刀片材质及其应用技巧

刀 片 材 质	材 质 成 分	铣 削 性 能	应 用 技 巧	
硬质合金	碳化钨 WC 与金属钴 Co 的合金，添加碳化钽 TaC、碳化钛 TiC 或碳化铌 NbC 等立方碳化物	硬质相 WC 提供硬度，粘结相 Co 提供韧性，立方碳化物提高红硬性、抗塑性变形与抗化学磨损能力	若刀片出现热裂纹，换用高韧性材质	
			若后刀面磨损，换用抗磨损材质	

（续）

刀片材质	材质成分	铣削性能	应用技巧
立方氮化硼 CBN	多为 40%～65% 的 CBN 与粘结相陶瓷经高温高压烧结而成的复合材料，陶瓷增加耐磨性并降低化学磨损 其他 CBN 是用金属粘合剂将 85%～100% 的 CBN 焊于硬质合金载体上，以提高刀片韧性	性能接近金刚石，具有良好的韧性、耐热冲击性、红硬性和抗氧化性，适用于极高的切削速度 CBN 刀片适合加工淬硬钢、珠光体灰口铸铁、锰钢以及烧结硬质合金等材料的工件，是以车代磨的替代刀具	淬硬钢的连续车削和轻型断续切削，宜选 PVD 涂层陶瓷基 CBN 刀片 淬硬钢重载断续切削和灰口铸铁精加工，宜选 PVD 涂层金属基 CBN 刀片
陶瓷	氧化陶瓷：Al_2O_3 基，加入 ZrO_2	ZrO_2 可抑制裂纹，耐热冲击性一般	刀片适宜灰铸铁的高速干式精铣削及钢件粗加工 灰铸铁 $v_c \leqslant 1000m/min$ 球墨铸铁 $v_c \leqslant 500m/min$ 钢件粗切 $v_c \leqslant 200m/min$
	混合陶瓷：立方碳化物或碳氮化物加入 Al_2O_3 基陶瓷	韧性和热传导性得到提高	适宜硬材料的轻负荷连续精铣削
	晶须增强陶瓷：采用碳化硅晶须	韧性得到极大提高，可配用切削液	铣削镍基合金工件（Inconel718、MAR、Rene41 及 Udimet520 等）的理想选择
	氮化硅陶瓷 Si_3N_4：经细长晶粒提高韧性的自增强型材料	韧性提高，化学稳定性一般	刀片适宜铸铁、珠光体球磨铸铁和硬铸铁的高速干式铣削 与硬质合金相比，铣削速度提高 20～30 倍，通常 $f_z \leqslant 0.1mm/z$ 刀片极易发生沟槽磨损，多为圆刀片来确保很小的主偏角 κ_r，无需切削液
	SiAlON（赛阿龙）陶瓷：通过热等静压（HIP）工艺铸压和烧结，具有微观结构为网状组织的氮化硅	原材料的强度和化学稳定性得到提高，刀片具有出色的耐磨性和耐热冲击能力，抗崩性能优	干式铣削 HRSA（耐热合金）工件的理想选择 常用切削参数：$f_n = 0.07～0.11mm/r$，$a_p \leqslant 2mm$，$v_c = 700～1000m/min$
聚晶金刚石 PCD	PCD 是由金刚石颗粒和金属粘合剂在高温高压下烧结而成的复合物	结合了金刚石的硬度、耐磨性和热导性与碳化钨的韧性 仅可铣削非铁性材料，如高硅铝、金属基复合材料（MMC）及碳纤维增强塑料（CFRP）等	配大量切削液时，CD10 可超精铣削钛材料工件 PCD30M 为硬质合金刀体的整层烧结式 PCD 刀片 PCD05 为硬质合金刀体的刀尖焊接式 PCD 刀片

（刘胜勇）

3.1.4　干切刀应用禁忌

　　铣刀的整个加工过程就是不停地断续切削，其圆周上有许多切削刃和排屑槽，切削刃与工件接触时进行切削，离开工件时停止切削。在切削过程中使用切削液来降低加工区域的温度，可使铣刀的寿命延长，工件的表面质量提高。但是，山特维克可乐满生产的一款干切刀（见图 3-1）在加工时不需要切削液，也可以取得良好的加工效果。

a) 刀杆　　　　　　　　　　　b) 刀片

图 3-1　干切刀

铣刀的型号为 R390-020A20-11M，刀片型号为 R390-11 T308M-PM 1010。此刀片使用的 PVD 涂层，可使刀具表层的耐热性达到 1000℃ 以上，同时还可以减小摩擦，抗磨料磨损与粘结磨损，降低切削热。

在加工过程中，使用切削液和不使用切削液对刀片的寿命影响非常大；在使用干切刀时，刀具的吃刀量和进给速度对工件的加工效率和刀具的使用寿命也有很大影响，具体说明见表 3-4。

表 3-4　干切刀使用禁忌

	刀具使用方式		说　明
误	开切削液		干切刀加工时，切削液会使刀片交替加热和冷却，导致刀具出现脆性破坏和非正常磨损，从而缩短刀片的使用寿命
	大吃刀量，慢进给速度		采用大吃刀量时，每齿切削量为 0.1mm 左右。加工效率低，工件质量差。产生的切屑为灰褐色，切屑比较厚 大吃刀量会使刀具在加工时产生很大的切削力，切削热增多，导致刀具切削刃磨损加快

（续）

刀具使用方式			说　明
正	不开切削液	 	不开切削液，处于加工状态的刀片可保持在一个相对恒定的温度范围内，从而保证刀片的磨损属于正常磨损，延长刀具寿命 在相同的加工参数下，不开切削液比开切削液刀片寿命高出 50%
	小吃刀量，快进给速度	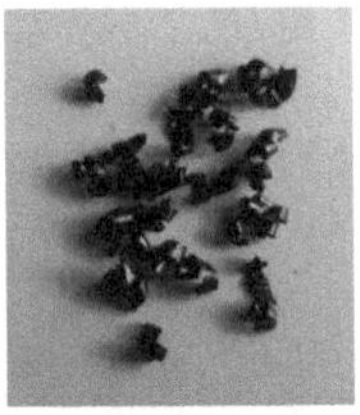 	使用小吃刀量、快进给时有以下几个好处：一是切削力小，切削热少，刀具寿命长；二是快速飞出的切屑可带走大量的热量；三是刀具冲击力小，可以设定很高的进给速度，进给量可达到 0.5mm/z，加工效率高

（刘壮壮）

3.1.5　高速钢铣刀应用禁忌

高速钢铣刀一般用在加工硬度低、加工精度要求不高的场合。在使用高速钢铣刀时需要特别注意的禁忌见表 3-5。

表 3-5　高速钢铣刀应用禁忌

问　题	原因及解决方法
铣刀装夹不当	1）铣刀装夹时不宜伸出过长，否则会出现明显的让刀现象，影响加工精度，且容易折断 2）铣刀装夹时夹持部分不宜过短，否则会导致装夹不牢靠，加工过程中容易出现拉刀、断刀现象 3）直径较大的铣刀宜采用带削平缺口的刀柄和相应的侧固式刀柄装夹
切削参数选择不当	切削参数的选择主要取决于工件的材质，一般刀具厂家提供的刀具样本附有刀具切削参数选用表，可供参考。但切削参数的选择同时也受机床、装夹方式和加工工况等因素影响。因此，切削参数的选择应根据实际情况来确定，不能同一把刀在任何情况下都使用同一参数

（岳众祥）

3.1.6　三面刃铣刀应用禁忌

三面刃铣刀的三个刃口均有后角，刃口锋利，切削轻快。标准的机床三面刃铣刀，除圆周表面具有主切削刃外，两侧面还有副切削刃，从而可改善切削条件，提高切削效率并改善表面质量。三面刃铣刀主要用于中等硬度、强度的金属材料的台阶面和槽形面的铣削加工，也可用于非金属材料。超硬材料三面刃铣刀用于难切削材料的台阶面和槽形面的铣削加工，主要用于铣削定值尺寸的凹槽，也可铣削一般凹槽、台阶面、侧面，通常在卧铣床上使用。三面刃铣刀现主要有三种结构形式：可转位、焊接式、整体式，如图 3-2 所示。

a) 可转位三面刃铣刀　　　　　　b) 焊接式三面刃铣刀　　　　　c) 整体式三面刃铣刀

图 3-2　三面刃铣刀

三面刃铣刀在使用过程中经常出现的问题就是崩刃，崩刃会造成刀具报废，有时还会造成产品报废。防止崩刃需要从刀具的结构、装夹方面考虑，具体应用禁忌见表 3-6。

表 3-6　三面刃铣刀应用禁忌

	使用方式	说　　明
误	刀具质量过大，结构复杂 采用摩擦力夹紧方式 刀具动平衡性差	会导致崩刃，造成刀具报废或产品报废
正	减轻刀具质量，减少刀具构件数，简化刀具结构 改进刀具的夹紧方式 提高刀具的动平衡性	由试验得到相同直径的不同刀具的破裂极限与刀体质量、刀具构件数和构件接触面数之间的关系，可以得出：刀具质量越轻，构件数量和构件接触面越少，刀具破裂的极限转速越高 模拟计算和破裂试验研究表明：三面刃铣刀刀片夹紧时，不允许采用常用的摩擦力夹紧方式，要用带中心孔的刀片、螺钉夹紧方式，或用特殊设计的刀具结构，以防止刀片甩飞。刀座、刀片的夹紧力方向最好与离心力方向一致，同时要控制好螺钉的预紧力，防止螺钉因过载而提前受损。对于小直径的带柄铣刀，可采用液压夹头或热胀冷缩夹头实现夹紧的高精度和高刚度 刀具的不平衡量会对主轴系统产生一个附加的径向载荷，其大小与转速的平方成正比。提高刀具的动平衡性可显著减小离心力，大大提高安全性

（岳众祥）

3.1.7　镍基高温合金异形零件的铣削刀具应用禁忌

镍基高温合金是一种强度高、抗腐蚀能力强、热疲劳特性和热稳定性优异的耐热合金材料，它在近 1000℃ 的高温条件下仍有很高的抗拉强度、疲劳强度、抗蠕变强度和断裂强度。但材料硬质点多、导热系数小且加工硬化严重，切削过程中容易形成锯齿状切屑，切削力波动大，刀具磨损快，加工效率很低，其切削规律与其他黑色金属材料有很大的区别，这些物理性能使镍基高温合金材料成为机械加工中最难加工的材料之一。以镍基高温合金中的

GH4169 为例，其主要化学成分见表 3-7，力学性能见表 3-8。

表 3-7 GH4169 主要化学成分（质量分数）　　　　　　　　　　　　　（%）

Ni	Cr	Mo	Ti	Nb	Al	Fe
51.96	17.98	3.07	0.95	4.82	0.45	20.77

表 3-8 GH4169 的力学性能

性　　能	室温 20℃时的指标
硬度/HBW	348
高倍晶粒度（级）	6
抗拉强度 R_m/MPa	1290
0.2%屈服强度 $R_{p0.2}$/MPa	1040
伸长率（%）	15
断面收缩率 ψ（%）	16

镍基高温合金加工难点如下。

1) 切削温度高：切削镍基高温合金时，材料本身的强度高，塑性变形大，切削力大，消耗功率多，产生的热量多而导热系数小。

2) 加工硬化现象严重：高温合金的塑性变形大，晶格会产生严重扭曲，高温和高应力会导致高温合金材料表面强化、硬度提高，切削加工后镍基高温合金的硬化程度可达 200%~500%。

3) 刀具易磨损：切削镍基高温合金时，会产生严重的加工硬化，同时，材料中硬质点比较多，极易造成刀具快速磨损。磨损过程中，镍基高温合金与硬质合金刀具中相近的元素在高温作用下易产生亲和作用，形成粘结，使刀具表面产生热裂现象，导致刀具局部剥落崩刀。

4) 零件尺寸精度和表面质量不易保证：零件材料本身的特性导致切削温度高，加工硬化现象严重，刀具磨损加快，因此零件尺寸精度和表面质量不易保证。

镍基高温合金异形零件的铣削禁忌见表 3-9，切削参数选择参考见表 3-10。

表 3-9 镍基高温合金异形零件的铣削禁忌

	刀具磨损情况及加工效果	说　　明
误	铣刀磨损快，寿命短	1) 刀具材质选择错误，在高温条件下，不能保持一定的硬度、耐磨性、强度和韧性 2) 铣刀涂层类型选择错误，刀具与镍基高温合金的亲和力强，在加工镍基高温合金时，机械磨损、粘结磨损、扩散磨损和氧化磨损均非常严重 3) 铣削刀具的几何角度参数、断屑槽型选择错误 4) 铣刀在切削材料时，受切削热的影响，刀体磨损快
	工件表面质量差，且表面易出现加工硬化，产生"台阶"现象	1) 镍基高温合金有大量合金元素和硬质点，塑性变形大，切削抗力大，是钢材的 2 倍，易形成表面硬化层，表面硬化程度可达本身材料的 2 倍 2) 铣刀切削参数选择不合理
	铣刀易崩刃	铣刀切削刃刚性不足，无法承受镍基高温合金切削的变形抗力和切屑负载

（续）

刀具磨损情况及加工效果		说　明
误	工件表面质量差	铣刀没有足够的容屑空间，排屑不顺畅
	铣刀切削时产生带状切屑，易造成刀具损坏	铣刀切削时，切屑长度过长
	工件尺寸精度差，零件表面切屑堆积严重	未考虑机床主轴功率，铣刀装夹不牢靠，切削液的压力和流量达不到要求，排屑效果差，局部切削热过高，刀尖易磨损
正	铣刀正常磨损，刃口锋利，寿命长	1）铣刀的基体材料选择正确，在高温条件下能保持一定的硬度、耐磨性、强度和韧性，这是加工镍基高温合金的重要参数，因为在相同条件下镍基高温合金切削温度为钢材的 2 倍 2）铣刀涂层类型选择 TiAlN 物理涂层（PVD），在切削产生的高温条件下，阻隔了刀体材料与镍基高温合金材料的亲和，既保证了刀具不易磨损，又保证了刀具具有良好的红硬性、导热性、散热性和耐磨性 3）选择合理的刀具几何参数、断屑槽型：镍基高温合金铣削时应采用正前角刀具，取较大的后角。铣削采用 45°螺旋角、不等齿距和变刃倾角 4）在不影响排屑和容屑的条件下，应适当增加铣刀齿数，以延长刀具寿命 5）铣刀刀齿应有足够的刚性，因此选择锥形变槽深式容屑槽，其能承受镍基高温合金切削的变形抗力和切屑负载，切屑为 C 形屑
	工件表面粗糙度符合设计要求，且表面未出现加工硬化现象和"台阶"现象	1）刀具锋利且有足够高的硬度和耐磨性 2）铣削时根据表 3-10 合理选择切削参数，保证铣刀铣削时具有较高的耐磨性、锋利性及切削刃强度
	铣刀切削时产生单元切屑，刀具不易损坏	铣刀采用 45°螺旋升角，切削时可减小切屑长度，有效控制切屑状态，减小切削力。铣刀采用不等距齿和变刃倾角，改善了切削性能和铣削的平稳性
	工件表面粗糙度和尺寸精度达到设计要求	1）刀具锋利且有足够高的硬度和耐磨性，避免出现加工硬化现象 2）机床主轴功率满足加工要求，铣刀装夹可靠，切削液压力为 0.15MPa，流量要保证扬程为 8m，同时控制好铣刀的排屑效果，否则将在很大程度上影响工件表面粗糙度和尺寸精度

表 3-10　铣刀切削参数选择参考

刀具类型	背吃刀量 a_p（精-粗）/mm	进给量 f_z（刀尖圆弧 0.2~0.8mm）/(mm/z)	线速度 v/(m/min)
面铣刀	2	0.15	50
内孔铣刀 ϕ6mm	2	0.1	40
内孔铣刀 ϕ8mm	2	0.1	40
型面铣刀 ϕ12mm	3	0.15	40

（邹峰）

3.1.8　圆角铣削铣刀直径选用禁忌

铣刀在加工闭合圆角时存在高振动风险（见图 3-3），切削力增大，导致刀具破损。此问题在实际使用过程中应尽量避免。经过优化的加工策略可显著延长刀具寿命，提高稳定性。具体说明见表3-11。

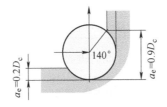

图 3-3　铣刀加工闭合圆角

表 3-11　铣削闭合圆角加工禁忌

加 工 策 略		说　明
误	编程半径=0.25D_c 100° a_e=0.2D_c　a_e=0.55D_c	刀具半径=轮廓半径。有振动，随之伴有啸叫声，刀具寿命短，加工工况不稳定
正	编程半径=0.5D_c 80° a_e=0.2D_c　a_e=0.4D_c	刀具半径＜轮廓半径。无振动，切削顺畅，刀具寿命长，加工工况良好
总结		加工安全性取决于与D_c有关的多条铣削路径的a_e，应避免方向突变，尽可能降低切削力，从而实现大进给量和高速切削

（周巍）

3.1.9　刀具夹持力度控制禁忌

　　铣削加工时，刀具夹持力度至关重要，不管是机夹刀片还是立铣刀，夹紧力度一定要适度。力度过小，刀具容易松动，导致刀具崩齿、断裂，甚至撞刀，产品报废；力度过大，会造成松开费力，锁紧螺钉或夹套损坏，具体见表3-12。

表 3-12　刀具夹持力度的禁忌

夹 紧 情 况			说　　明
误	夹紧力过大	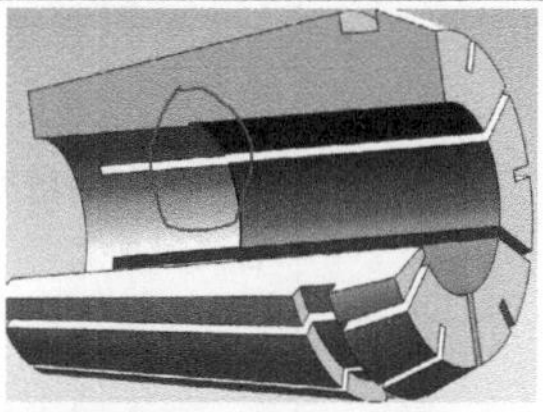 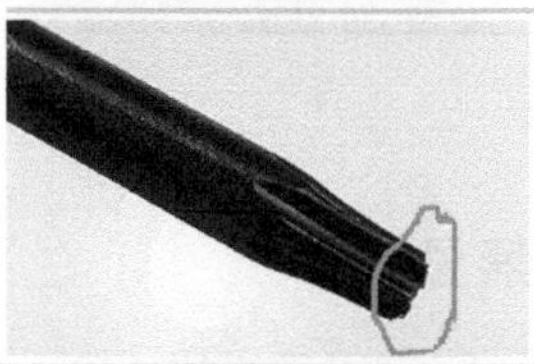	夹紧力过大，长期使用后弹簧夹套内孔会出现台阶（夹痕），弹簧夹头报废，以后再使用该夹套夹紧长柄刀具，刀具柄部会夹在夹套夹痕位置，影响刀具的夹紧 　使用梅花扳手夹紧刀片时，用力过大，梅花扳手头部或螺钉容易损坏，同时在更换刀片的时候不易松开
	夹紧力过小	 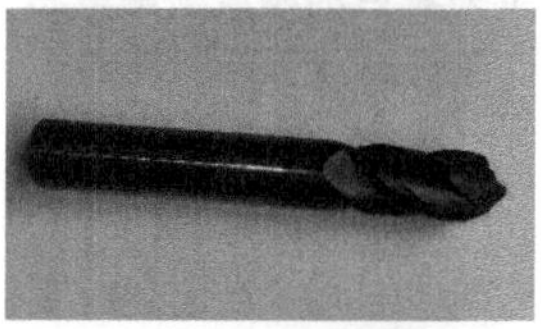	夹紧力过小，加工刀具松动，造成刀具崩齿，甚至断裂 　刀具若未加紧，加工时刀具容易被拉出，工件轴向加工深度会越来越深，壁边产生大量刀痕，零件报废
正	夹紧力适当		刀具在使用扳手夹紧时，一般情况下，感到扳手没有明显的移动即可。在特殊情况下使用加力杆，正确使用螺钉或梅花扳手，条件允许的可使用力矩扳手

（刘振利）

3.1.10　铣刀刀柄精度选用禁忌

在加工精度较高的零件时，需要选用精度高的刀柄，高速加工选用热胀刀柄，刀柄径向圆跳动需要保证在精度要求范围内，尽可能使用短刀柄，刀柄锥度位置安装时要保证清洁。具体选用禁忌见表 3-13。

表 3-13　高速、高精加工时铣刀刀柄精度选用禁忌

刀柄选择情况		说　　明
误		在高速、高精加工时，精度要求高，主轴转速高，侧固式刀柄和弹簧夹头式刀柄的精度和夹紧力较低，高速加工时动平衡和精度较差，会造成刀具摆动、夹紧力小等问题，影响工件的加工质量，产生危险

（续）

刀柄选择情况		说　明
正		热胀刀柄精度高，动平衡性好，夹持力大，适合高速加工

（刘振利）

3.1.11　主轴安装刀具后的精度检测禁忌

加工精度较高的工件，或使用较老旧的设备时，刀具装到主轴上后，有必要进行一次刀具径向圆跳动的检查，以确定是否满足加工需要。由于间隙或累计误差的存在，刀具装到刀柄再装到主轴上后，误差可能会被放大，所以原来 0.01mm 的误差，反应到刀具切削位置时可能就会被放大几倍或十几倍，从而影响加工质量和刀具寿命，具体见表 3-14。

表 3-14　主轴安装刀具后的精度检测禁忌

精度检测情况		说　明
误	未检测 	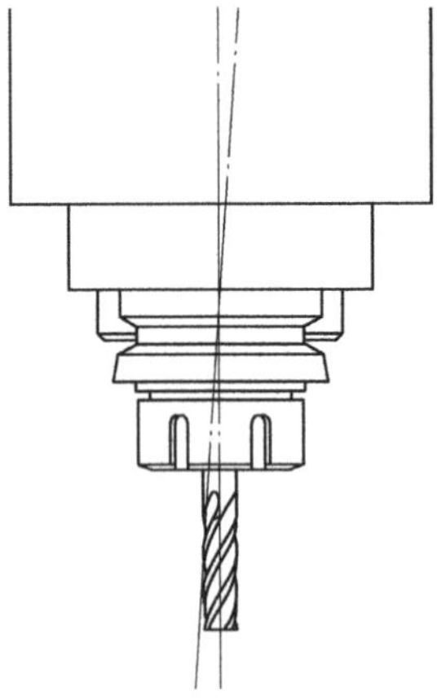 刀具安装到主轴上，如果刀具径向圆跳动不能满足加工需要，将严重影响加工质量，加快刀具的磨损，缩短刀具寿命
正	检测 	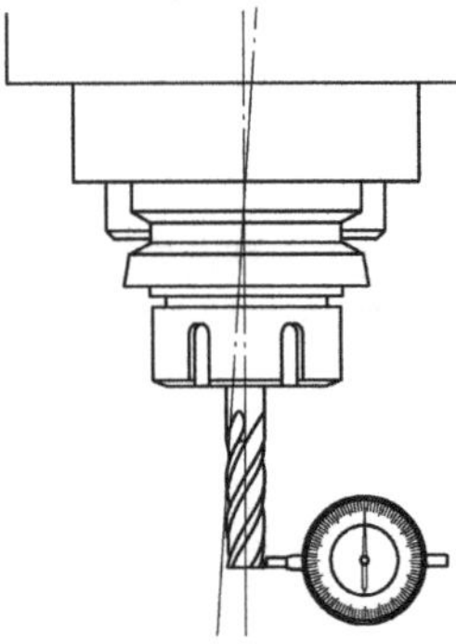 加工精度要求较高的工件，或使用较老旧设备时，有必要对刀具径向圆跳动进行验证，找到影响跳动的原因并且将之消除，以满足加工需要

（刘振利）

3.1.12　非标刀具精度检测禁忌

机械加工中经常用到非标刀具，非标刀具在入库后要进行精度检测，操作者在使用刀具前也要对刀具号进行核对，检查刀具外观是否有破损、崩齿等缺陷。切忌领了刀具就用，以免用错刀具，或因使用了不合格的刀具而造成不必要的损失。具体检测禁忌见表 3-15。

表 3-15　非标刀具精度检测禁忌

刀具检测情况			说　明
误	未检测	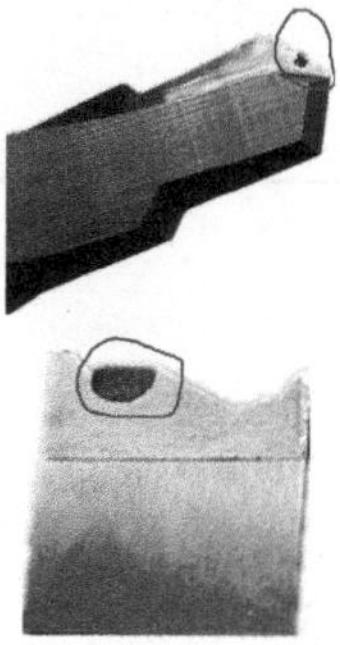	非标刀具在加工、运输、存放过程中难免会造成一定的磕碰，且外形相似的刀具容易混装。领取使用时，如果刀具存在外观缺陷，或尺寸不合格，就会导致加工后工件尺寸超差或报废
正	检测	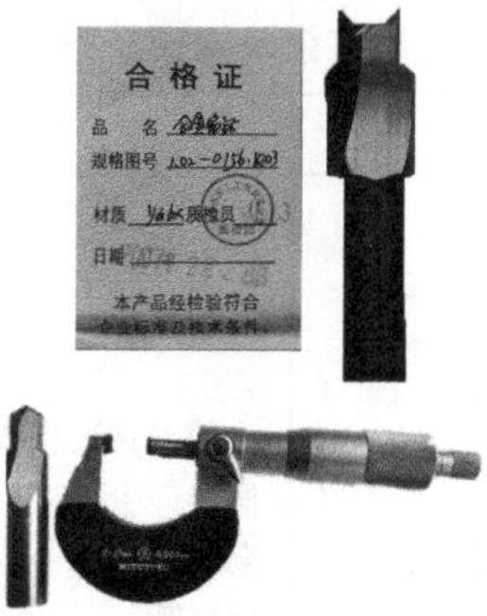	刀具使用前一定要校对刀具型号，检查刀具外观，测量基本尺寸，甚至用测量仪器进行检测后再使用

（刘振利）

3.1.13　铣床刀柄拉钉型号选用禁忌

拉钉的标准有 BT、JT 和 ST 等，不同的标准有不同的类型划分。由于不同型号的拉钉，尺寸及拉紧面斜角不同，所以拉钉要和对应的刀柄配合使用，且使用时要根据不同的机床和刀柄去选择拉钉，否则就会损坏拉钉和拉紧机构。具体见表 3-16。

表 3-16　铣床刀柄拉钉型号选用禁忌

拉钉选择情况			说　明
误	选择错误，拉钉损坏		若拉钉选用不正确，主轴在拉紧刀柄时，容易将拉钉压出明显的压痕，损坏拉钉，或拉紧机构抓不到正确位置导致无法拉紧刀柄

（续）

拉钉选择情况		说　明
正	选择正确，拉钉完好	 选择正确的拉钉型号与使用的刀柄相匹配，保证刀柄正确拉紧安装。延长拉钉使用寿命，保证操作安全

（刘振利）

3.1.14　铣床主轴刀柄拉钉锁紧检查禁忌

刀柄上的拉钉没有被锁紧，或刀柄长时间使用后拉钉发生松动，使用时会研伤刀柄和主轴锥孔，或导致加工刀具断刀等后果。具体见表3-17。

表 3-17　铣床主轴刀柄拉钉锁紧检查禁忌

拉钉锁紧情况		说　明
误	拉钉松开	 若刀具没有锁紧或发生松动，主轴旋转时刀柄会产生摆动，研伤刀柄和主轴锥孔，且刀具会随着刀柄一起摆动，直接导致工件过切，或导致断刀
正	拉钉锁紧	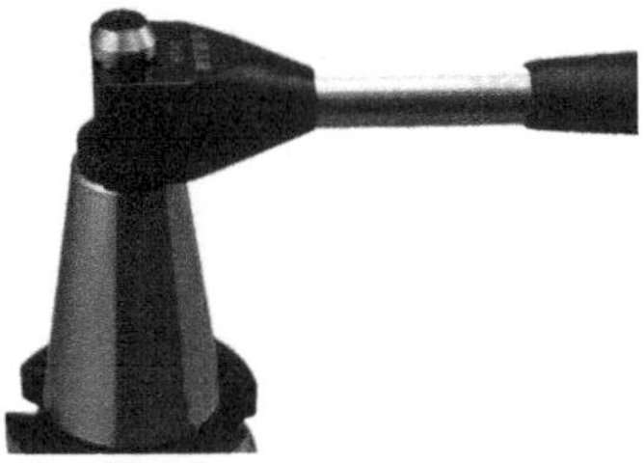 安装或更换拉钉时要注意把拉钉锁紧，在使用刀柄的过程中要定期检查拉钉的锁紧状态，防止松动

（刘振利）

3.1.15　铣床主轴刀柄安装禁忌

装有刀具的刀柄在往主轴上安装时，不仅刀柄上的键槽和主轴上的定位键要对应上，而且刀柄轴向一定要向上安装到位，保持稳定，然后再按动夹紧按钮进行夹紧，否则主轴无法拉紧刀柄，并且会损坏拉钉，容易发生危险。具体见表3-18。

表 3-18 铣床主轴安装刀柄时的禁忌

	刀柄安装情况		说 明
误	安装位置没有对正		刀柄安装位置不正确，刀柄锥面和主轴孔锥面没有贴合，主轴内的拉紧机构没有拉紧拉钉，当主轴旋转时，刀柄会产生剧烈的摆动，严重时刀柄会被甩出，造成危险事故
正	安装位置对正		键和键槽位置正确，轴向安装到位，刀柄锥面和主轴孔锥面贴合，完成刀柄的正确安装，能够正常加工

（刘振利）

3.1.16 精铣时侧固刀柄应用禁忌

在进行高精度或高速切削加工时，需要满足的基本条件是切削力保持不变，而径向圆跳动或偏心会使切削力产生变化，这对切削加工精度极其不利（见图3-4）。在多数情况下，切削刀具的寿命与切削刃的跳动量直接关联，而切削刃的跳动量与旋转中心有关。在加工期间，前100mm的工况对切削刃将如何持续工作有巨大的影响，特别是在精加工工序中，这种影响尤为显著。

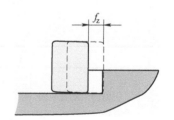

图 3-4 铣刀安装后刀片径向偏差造成的切削误差

侧固刀柄安装简单，价格便宜，很多工况下都会使用，比如浅孔钻以及部分镗刀、锪刀和铣刀。一般的侧固刀柄，安装刀具的孔与刀柄之间是间隙配合（见图3-5，有的侧固刀柄是半包围接触，在此不考

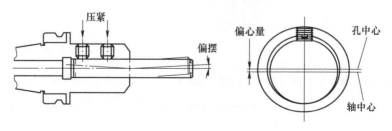

图 3-5 侧固刀柄安装示意

虑），接触面受力如图 3-6 所示。微观来看侧固结构是一条线接触，只有螺钉压紧的地方接触，其他表面实际是无法接触的，因此不可避免会有压紧后的偏移现象，造成刀片的实际安装精度与设计制造精度有所偏差。

侧固刀柄的轴公差为 h7，侧固柄的孔公差为 H6。以 $\phi32\text{mm}$ 柄的侧固铣刀为例，铣刀的柄部是 $\phi32_{-0.016}^{0}\text{mm}$，侧固柄的孔径是 $\phi32_{0}^{+0.025}\text{mm}$，两者最大间隙为 0.041mm，误差中值为 0.0205mm，不能小看这微小的间隙，当铣刀柄轴向长度较长时，这个误差有可能会造成铣刀远端的切削刃等高精度降低，对精加工的刀具寿命和加工粗糙度、精度产生影响。侧固刀柄与刀杆的实际接触面较小，刚度较差，当切削参数较高时会出现振刀现象，所以较长的精铣刀具建议采用圆柄结构，即全周接触的刀柄，采用强力刀柄或是液压刀柄、热胀刀柄安装，刀具寿命和加工精度会比用侧固刀柄安装有很大的改善。当生产现场只有侧固刀柄的刀具可供使用时，要注意一定要先锁紧靠近刀头端的螺钉，后拧紧靠近主轴端的螺钉，并注意是压紧在切削刃之间的空隙方向，如图 3-7 所示。具体应用禁忌见表 3-19。

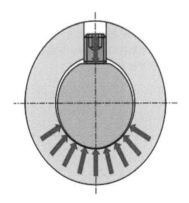
图 3-6 侧固刀柄接触面受力示意

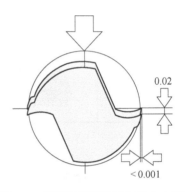
图 3-7 侧固刀柄安装铣刀的方向要求

表 3-19 精铣时侧固刀柄应用禁忌

	刀 具 安 装		说 明
误	用侧固刀柄安装精铣刀具		锁紧螺钉端面压向工具柄部，夹持刚性虽然出色，但是刀柄内径和刀杆外径有差值，易振动，加工精度受影响
正	用强力刀柄、液压刀柄、热胀刀柄或整体结构的方式安装精铣刀具		刚性改善，加工参数可适当调高，可以实现高质量、高效率
备注	当生产现场只有侧固刀柄的刀具可供使用时，可接受的方式是将侧固刀柄的螺钉与切削刃呈垂直方向锁紧（见图 3-7）		弥补侧固刀柄的间隙缺陷，尽量降低切削刃的等高性偏差 注意要先锁紧靠近刀头端的螺钉，后拧紧靠近主轴端的螺钉

（华斌）

3.1.17　大直径高速钢立铣刀设计禁忌

大直径高速钢立铣刀（直径 80mm，有效刃口长度 300mm）一般用于大型零件内腔、深槽的精加工。设计时，考虑到槽的深度，立铣刀刃口部位较长，可能会出现让刀现象，严重的还会产生事故，因此根据长期积累的数据，设计出倒锥式立铣刀。该立铣刀利用倒锥来弥补刀具的让刀，从而保证产品质量。具体见表 3-20。

表 3-20　大直径高速钢立铣刀设计禁忌

	设 计 方 式	说　明
误	不带倒锥	使用不带倒锥的大直径高速钢立铣刀加工开档，表面粗糙度可以达到图样要求，但是开档的公差和槽侧直线度无法达到要求
正	带倒锥	使用带有倒锥的大直径高速钢立铣刀加工开档，公差、槽侧直线度、表面粗糙度都可以达到图样要求

设计出的带倒锥大直径高速钢立铣刀如图 3-8 所示，因刀体较长，所以根据 0.2mm 吃刀量让刀要求进行设计。实际使用效果如图 3-9 所示。

a) 加工过程　　　　　　　　　b) 加工部位

图 3-8　带倒锥的大直径　　　　　　图 3-9　实际使用效果
　　　高速钢立铣刀

以 D80mm×L300mm 的螺旋立铣刀为例，切削刃长度 280mm，倒锥为 0.023°，加工材料为 ZG230-450 的工件，具体切削参数和加工效果见表 3-21。

表 3-21　切削参数和加工效果

铣头编号	刀具使用顺序	齿数	切削速度 v_c/（m/min）	进给量 f_z/（mm/z）	刀具转速 n/（r/min）	进给速度 v_f/（mm/min）	吃刀量 a_p/mm	加工深度/mm	加工后二端直线度/mm
4#	第 1 次	10	20	0.188	80	150	0.27	190	前端：0 后端：+0.01
4#	第 2 次	10	20	0.125	80	100	0.27	190	前端：0 后端：+0.01
1#	第 3 次	10	20	0.125	80	100	0.2	190	前端：0 后端：+0.01

（张永洁）

3.1.18　加工铝合金零件时金刚石刀具应用禁忌

金刚石刀具主要材料为人造聚晶金刚石（PCD），具有硬度和耐磨性极高、摩擦系数低、弹性模量高、热导率高、热膨胀系数低以及与非铁金属亲和力小等优点，是铝合金等有色金属材料的精加工的理想刀具材料。同时金刚石刀具可以采用更高的切削速度，具有比硬质合金更高的加工效率和更好的加工质量。

金刚石刀具一般不用于加工黑色金属材料。一般黑色金属主要为钢铁类，这类材料中均含有较大比例的碳元素，是亲碳系材料。金刚石的成分也是碳元素，若用金刚石刀具加工铁系材料，金刚石表面碳元素易与切屑、切割表面发生粘附，导致刀具不锋利，引起加工区域的温度升高，再加上空气中的氧含量高，金刚石就容易发生元素碳化，宏观表现为金刚石石墨化。

为了利用不同材料的特性实现零件的功能组合，大量的汽车压铸铝合金零部件中设计了嵌件，通过采用嵌件压铸工艺，并对双组合材料的毛坯进行加工，可满足装配设计要求。由于金刚石刀具造价较高，因此有必要了解金刚石刀具的特点，发挥金刚石刀具材料的优势，避免劣势，以便合理应用金刚石刀具。用户采用金刚石刀具加工铝合金零件时，需要注意的应用禁忌见表 3-22。

表 3-22 加工铝合金零件时金刚石刀具应用禁忌

压铸铝合金材料典型零件		说　明
误	不合适加工 发动机铝合金缸体	发动机缸体采用压铸铝合金材料，与缸套配合的运动缸套材料是铸铁，采用嵌件压铸工艺，以实现零件的整体减重 加工发动机缸体上端面时，由于零件表面含有铸铁缸套，因此不适合使用金刚石刀具，否则会出现刀具加速磨损现象，可使用硬质合金刀具加工
	有条件适合加工 柴油发动机的铝合金齿轮室 内嵌不锈钢管	柴油发动机的齿轮室零件上设计有复杂曲折的润滑油道通路，也是采用嵌件压铸工艺，将特定成形的不锈钢管固定在压铸模具中进行压铸，实现在零件中布置复杂润滑油道的功能 柴油发动机的齿轮室外侧面含有不锈钢管凹入，大端面适合金刚石刀具加工，内嵌不锈钢管凹入部分，可使用硬质合金刀具加工。需要注意，不锈钢管毛坯凹入部分低于大端面成品加工尺寸高度
正	合适加工 发动机铝合金油底壳	铝合金油底壳整个零件无嵌件，大端面和侧面尤其适合用面铣刀金刚石刀具加工，可获得优异的表面加工质量

（徐国庆）

3.1.19　镗削内孔表面可调式导条刀具应用禁忌

单刃镗刀在镗孔加工过程中，切削刃受到径向分力 F_P 的作用，同时刀具的对向缺乏支撑，会造成加工过程中刀具产生扰曲变形量 A，如图 3-10 所示。加工后孔径与刀尖的实际直径存在一定差异，差异大小又取决于扰曲大小，因此常出现圆度、圆柱度、直线度等不满足要求的问题。

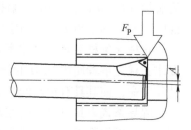

图 3-10　单刃镗刀扰曲变形示意

导条刀具原理如图 3-11 所示，可调式导条刀具的刀片搭配至少两根支撑导条，当刀片开始镗削时，受到对向导条的支撑，抵消刀具因切削力而产生的变形；当刀具切入工件时，径向分力 F_P 受到对向导条的支撑力作用，扰曲变形量 A 几乎为 0，没有变形和振动的加工是最稳定的加工状态。

a) 实物

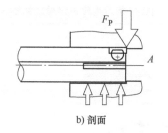

b) 剖面

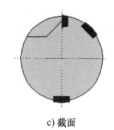

c) 截面

图 3-11　导条刀具原理示意

导条的支撑可以保证大长径比深孔镗削加工后孔的圆度、圆柱度，非完整孔或贯穿孔在断续切削受力不均情况下镗削加工后孔的圆度、圆柱度，阶梯孔镗削加工后的同轴度以及各阶梯孔的圆度、圆柱度，还可保证同轴间断孔镗削加工后的直线度以及各间断孔的圆度、圆柱度。

导条刀具的切削刃完全用于切削，支撑由导条来承担。切削刃后角没有支撑韧带（见图 3-12），刃口很锋利，其切削刃的刃缘半径 <3μm，切削抗力小。切削时可以使用很高的线速度和进给量，且加工后孔表面无挤压，不会产生黑斑、材料微量堆积等现象，能获得很好的加工表面粗糙度。导条在加工中起支撑作用的同时，也对已切削表面起到再次微量滚光研磨的作用，进一步提高加工表面质量。

实践中，可调式导条刀具要达到理想的加工效果，还有很多禁忌需要避免。

现场使用可调式导条刀具镗孔最常遇到的问题就是加工表面粗糙度达不到要求，存在划痕，黑斑等现象，有的是局部，有的是整个加工表面，如图 3-13、图 3-14 所示。

图 3-12　刀片切削刃示意

图 3-13　已加工孔表面刀痕

图 3-14　已加工孔表面黑斑

工件镗削内孔加工表面产生划痕有两种可能：一是导条式刀具存在问题，二是导条刀具使用存在问题。导条式刀具存在的问题主要在导条上，导条式刀具材质一般有以下几种：①碳化钨合金（Tungsten Carbide）：适用于钢件、合金钢、铸铁、铝合金及有色金属。②陶瓷金属（Cermet）：适用于钢件、合金钢、不锈钢及延展性铸铁。③聚晶金刚石（Polycrystalline Diamond，PCD）：适用于铝合金、有色金属、铸铁及烧结金属。

选择导条材料时，应注意导条与工件材料的力学、物理和化学性能是否匹配。如无特殊要求，优先推荐使用 PCD 的导条，虽然价格比较昂贵，但其优良的加工性能和超长的刀具使用寿命，使其具有很高的性价比。

除导条式刀具自身的问题外，加工中切屑挤压摩擦划伤已加工表面是产生划痕的主要原因之一，而切削液的压力或流量及切屑生成的形态，又是排屑不畅甚至切屑堵塞的主要原因；另外退刀形式及前道工序的遗留问题，也有可能是造成已加工表面存在划痕的原因。具体禁忌见表 3-23～表 3-26。

表 3-23　可调式导条刀具应用禁忌之切削液压力和流量

切削液压力和流量		说　明
误	切削液压力不足 1MPa HIGH PRESSURE 切削液泄漏 切削液泄漏 工序安排先钻削贯穿孔 贯穿孔	 切削液压力或流量的不足将导致切屑无法及时排出，影响工件和刀具寿命 切削液压力或流量不足主要有如下几个原因： 1）切削液压力泵功率不足。切削液压力不足 1MPa，在镗削加工直径为 60mm 以下的盲孔时无法满足排屑要求 2）密封系统匹配不足，无法承受过大压力，导致切削液泄漏 3）工件工序安排先钻削贯穿孔，切削液从贯穿孔泄漏，导致前端切削部位切削液压力或流量的不足 4）编制程序时在加工内径的工序未设置关闭外切削液，内、外切削液同时开启导致内切削液压力或流量的不足

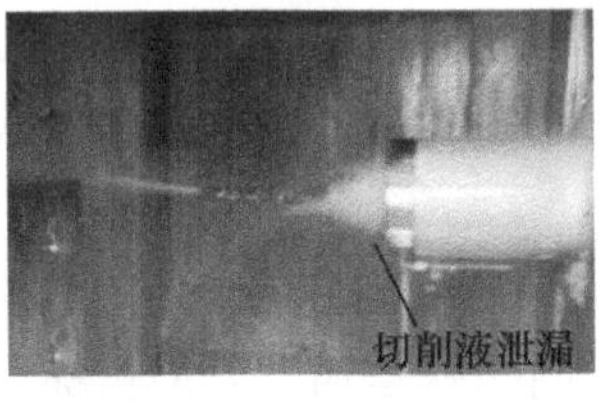

（续）

	切削液压力和流量	说　明
正	切削液出口位置和流动示意 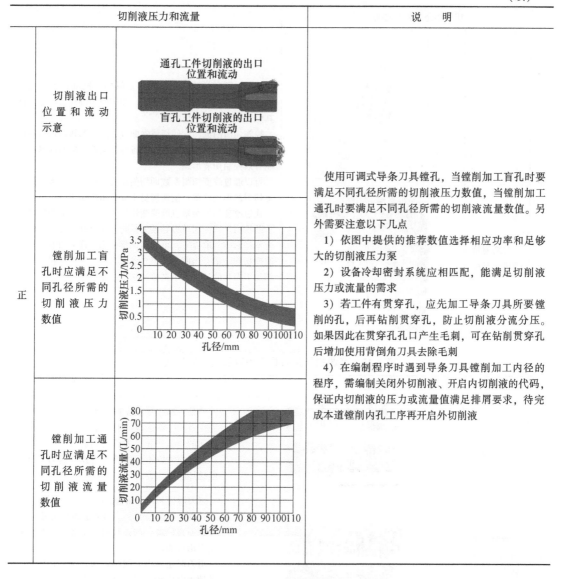 通孔工件切削液的出口位置和流动 盲孔工件切削液的出口位置和流动	使用可调式导条刀具镗孔，当镗削加工盲孔时要满足不同孔径所需的切削液压力数值，当镗削加工通孔时要满足不同孔径所需的切削液流量数值。另外需要注意以下几点 　　1）依图中提供的推荐数值选择相应功率和足够大的切削液压力泵 　　2）设备冷却密封系统应相匹配，能满足切削液压力或流量的需求 　　3）若工件有贯穿孔，应先加工导条刀具所要镗削的孔，后再钻削贯穿孔，防止切削液分流分压。如果因此在贯穿孔孔口产生毛刺，可在钻削贯穿孔后增加使用背倒角刀具去除毛刺 　　4）在编制程序时遇到导条刀具镗削加工内径的程序，需编制关闭外切削液、开启内切削液的代码，保证内切削液的压力或流量值满足排屑要求，待完成本道镗削内孔工序再开启外切削液
	镗削加工盲孔时应满足不同孔径所需的切削液压力数值	
	镗削加工通孔时应满足不同孔径所需的切削液流量数值	

表 3-24　可调式导条刀具应用禁忌之切屑

	切屑形态与刀片选择	说　明
误	长条状切屑	可调式导条刀具由于搭配了至少两根以上的导条，其排屑空间相对有限，长条状切屑不易排出，容易堵塞在被加工孔内，造成已加工表面划伤、刀片崩刃或导条受损

（续）

切屑形态与刀片选择		说　明
正	细碎状切屑	为及时顺利排除切屑，除了足够的切削液压力或流量外，还需控制切屑生成的形态。切屑应为细碎状形态，使其随切削液及时排出 控制切屑的流向、使切屑卷曲成形并折断排出最有效的方法就是增加刀片的断屑槽。各种不同形状的断屑槽设计能有效控制切屑形态 可以通过改变切削参数即切削速度和进给量的大小来改变切屑的形状厚薄，使切屑易于变形折断排出 通过改变加工余量也能改变切屑形态，使切屑变得易于折断排出。当使用单刃导条刀具时，在被加工孔表面粗糙度不受影响的前提下，可通过调整前道工序的刀具直径来改变切削余量。当使用双刃导条刀具时，还可通过调整半精加工刀片的尺寸大小来改变切削余量
	有断屑槽的切削刀片	

表 3-25　可调式导条刀具应用禁忌之退刀形式

退刀形式		说　明
误	退刀不当造成划痕	导条刀具有导条支撑缺少直径方向退刀的避让空间，不正确的退刀形式会造成被加工表面的划痕。导条刀具反向旋转退刀、快速移动退刀或以不合适的进给速度退刀等都可能破坏已加工表面
正	被加工表面无退刀划痕	退刀时应采取静止退刀的方式，即刀具停止转动并将刀尖朝上。如果是如是双刃刀片，将调刀直径最大的刀片的刀尖朝上，然后静止退出被加工孔 退刀时还可以采取与刀具进给一样的主轴转速正向旋转退刀，退刀的进给速度可以选择与进刀时的进给速度相同，或选择与进刀时的进给速度成倍数关系的退刀速度

表 3-26　可调式导条刀具应用禁忌之前道工序

前道工序同轴度问题		说　明
误	同轴度差异超出所留加工余量	如果前道工序的内孔粗加工与可调式导条刀具镗孔加工是在工件二次装夹的情形下完成的，也会造成孔表面残留划痕，这是因为两道工序所加工的孔的同轴度差异较大，超出所留加工余量。前道工序粗加工内孔的直线度、圆柱度超差，也会导致所留加工余量不足。一般此种情况下划痕上会有清晰的边线，比较容易判定

（续）

	前道工序同轴度问题	说　明
正	与前道工序一次装夹，保证同轴度	工件需在一次装夹的情况下完成孔的粗加工与孔的导条刀具镗削加工 　工件前道工序孔粗加工后的直线度及圆柱度均不能超差，不能大于所留加工余量

（叶陈新）

3.1.20　可调式导条刀具镗削内孔的孔口振纹控制禁忌

孔口位置出现振纹是镗孔加工中常见的现象，不正确的导套或导引孔的尺寸是孔口位置出现振刀纹的主要原因。孔口振纹控制禁忌见表 3-27。

表 3-27　可调式导条刀具镗削内孔的孔口振纹控制禁忌

	孔口加工质量		说　明
误	孔口严重振刀纹		导条刀具开始镗削进入孔口位置时，常发生振刀现象，而加工孔的中部及底部时未再出现，且已加工孔表面中下部的表面粗糙度符合要求，说明问题与刀具本身无关 　导条刀具与普通镗刀的不同之处就是有导条的支撑。为了防止镗孔时导条先于刀片切入工件，轴向上刀片的径向最高点要大于导条的径向最高点。但当刀片刚切入被加工孔而导条尚未完全进入、无法产生有效支撑的时候，极易产生振刀现象
	孔口轻微振刀纹		
正	孔口无振刀纹		导条刀具加工时需要使用导套或导引孔定位 　导套或导引孔的尺寸控制在调刀直径的上限 +0.005 ~ +0.010mm 公差范围内。如果工件表面粗糙度要求较高，在没有使用钻套的情况下，导引孔的尺寸需控制在调刀直径的下限 -0.05 ~ -0.10mm 公差（导引孔加工工序与可调式导条刀具镗孔工序必须为一次装夹加工完成） 　导套和主轴的同轴度 ≤0.005mm 　导套或导引孔内孔表面粗糙度值 Ra ≤1.6μm 　导套或导引孔内径与主轴的同轴度 ≤0.002mm，最重要的是导套或导引孔的孔口必须有 45°倒角

（叶陈新）

3.1.21　可调式导条刀具联接法兰刀柄调试禁忌

可调式导条刀具要达到微米级的加工精度，就需保证刀具本身的偏摆和跳动都达到微米级。在机床主轴与切削刀具之间设计可调整的联接法兰，通过调整联接法兰保证导条刀具在主轴上的偏摆和跳动控制在 $2\mu m$ 内，以实现微米级的加工精度。调整联接法兰的步骤如下，具体调试禁忌见表 3-28。

1）清理接合面。联接前，需要将刀柄与刀体接合面上的异物、锈蚀、碰划伤等清理干净（见图 3-15）。

2）松开调整螺钉（包括图 3-16 中所示径向上的 4 个跳动调整螺钉，以及 3 轴向上的 4 个偏摆调整螺钉），装配刀具，用 4N·m 的力预紧 4 个紧固螺钉。

3）将待调整刀具安装到机床主轴上，如图 3-17 所示。

图 3-15　清理接合面

紧固螺钉
跳动调整螺钉
偏摆调整螺钉

图 3-16　螺钉分布　　　　　　　　图 3-17　安装刀具

4）将千分表触头垂直放置于法兰外圆调刀带最高点上进行粗调整（见图 3-18），直至跳动值<$5\mu m$，调整后需松开径向圆跳动调整螺钉。

5）对向交错逐个锁紧紧固螺钉。

6）精调径向圆跳动，转动刀具找到指针最高点，调整径向圆跳动调整螺钉至跳动值<$2\mu m$。

7）将千分表移到刀具前端，千分表触头垂直放置于调刀带或导条（导条的数量需>3 根）上，找正外圆并转动刀具找到指针最高点，调整轴向偏摆调整螺钉至偏摆值<$2\mu m$，如图 3-19 所示。

图 3-18　调整跳动　　　　　　　　图 3-19　调整轴向偏摆

8）完成后需重新检查轴向偏摆值及径向圆跳动值是否在 $2\mu m$ 内，并检查所有调整螺钉是否旋紧到底。

表 3-28　可调式导条刀具联接法兰刀柄调试禁忌

刀柄安装前楔块位置		说　明
误		在可调式导条刀具安装上联接法兰刀柄时确认调整螺钉已退出，但调整螺钉前的圆柱形楔块还突出于刀具的法兰配合面，刀具锁紧后偏摆过大，无法调试 　将导条刀具手动装于加工中心主轴上就开始调试刀具，会导致调整时无规律可循，难以调整至 $2\mu m$ 的要求之内，影响生产效率 　紧固螺钉的锁紧力达不到要求，加工中出现振刀现象，有时甚至已加工孔表面出现针点状凹坑等异常现象，都与紧固螺钉的锁紧力不足有关
正		安装上联接法兰刀柄前，将调整螺钉退出后，调整螺钉前的圆柱形楔块必需安装至刀具的法兰配合面内并低于法兰配合面 　将可调式导条刀具装于加工中心上后，一定要使用自动换刀功能再换刀夹持一次，然后开始调试刀具，保证以后每次机械手换刀的重复精度 　调整径向圆跳动和轴向偏摆时，转动刀具找到指针最高点，旋动调整螺钉让最高点数值降至高低点差值的一半以内，对角调整，如此循环调整至径向圆跳动值<2μm 　紧固螺钉的锁紧力至关重要，MODULAR 80 以内的刀柄，使用 16N·m 的力压紧。MODULAR 80 以上的刀柄，使用 20N·m 力压紧。锁紧时对向交错，逐个锁紧

（叶陈新）

3.1.22　可调式导条刀具的刀片调试禁忌

可调式导条刀具的调试有两个部分，除了联接法兰刀柄的调试，另一部分就是舍弃式刀片的更换、安装和调试。在调试前要先了解如下几个概念。

1）OVERHANG：径向上刀片最高点与导条最高点的高度差，如图 3-20 所示。

2）BECK TAPER：轴向上刀片最高点与刀片后端（约 10mm 处）低点的高度差，也称背锥，其决定了刀片副偏角的大小，如图 3-21 所示。

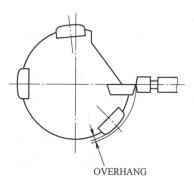

图 3-20　OVERHANG 示意

3）ADVANCE：轴向上刀片径向最高点与导条径向最高点的高度差，如图 3-22 所示）。

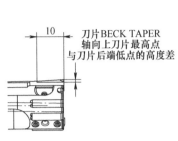

图 3-21　BECK TAPER 示意

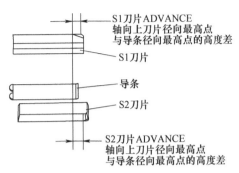

图 3-22　ADVANCE 示意

调整舍弃式刀片的步骤如下，具体的更换、安装、调试禁忌见表 3-29。

1）用内六角扳手逆时针松开调整螺钉。刀具直径>6mm 时松开 360°；刀具直径<6mm 时，松开 180°。

2）用两个内六角扳手沿逆时针方向同时松开压板螺钉。

3）清洁刀槽，装入新刀片或新刀尖，两个手指向里推进刀片，保证刀片装到位，顺时针拧紧压板螺钉。

4）用两个六角扳手同时压紧压板螺钉，力的大小以扳手略有明显变形为准。

5）预紧调整螺钉 90°。

6）用被测刀体的长度确定活动顶尖的位置（见图 3-23），拧紧顶尖座的锁紧螺钉。柄部对准固定顶尖，压下活动顶尖手柄，前端顶尖孔对准活动顶尖，放下手柄，转动刀体略有阻尼。

7）移动桥架，测头对准被测刀片位置，锁紧桥架固定螺钉。两桥架间距根据被测刀片和导条长度确定。

8）将测量臂拉出到底，装上千分表，表头压上约 5μm，锁紧内六角螺钉固定千分表。

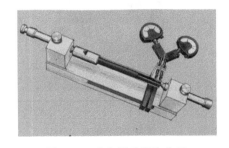

图 3-23　确定活动顶尖位置

9）以导条为基准，调整测量臂，表针指在 0 左右，锁紧测量臂。微调刀具轴向移动，使表针归 0。

10）旋转刀具切削刃对准测头，需要注意测头不应放置在刀片刀尖的最高点上测量（特别是 PCD 刀片），以免在旋转刀具的过程中损伤刀尖部位。顺时针旋转调整螺钉，调整刀片 OVERHANG 和 BECK TAPER 到要求值。一般 OVERHANG 的值视工件材质不同而不同，如加工铝合金的刀片 OVERHANG 值为 5~8μm，加工钢件、铸铁的刀片 OVERHANG 值为 10~12μm。刀片的 BECK TAPER 的调整值一般为 1μm/1mm。

表 3-29　舍弃式刀片更换、安装、调试禁忌

舍弃式刀片更换、安装、调试禁忌			说　　明
误	错误楔块位置	 调整楔块 调整螺钉	位于刀片后部用于定位和调整的楔块，装夹时方向不正确，会导致调整的刀具在加工过程中刀片跑位 　　安装好刀片后若先调整刀片尺寸，再锁紧紧固螺钉，前面调整的尺寸会出现加工误差 　　在调整刀片 OVERHANG 值时，随意找一根导条作为基准，将导致所调尺寸出现加工误差 　　在调整刀片尺寸的过程中，若最后调整旋动的是后端调整螺钉，有可能引起前端刀片未贴紧调整楔块的定位斜面，导致加工过程中刀片跑位、缩进
	前、后端调整螺钉示意	 前端调整螺钉 刀片紧固螺钉 后端调整螺钉	
正	正确的楔块位置	 刀片 调整楔块 调整螺钉	刀片背面用于定位和调整的楔块的定位斜面应朝外贴合刀片的定位面 　　可调式导条刀具之所以能精确到微米级的加工精度，与其特殊的结构设计有关。需先锁紧紧固螺钉，再调整刀片的尺寸，然后松开刀片重新调整，松开刀片的步骤是先松开调整螺钉，再松开紧固螺钉 　　在调整刀片 OVERHANG 值时，作为基准的导条必须是所调整刀片后部的第一根导条，也就是距离刀片背面最近的那根导条，以保证尺寸不会出现误差 　　调整刀片尺寸的过程中，最后调整旋动的必须是前端调整螺钉，这样才能保证加工过程中刀片不会松动、缩进，保证被加工孔尺寸的稳定性
	特殊的锁紧及调整结构、作用力示意		

（叶陈新）

3.1.23　双刃可调式导条刀具的调刀禁忌

　　双刃可调式导条刀具刃数多，因此可以更好地控制切屑，获得更好的表面质量，并且能以更高的进给速度加工，刀片的寿命更长，同时刀具设定和换刀时间减少，加工时间缩短，生产效率更高。可调式导条刀具中，若刀片在刀具上的 180° 对角有导条支撑，则为精加工刀片 S1，否则为半精加工刀片 S2，具体调刀禁忌见表 3-30。

表 3-30 双刃可调式导条刀具的调刀禁忌

	调 刀 方 式	说　明
误	孔口导条撞击现象	加工过程中，常常遇到孔口出现导条撞击痕迹的情况，导致工件不合格
	刀片 S1 与 S2 的 OVERHANG 相同	调刀时刀片 S1 与 S2 的 ADVANCE 相同或差值 < 5μm，以及刀片 S1 与刀片 S2 的 OVERHANG 相同或差值<5μm，都将导致加工时其中一片刀片无法正常进行切削，这是造成表面大量划痕的原因之一
	刀片 S1 与 S2 的 ADVANCE 相同	调刀时刀片 S1 的 ADVANCE 大于刀片 S2 的 ADVANCE，将导致加工过程中刀片 S2 无法参与切削
	刀片 S1 的 AD-VANCE 为负值	调刀时若刀片 S1 的 OVERHANG 为正值（即刀片 S1 的径向最高点高于导条的径向最高点）且刀片 S2 的 OVERHANG 为负值（即刀片 S2 的径向最高点低于导条的径向最高点），或刀片 S2 的 ADVANCE 为正值且刀片 S1 的 ADVANCE 为负值，将导致加工过程中虽然刀片 S2 先切入工件，但因为刀片 S2 的径向最高点低于导条径向最高点，S1 又后于导条切入工件，所以导条会先撞击工件，造成刀具损坏，零件报废

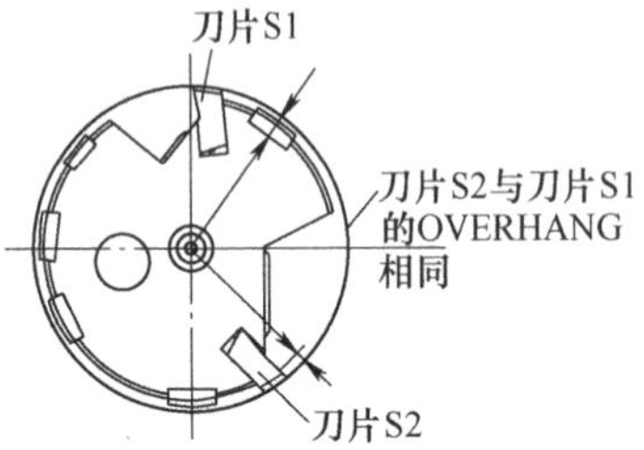

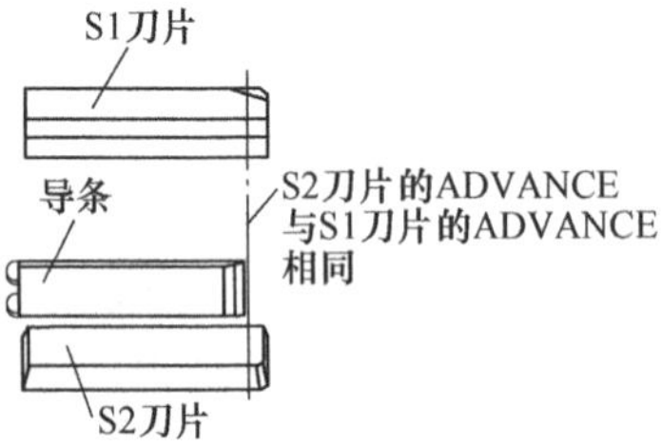

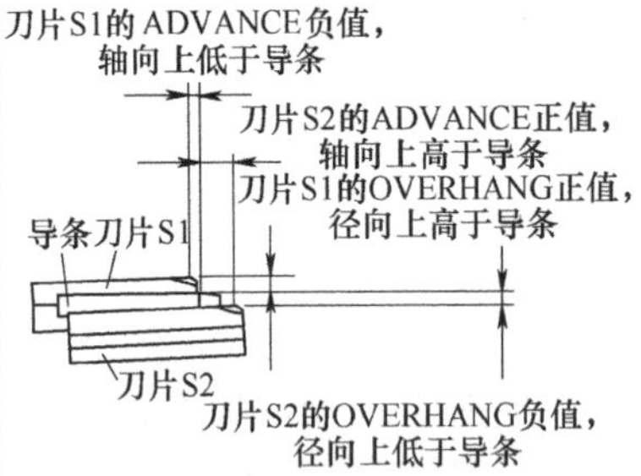

（续）

调刀方式		说　明
正	刀片 S2 的 AD-VANCE 调高 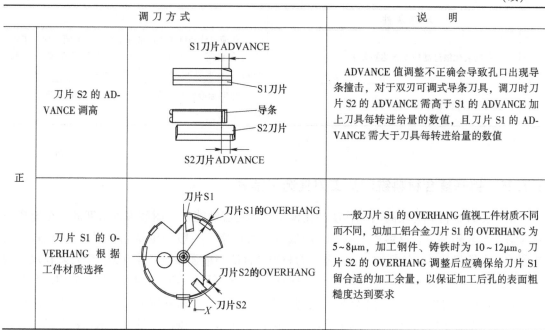	ADVANCE 值调整不正确会导致孔口出现导条撞击，对于双刃可调式导条刀具，调刀时刀片 S2 的 ADVANCE 需高于 S1 的 ADVANCE 加上刀具每进给量的数值，且刀片 S1 的 AD-VANCE 需大于刀具每转进给量的数值
	刀片 S1 的 O-VERHANG 根据工件材质选择	一般刀片 S1 的 OVERHANG 值视工件材质不同而不同，如加工铝合金刀片 S1 的 OVERHANG 为 5~8μm，加工钢件、铸铁时为 10~12μm。刀片 S2 的 OVERHANG 调整后应确保给刀片 S1 留合适的加工余量，以保证加工后孔的表面粗糙度达到要求

（叶陈新）

3.1.24　可调式导条刀具切削液应用禁忌

乳化液是仅以矿物油作为基础油的水溶性切削液，因含有矿物油而能保持很好的润滑性，矿物质能在相互摩擦的支撑导条和加工表面之间形成保护膜，既保护了已加工表面，又降低了刀具支撑导条部分的摩擦。良好的润滑性加上水溶液优良的冷却性能，延长了刀具导条的使用寿命。保证导条刀具正常稳定加工，必不可少的外部条件除了乳化液的压力、流量和矿物油含量外，还有乳化液的浓度、设备的乳化液过滤精度以及切削液的 pH 值等指标。具体应用禁忌见表 3-31。

表 3-31　可调式导条刀具切削液应用禁忌

	外部条件	说　明
误	使用劣质、矿物油含量低的乳化液	将导致孔表面粗糙度达不到要求，刀具导条快速磨损、划伤
	乳化液的配比浓度较低（未达到 12%），且长期未更换	会导致乳化液浓度不足，影响加工表面质量以及导条寿命
	乳化液的过滤精度不符合要求	加工过程中杂质会随乳化液流动至导条和加工表面之间，划伤加工表面和导条表面
	pH<8.3 或 pH>9.2	长期使用将对刀具、机床造成一定的腐蚀
正	采用高质量乳化液，其矿物油含量必须达到 55% 以上	可保证导条刀具工作时导条与已加工表面之间的润滑性，保护导条与已加工表面
	乳化液的配比浓度必需达到 12% 以上	保证润滑性达到要求，并常常用折光仪检测乳化液的浓度，浓度下降时应及时补充乳化液

（续）

	外部条件	说　明
正	设备的乳化液过滤精度需达到要求	乳化液过滤精度视不同被加工材料而不同，如加工铝合金就要求达到 20μm，加工钢件和铸铁要求达到 40μm。要定期及时更换乳化液以保证品质
	乳化液的 pH 值需在 8.3~9.2	若超出标准需更换乳化液，以保证刀具机床的正常运行

（叶陈新）

3.1.25　铝基复合材料铣削加工刀具选用禁忌

铝基复合材料具有较高的比强度与比模量，其高温性能佳、耐磨损且密度低，在选择刀具时需要结合铝基复合材料相应特性，降低刀具磨损率，一般采用聚晶金刚石（PCD）、限速硬质合金等刀具进行铣削加工。铝基复合材料的性能与增强颗粒尺寸有关，随着颗粒尺寸增大，表面变粗糙、切削力增大，会加重刀具磨损。PCD 刀具硬度高、耐磨性好，使用寿命长且化学亲和性低，可以有效应对增强相的铣削加工，是铝基复合材料铣削加工的重要刀具。硬质合金刀具硬度低于增强相，使用时需要限制铣削速度在一定范围内。具体禁忌见表 3-32。

表 3-32　铝基复合材料铣削加工刀具选用禁忌

	刀具选择		说　明
误	普通刀具		加工时采用普通刀具，在铣销过程中，刀具的后刀面极其容易磨损和崩刃
正	PCD、限速硬质合金刀具		在加工过程选用聚晶金刚石（PCD）、限速硬质合金等刀具进行铣削加工 PCD 刀具切削力度适应性强、导热性高，当铣削转速确定，进给量增加时，PCD 刀具切削力度大；反之进给量确定，铣削转速增加时，切削力度变化小，切削温度低 硬质合金刀具硬度低于铝基复合材料中的增强相，在铣削速度 >350m/min 时往往十几秒内就会失效，磨损率高；一般在 300m/min 速度内进行铝基复合材料的粗、精加工

（张玉峰）

3.1.26　镁合金材料铣削加工刀具应用禁忌

镁合金切削阻力小，易于加工，但其燃点低，在切削过程中产生切削热后，刀具、转速、进给量和切削方式若设置和选择不合理，极易发生燃烧，损坏机床和工件，因此在加工过程合理使用刀具是关键。具体禁忌见表 3-33。

表 3-33　镁合金材料铣削加工刀具应用禁忌

	刀具使用情况		说　　明
误	硬质合金刀具未修磨前角		硬质合金刀具的前角一般较大，在加工过程中细切屑极易燃烧起火
正	对硬质合金刀具的前角进行修磨		对硬质合金刀具的前角进行修磨，前角应减小 5°～10°，修磨到 12°左右；刀具后角为 10°～15°，减少刀具与工件的接触 另外，在切削用量的选择上，采用高速大进给量进行切削，冷却方式采用干冷高速切削

（张玉峰）

3.1.27　镁合金铸件铣削刀具及切削参数选择禁忌

镁合金是以镁为基加入其他元素组成的合金，在实用金属中是最轻的，其密度大约是铝的 2/3，是铁的 1/4，主要用于航空、航天、运输、化工和火箭等工业领域。镁合金铸件的铣削加工如图 3-24 所示。

基于镁合金铸件耐蚀性能差、易于氧化燃烧和耐热性差特点，在铣削时需要注意刀具和切削参数的合理选择，具体说明见表 3-34。

图 3-24　镁合金铸件的铣削加工

表 3-34　镁合金铸件铣削刀具及切削参数选择禁忌

	切屑的表现形式		说　　明
误	堵塞切屑		铣削时若未优先考虑切屑形状和排出方式，选择的刀具和切削参数不合适，则可能引起切屑堵塞以及被加工表面质量不良 此种堵塞切屑可能会造成排屑不畅，并导致切削区域高温，从而影响铣削质量和可靠性，甚至产生火灾事故

（续）

切屑的表现形式		说　　明
正	正常切屑	为获得良好的切屑形式和铣削质量，需要选择合理的刀具及切削参数，不要让刀具中途停顿在工件中，避免"满刀"切削并及时排屑 实际生产中，刀具要求锋利并兼具强度，推荐硬质合金刀具，满足大吃刀量、小切宽加工，一般吃刀量取刀具直径的 1～3 倍，切削宽度取刀具直径的 10%～30%，切削速度 ≤50m/min，进给量 ≥0.1mm/z 当刀具直径 <10mm 时，刀具齿数以两齿为佳；当刀具直径 >10mm 时，刀具齿数以三齿为佳，有利于流畅排屑，避免过热粘接刀具

（李创奇）

3.1.28　铣削螺纹加工刀具应用禁忌

采用加工中心加工一些非回转体、外形不规则类工件的内外螺纹时，经常会使用到螺纹铣刀，若使用方法不合适，极易造成加工后测量不合格，出现与其他产品无法对接的现象。因此铣削内外螺纹时，必须依据工件材料选择合适的螺纹铣刀和切削参数，最好选择带内冷结构的螺纹铣刀，使刀具能够得到充分冷却，有效降低切削时的温度，防止因排屑不畅、切屑堆积导致刀具急剧磨损，甚至折断。铣削加工内螺纹如图 3-25 所示，加工刀具如图 3-26 所示，具体应用禁忌见表 3-35。

图 3-25　铣削加工内螺纹

a) 整体硬质合金螺纹铣刀

b) 梳齿螺纹铣刀

图 3-26　加工刀具

表 3-35　铣削螺纹加工刀具应用禁忌

刀　　具		说　　明
误	铣削出的螺纹表面粗糙度差，影响螺纹质量	切削参数选择不合适 加工方式选择不正确，螺纹量具测量不合格且无法互配 刀具材质与工件材料匹配不合理
	铣削出的螺纹尺寸不合格，无法互配	机床和刀具选择不正确，造成加工出的螺纹不正确 冷却方式选择不正确 进刀方式选择不正确 工件装夹不可靠

（续）

刀　具		说　明
正	铣削出的螺纹表面粗糙度值低，螺纹质量高	螺纹铣刀加工时的机床转速 $n=1000v/\pi D$，v 为线速度，D 为加工螺纹的大径尺寸。走刀半径 $A=(D_1-D_2)/2$，D_1 为螺纹直径，D_2 为切削直径。通用程序如下 G90　G00　G54　G43　H1　X0　Y0　Z10　S… G00　Z-（螺纹深度） G01　G91　G41　D1　X $(A/2)$　Y- $(A/2)$　Z0　F… G03　X $(A/2)$　Y $(A/2)$　R $(A/2)$　Z- （1/8 螺距） G03　X0　Y0　1- (A)　J0　Z- （螺距） G01　G40　X- $(A/2)$　Y- $(A/2)$　Z0 G90　X0　Y0　Z0 根据所加工螺纹的旋向和进刀方向选择螺纹刀具，右旋螺纹配右手螺纹的螺纹铣刀，同时要注意不要将内外螺纹刀具混用 刀具材质与工件材料应匹配，加工不同材料时应选择材质相对应的刀片：P、N 类材料以物理（PVD）涂层为主；S 类材料以硬质合金加 TiAlN+TiC 涂层为主；M 类材料以硬质合金加 TiAlN 涂层为主
	铣削出的螺纹尺寸合格，精度高	加工设备要有足够的动力和机床刚性，夹持刀具基础柄采用热胀或冷压夹持刀柄，刀具应具有足够的强度和刚性，保证工件的尺寸精度和比较好的表面粗糙度 切削液应采用水溶性的乳化液，带走切削刃上大部分的热量，降低切削温度，在刀具与切屑之间形成平行的切削液层，充分冷却，避免产生硫化现象 铣削螺纹时应采用小吃刀量，切削时产生的切削热低，有利于提高主轴转速，减少刀具磨损 工件使用螺纹铣刀加工时，一是要保证精加工后的工件不被夹伤，且有足够的夹紧力；二是要保证夹具具有精确定位和重复使用性

（邹峰）

3.2　工艺应用禁忌

3.2.1　铣削工艺应用禁忌

为实现刀具的满意销售和良好应用，每个刀具厂家均会制作规格齐全且厚达千页的刀具综合样本，个别刀具厂家还会提供网页版或下载安装版的刀具选型软件。实际工作中，用户根据刀具综合样本与选型软件，既能为面铣工序找到合适的铣刀，也可为深方肩加工匹配优异的切削参数，还会知悉铣刀齿距对生产率、稳定性和功率消耗的显著影响。选型时主要注意以下几点。

1）工件形状是刀具选择的首要因素。铣削平面，优选铣刀直径为待铣面 20%~50% 的面铣；开、扩型腔或凹窝，可在钻削后采取圆弧铣或插铣，也可直接进行环形坡走铣；铣削薄壁边缘或薄弱底座，常选 90°立铣刀，也可在走刀策略下实施方肩铣。面对这些形状各异的工件，用户应结合图 3-27 所示的工件形状特征树，选择加工方法——车削、钻削、铣削或镗削，并匹配切削刀具——车刀、钻头、铣刀或镗刀。

2）刀具最佳切削参数取决于工件材料及其加工性。由前述可知，工件材料不同，减材制造性能不尽相同，切削加工性便迥然不同。因此，铣刀的材料、牌号、槽型和切削参数唯

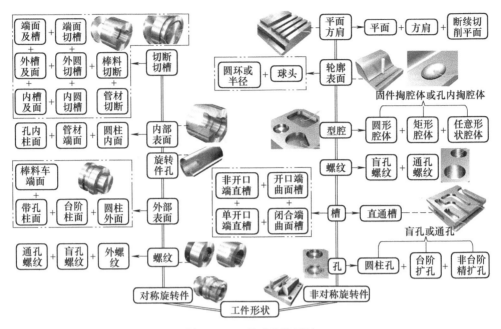

图 3-27　工件形状特征树

有与待铣工件的材料和切削加工性形成最佳匹配时，方可提升减材效率，减少铣削浪费。

待铣工件的切削加工性与车削相同，由特定切削力 k_{c1} 或 k_{cn} 表示。前角 $\gamma_o = 0°$ 铣刀片的 k_{c1} 可在产品样本内查找，正前角铣刀片的 $k_{cn} = k_{c1}h_m^{-m_c}$ $(1-\gamma_o/100)$，单位为 N/mm^2，其中 m_c 为 k_{cn} 相对于 h_m 的切削曲线的斜率。铣刀实际切削功率 $P_c = v_f a_p a_e f_z/(60 \times 10^6)$，单位为 kW，其中 a_p、a_e、f_z 分别为轴向铣削深度（mm）、径向铣削深度（mm）、进给量（mm/z）。常规铣削的工作台进给速度 $v_f = f_z n z_c$，单位为 mm/min，其中 n 为主轴转速（r/min），z_c 为有效齿数。

3）铣削方法决定了所需机床类型。结合工件形状与刀具参数，初步选定铣削方法后，所需机床类型会随之确定。面铣、方肩铣或铣槽可采用三轴联动的 CNC 机床，铣削三维轮廓可选择四轴联动或五轴联动的 CNC 机床。这些机床在搭配动力刀座、变位器等驱动装置后，车削中心可具备铣削能力，立、卧式加工中心也会具备车削能力。在给定生产效率、铣刀类型及铣刀直径、切削速度等要素后，机床稳定性和主轴规格、功率以及金属去除率等便成为机床选择时需要着重考虑的方面。不同铣削方法下机床类型选择见表 3-36。

表 3-36　不同铣削方法下机床类型选择

铣削方法	铣刀类型	机床选择涉及因素						图形示意
		主轴尺寸	稳定需求	粗铣质量/形式	精铣质量/形式	通用性	生产效率	吃刀量	
面铣	圆刀片	ISO40、50	高	很好	可接受	优异	很高	中	

（续）

铣削方法	铣刀类型	机床选择涉及因素							图 形 示 意
		主轴尺寸	稳定需求	粗铣质量/形式	精铣质量/形式	通用性	生产效率	吃刀量	
面铣	主偏角 10°~25°	ISO40、50	高	良好	可接受	良好	很高	小	
	主偏角 45°	ISO40、50	中	很好	很好	良好	很高	中	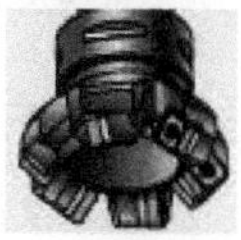
	主偏角 90°	ISO30~50	低	可接受	良好	优异	较高	大	
方肩铣	主偏角 90°	ISO30~50	低	良好	良好	铝材	较高	大	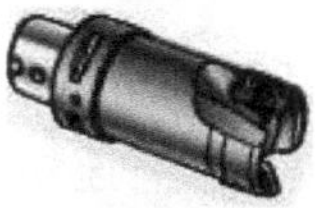
仿形铣刀	圆刀片	ISO40、50	高	很好	可接受	优异	很高	中	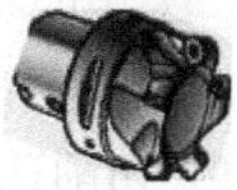
	球头可转位	ISO40、50	中	良好	可接受	优异	较高	中	
	球头可更换	ISO30、40	中	可接受	很好	优异	较高	小	
	球头硬质合金	ISO30、40	低	可接受	很好	优异	较高	小	
槽铣刀	三面刃	ISO50	小 a_e	开口槽	闭口槽	受限	较高	中~大	
	切槽	ISO40、50	小 a_e	开口槽	闭口槽	良好	较高	小	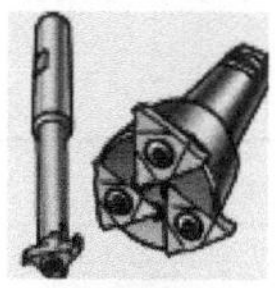
	长刃	ISO40、50	大 a_e	开口槽	闭口槽	良好	较高	中~大	

（续）

铣削方法	铣刀类型	机床选择涉及因素							图形示意
		主轴尺寸	稳定需求	粗铣质量/形式	精铣质量/形式	通用性	生产效率	吃刀量	
槽铣刀	可转位立铣	ISO30~50	中 a_e	开口槽	闭口槽	优异	较高	中	
	可换头立铣	ISO30~50	小 a_e	开口槽	闭口槽	优异	较高	小	
	整硬立铣刀	ISO30~50	小 a_e	开口槽	闭口槽	优异	较高	大	

（刘胜勇）

3.2.2 数控刀具高速加工应用禁忌

高速切削技术是一种先进技术，其发展和推广应用促进了制造领域的技术进步和生产效率提高。高速切削技术是指以比传统切削加工高 5~10 倍的切削速度对零件进行切削加工的技术，采用的类型主要包括高速软切削、高速硬切削、高速干切削和大进给量切削等。高速切削加工主要有以下优点。

1）切削速度大幅提高，大大缩短了切削加工时间，切削效率可提高 3~5 倍，加工成本可降低 20%~40%。

2）有效降低了切削力和切削变形，适合薄壁工件、轴类等长距离切削的高精加工。

3）切屑将带走大量切削热，工件热变形减少，因此适合热敏元件的加工。

4）切削系统的工作频率远远高于普通机床的低阶固有频率，由于振动减少，在切削过程中的鳞刺、积屑瘤、加工硬化和残余应力等也受到控制，所以工件表面质量得到显著提高。

5）高速切削加工高硬度的淬硬工件时，可取代磨削，使生产周期缩短、生产成本下降。

目前，高速切削加工在生产中得到了广泛应用，特别是针对传统难切削加工材料，如镍基合金、铁合金和增强纤维塑料等。现阶段高速切削的使用工艺范围是以车削和铣削为主，特别适用于加工有色金属及其合金、镍基高温合金、铁合金、石墨等材料以及模具、淬硬模具等，其应用禁忌见表 3-37。

表 3-37 高速切削应用禁忌

刀具应用情况		说　明
误	刀片材料选择不当 刀柄系统离心力过大 夹紧方式不合理	刀片材料忌选用低硬度，耐磨性和耐热性差的刀具材料 高速切削时，刀柄系统离心力过大不仅会影响刀柄在主轴锥孔内的定位精度，还会造成刀体因压力过大而崩裂 刀片夹紧机构不牢固会导致安全事故

（续）

	刀具应用情况	说　明
正	选择合适的刀具及合理的加工方式	高速切削中，刀片材料一般选用金刚石材料和陶瓷等 不同工件材料要选用合理的加工方式，以实现最佳切削效果 刀柄系统可选用 BT 及 HSK 刀柄系统等，保证加工精度 工件夹紧方式应合理可靠，保证足够的夹紧力

（邹毅）

3.2.3　板料倒角铣削应用禁忌

在数控加工中心上进行板料（见图 3-28）铣削时，经常会遇到倒边、倒角的工序要求，如果要满足不同角度、不同规格的大型板料的倒边、倒角加工，成本代价是目前数控铣削设备的痛点和难点。对于简单的倒边和倒角，普通刨床设备虽然可以满足加工要求且成本低，但是效率、品质远远不能满足生产进度和产品质量的需求。因此，针对上述板料倒边、倒角加工的不利因素，提出设计制作专用铣削倒角刀具，实现数控加工中心高效和低成本加工。具体设计思路与应用禁忌见表 3-38。

图 3-28　板料

表 3-38　专用铣削倒角刀具设计与应用禁忌

	刀　具	说　明
误	使用不同规格的倒角铣刀，往复换刀造成换刀辅助时间过长	如大型板料在铣直边、周边倒角时，通常使用几种不同规格的倒角刀具进行不同角度的铣削。由于铣削余量较少，铣削精度和技术要求不高，因此往复换刀会造成不必要的辅助时间浪费
正	设计可转位阶梯倒角刀，实现工序集中，节约不必要的换刀辅助时间	为避免工序不集中，刀具不统一等现象，设计可转位阶梯倒角刀，可实现铣直边及周边倒角一次成形。这样不仅减少了换刀、铣削加工时间，而且提高了产品加工效率，降低了制造成本 在刀具自主设计过程中，忌采用普通碳素钢等材料制作刀体，应选择优质碳素钢等材料并进行热处理，使其具有较高的强度和稳定性；尽量使用三维设计软件模拟，避免设计过程中造成大量的人力物力投入；选用机夹式刀体，并与普通机夹四方玉米铣刀刀片组合，实现可转位阶梯倒角刀的制作

（邹毅）

3.2.4　内六方件铣削加工禁忌

在普通铣床上加工有较高尺寸精度和表面质量要求的内六方件（见图 3-29），为了降低生产成本，在不制作工装的前提下，完成加工的难度较大。为了满足产品加工的需要，进行正确的工艺分析和采用合理的加工方法是非常关键的。铣削内六方体的加工方法及禁忌见表 3-39。

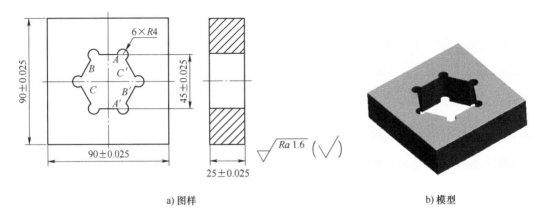

a) 图样   b) 模型

图 3-29 内六方件

表 3-39 铣削内六方体的加工方法及禁忌

误		不检查调整机床和回转式平口虎钳精度 加工步骤的安排错误 铣削内六方体的切削用量不合理 采用干切削方式
正	加工前进行精度检验和调整	加工前，对机床的关键部位进行精度检验和调整。调整钳口分别与工作台垂直和与进给方向平行（见图 3-30），这两项调整对工件的加工精度具有决定性的意义。在粗铣和半精铣时，尽可能使铣削力指向有较好刚性的固定钳口上 平行垫铁的厚度控制在工件的加工余量全部切除之后不致切到钳口为宜（一般是使切削完的工件能露出 2~3mm 为宜）
	加工工序	粗、精铣内六方件厚度至尺寸 25mm±0.025mm→粗、精铣内六方四周对边至尺寸 90mm±0.025mm→划线并打样冲眼→钻 $\phi40mm$ 内孔→钻 $6\times\phi8mm$ 孔→粗、精铣内六方体的 A、A' 面→平行虎钳扳角度粗、精铣内六方体的 B、B' 面→平行虎钳扳角度粗、精铣内六方体的 C、C' 面（部分工序见图 3-31） 将内六方体加工工序进行合理的优化整合，使之更为连贯，达到减少装夹次数、减少机床调整次数和提高工作效率的目的
	切削用量	粗铣：转速 $n=475r/min$，背吃刀量 $a_p=3mm$，进给速度 $v_f=75m/min$ 精铣：转速 $n=475r/min$，背吃刀量 $a_p=0.3mm$，进给速度 $v_f=36m/min$
	冷却方式	加工中不宜干切削，应充分加注切削液辅助加工，否则会因切削温度升高而引起变形

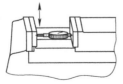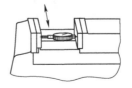

a) 校正钳口与工作台垂直   b) 校正钳口与刀具进给方向平行

图 3-30 调整钳口

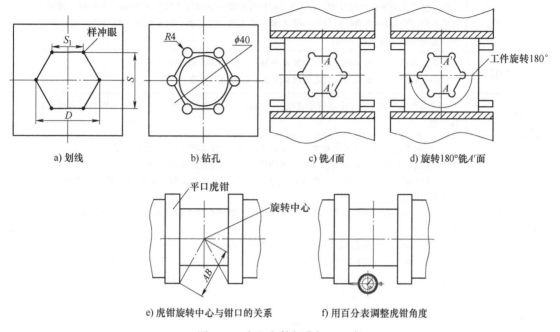

a) 划线　　　　　　b) 钻孔　　　　　　c) 铣A面　　　　　d) 旋转180°铣A'面

e) 虎钳旋转中心与钳口的关系　　　　f) 用百分表调整虎钳角度

图 3-31　内六方件部分加工工序

（邹毅、尹子文）

3.2.5　不用转盘（分度头）的外六方件铣削加工禁忌

在 B1400K 型立式铣床上，加工如图 3-32 所示的外六方件时，首先要进行工艺分析，制定合理的工艺方法；其次在加工过程中要注意工件的装夹、基准的合理选择，从而保证尺寸精度和形位精度的技术要求，这需要操作者具有一定的加工和检测技巧等操作经验，才能保证外六方件的加工顺利完成。通过严格的工艺分析和准备，并通过实践证明，不用转盘（分度头），在不增加任何工装条件下，采用先进操作技术可加工出外六方件，产品质量可以得到保障。具体加工方法及禁忌见表 3-40。

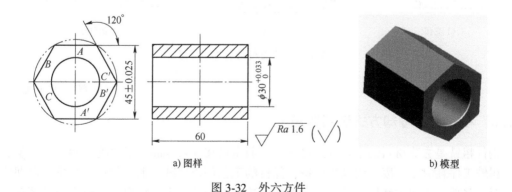

a) 图样　　　　　　　　　　　　　　　b) 模型

图 3-32　外六方件

表 3-40　铣削外六方体的加工方法及禁忌

加工工序	粗、精铣上下平面至尺寸 60mm→划线并打样冲眼→钻内孔至尺寸 $\phi28$mm→半精镗、精镗内孔至尺寸 $\phi30^{+0.033}_{0}$ mm→两端孔口倒钝→铣 A 面→铣 B 面→铣 C 面→铣对称面 A' 面→铣对称面 B' 面和 C' 面（部分加工工序见图 3-33）
切削用量	粗铣：转速 $n=475$r/min，背吃刀量 $a_p=3$mm，进给速度 $v_f=118$m/min 精铣：转速 $n=600$r/min，背吃刀量 $a_p=0.5$mm，进给速度 $v_f=75$m/min
冷却方式	与铣内六方相同，加工中不宜干切削，应充分加注切削液辅助加工，否则会因切削温度升高而引起变形
注意事项及操作禁忌	1）铣削平行面时，设计基准面与工作台不平行，会影响两对称面的平行度 2）在铣床上安装平口钳时，禁止未擦净钳底面和铣床工作台台面 3）工件在平口钳上装夹时，防止加工表面低于钳口的上表面，放置的位置要适当且高于钳口，忌装夹过高或过低 4）用平行垫铁在平口钳上装夹工件时，禁止垫铁平行度不符合要求，装夹时忌工件未贴紧平行垫铁 5）固定角度尺使用前 120° 外角必须计量检验合格 6）铣 A 面和其他各面时根据 $\phi30^{+0.033}_{0}$ mm 孔的实际尺寸，用壁厚千分尺测量并控制 A 面和其他各面至内孔的距离 a，从而间接控制（45±0.05）mm 尺寸，切忌只控制（45±0.05）mm 尺寸。其中 $a=45/2-30/2$（mm），计算时 45mm 公差取中间值 0，孔取实际值

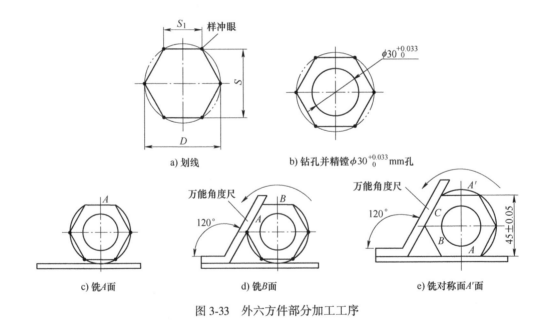

a) 划线

b) 钻孔并精镗 $\phi30^{+0.033}_{0}$ mm 孔

c) 铣 A 面

d) 铣 B 面

e) 铣对称面 A' 面

图 3-33　外六方件部分加工工序

（邹毅、尹子文）

3.2.6　粗铣加工冷却方式选用禁忌

钢件粗铣是去除材料的主要方式之一，一般余量在 3～10mm，工件越大相对的余量会更多。粗铣工序耗时多、废刀快且损设备，优良的工艺都极力减少毛坯的加工余量，以期望减少工时、降低加工成本和提高效率。在毛坯无法改善的情况下，需要通过减少刀具消耗、提高效率以及减少换刀时间等方式降低成本。

在粗铣时一般会尽量采用大吃刀量、大进给和中低的线速度。即使在这样的参数下，也会产生大量的切削热，切屑为红色甚至火花四溅（正常加工现象，需要与刀具磨损的情况加以区别）。如果此时采用切削液浇注，切削刃就会在温度从 1000℃ 到常温的高频变化中产生热冲击和循环应力，最终导致热裂纹，使刀片破损急剧扩大，刀具的有效寿命快速缩短。如果工况需要，就必须使用足量的切削液，保证切削在稳定的温度工况下进行。要注意的是，不锈钢、铝材、高温合金和铸铁的粗加工使用切削液是正常、合理的。粗铣加工时切削液使用禁忌见表 3-41。

表 3-41　粗铣加工时切削液应用禁忌

	粗铣时的冷却方式	说　明
误	部分的、少量的或仅一个侧面加注切削液	切削刃在温度从 1000℃ 到常温的高频变化中产生热冲击和循环应力，最终导致热裂纹，刀片破损急剧扩大，刀具有效寿命缩短。注意：冷却不足比不加注切削液更易损坏切削刃
正	无冷却或微量润滑方式加工	切削刃温度稳定，充分发挥合金和涂层的能力，刀具寿命长，换刀时间减少，单件成本明显降低；加工钢件时产生些许火花也没有问题。免除了切削液的消耗费用，从另一方面减少加工成本 但需要注意的是，干切时工件温度比较高，如果表面有油漆，会粘附在切削刃上，需及时清理，否则刀片转位时易造成定位不良。如工件是易燃材料或工件有温度要求，则需注意加工条件和加工参数是否可靠安全
	对刀片全周、足量的冷却	刀具受到温度变化的影响不明显，工件温升少，刀具寿命稳定

（华斌）

3.2.7　铣削刀具、刀柄安装清洁禁忌

在铣削加工中，刀具和刀柄在安装时的清洁至关重要，在刀具夹持部位或安装表面如果附着切屑等杂质，将会影响到产品的加工质量，对于精度要求高的产品，甚至会导致直接报废。具体安装清洁禁忌见表 3-42。

表 3-42　铣削刀具、刀柄安装清洁禁忌

	表面情况		说　明
误	表面未清洁		如果在安装刀具和刀柄时，表面有切屑、杂质或生锈等不良情况，会影响安装精度，加工时会造成刀具轴心跳动，工件表面会有振纹，出现孔径、轮廓超差等现象，同时也会加快刀具的磨损

（续）

	表 面 情 况		说　明
正	表面清洁	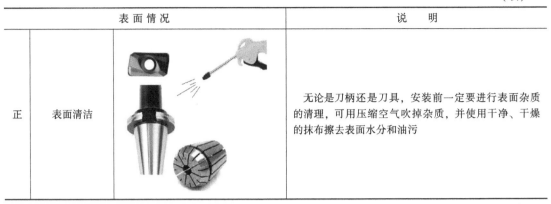	无论是刀柄还是刀具，安装前一定要进行表面杂质的清理，可用压缩空气吹掉杂质，并使用干净、干燥的抹布擦去表面水分和油污

（刘振利）

3.2.8　整体合金立铣刀伸出长度调整禁忌

　　整体合金立铣刀是在铣削加工中经常用到的刀具，常常利用它的侧刃完成垂直轮廓的加工。工件不同，立铣刀的伸出长度也要进行适当的调整，在满足加工需要的时候，伸出长度尽可能短，以保证刀具的刚性。具体禁忌见表3-43。

表 3-43　整体合金立铣刀伸出长度调整禁忌

	夹 持 情 况		说　明
误	伸出过长	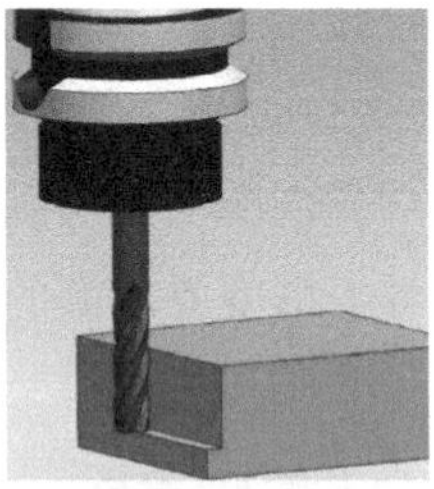	刀具伸出刀柄过长，刀具加工时径向圆跳动过大，刚性降低。在铣削轮廓时，壁边和底面不垂直，壁边表面质量较差，底边刀纹严重，影响质量和加工效率，刀具磨损严重，容易断刀
正	夹持正常		根据加工深度，选择合适的夹持长度，但不要夹持到切削刃的位置，可减少刀具摆动，提高工件的加工精度，延长刀具使用寿命

（刘振利）

3.2.9　整体合金立铣刀切削刃长度选用禁忌

　　在使用整体合金立铣刀侧刃进行加工时，在满足加工需要的情况下，尽量选择切削刃短的刀具，这样既可提高刀具刚性，避免让刀现象，又能节省刀具成本。粗加工时，可以使用短刃长、刀杆避空的方法提高刚性，具体禁忌见表3-44。

表 3-44　整体合金立铣刀切削刃长度选用禁忌

	切削刃情况		说　　明
误	切削刃过长		当切削刃长度大于最大吃刀量时，为避免夹持到切削刃，需要把刀具伸出加长，这样将会使刀具刚性降低，容易产生让刀现象，增加刀具成本
正	切削刃正常		切削刃长度尽量选择接近吃刀量，刚性好，加工稳定
	切削刃短，进行刀杆避让	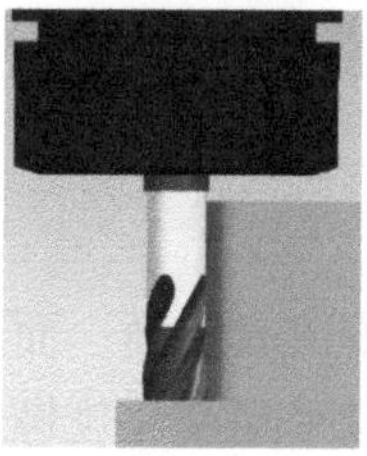	如果使用切削刃短的刀具加工较深的位置，为了避免刀杆与加工后的表面接触，可将接触刀杆位置直径磨小，进行刀杆避让，防止研伤工件

（刘振利）

3. 2. 10　铣削封闭槽、孔的入刀禁忌

　　封闭槽、孔是两种常见的结构形式，其主要特点是槽、孔的四周是连续封闭的，所以在铣削加工时不能像铣削开放结构的槽、孔一样在外部入刀。铣削封闭槽、孔，必须合理选择入刀路径，为保证刀具的使用寿命，切忌在工件上垂直扎刀，合理的方式有预钻下刀孔、斜线进刀或螺旋进刀等。具体禁忌见表 3-45。

表 3-45　铣削封闭槽、孔的入刀禁忌

	入刀路径		说　　明
误	垂直扎刀	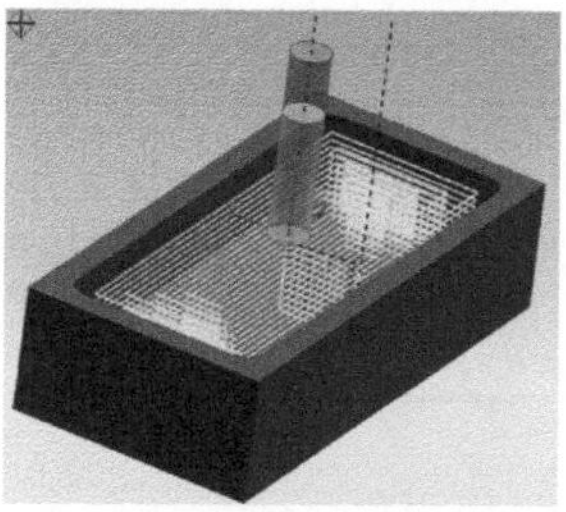	垂直扎刀时，刀具外侧刃口直接接触工件表面，瞬间产生较大扭矩，导致刀具极易产生磨损，严重时直接使刀具折断

（续）

入刀路径			说　明
正	预钻下刀孔		采用预钻下刀孔、斜线进刀或螺旋进刀等入刀方式，入刀平滑，刀具接触工件前充分缓冲，充分利用刀具外侧刃口切割材料，刀具磨损相对较小
	斜线进刀		
	螺旋进刀		

（吴国君、王华侨）

3.2.11　铣削螺纹的入刀禁忌

螺纹孔的种类、规格众多，数控铣削螺纹孔不仅效率高，而且一致性非常好，尤其是对一些大直径内螺纹、难加工材料的螺纹孔，在不宜采用刚性攻螺纹方式的情况下，基本都会选择以铣削的方式来加工螺纹。

铣削螺纹，入刀非常重要，切忌在与孔口等高的高度入刀，最好选择在距孔口2~3个螺距的高度，径向直接进刀，这样两个切削刃可同时切削，受力较为均匀，能保证螺纹精度，并且数控编程较为简便。具体入刀禁忌见表3-46。

表3-46　铣削螺纹的入刀禁忌

入刀高度			说　明
误	与孔口等高		此种方式入刀受力不均，易造成入口啃刀现象，导致螺纹孔口出现损伤
正	距孔口2~3个螺距		此种方式入刀受力较为均匀，能保证螺纹精度，并且数控编程较为简便

（吴国君、王华侨）

3.2.12　铣削轮廓的进出刀禁忌

立铣刀侧刃铣削工件内外形轮廓，是铣削加工的常见切削方式。铣削的切入与切出方式选择正确与否，对表面质量有较大的影响。对于表面质量要求较高的轮廓表面，切忌采用线性切入与切出方式，否则会在轮廓表面留下一道明显的刀痕，影响轮廓表面质量。正确方式是采用圆弧切入与切出方式，具体说明见表 3-47。

表 3-47　铣削轮廓的进出刀禁忌

	切入与切出方式		说　明
误	线性切入与切出方式	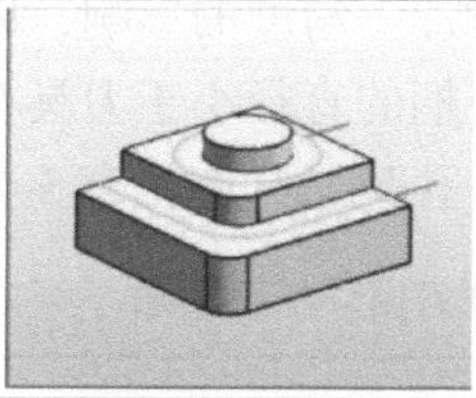	此种方式切入与切出，会在轮廓表面留下一道明显的刀痕，影响轮廓表面质量
正	圆弧切入与切出方式	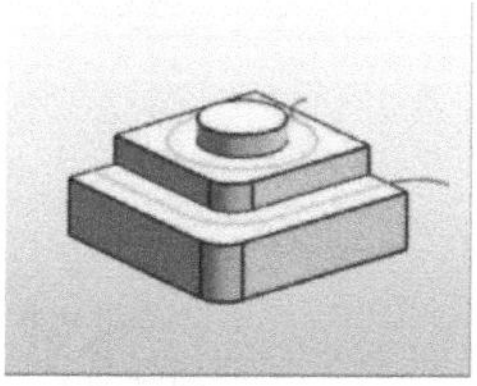	此种方式切入与切出，切削刃切痕小，轮廓表面过渡平滑

（吴国君、王华侨）

3.2.13　面铣的入刀及抬刀禁忌

面铣是切削加工中一种常用的工艺方式，采用面铣刀铣削工件表面，切削效率高，表面质量好，但面铣加工时要注意入刀方向。面铣时切忌在工件表面垂直入刀，也忌在刀具还未完全切出工件时便直接抬刀，前者会损坏刀具，后者则会影响工件的表面质量。正确的方式是在工件外扎刀或斜线入刀，离开工件表面区域后抬刀，具体说明见表 3-48。

表 3-48　面铣的入刀及抬刀禁忌

	入刀与抬刀方式		说　明
误	垂直入刀，直接抬刀	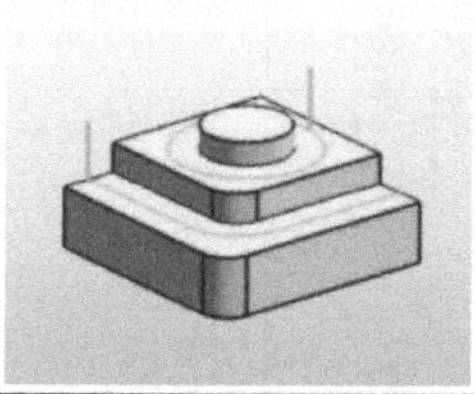	此种方式入刀会损坏刀具，直接抬刀则会影响工件的表面质量
正	工件外扎刀或斜线入刀，离开工件后抬刀	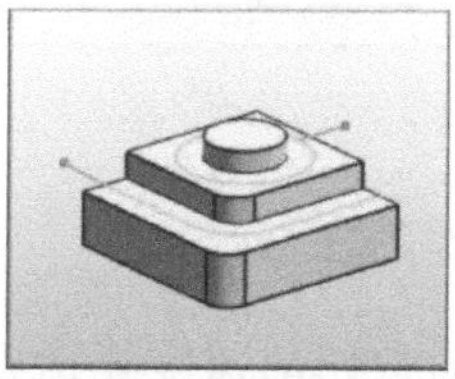	此种方式入刀、抬刀，刀具切削安全性较好，工件表面质量较高

（吴国君、王华侨）

3.2.14　数控铣刀循环扩孔禁忌

数控铣刀扩孔是一种低成本、高效率的孔加工方式，一般用于中等或较大直径孔的扩孔，扩孔的孔深为 2~5 倍铣刀直径，尺寸精度一般为 IT7~IT8，表面粗糙度值 Ra 为 3.2μm 左右。

普通铣刀数控循环扩孔时，受刀具悬伸长度的影响，会造成铣刀端部与中、后部的径向圆跳动不一致，易加工形成锥形孔。铝合金工件扩孔前的孔径单边余量为 1mm，钢件工件扩孔前的孔径单边余量为 0.3~0.5mm。

扩孔加工主要需要考虑刀具的侧刃尺寸对加工精度的影响，以及循环扩孔的切削参数和排屑情况对孔的加工表面粗糙度的影响。若刀柄的直径小于刀具有效切削直径，常出现扩孔的深度小于刀具悬长的情况。数控铣刀循环扩孔禁忌具体见表 3-49。

表 3-49　数控铣刀循环扩孔禁忌

铣刀选择			说　　明
误	未磨去干涉外径的铣刀		会造成扩孔时铣刀前部与中、后部的径向圆跳动不一致，形成锥形孔
正	磨去干涉外径的铣刀	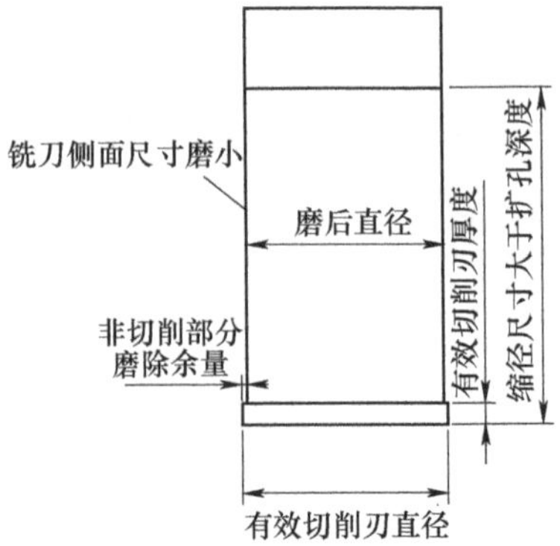	铣刀数控循环铣削扩孔前，先预先钻好初孔，磨去有效切削部分以上的铣刀的外径，使其小于铣刀有效切削直径

（张胜文）

3.2.15　陶瓷刀具高速铣削镍基高温合金禁忌

使用陶瓷铣削刀具加工镍基高温合金时，通常切削速度要达到 700m/min 以上，比常规硬质合金刀具铣削该类材料高出 20 倍以上，属于高速加工。陶瓷铣削刀具能够达到如此高的切削速度，与其切削原理有关。具体禁忌见表 3-50。

表 3-50　陶瓷刀具高速铣削镍基高温合金禁忌

加工方式	图　示		说　明
切入方式	误	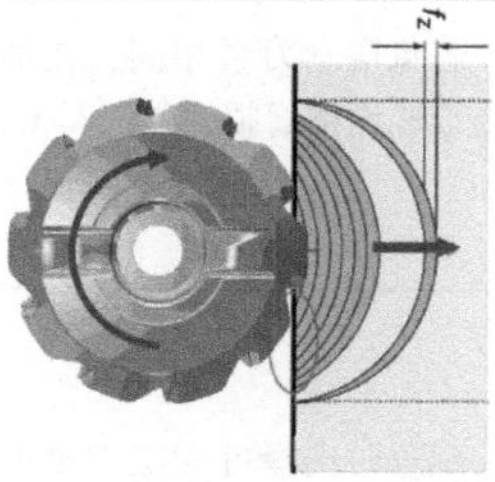	刚开始切入时，还没有足够的切削热将待加工区域材料软化，直接切入材料会对刀片形成冲击
	正	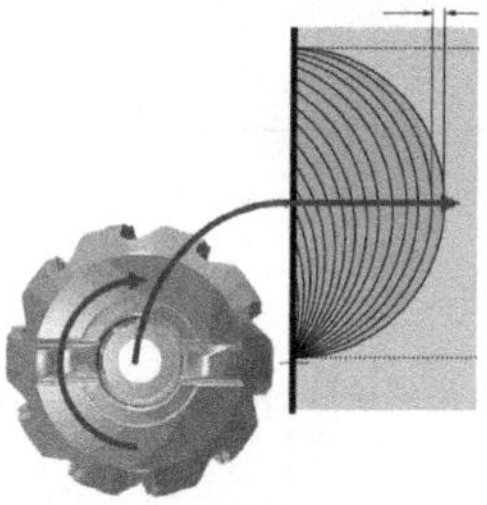	采用圆弧切入方式，使切削热逐渐提高，避免对刀片形成冲击
切削方法	误		避免多次切入，减少切削力对刀片的交替负载冲击
	正		采用高速编程刀路，使整个切削过程中刀片负载尽可能一致
	误		若采用顺铣方式，刀片在切入时切屑厚度大，切削力也大，切削热还未将待加工区域材料软化，容易对刀片形成冲击
	正		采用逆铣方式，刀片在切入时切屑最薄，切削热可以快速将待加工区域材料的温度提高

（续）

加工方式		图　示	说　明
切削方法	误	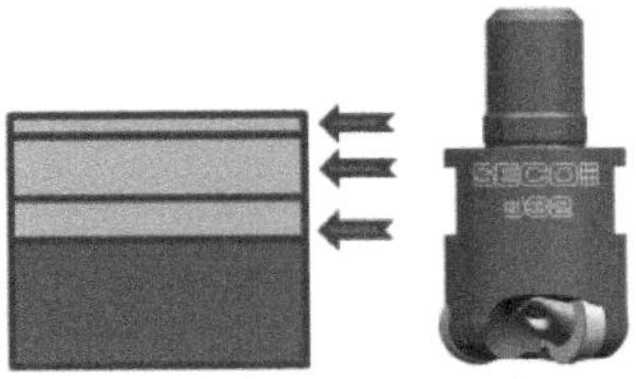	若每层吃刀量相同，在加工硬化层的影响下，容易形成沟槽磨损，使刀具寿命缩短
	正	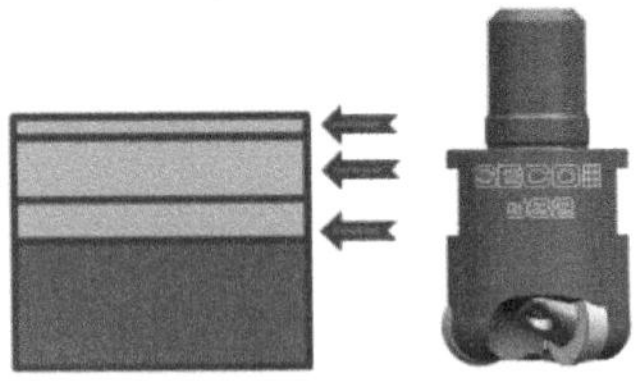	编程时选择可变吃刀量的方法，使每层的吃刀量不同，避免沟槽磨损的产生
	误	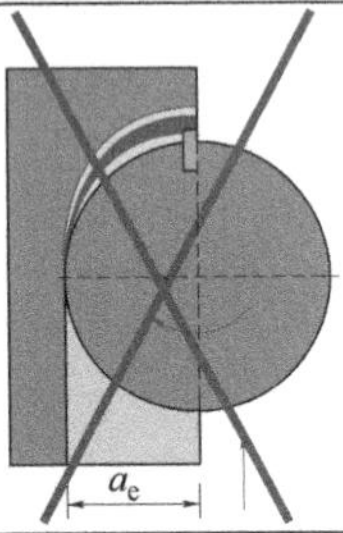	避免铣削时切削宽度等于铣刀半径的情况
	正	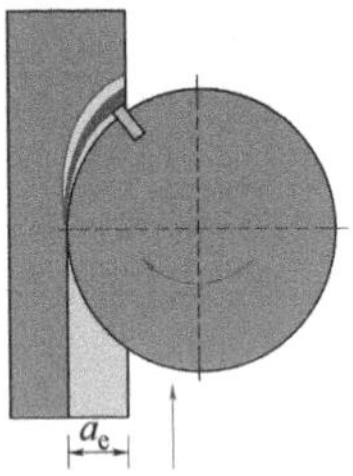	最佳的切削宽度是约30%的刀具直径
冷却方法	误		陶瓷刀具承受热冲击载荷能力较差，切削过程中不应使用切削液
	正	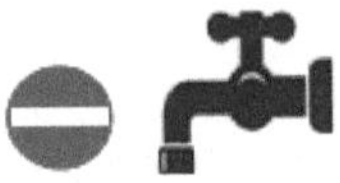	陶瓷刀具硬度和耐磨性高，热稳定性极好，加工时可采用干切或风冷的方式，避免刀片在切入与切出材料时，因切削液作用而形成热冲击，导致刀片崩裂

（宋永辉）

3.3　特殊加工对象铣削应用禁忌

3.3.1　高温合金薄壁网格筋铣削禁忌

高温合金是目前业界公认的切削性能最差的金属材料之一，加工时切削阻力大、切削温度高，容易产生积屑瘤，因此在铣削高温合金薄壁网格筋时，切忌干切与顺铣走刀。正确的做法是充分冷却，并选择逆铣的走刀路线。具体铣削禁忌见表 3-51。

表 3-51　高温合金网格筋铣削禁忌

工艺选择			说　明
误	干切与顺铣	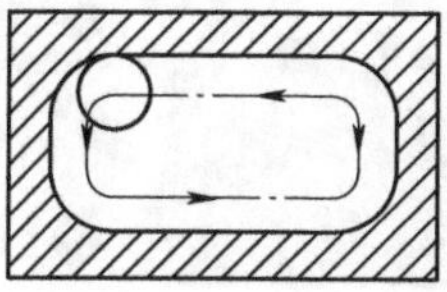	切削阻力大、切削温度高且散热不畅，容易产生积屑瘤，造成刀具磨损、工件表面损伤
正	充分冷却与逆铣	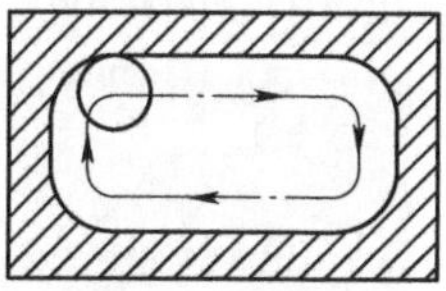	切削阻力相对较小、散热较为通畅，刀具磨损相对缓慢

（吴国君、王华侨）

3.3.2　低密度复合材料光顺铣削禁忌

低密度复合材料切削性能良好，但当工艺方法、走刀路线选择不当时，在铣削过程中材料表面极易发生撕裂、起层，周边产生翻边，表面质量极差。要获得好的表面质量，在光顺铣削低密度材料时，切忌直接沿工件的轮廓走刀。正确的做法是制作与外形轮廓一致的压板，将工件压紧，方可防止铣削低密度材料时工件表面出现分层、撕裂和毛边，从而获得好的表面质量。具体铣削禁忌见表 3-52。

表 3-52　低密度复合材料光顺铣削禁忌

加工方式	工件表面质量	说　明
误	直接沿工件的轮廓走刀后工件的表面质量	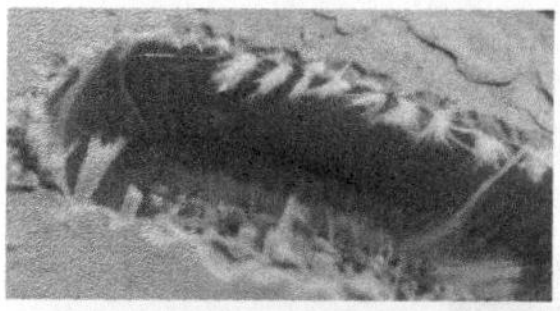	工件表面纤维组织没有被刀具切断，被切削刃带起，造成工件表面分层、撕裂和毛边现象严重
正	制作与外形轮廓一致的压板，将工件压紧，走刀后工件的表面质量	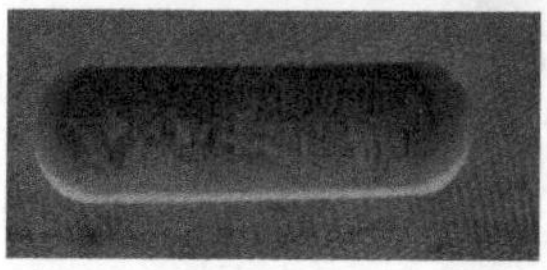	工件表面纤维组织被压板压实，刀具切削刃可将纤维组织高速切断，工件表面无明显分层、撕裂和毛边现象

（吴国君、王华侨）

3.3.3　薄板类工件采用可转位高速刀具的加工禁忌

在薄板类工件上加工腔体时，一般将工件放在垫板上加工。在加工狭窄腔体时，传统加工方法是先预钻孔，然后再进行轮廓铣削。如果采用可转位高速刀具，采用斜下刀策略加工，可以省去钻孔工序，提高加工效率，但工件在将要被穿透时，会和垫板之间产生一层薄皮，这层薄皮很容易被卷到刀具上，造成刀具损坏。如何有效保护刀具，是加工中一个棘手的问题，具体切削方法和加工刀具如图 3-34 所示。具体加工禁忌见表 3-53。

a) 零件装在垫板上加工

b) 零件拆卸后背面薄皮

c) 去除薄皮

d) 加工刀具

图 3-34　切削方法和加工刀具

表 3-53　可转位高速刀具加工薄板类工件禁忌

	加 工 深 度		说　　明
误	加工深度控制不当		由于选择沿轮廓斜下刀的方式，所以切削力是向下向前，当零件将要被穿透时，会有一层薄皮产生。若深度方向加工到超出工件 0.5mm 以上，垫板和工件中的薄皮会缠绕刀具，使切削力突然增大，引起刀具折断、工件报废等后果
正	加工深度控制合理		选用可转位刀具高速加工腔体时，控制好加工深度，用硬质合金铣刀清角后，尖角的地方已经加工通透，薄皮也不会缠绕刀具，工件卸下后，这层薄皮也很容易去除，很好地保护刀具 与钻孔去量法相比较，选用容屑槽大的可转位刀具，可获得很好的加工效果。利用斜下刀加工策略，省去了打预钻孔的加工步骤；加工深度控制在超出工件 0.25～0.38mm 时，既可以保证工件加工效果，薄皮也不会缠绕刀具

（张志奇）

3.3.4 超长可转位铣刀深槽加工禁忌

深槽类工件加工时刀具长径比在 3 倍以上，若采用通用径向切削方法，从主轴端面到切削刀具位置悬伸过长，加工中容易产生振动，严重影响表面质量，只能减少吃刀量来缓解振动的产生；若采用轴向铣削的方法（即插铣法），则能够很好地解决这些问题。插铣加工刀具受到的径向力小，可以解决加工中产生振动的问题，并且可以选用较大的切削用量，加工效率是径向铣削的 3~5 倍。

以后封头（见图 3-35）为例，在深槽加工中，对插铣加工进行试验研究，并在此基础上，对比插铣加工和普通加工的表面粗糙度和产生的切屑，结果表明，插铣加工效率高且表面质量优良。

后封头对加工精度和表面粗糙度要求严格，工件直径为 838mm，侧面为 325mm 的深槽，用加长铣刀在吃刀量 0.5mm 的情况下进行切削，每次都会产生振动，工件表面留下颤纹，严重影响工件表面外观（见图 3-36）。如果尝试从背面钻孔，把镗刀杆从孔内穿过进行背镗，则会降低加工效率，工人的劳动强度较高。

图 3-35 后封头   图 3-36 普通加工效果

插铣主要用于粗加工或半精加工，可切入工件凹部或沿着工件边缘切削，也可铣削复杂的几何形状。为保证切削温度恒定，所有的带柄插铣刀都采用内冷却方式。插铣刀的刀体和刀片设计使其能够以最佳角度切入工件，通常插铣刀的切削刃角度为 87°或 90°，进给量为 0.08~0.25mm/z。

采用插铣的场合主要有两种，第一种是工件对金属去除率要求很高，插铣法可大幅度缩短加工时间；另一种是要求刀具轴向长度较大。插铣加工效果如图 3-37 所示，获得了较好的表面质量，加工时间也缩短到 3h。

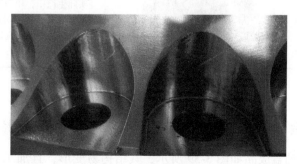

图 3-37 插铣加工效果

采用插铣法可有效减小径向切削力，有助于减少传入刀具和工件中的切削热，这是因为刀具旋转时切入和切出工件的速度很快，只有很小一部分与工件接触。减少切削热除了可以延长刀具寿命以外，还能最大限度地减少工件变形。图 3-38 所示为长刀杆插铣加工产生的切屑，可见其加工效率的确很高，用其他的加工策略很难实现。超长可转位铣刀深槽加工禁忌见表 3-54。

图 3-38　插铣加工产生的切屑

表 3-54　超长可转位铣刀深槽加工禁忌

	铣削方式	加工效果	说　明
误	径向铣削		选择的切削方法与刀具有误，切屑形态为崩出状态的碎屑 由于刀具长度超长，因此加工时会产生径向移动，从而影响工件表面质量、刀具自身寿命和加工可靠性，甚至产生折断事故。另外会因刀具过长而产生振颤，严重影响工件表面粗糙度
正	插铣		选择插铣法和插铣刀具，选择合理的径向切削宽度和轴向进给速度 采用插铣法，切削状态明显优于径向铣削法，切屑呈卷曲状，效果很好 实际生产中，用户可监听加工中切屑形成的声音，来准确判定切屑的形式，无振动而且连续的声音表明切屑良好

（张志奇）

3.3.5　加工铝合金薄壁中空零件时硬质合金可转位铣刀应用禁忌

压铸铝合金凸轮轴盖成品如图 3-39 所示，其结构易变形，且加工精度、表面质量要求高。零件材质为压铸铝合金，基本为框架结构，外形较大，形状较为复杂，零件最大外形尺寸为 440mm×270mm×110mm。凸轮轴盖成品有着严格的装配尺寸要求和较高的几何公差精度，加工大平面时平面度要求为 0.10mm。因此控制工件毛坯装夹和加工中产生的变形，成为保证加工质量的关键因素。

在平面加工时，刀具选择主要考虑工件材料、刀片槽型、切削参数以及切削液压力、容量等因素。用户采用硬质合金可转位铣刀加工铝合金薄壁中空零件时具体禁忌见表 3-55。

图 3-39　压铸铝合金凸轮轴盖成品

表 3-55　加工铝合金薄壁中空零件时硬质合金可转位铣刀应用禁忌

	刀具形式		说　明
误	密齿结构刀盘		刀粒布置采用密齿结构，加工中会产生大切削力，导致工件变形量过大以及平面度超差 刀盘通过外部喷水润滑冷却，加工切屑会随切削液划过工件外表面，导致出现工件表面划伤、表面粗糙度超差的现象
正	稀齿结构刀盘		采用铝合金刀体材料的平面铣加工的刀盘，可以实现高效率加工，是铝合金零件平面加工的优先选择 根据零件加工平面精度要求高、刚性差和平面断续加工的特点，应选择稀齿结构的平面铣加工刀盘，在刀体上布置切削液中心出水的流水槽，保证每个刀粒能得到充分的润滑，避免出现切屑划伤已加工表面的不良现象 稀齿结构的刀粒数量需保证加工中的刀片与加工平面具有合适的接触压力，使加工过程中工件的变形量得到有效控制 刀片的槽型对照手册样本选择大前角的铝合金加工专用刀粒，刀粒与刀体采用齿连接，可保证高速旋转加工中的可靠性

（徐国庆）

3.3.6　加工尼龙件时密齿铣削刀盘应用禁忌

在日常生活中，尼龙材料十分常见，其一般用于产品的表面层或内衬，是易耗品。这种材料不同于钢材，特点在于韧性大、强度低且易变形。尼龙材料在加工时有一定的难度，由于加工尼龙工件会产生粘刀现象，同时还要保证加工后表面粗糙度值 $Ra<0.4\mu m$，所以加工钢件的方法不适用于尼龙件，并且切削参数、刀具选用等都需改变。因此在铣削加工过程中必须选择专用刀具进行加工，才能获得高的表面质量。

尼龙件（见图 3-40）的加工表面粗糙度主要取决于刀盘、刀片、切削参数和冷却方式等。刀盘必须选择密齿的刀盘（见图 3-41），刀片需选择锋利且无钝化涂层的刀片。刀片安装在刀盘上后需对所有的刀片进行校正，校正刀盘时每颗刀齿的轴向跳动需<0.01mm。加

工尼龙件的切削参数为：线速度 $v_c = 55 \sim 650\text{m/min}$，进给量 $f_z = 0.01 \sim 0.02\text{mm/z}$。以直径 200mm、齿数 20 的密齿刀盘为例，转速 $n = 1000\text{r/min}$，进给速度 $v_f = 300\text{mm/min}$。加工尼龙件不能使用水冷，需使用气冷，具体禁忌见表 3-56。

图 3-40　尼龙件

图 3-41　密齿铣削刀盘

表 3-56　加工尼龙件时密齿铣削刀盘应用禁忌

	使用方式	说　明
误	刀片安装后未校准，刀齿轴向圆跳动	刀片安装后刀齿轴向圆跳动较大（>0.01mm），会导致加工时表面质量较差
正	刀片安装后刀齿的轴向圆跳动<0.01mm	铣削平面时同时参与切削的刀齿多，可以获得较高的表面质量（表面粗糙度值 $Ra<0.4\mu\text{m}$）

（张永洁）

3.3.7　薄壁铝合金零件数控铣削中铣刀选用禁忌

在铝合金薄壁零件加工过程中，因工件刚性不足及切削力的影响而产生的工件变形、让刀等现象（见图 3-42），会造成产品精度超差、表面质量降低等问题。为解决此类问题，传统方法是试切，基于经验进行工艺参数选择或进行粗加工后自然时效，其效果有限且延长了加工时间，严重影响产品加工效率。

以型腔薄壁零件立筋加工为例，其立筋的厚度尺寸一般<2mm，尺寸公差精度在±0.1mm 以内。由于立筋较薄、刚性较弱，所以在加工中受切削力、切削热的影响，容易产生让刀现象；薄立筋向外侧偏让造成壁厚欠切，在高度方向上的壁厚尺寸不一致，上部欠切多，下部欠切少。为有效避免薄壁件的让刀、欠切问题，数控铣削铝合金薄壁零件时需谨慎选择铣刀，具体禁忌见表 3-57。

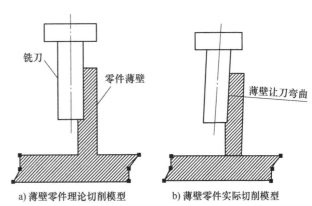

a) 薄壁零件理论切削模型　　b) 薄壁零件实际切削模型

图 3-42　薄壁零件加工中的变形、让刀现象

表 3-57　铝合金薄壁零件数控铣削中铣刀选择禁忌

	刀 具 选 择	说　明
误	使用负前角的铣刀	前角 $\gamma_o<0$ 时，铣刀径向切削力增大，切削热增大，会增大工件的变形量
正	选择两刃铣刀	减少铣刀齿数，增加容屑空间，增加容屑槽底 R。$\phi 20mm$ 以下的铣刀以两刃为宜；$\phi 20mm$ 以上的铣刀以三刃为宜
	选择大前角、大后角且刃口锋利的铣刀	大前角 γ_o、较大后角 α_o，能增加铣刀的刃口锋利程度，减少工件的切削变形，使排屑顺畅，降低切削力和切削温度
	选择螺旋角较大的铣刀	较大的螺旋角可使切削平稳，降低切削力，一般选用 50° 左右的螺旋角为宜
	精磨刃口	新刀具使用前用细油石轻磨几次刃口的前、后刀面，以消除刀具制造时残留的毛刺及锯齿纹，使刃口切削部分的表面粗糙度值 Ra 降至 $0.4\mu m$ 以下，以降低切削热的影响

（张胜文）

3.3.8　脆性材料工件铣削入刀禁忌

在航天航空产品上，石墨、钨渗铜和钼渗铜等脆性材料，由于具有较好的耐热性，所以应用得十分广泛。但这类材料有一个共同的特点，在加工过程中若承受的负载不当，容易在工件表面或内部产生隐性或显性裂纹，因此在数控铣削这类材料的工件时，切忌在工件表面直接垂直扎刀入刀。正确的进刀方式是选择刃过中心的铣刀，采用螺旋或斜线进刀的方式入刀，可防止工件产生裂纹，延长刀具使用寿命。具体禁忌见表 3-58。

表 3-58　脆性材料工件铣削入刀禁忌

	入 刀 方 式		说　明
误	垂直入刀		垂直入刀容易造成工件表面或内部产生裂纹，同时也会严重影响刀具的使用寿命
正	螺旋入刀		斜线或螺旋进刀方式，实际上是刀具的侧刃参与工件的切削，且切削是由浅到深，切削阻力也是由小到大渐进式的，最终达到一个稳定的切削状态，避免了垂直扎刀造成刀具与工件突然承受大负载的情况。这两种入刀方式既可避免工件产生裂纹，又可延长刀具的使用寿命
	斜线入刀		

（吴国君）

3.3.9　脆性材料工件面铣削禁忌

　　脆性材料加工时容易产生掉渣现象，尤其在面铣出刀时，留在棱边的残料容易崩料，所以脆性材料工件的面铣不宜像铣削塑性材料工件一样，在出刀的位置不做预先排量，而是应预先在进、出刀两端进行排量，在面上留约 0.5mm 余量，再进行加工，可防止工件边缘掉渣。具体禁忌见表 3-59。

表 3-59　脆性材料工件面铣削禁忌

	工 艺 方 案		说　　明
误	进、出刀两端不排量，直接铣整面		脆性材料在面铣时，出刀的棱边易出现掉渣现象
正	进、出刀两端先排量，表面留 0.5mm 余量，再铣整面	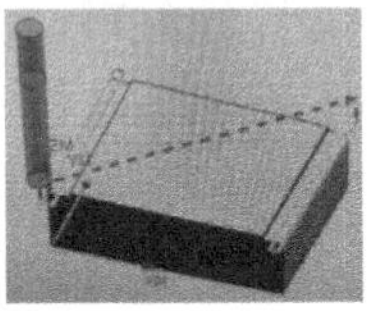	先对进、出刀棱边排量，留少许余量，再铣整面。由于余量少，所以即使进行整面铣，出刀棱边产生的掉渣一般也会在产品质量可承受的范围内

（吴国君）

3.3.10　脆性材料工件铣槽走刀方式选择禁忌

　　铣削脆性材料容易产生裂纹、崩料和掉渣。在铣削脆性材料工件上的盲槽时，不宜安排由外向内的环绕走刀方式，这样最后剩下的残留余量岛屿会崩料，造成槽中央出现小坑缺陷；铣削脆性材料槽正确的走刀路线是环绕由内向外或往复式走刀。具体禁忌见表 3-60。

表 3-60　脆性材料工件铣槽走刀方式选择禁忌

	走 刀 路 线		说　　明
误	由外向内的环绕走刀路线	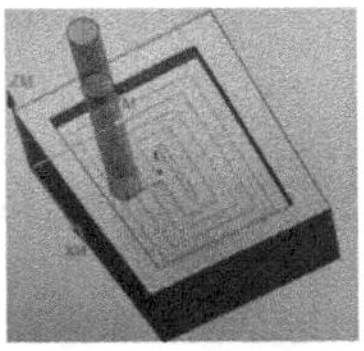	这种走刀方式，加工到工件的槽中心后，必会形成残留的余量岛屿，缺少依附，在切除时容易崩料，会在槽中央出现小坑缺陷
正	由内向外的环绕走刀路线		采用由内向外的环绕走刀方式或往复走刀方式，可以有效避免铣槽崩料

（吴国君）

3.3.11　塑性金属材料工件深槽铣削走刀方式选择禁忌

　　塑性金属材料工件在铣削过程中产生的切屑往往不易排出，在刀具表面易产生积屑瘤。在该类材料上铣削加工较深槽时，不宜采用向内环绕的走刀方式，此种走刀方式加工到中央位置时会因切屑积聚而产生积屑瘤，使刀具磨损加快，影响刀具寿命。正确的做法是选用往复走刀方式，便于排屑。具体禁忌见表 3-61。

表 3-61　塑性金属材料工件深槽铣削走刀方式选择禁忌

	走刀方式		说　明
误	向内环绕的走刀方式		塑性金属材料铣削过程中排屑较差，易在刀具表面形成积屑瘤，尤其在铣削深槽时，排屑会更加不畅。采用向内环绕的走刀方式，最后会在槽中央形成变形的残留余量岛屿，严重影响刀具的使用寿命
正	往复走刀方式		采用往复走刀方式，整个切削过程相对平稳，利于排屑，可作为铣削塑性金属材料深槽的首选走刀方式

（吴国君）

3.3.12　碳纤维材料工件铣削刀具选用禁忌

　　碳纤维材料是一种切削性极差的非金属复合材料，材料的硬度极高，加工过程中又不能使用切削液，使得切削过程中产生的热能聚集，刀具温度增加，加快了刀具的磨损。因此，普通材料刀具，包括硬质合金材料刀具都不能满足该材料的铣削加工，宜选用高硬、耐高热的金刚石刀片来完成该材料的加工。具体禁忌见表 3-62。

表 3-62　碳纤维材料工件铣削刀具选用禁忌

	刀具选择		说　明
误	硬质合金刀片	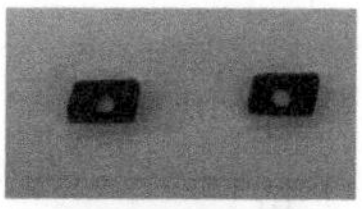	刀具磨损严重，满足不了切削碳纤维材料的要求
正	金刚石刀片		金刚石刀片虽然比较昂贵，但整体的性价比较好，最主要是能满足切削碳纤维材料的要求。目前，其他普通材料刀具，基本无法用于加工碳纤维材料工件

（吴国君）

3.4 其他禁忌

3.4.1 主轴锥孔的清洁禁忌

主轴锥孔内壁不能有切屑、灰尘和切削液，以防止生锈；特别注意不能在主轴上没有刀具的时候，在机床内使用压缩空气进行清洁操作，更不能直接吹主轴孔，以免切屑被吹进主轴。具体禁忌见表 3-63。

表 3-63　主轴锥孔的清洁禁忌

主轴锥孔清洁方式		说　明
误	未定期清洁主轴锥孔	主轴锥孔长时间使用后，其表面附着切屑等杂质，或压缩空气含有水汽造成表面生锈，影响到主轴的定位精度，故需要定期对表面进行清洁保养
正	使用专用的主轴清洁棒	使用专用的主轴清洁棒对主轴孔进行定期清洁保养，保持表面干燥清洁

（刘振利）

3.4.2 涂层硬质合金可转位刀粒返磨后的应用和管理禁忌

刀具材料、切削加工工艺、刀具制造和刀具涂层是刀具制造领域的四大关键技术，其中刀具涂层可延长刀具寿命和提高强度，常见的硬质合金刀具涂层主要有 TiN 和 TiCN，因其外观颜色为金黄色，故称为黄金刀粒。

目前汽车零部件的 CNC 加工，主流结构为模块化装配式结构，其切削刀具的刀粒是一次性使用，可以极大地提高换刀效率，刀粒达到使用寿命后即丢弃（包括金刚石刀粒），造成大量的刀具消耗。图 3-43 所示为硬质合金刀粒典型磨损曲线。

刀具磨损主要分为三个阶段：①初期磨损阶段（Ⅰ），由于刀具表面粗糙度差或刀具表层组织不耐磨，所以在开始切削的短时间里磨损较快。②正常磨

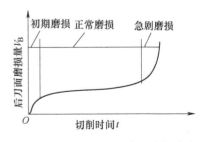

图 3-43　硬质合金刀粒典型磨损曲线

损阶段（Ⅱ），由于刀具表面的高低不同及不耐磨表层在Ⅰ期已被磨去，刀面上的工作压强减小，且较为均匀，所以磨损较Ⅰ期缓慢，这是刀具工作的有效期。③急剧磨损阶段（Ⅲ），超过了Ⅱ期阶段磨损值后，摩擦力加大，切削温度急剧上升，导致刀具磨损或烧损，失去切削力，这是剧烈磨损阶段，使用刀具时应避免进入这一阶段。

目前车间里实际操作中，判断刀粒是否达到使用寿命的方法，就是观察刀粒所加工的部位是否满足工艺质量要求。当已加工表面出现异常，就可以判断刀粒进入了剧烈磨损阶段，刀粒已经超过了其使用寿命。

车间现场刀具管理最主要的功能之一，就是统计计算出刀粒加工工件的正常数量，确认刀粒使用寿命，在加工前就将有关数据输入 CNC 机床，在刀粒磨损进入剧烈磨损阶段前，加工机床提前报警，实现产品加工质量和刀粒使用寿命的有效管理。

数控加工用硬质合金刀粒的返磨是车间有效降低刀具加工成本的一种手段，通过万能工具磨床刃磨的技术手段，使达到使用寿命而报废的硬质合金镀层刀粒全部或绝大部分恢复原始使用寿命。

硬质合金刀粒返磨后重新进行涂层工艺，即可恢复刀粒原始的使用寿命。为了精简成本和缩短时间，将刀粒返磨后直接投入生产线使用，据统计刀粒使用寿命可恢复至原始使用寿命的八成。

具体做法是以硬质合金镀层刀粒安装的刀杆作为刀粒返磨的夹具，将刀杆安装在万能工具磨床工作台面的多自由度虎钳上，调整刃磨所需的各种角度。

由于硬质合金镀层刀粒返磨后，刀粒的外观尺寸、装配定位都会发生改变，且刀粒可能会多次返磨，所以在刀具使用和管理中应特别注意，需要制定专门的刀粒返磨工艺和返磨刀粒管理办法，目前通行的办法是现有的刀粒编号加上特有的后缀进行区分。

数控加工用硬质合金刀粒的返磨，所用设备和磨削附件以及基本耗材采购范围较广，成本也比较低，初始入门级的设备即可实现，其初始投资和技术门槛也比较低，具有一定的应用推广价值。用户在采用硬质合金镀层刀粒返磨工艺后，返磨刀粒的后续应用和管理禁忌见表 3-64。

表 3-64　涂层硬质合金可转位刀粒返磨后的应用和管理禁忌

	使用和管理方式	说　明
误	同规格的返磨刀粒和新刀粒混合使用 同规格的初次返磨刀粒和多次返磨刀粒混合使用	刀具管理不精细到位，各种不同状态的刀粒，不能有效而清晰地标识归位 会加大刀粒安装的调节难度，延长调节时间，甚至可能导致无法安装 不同状态的刀粒安装在一个刀盘中，由于刀粒的外形尺寸不同，所以会导致其刀粒失效时间不同，从而造成浪费和加工质量的不稳定
正	对不同规格不同状态的刀粒，进行分门别类的有效管理，在刀具管理系统中实时更新其状态	对于相同规格状态的刀粒，使用对刀仪等专用工具，通过刀盘上的调节机构，安装刀粒并调节至合适的尺寸，将刀长、刀粒使用寿命等相关参数在刀具上标识清晰，供刀具上机时使用 只有做到有效精细的管理，才能用返磨刀粒加工出合格的产品，并达到有效降低成本的目的 根据车间生产的规模和状态，建立与之相适应的刀具管理制度和体系。将万能工具磨、对刀仪、热缩机和 ERP 管理刀具板块等软硬件工具有效结合起来，发挥效益

（徐国庆）

3.4.3 金刚石（PCD）刀粒返磨后的应用和管理禁忌

金刚石刀具的磨损机理比较复杂，可分为宏观磨损与微观磨损，前者以机械磨损为主，后者以热化学磨损为主。宏观磨损的基本规律如图 3-44 所示，早期磨损迅速，当处于正常磨损阶段时，金刚石刀具的磨损十分缓慢，但随着切削时间的延长，刀具仍有几十至几百纳米的磨损，这就是微观磨损。随着切削时间的不断延长，切削区域能量不断积聚，温度不断升高，当达到热化学反应温度时，就会在刀具表面形成新的变质层。变质层大多是强度较差的氧化物与碳化物，不断形成，不断随切屑消失，逐渐形成磨损表面。当磨损程度越过正常磨损线时，切削区域能量迅速积聚，温度很快升高，就会进入剧烈磨损阶段，工件加工表面迅速恶化，甚至金刚石大块破损。

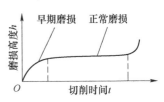

图 3-44 金刚石刀具宏观磨损规律

金刚石刀粒的返磨，就是通过相应的金刚石刀具加工设备和相应的技术手段，去除正常金刚石刀粒的磨损部分，恢复刀粒的初始切削功能。刀粒返磨前，应先在放大镜上确认外观，需要确认刀粒在正常磨损的范围内，且金刚石刀粒没有裂纹等缺陷。由于金刚石 PCD 刀粒的返磨对 CNC 多轴刀具设备功能要求较高，投入较大，主流做法是返回给刀具供应商操作，供应商收取相应的成本。汽车主机厂则由于使用的各类金刚石刀具数量比较多且造价较高，所以从经济角度考虑，基本会购置多台专用于刀具返磨的 CNC 多轴刀具设备。

返磨后的刀粒寿命经过实际使用测算，基本和新的刀粒持平，外观上也基本一致，只是物理测量尺寸略有变小。由于刀粒是返回提供给刀具供应商操作，所以需要评估返磨物流时间和管理成本，综合考虑后决定。

金刚石刀粒返磨后在使用和管理方面与硬质合金刀粒有很多相同之处，只是在材质上略有不同，具体禁忌可参考表 3-64，此处不再赘述。

（徐国庆）

3.4.4 镶齿铣刀应用禁忌

镶齿铣刀（见图 3-45）是一类结合了多种不同功能铣刀特点的具有代表性的多功能铣刀，一改以往铣刀功能单一的不足。使用一把刀具即可同时完成铣台阶、铣槽、铣轮廓甚至铣镗孔等多种高精度、高效率的铣削加工，大大减少了加工时选刀、换刀和编程的复杂程度。具体应用禁忌见表 3-65。

图 3-45 镶齿铣刀

表 3-65 镶齿铣刀应用禁忌

	加工效果	说　明
误	铣刀磨损快，易崩刃，寿命短	镶齿铣刀材质选择错误，在高温条件下，不能保持较好的切削性能 镶齿铣刀涂层类型选择错误，刀片与铁镍基合金的亲和力强，在加工铁镍基合金类工件时，磨损现象会非常严重 镶齿铣刀刀片的几何角度参数、断屑槽型选择不正确 镶齿铣刀在切削材料时，受切削热的影响，刀体磨损快

（续）

加工效果		说　明
误	工件表面粗糙度差，且表面易出现加工硬化，产生"台阶"现象	镶齿铣刀切削参数选择不合理 未考虑机床主轴功率，镶齿铣刀刀片装夹不可靠，切削液的压力和流量达不到要求，局部切削热过高，刀尖易磨损
	切屑不易排出	镶齿铣刀刀齿之间没有足够的容屑空间，且没有控制好切屑长度，排屑不顺畅
正	镶齿铣刀正常磨损，刃口锋利，寿命长	镶齿铣刀的刀片选择耐高温性能好的材质，在高温条件下能保持一定的切削性能 镶齿铣刀涂层选择化学涂层（CVD）TiSiN/TiAiN，阻隔高温条件下刀体材料与铁镍基合金材料的亲和力，既保证了刀具不易磨损，又保证了刀具具有良好的红硬性 选择合理的刀具几何参数、断屑槽型：P 类材料，铣削时采用负前角刀片，取 0° 的后角，直槽螺旋角；N 类材料，铣削时采用正前角刀具，取较大的后角，直槽螺旋角；S、M 类材料，铣削时采用正前角刀具，取较大的后角，宜采用 45° 螺旋角、不等齿距和变刃倾角进行铣削 在不影响排屑和容屑的前提下，应适当增加铣刀齿数，以延长刀具寿命 镶齿铣刀刀齿应有足够的刚性，刀齿高度必须保持一致（使用百分表逐一找正，以确保刀尖高度一致），使刀齿受力均匀，能够承受较大的切削变形抗力和切屑负载，切屑形状最好为 C 形屑
	工件表面粗糙度符合设计要求	刀片锋利且有足够高的硬度和耐磨性 铣削时合理选择切削参数，保证镶齿铣刀铣削时具有较高的耐磨性、锋利性及切削刃强度 吃刀量：P 类材料 0.5~3mm；N 类材料 1~6mm；S 类材料 0.5~2mm；M 类材料 0.5~2mm 进给量：P 类材料 0.02~0.15mm/r；N 类材料 0.2~0.3mm/r；S 类材料 0.02~0.08mm/r；M 类材料 0.02~0.1mm/r 主轴线速度：P 类材料 200~270m/min；N 类材料 250~400m/min；S 类材料 30~50m/min；M 类材料 40~80m/min

（邹峰）

3.4.5　镁合金切削常用冷却方法及禁忌

镁合金是以镁为基加入其他元素组成的合金，其特点是密度低、比强度高、减振性能好、导电导热性能及工艺性能良好，主要用于航空、航天、运输、化工和火箭等工业领域。

镁及镁合金切削加工性很好，可以进行干切削，但其耐蚀性能差、易于氧化燃烧且耐热性差，切削热可能会引起切屑和粉尘燃烧，有发生火灾的危险。因此，常采用温式加工，在切削时需要注意选择合理的冷却方法。具体禁忌见表 3-66。

表 3-66　镁合金切削常用冷却方法及禁忌

冷却方法		说　明
误	水溶液	镁在高温下易与水发生反应，使切削液呈碱性，且会释放氢气，十分危险，所以冷却时严禁使用水溶液，并且要及时清理切屑，有排屑器的设备，最好是常开排屑功能

（续）

冷却方法		说　明
正	变压器油、压缩空气	变压器油又称绝缘油，主要作用是加强变压器绝缘性能，以及散热冷却、防潮和防氧化等，但因变压器油润滑性较差，所以此方法适用于镁合金大批量加工专用机床；使用油性切削液时，会存在油雾、油腻和切屑循环等问题，一般使用低黏度的切削液 经干燥处理的压缩空气（常说的风冷），适合用于精度要求不高的镁合金工件加工

（李创奇）

3.4.6　镁合金着火时的灭火方法及禁忌

在加工镁合金时，一定要注意加工安全性。若不慎着火，需要注意选择合理的灭火方法。具体禁忌见表 3-67。

表 3-67　镁合金着火时的灭火方法及禁忌

灭火方法		说　明
误	水	无论在什么情况下，都不能用水或任何其他非 D 类灭火器去扑灭由镁引起的失火，因为它们会与燃烧着的镁起反应，并且是加强火势而不是抑制火势。另外，要及时清理切屑，有排屑器的设备，最好是常开排屑功能，这样可以在不慎着火时，减小灭火的难度并降低火灾损失
正	D 类灭火器	D 类灭火器（见图 3-46）的材料通常为氯化钠基粉末或一种经过钝化处理的石墨基粉末，其原理是通过排除氧气来闷熄失火
	覆盖剂或干砂	小面积着火可用其覆盖，其原理也是通过排除氧气来闷熄失火
	铸铁碎屑	没有其他好的灭火材料的情况下也可使用，主要作用是将温度降到镁的燃点以下，而不是将火闷熄

图 3-46　D 类灭火器

（李创奇）

第4章

镗削刀具应用禁忌

4.1 刀具应用禁忌

4.1.1 复合镗刀加工应用禁忌

目前，大部分镗床对箱体、框架类工件的孔系进行机械加工时多使用镗刀镗孔，一般情况下使用单刃镗刀镗孔。而批量生产中，组合镗床可通过使用复合镗刀，在兼顾质量的同时使生产效率和效益得到显著提高。

复合刀具是将两把或两把以上的刀具组合成一体的专用刀具，其能在一次加工的过程中完成钻孔、扩孔、铰孔、锪孔及镗孔等多工序不同的工艺组合，具有高效率、高精度、高可靠性的加工特点；可同时加工几个表面，减小机动和辅助时间，提高生产率；可减少工件的安装次数及夹具的转位次数，以减少和降低定位误差；减低对机床的复杂性要求，降低制造成本；可保证加工表面间的相互位置精度，提高加工质量。复合镗刀在组合机床上的加工应用如图 4-1 所示。

图 4-1　复合镗刀在组合机床上的加工应用示意

组合机床在用复合镗刀加工产品时，对操作人员技能要求比较高。如图 4-2 所示，以机车核心部件上框架产品为例，为保证产品的加工质量和效率，自主设计 3 种复合镗刀（见图 4-3）。操作及应用禁忌说明具体见表 4-1。

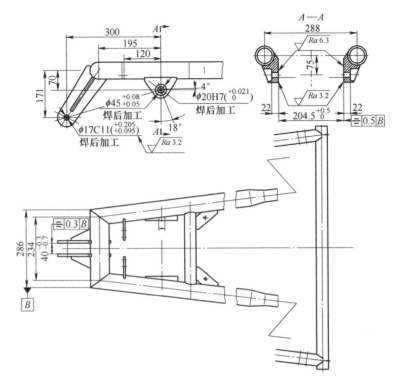

图 4-2 上框架加工工序

a) φ17mm复合精镗刀   b) φ20mm、φ45mm复合粗镗刀   c) φ20mm、φ45mm复合精镗刀

图 4-3 3 种自主设计的复合镗刀

表 4-1 复合镗刀加工应用禁忌

问　　题	原因及解决办法
容屑与排屑不顺畅	设计、使用复合镗刀时，应综合考虑其切削刃多、切屑多、排屑空间大等特点，确保顺利流畅的容屑与排屑。若大量切屑相互干扰和阻塞，则加工孔壁表面质量降低，致使切削刃崩裂甚至折断
导向心柱配合间隙过大或过小	复合刀具加工应考虑导向心柱与工艺支承孔配合的问题。否则，在刚性较差、受力大或加工孔的同轴度要求高的场合，加工精度达不到要求，有可能损坏工艺孔，严重缩短刀具寿命 针对不同的加工情况，把导向部分做在复合刀具的前端、后端、中间或前后端位置处，复合刀具在工作时能保持正确位置，提高工艺系统刚性，以提高导向心柱与工艺支承孔的配合精度，保证加工质量
刀具长度过长或过短	复合镗刀应考虑刀具长度，包括刀具切入切出量、被加工孔长度、刀具备磨量等。镗孔加工时，一把刀具切入工件一定深度、切削过程比较稳定的情况下，另一把刀具再切入，否则会因刀具（刀体）悬伸量大，在切削力作用下产生晃动，此时若另一刀具切入，切削力骤增，增大晃动，孔径显著扩大，影响加工精度 为确定刀具长度，需计算加工孔长度方向尺寸链，保证加工质量。不同孔加工，复合刀具一般用于顺序加工同一个孔，为了提高孔的加工精度和表面质量，避免前（粗加工）、后（半精加工或精加工）刀具同时切削

此外，采用立/卧式加工中心或其他组合镗床镗削工件内孔与平面时，镗刀、夹具或机床在不同工况下均会出现异常问题，如镗削颤振、刀片磨损过快、夹具夹紧定位失效或主轴跳动超差、刀具刀柄未拉紧等，工件质量不能满足图样的要求。另外出现加工振纹、加工表面不光滑似毛状、被镗孔圆度超差等问题，更严重时会导致零件报废，增加制造成本。

（常文卫、邹毅）

4.1.2　大直径镗削刀具干涉控制禁忌

生产过程中，遇到类似 $\phi 1200mm$ 的特大型直径孔的镗削任务时，离不开大直径镗刀（以下简称"大径刀"）的应用。大径刀多为模块化桥架式结构，结合目标孔的粗、精镗削要求，通过灵活的选配组装后，实施单刃镗削、双刃镗削或阶梯镗削。大径刀主要由模块化刀柄、延长杆、延伸底座、底座连接座、加长滑块、加高块、刀夹底座、粗镗刀夹、精镗单元、精镗刀夹和配重等零部件组成，其选用禁忌见表 4-2。

表 4-2　模块化桥架式大直径镗刀的组成及选用禁忌

序号	组成元件	选 用 禁 忌	图　　示
1	模块化刀柄	据机床主轴形式、尺寸及加工要求选配，如 BT-30/40/50 锥柄、CAT-40/50/60 锥柄、HSK-63A/100A 刀柄、NMTB-40/50 刀柄等	 CAT锥柄　　HSK刀柄　　NMTB刀柄
2	延长杆	据镗削深度选配，延长长度为 30~160mm	
3	延伸底座	镗孔 $\phi 152 \sim \phi 605mm$，切削液经粗镗刀夹或精镗单元直接到达切削刃上	 $\phi 152 \sim \phi 216$　　$\phi 216 \sim \phi 605$
4	底座连接座	连接延伸底座并调整其方位 0°、45° 或 90°，使大径刀在刀库内不发生干涉，并具有内冷连接机能	 45°
5	加长滑块	据镗削范围选配，延伸镗孔 65mm，减少所需镗刀库存量	
6	加高块	仅用于外圆精镗削，此刻精镗头旋转 180°安装，产生很大离心力	
		据镗内孔最大 v_c，计算镗外圆 v_c	

（续）

序号	组成元件	选用禁忌	图 示
7	刀夹底座	配同一套刀夹后，可作平衡镗削或阶梯镗削，也可进行强力镗削	
8	粗镗刀夹	6°刀夹宜镗削通孔，0°刀宜镗削台阶孔及长度较深的孔，10°刀夹宜强力镗削，其他品牌刀夹有90°、75°和45°等	
8	粗镗刀夹	每个刀夹通过刻度盘微调镗径	
9	精镗单元	配装正前角刀片可转位3°刀夹	
9	精镗单元	每个刀加通过刻度盘微调镗径	
9	精镗单元	镗径超过 $\phi750$mm，多数为轻型或铝合金基体，以大幅降低自重	
10	精镗刀夹	切削液直接喷至切削刃，来冲断切屑	
11	配重	高速精镗内孔时选用	
11	配重	精镗孔多选用三角形刀片、主偏角 $\kappa_r \geqslant 90°$，以使径向切削力最小	

　　大径刀选配完毕后，需要装入圆盘式刀库或链式刀库中。在立/卧式加工中心等数控机床上，机床制造商明确：刀具垂直于刀柄中心线的整体外径超过 $\phi80$mm（刀库不同→数值不同），即为大径刀。同时，大径刀在刀库内会占用2个以上的刀位，换刀采用固定置刀方式（主要决定于PMC程序），换刀速度相比普通刀具要慢很多。由此，用户务必在CNC系统侧进行镗刀在内的大直径刀具的设置，以免刀库内刀具间干涉撞刀，进而引发刀库、刀具损坏等设备事故。加工中心上圆盘式/链式刀库内大径刀的设定禁忌，见表4-3。

表4-3　加工中心上圆盘式/链式刀库内大径刀的设定禁忌

明细	操作内容	禁忌
设定1件大径刀	模式旋钮置"手动输入"MDI位置	FANUC系统为MDI，SINUMERIK系统为MDA，某些CNC系统为［单动］键
设定1件大径刀	单击操作面板上［Prgrm］程序功能键	
设定1件大径刀	M980→［Input］键→［Cycle Start］键	指定T05（POT5）为大径刀，两侧POT4及POT6自动设为大径刀范围，以禁止它用，相应PMC地址被自动写入数字99
设定1件大径刀	T05→［Input］键→［Cycle Start］键	
设定1件大径刀	M980→［Input］键→［Cycle Start］键	
设定2件大径刀	MDI方式下，单击［Prgrm］键	指定T05（POT5）、T07（POT7）为大径刀，两侧POT4、POT6及POT8自动设为大径刀范围，以禁止他用，相应PMC地址被自动写入数字99
设定2件大径刀	输入M980后，单击［Cycle Start］键	
设定2件大径刀	输入T05后，单击［Cycle Start］键	
设定2件大径刀	T07→［Input］键→［Cycle Start］键	
设定2件大径刀	输入M982后，单击［Cycle Start］键	大径刀设定完毕。机床不同，M代码会不同

（刘胜勇）

4.1.3　镗刀刀片及断屑槽的应用禁忌

镗孔加工是一种关键的加工工序，尤其是对于细长孔、盲孔加工，更是重中之重。镗刀刀片作为直接参与切削的工具，其刀具结构、刀尖圆角及断屑槽的选择对于工件的加工质量有很大影响。由于加工材料和工件结构的特殊性，每种材料都有其更加合适的刀具选择。在这里，将介绍航空高强度钢 300M 材料的内孔镗削刀具，主要从刀尖角、刀尖圆角和断屑槽 3 个方面进行介绍。

刀具的刀尖角会直接影响刀具的使用寿命和工件的表面质量，不同的刀尖角会产生不同的效果；刀具的刀尖圆角对工件表面加工质量也有非常重要的影响，如果选择的刀尖圆角不合适，就不能满足工件表面粗糙度要求；刀具的断屑槽对于工件表面质量的影响是不言而喻的，选择合适的断屑槽，是达到加工目的重要因素。镗刀刀片的应用禁忌见表 4-4。

表 4-4　镗刀刀片应用禁忌

	刀具磨损形式		说　明
误	刀尖角度过小		镗孔刀片型号 VNMP160404SM，刀尖角为 35° 刀尖角过小，强度不足，刀尖易磨损或碎裂，尤其是加工高强度材料时，磨损会增加
	刀尖圆角过大	 	镗孔刀片型号 DNMP150408SM，刀尖圆角为 R0.8mm 精加工时，过大的刀尖圆角加工产生的切削力比较大，同时因精加工余量较少，刀尖圆角不能完全参与切削，刀尖位置容易磨损，工件表面质量差。如左图所示为刀具磨损的状态及所加工工件的表面质量
	断屑槽过于圆滑	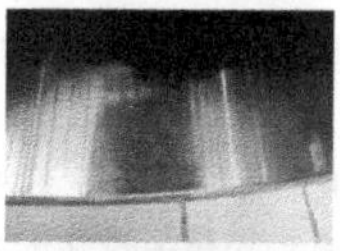 	镗孔刀片型号 DNMG 150604-XF，刀尖角为 55° 刀片断屑槽为圆滑过渡，无锋利尖边，切屑不易折断（尤其是精加工时），并会影响刀具的寿命，切削刃极易磨损，见图示
正	刀尖角度适中		镗孔刀片型号 DNMP150604SM，刀尖角为 55° 刀尖角适中，刀具强度合适、性能增强，镗削产生磨损减小，在相同的加工参数下，其寿命达 V 形刀片的 2 倍以上
	刀尖圆角适中	 	使用 DNMP150604SM 刀片进行镗削，可以保证较好的表面质量，轻载切削刀具的寿命良好，刀片磨损以及加工出的工件表面如左图所示

（续）

刀具磨损形式		说　明
正	断屑槽结构影响	  刀片 DNMP150604SM 断屑槽为 SM 型，受其结构影响，切屑易折断

（刘壮壮）

4.1.4　微调镗刀应用禁忌

微调镗刀是加工高精度孔的首选刀具，其加工精度高、表面质量好，但刀具价格昂贵。正确使用刀具，做到物尽其用，是每一个机械加工从业者的责任。如何使用好微调镗刀，在使用微调镗刀时有哪些禁忌，具体分析见表4-5。

表 4-5　微调镗刀应用禁忌

存 在 问 题	原因及解决方法
组装微调镗刀	一定要按使用说明书组装，不可只凭经验，特别需要注意的是，大尺寸的镗刀都是有配重块的，需要调好配重块的安装位置，使镗刀达到较理想的动平衡
切削参数的选择	要根据实际加工工况、加工材料、镗刀刀片性能、加工余量、冷却效果等一系列因素来确定
调整镗刀尺寸	1）调整尺寸前一定要先把锁紧螺钉松掉，如忘记松锁紧螺钉强行调整，不但调不到想要的尺寸，还会损坏镗刀内部结构 2）调整过程中如果力度没掌握好，刻度拧过头，回拧时要比理想刻度再多拧半圈，再往理想刻度拧，这样可以消除反向间隙 3）在调整镗刀尺寸时，要注意刻度盘上的标识，清楚刻度盘上一格的精度是多少（一般为 0.01mm）；一格是代表加工孔的直径还是半径（一般为直径）
加工材料选择	加工材料中如有局部硬点，如补焊焊疤，这种情况下一般不推荐使用微调镗刀精镗孔，因为这种情况下容易崩刀尖，造成镗刀刀体损失

（岳众祥）

4.1.5　小孔镗削刀具磨损控制禁忌

随着制造业的高速发展，工业产品中存在大量小孔待加工，且精度要求普遍较高，高精度小孔加工通常采用镗削加工方式。

镗削内孔时需注意以下几点。

1）开始时使用低进给，以确保刀片安全性和良好的表面质量，然后再增加进给及改善断屑性能。

2）使用大于刀尖半径的背吃刀量，可以减小刀片的径向偏斜。

3）切削速度过低将导致刀具寿命不足，当加工小孔时，采用尽可能高的切削速度 v_c。

刀尖半径、进给量、背吃刀量关系如图 4-4 所示，实际加工中刀具的磨损情况详细说明见表 4-6。

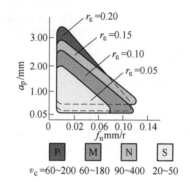

图 4-4　刀尖半径、进给量、背吃刀量关系

表 4-6　镗削加工过程刀具磨损禁忌

	存在形式	说　明
误	后刀面磨损	1）后刀面磨损过快，导致工件表面质量变差 2）切削速度太高，或刀具耐磨性不好
	月牙洼磨损	1）过度的月牙洼磨损会引起切削刃减弱，切削刃后缘的破损会导致刀片崩断 2）因前刀面上切削温度过高而引起扩散磨损
	塑性变形	1）切削刃塌下或后刀面凹陷，导致切削质量差，后刀面过度磨损会导致刀片破裂 2）切削温度过高且压力过大
	崩刃	1）切削刃的细小崩碎导致表面质量变差和后刀面过度磨损 2）刀片槽型过于薄弱
正	75° + 45° +	为避免后刀面磨损：降低切削速度，选择更耐磨的牌号（如选择 Al_2O_3 涂层牌号），对于硬化材料，应选择较小的主偏角或更耐磨的牌号

（续）

存 在 形 式	说　　明
正 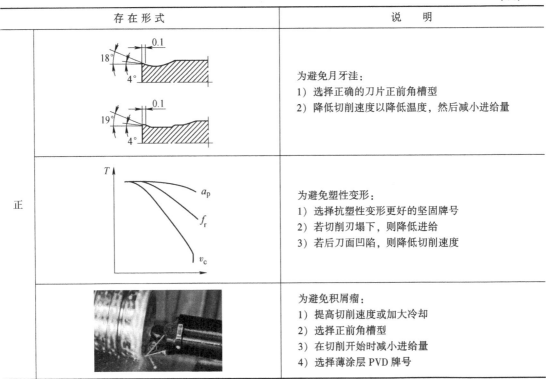	为避免月牙注： 1）选择正确的刀片正前角槽型 2）降低切削速度以降低温度，然后减小进给量 为避免塑性变形： 1）选择抗塑性变形更好的坚固牌号 2）若切削刃塌下，则降低进给 3）若后刀面凹陷，则降低切削速度 为避免积屑瘤： 1）提高切削速度或加大冷却 2）选择正前角槽型 3）在切削开始时减小进给量 4）选择薄涂层 PVD 牌号

（臧元甲）

4.1.6　防振镗孔刀具应用禁忌

工件内圆加工对刀具悬伸与直径的比值非常敏感。任何情况下，都应使用尽可能大的直径和尽可能短的悬伸。如图 4-5、表 4-7 所示，说明了保持悬伸最小的重要性，给出了在 1600N 平均切削力作用下整体式钢制镗杆在不同悬伸下的偏斜。参照表 4-8，可以选择下面的镗杆材料以适应适当的长度直径比。

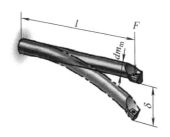

图 4-5　镗杆悬伸量与偏斜量示意

表 4-7　镗杆悬伸量与偏斜量关系

悬伸量/mm（镗杆直径 $dm_m = 32mm$）	$l=12dm_m$	$l=10dm_m$	$l=4dm_m$
	384	320	128
偏斜量 δ/mm	2.7	1.6	1

表 4-8　不同材质镗杆的悬伸范围

镗杆类型	悬伸可达	图　示
钢制镗杆	$4dm_m$	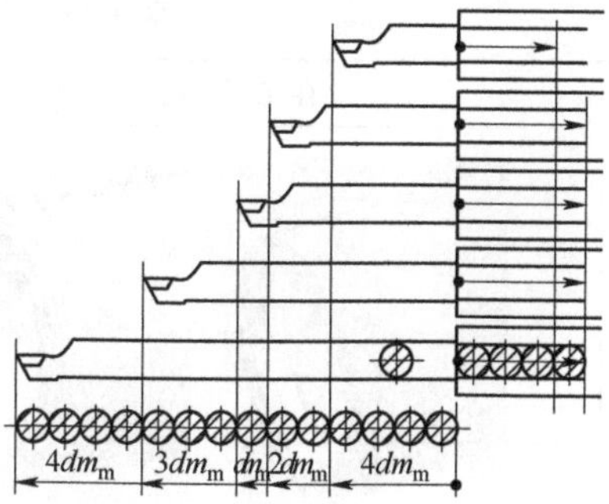
硬质合金镗杆	$6dm_m$	
钢制防振镗杆，短型	$7dm_m$	
钢制防振镗杆，长型	$10dm_m$	
硬质合金加强型防振镗杆	$14dm_m$	$4dm_m$　$3dm_m$　dm_m $2dm_m$ $4dm_m$

由此可得，防振刀具是此类刀具中性能最佳的刀具，其可以实现高的表面质量和小的公差，甚至在使用极其细长的刀具组件情况下也如此。在内圆切削加工中，由于断屑更难、加工不稳定，可能损坏刀具等，所以内孔镗削时，防振刀杆的应用有一些禁忌，见表 4-9。

表 4-9　防振镗孔刀具应用禁忌

防振镗孔刀具应用		说　明
误	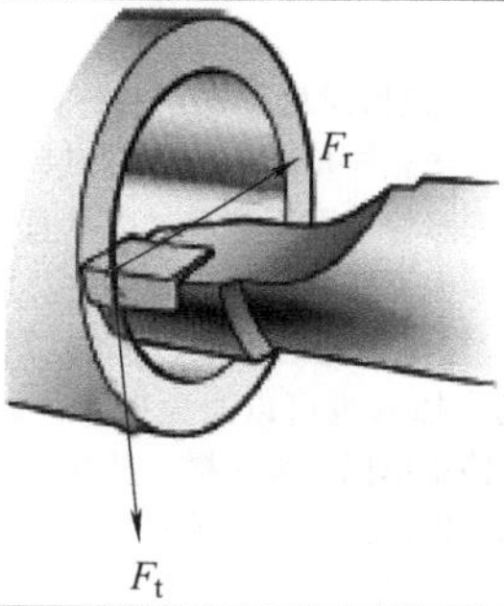	1）产生高切削力的刀片槽型 2）断屑更难，产生高切削力 3）小吃刀量导致切削力变化或过低 4）刀具没有正确定位 5）因长悬伸而使刀具不稳定 6）不稳定的夹紧造成刚度不足
正	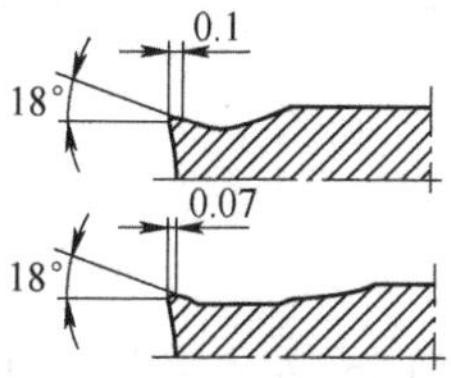	1）选用正前角刀片槽型 2）降低进给或选择更高进给的槽型 3）增加刀片吃刀量 4）检查中心高度 5）减少悬伸 6）使用最大的镗杆直径 7）延长镗杆的夹紧长度

（臧元甲）

4.1.7　小孔内深窄槽镗削刀具应用禁忌

许多机械部件有内孔槽，大多数槽环位置靠近孔的入口，如弹簧环槽、密封槽等。加工内孔槽最常见的方法是径向切槽。切槽和切断属于独特的车削应用，广泛用于多种加工场合，并需要使用专门的刀具，这些刀具在某种程度上可看作是普通车削的拓展。加工中心和多任务机床的开发，结合复杂的非对称部件，也允许通过铣削加工槽。

车削过程中小孔内环槽加工时刀具的使用注意事项：加工小孔内深窄槽的方法选择，主要考虑切槽工件特性、工件材料、数量及机床参数等，具体说明见表4-10。

表4-10　小孔内深窄槽镗削刀具应用禁忌

存 在 形 式	说　　明
误 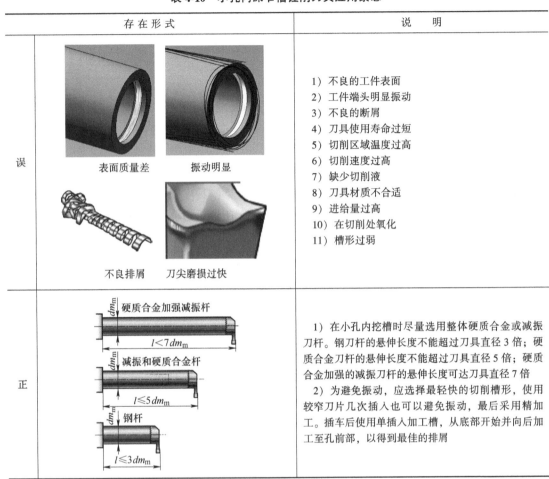 表面质量差　　振动明显 不良排屑　　刀尖磨损过快	1）不良的工件表面 2）工件端头明显振动 3）不良的断屑 4）刀具使用寿命过短 5）切削区域温度过高 6）切削速度过高 7）缺少切削液 8）刀具材质不合适 9）进给量过高 10）在切削处氧化 11）槽形过弱
正	1）在小孔内挖槽时尽量选用整体硬质合金或减振刀杆。钢刀杆的悬伸长度不能超过刀具直径3倍；硬质合金刀杆的悬伸长度不能超过刀具直径5倍；硬质合金加强的减振刀杆的悬伸长度可达刀具直径7倍 2）为避免振动，应选择最轻快的切削槽形，使用较窄刀片几次插入也可以避免振动，最后采用精加工。插车后使用单插入加工槽，从底部开始并向后加工至孔前部，以得到最佳的排屑

（臧元甲）

4.1.8　镗削多层板件组焊孔刀具的刃磨禁忌

在镗削多层板件组焊孔时，通常将刀头的主切削刃修磨为75°左右，使刀头逐渐镗出前一层板孔，并逐渐镗进下一层板孔，即过渡式切削。这样可较好地杜绝折刀、打刃的现象。另外，当工艺系统的刚性足够时，适当地将刀尖圆弧角磨大一些，护刀效果会更好。

刀具结构非常简单，将选好的刀片直接镶焊在刀块的对应凹台上即可，偏刀主切削刃为65°~75°。刀块通常根据所镗孔直径进行设置，其长度一般比所镗孔直径小1/4左右，其横截面可采用正方形。长度120mm的刀块，其横截面边长通常取18mm或20mm，边长随刀块长度增加而增大。

刀具材料通常采用YW1刀片，将其镶焊在刀块的对应凹台上。改型刀片硬度相对较高，且耐冲击，比较适宜镗削多层板组焊件的孔，使用寿命比其他刀片长。镗刀装夹方式如

图 4-6所示，镗削多层板件组焊孔的刀具刃磨禁忌见表 4-11。

螺钉　镗刀　镗杆

图 4-6　镗刀装夹示意

表 4-11　镗削多层板件组焊孔的刀具刃磨禁忌

	存 在 形 式	说　明
误	偏刀主切削刃>85° 在镗孔过程中损坏 切削刃	在镗削多层板件组焊孔时，先被镗透孔的板屑易于贴在待镗的板上随切削刃的旋转而发生回转，当板屑被切削刃推挤到待镗板上时，板屑会对切削刃产生较大的抗力，阻碍了镗削的正常进行；镗刀在临近镗透板时，被镗板会随镗削的结束而瞬间将其变形量复原，同时，工艺系统轴向弹变应力也会瞬间释放，切削刃会快速扎出并撞击在待镗板上。由于板屑随转阻碍，切削刃扎出后无法实现切削，导致切削刃损坏
正	偏刀主切削刃为 65°~75° 切削刃不易损坏	这种切削刃在被加工孔的轴向上变的相对较长，切削刃切出每层板都是循序慢行的，板孔切屑也随之慢慢过渡变小，同时被镗板的变形量相对较小，没有较大弹变隐患，切削刃不易损坏

（赵忠刚）

4.2　工艺应用禁忌

4.2.1　镗削加工颤振控制禁忌

　　生产实践中，随着切削速度 v_c 的提高，镗刀极易抖动，严重时肉眼即可观察到，加工表面质量会迅速下降，这种现象称镗削颤振。镗削颤振是"机床—工件—镗刀—夹具"组成的工艺系统在未承受周期性外力的作用下，由内部激发反馈产生的周期性振动，是工艺系统失稳的外在表现。

　　（1）镗削颤振的不良影响　镗削颤振会造成一系列的不良影响，有时甚至会带来相当严重的后果，具体见表 4-12。

表 4-12　镗削颤振产生的不良影响

序号	不良影响	主 要 内 容	图　示
1	工件表面 质量差	破坏镗刀与被加工件间正常的运动轨迹，表面质量下降，加工表面产生振纹→表面粗糙度值加大→影响零件使用性能	
2	生产率低	限制切削用量进一步提高，限制机床性能的充分发挥，严重时镗削停止	

（续）

序号	不良影响	主 要 内 容	图 示
3	刀具寿命缩短	切削刃会跳离工件加工面，使切削厚度降至零；有时也会深深扎入工件，使瞬时切削厚度较程序给定的名义值大数倍	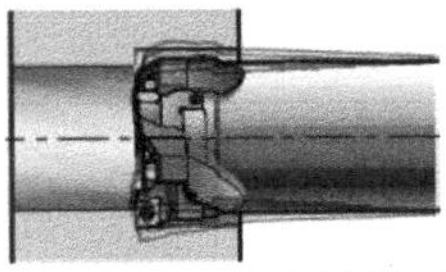
		镗刀的实际前角和后角会出现周期性变化，会引发一个周期交变的动态切削力，其幅值会比无颤振时的静态切削力还大	
		动态切削力容易引起刀具切削部分的疲劳失效，进而切削刃崩碎，硬质合金、陶瓷等镗刀尤为明显，缩短镗刀寿命	
4	机床/夹具连接松动	实际瞬时切削厚度值将在设定的名义切削厚度附近波动，使得机床、镗刀和夹具在动载荷下工作，从而使机床/夹具的连接松动，间隙增大，刚度和精度降低，镗刀寿命缩短	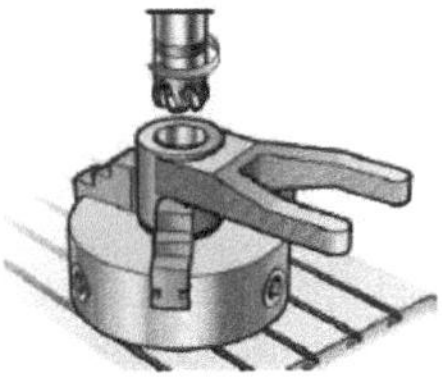
5	污染环境	颤振严重时会产生尖锐噪声，产生噪声污染，危害操作者健康	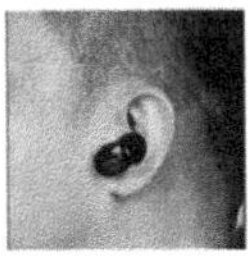

（2）镗削颤振原因分析及其控制禁忌　产生镗削颤振的原因有很多，如机床系统、工件系统、镗刀系统及夹具系统等（具体禁忌见表4-13~表4-16），有时为单一因素导致，有时为多个因素综合产生。无论何种因素导致镗削颤振，均须采取针对性措施加以解决，否则无法获得满意的加工质量。

表4-13　基于机床系统的镗削颤振原因与控制禁忌

原因分析	控 制 禁 忌	图 示
机床主轴刚性不足	从设计角度出发，改善机床刚性	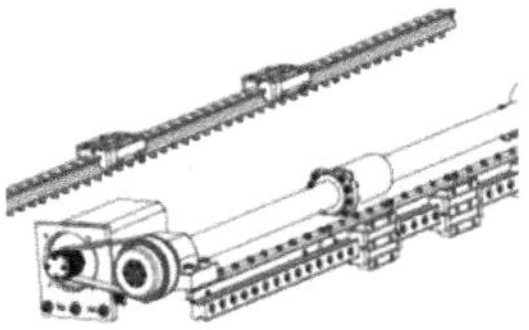
	合理安排各部件固有频率	
	提高机床薄弱环节的抗振性能	
轴承与传动齿轮等主轴组件装配不良，导致配合间隙大	提高各组件加工装配质量，按工艺严格控制其配合间隙在 0.008~0.015mm	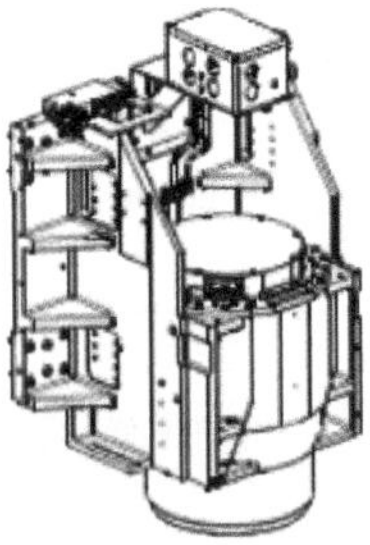

（续）

原 因 分 析	控 制 禁 忌	图 示
机床主轴与刀柄连接刚性不足	根据主轴内锥孔锥度，正确选配刀柄	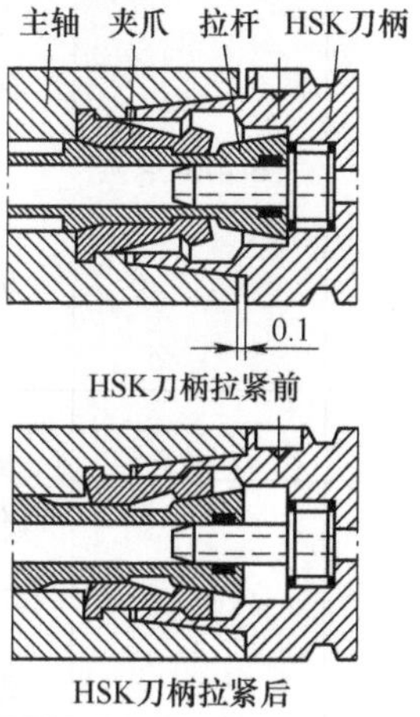 主轴 夹爪 拉杆 HSK刀柄 0.1 HSK刀柄拉紧前 HSK刀柄拉紧后
	根据主轴心部的刀具夹紧机构形式，合理选择刀柄顶端的拉钉	
主轴内锥孔损伤致刀柄锥面不密贴	研磨修复主轴内锥孔，确保刀具刀柄与主轴表面接触的刚性夹紧	

表 4-14 基于工件系统的镗削颤振原因与控制禁忌

原 因 分 析	控 制 禁 忌	图 示
工件自身刚性差	对于薄壁或小尺寸工件，设计专用夹具，如用橡胶、皮革或毛毡等制成圈紧套装于其外表面	
	优化切削参数，提高工件自身刚性	
工件不平衡质量，转动时受不平衡的离心力影响，致镗削颤振，高速更明显	对于形状复杂尤其相对回转轴线不对称的工件，从夹具设计角度出发，在不影响切削情况下，增加支撑点以平衡工件动态刚性	

表 4-15 基于镗刀系统的镗削颤振原因与控制禁忌

原 因 分 析	控 制 禁 忌		图 示
刀具长度与接口尺寸的比值过高，导致刀具系统刚性不足	减小振动区域和振幅	尽可能用大接口尺寸的镗杆，提高镗杆刚性	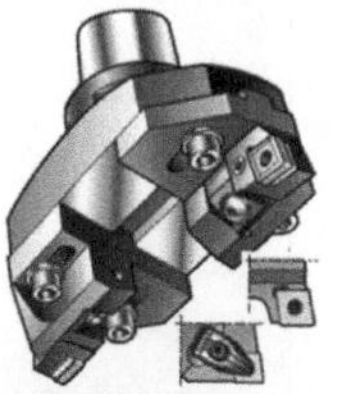
		尽可能缩短镗杆悬伸量	
	使用防振型镗削刀具，如防振镗杆和接杆、内冷防振镗杆		
镗刀静刚度和动刚度较低，涉及刀柄、镗杆、镗头及中间连接部分	静刚度反映镗刀承受切削力后挠曲的能力，动刚度反映镗刀抑制振动的能力，更多选用动、静刚度高的镗刀		
刀具组件的连接刚性不足	检查并确认刀具组件中所有单元的紧固转矩，重复组装精度<0.005mm		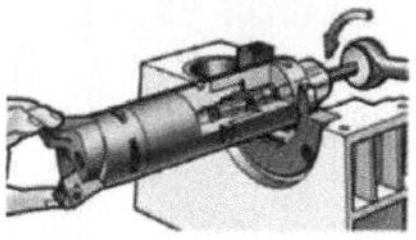

（续）

原 因 分 析		控 制 禁 忌	图　示
镗削参数未正确选择	切削速度 v_c 过高	保证生产率和表面质量前提下，降低 v_c	
		优先选择品牌镗刀样本推荐 v_c	
	切削力 F 过高	减小背吃刀量 a_p，使切削合力为径向力 F_t，将刀片适当推离内孔表面	
		经验值 $a_p \geqslant 2a_p/3$，小 a_p 精镗削时 $a_p \geqslant a_p/3$	
		a_p 较小时，宜用小刀尖圆弧半径 r_ξ，以降低切削抗力，但会增加刀片破裂的风险	
		使用正前角 γ_o 或大前角刀片的镗刀来降低 F	
		在悬伸量较大或不稳定工况下，不能选用带有修光刃的刀片	
	切削力 F 过低	增大 a_p，但不宜超过 0.5 倍切削刃长	
	背吃刀量 a_p 过大	单刃镗削改为阶梯镗削，选用主偏角 $k_r = 0°$ 的镗刀夹	
		进给速度 v_f 与单刃镗削的相同，a_p 可比后者增大 1.75 倍	
		切削刃口内侧比外侧领先 $\Delta l \geqslant 1.5 f_n$，每转进给量 $f_n =$ 有效齿数 $z_c ×$ 每齿进给量 f_z	
		根据工件起始内径 D_1，设定内、外镗刀的直径 D_2 和 D_3，推荐 $D_2 = 0.7071 × \sqrt{D_3{}^2 × D_1{}^2}$，从而平衡 F	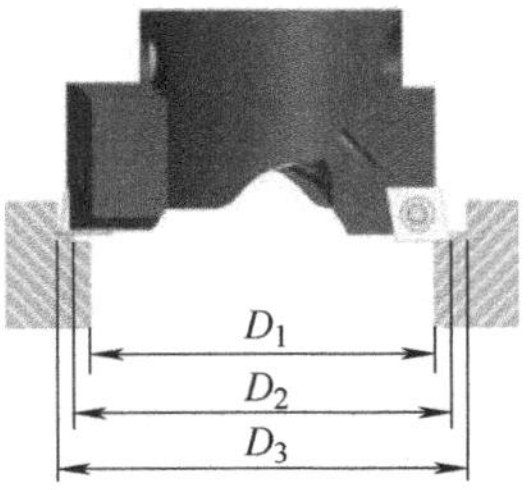

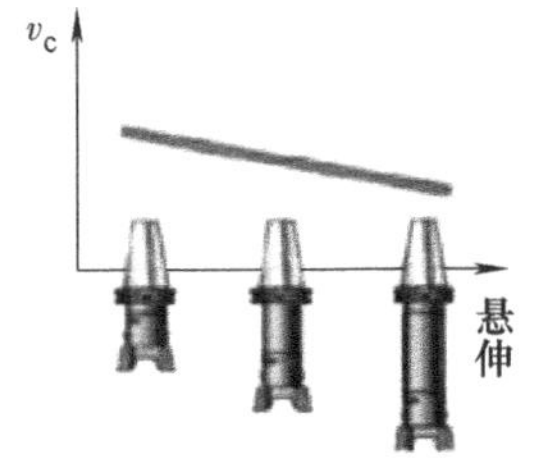

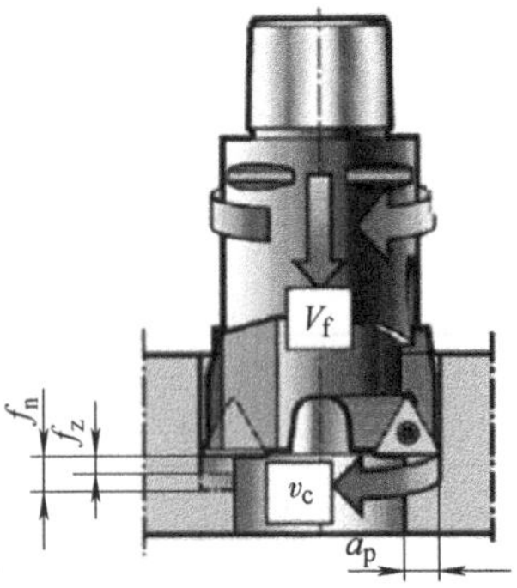

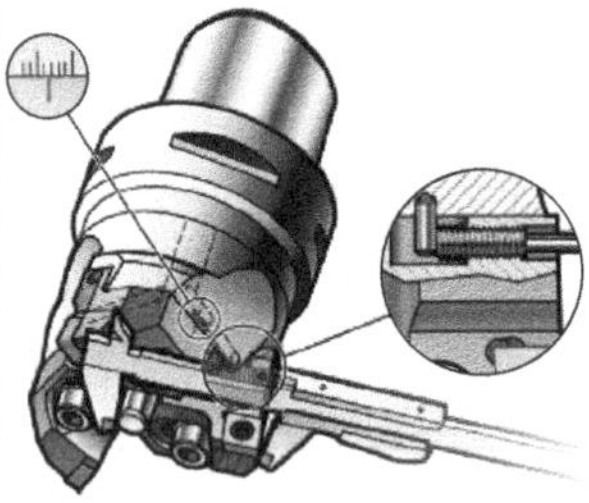

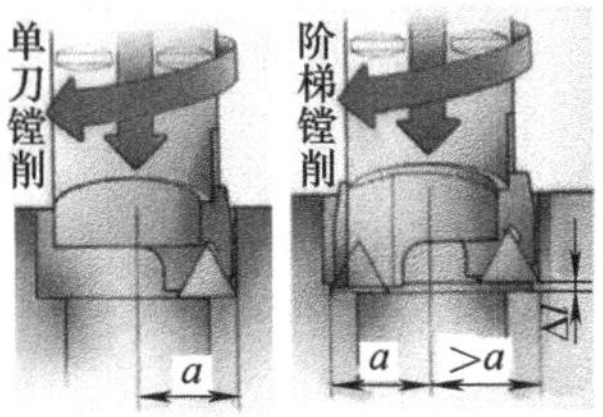

（续）

原 因 分 析		控 制 禁 忌	图 示
镗削参数未正确选择	主轴转速 n 过高	经 $n=\dfrac{1000v_c}{\pi D_c}$，正确计算 n，D_c 为镗刀有效直径	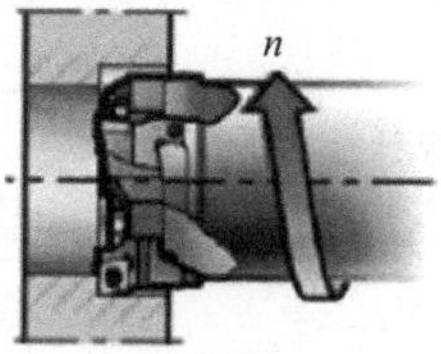
	进给速度 v_f 不匹配	镗刀在 G94 进给时，采用进给速度 v_f；在 G95 进给时，采用每转进给量 f_n	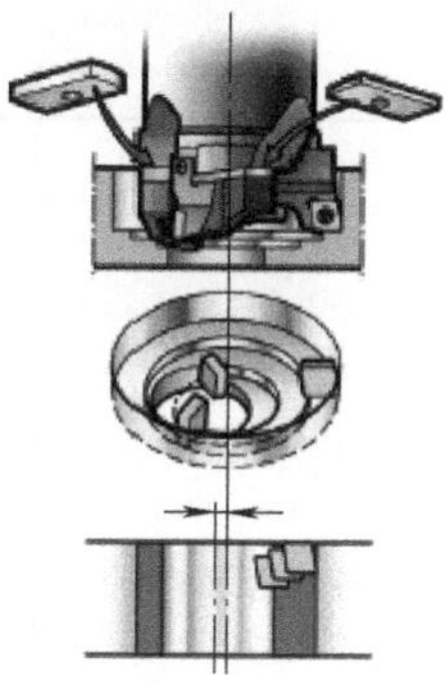
		$v_f=f_n n=f_n\dfrac{1000v_c}{\pi D_c}$	
		多刃镗刀的每齿进给量 $f_z=f_n/z_c$	
	刀片槽型不当，出现短厚切屑，切削力增大	精镗刀片应为正前角、锋利切削刃和小 r_ξ	
		提高 v_c，降低 v_f	
		槽型换为更开放的断屑槽（如 PR）	
未用切削液或切削液选择不当		采用内切削液供应，经喷嘴送至切削区域，以减少镗刀磨损和降低 F	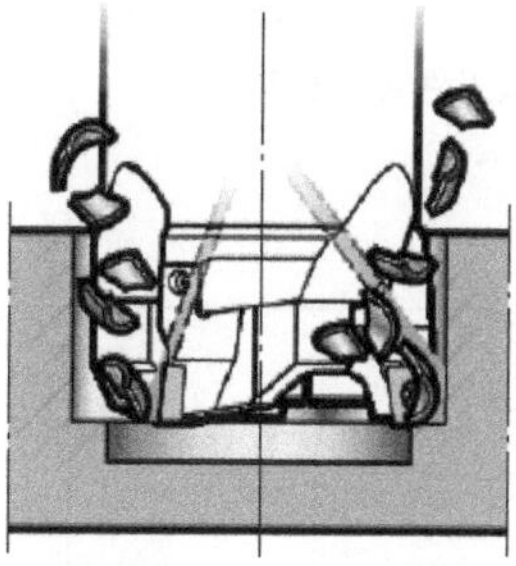
		乳化液替代冷却油，延长镗刀寿命	
		切削液压力不低于 4MPa	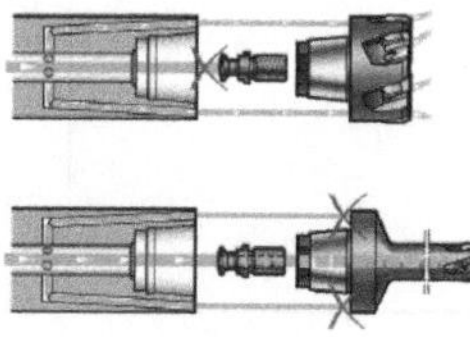
		铝合金镗削宜采用雾状切削液或微量润滑	
		镗削短切屑工件（尤其是水平孔或通孔），可以不使用切削液，辅以压缩空气吹屑；也可外置切削液除屑	

（续）

原因分析	控制禁忌	图示
镗杆材质不合适，致其挠曲量较大	多由钢、钨基高密度合金或硬质合金制成	
	换用高弹性模量材质镗杆	
	小直径的镗刀/镗杆采用碳化钨硬质合金（碳化钨 90%~94%，钴 10%~6%）	
	同等切削参数下，钨基高密度合金镗杆的挠曲量比同 D_c 和 l 的钢制刀杆减小 50%~60%	

表 4-16　基于夹具系统的镗削颤振原因与控制禁忌

原因分析	控制禁忌		图示
夹具各结合面存在间隙，使工件夹紧松动，引发颤振	用塞尺检测夹具各结合面的间隙，连接精度 0.002~0.01mm		
	清除各结合面间的杂质和毛刺损伤，关键定位面进行磨削或刮研处理		
	转矩扳手检查夹具连接螺栓松动	松动处涂乐泰 243 再紧固	
		改用双螺母/止退螺母防松	
		用牙腹锁定螺母锁紧	
夹具定位点选取不当，致工件夹紧不牢固	据工件形状和 F 分布，重设定位点与辅助支撑点		
	经 6 点定位原则，约束工件的自由度		
	主定位面上的 3 点不可位于同一直线		
机床、工件、镗刀及夹具之外的其他减振措施	工艺系统增设减振装置，吸收振动能量，但不会提高工艺系统的刚性	阻尼器减振：固体摩擦阻尼、液体摩擦阻尼和电磁阻尼	
		吸振器减振：动力式吸振器、冲击式吸振器	

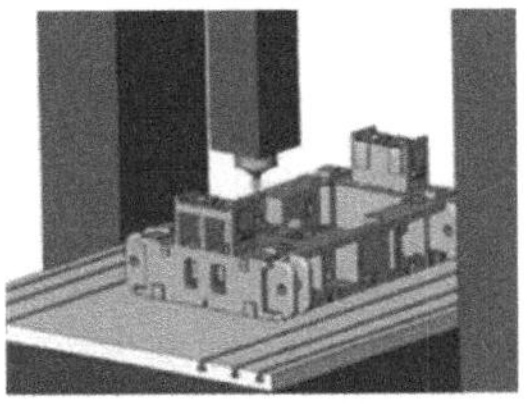

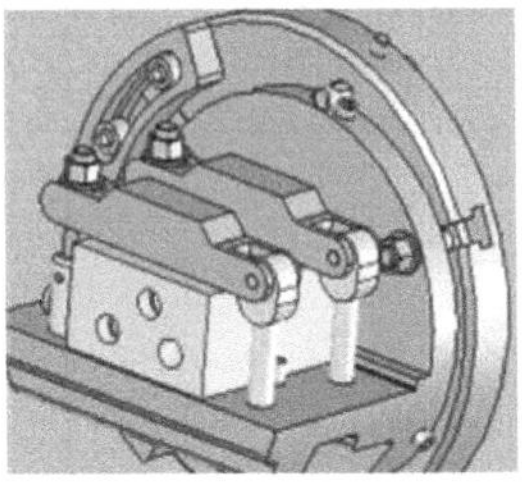

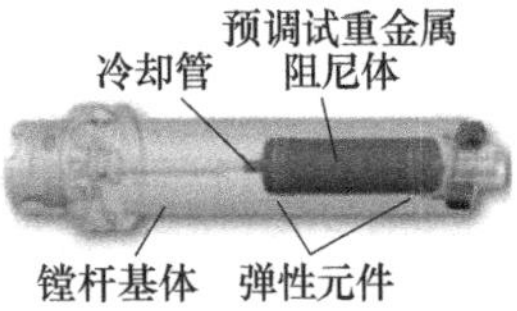

（刘胜勇）

4.2.2　镗孔圆度误差控制禁忌

镗孔精度非常高，尺寸精度可达 IT8~IT7，精细镗孔尺寸精度可达 IT6。这就要求在镗孔前，既要保证夹具与工件及各定位元件的定位稳定可靠，还需确保机床（主轴）重复定位精度和动态平衡精度符合制造要求。如果镗杆中心回转误差超过 0.02mm（据各品牌镗刀推荐值），则被加工孔的圆度不能达到要求，造成工件缺陷甚至报废。镗孔圆度超差的可能原因与控制禁忌见表 4-17。

表 4-17　镗孔圆度超差的可能原因与控制禁忌

原因分析	控制禁忌		图　　示
主轴旋转时存在瞬时误差，造成主轴精度异常	瞬时旋转中心线相对理想旋转中心线在空间位置上有偏差	主轴轴颈不圆，拆卸并修复	立式加工中心执行 GB/T 18400.2—2010、GB/T 17421.1—1998
		轴承存在缺陷，更换轴承	
		主轴挠曲，换件并珩磨内孔	
		轴支承两端不垂直于轴颈中心线，更换轴承，装配精调整	卧式加工中心执行 GB/T 18400.1—2010、GB/T 17421.1—1998
		主轴振动，参见 "4.2.1　镗削加工颤振控制禁忌" 相关内容	
主轴镗刀拉紧力不够	主轴刀具夹爪拉紧机构绝大多数采用液/气压松刀，凭借蝶形弹簧恢复力拉刀		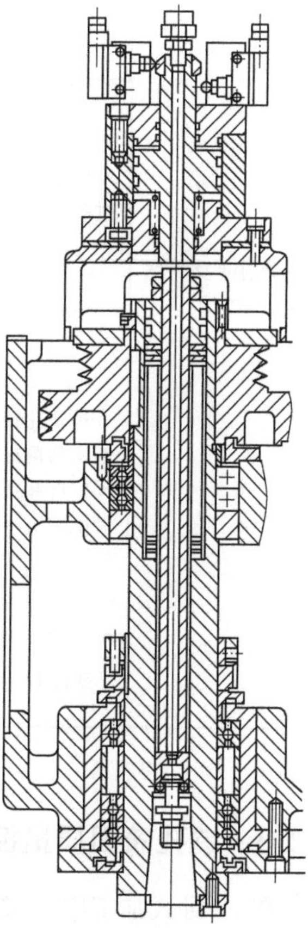
	压力调整法查找刀具夹爪拉紧机构的故障点	系统压力 p_0 自起始 6.3MPa 逐渐下降，每降低 0.5MPa，检验松刀是否到位	
		p_0 降至 4MPa，镗刀松不开：松刀拉杆无法克服蝶形弹簧恢复力，致夹爪无法张开	
		松刀用压力 p_0 降低，证明蝶形弹簧刚度降低，需要更换	
	蝶形弹簧换新后，调节压紧螺母至拆卸前位置，p_0 恢复 6.3MPa		
	应急处理：紧固压紧螺母以调大蝶形弹簧恢复力，增加镗刀拉紧力		

(续)

原因分析	控制禁忌		图　示
主轴轴承未有效预紧	静态检验主轴径向圆跳动，符合精度要求，进而排除刀具刀柄与刀具夹紧机构的影响		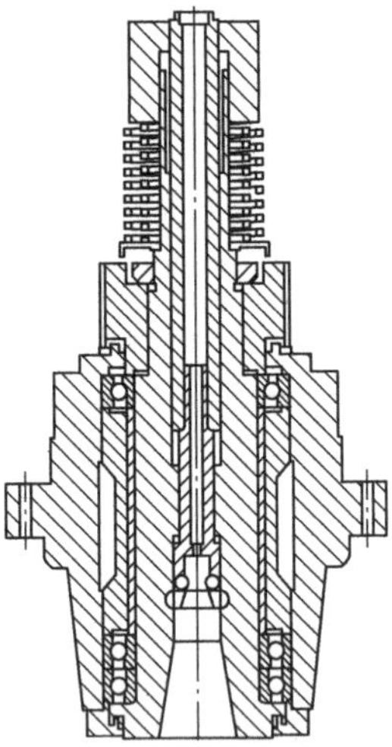
	模拟主轴加工受力状况，动态检验主轴径向圆跳动是否超过 0.05mm，推断主轴轴承的预紧力是否足够		
	主轴轴向、径向间隙调整	调整锁紧螺母消除间隙	
		配磨隔环消除间隙	
		更换备件（轴承）消除间隙	
精镗削涉及圆度不佳	镗刀不平衡量大	检查主轴跳动量	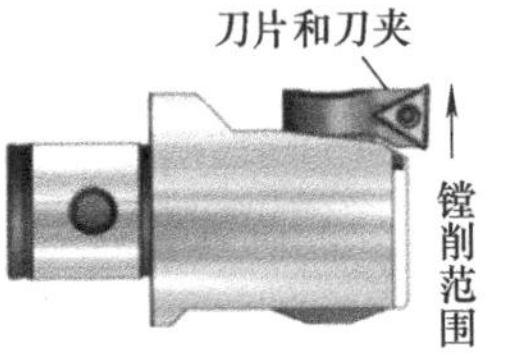
		降低 v_c，重设平衡环	
		重选精镗头	
	切削力 F 过高	检查机加工余量，精镗 $a_p \leqslant 0.5$mm	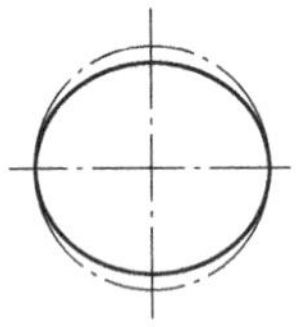
		降低 v_f	
	模块化精镗头切削松动，拆卸再装配	精镗头加装密封圈后，装于加长滑块或镗杆	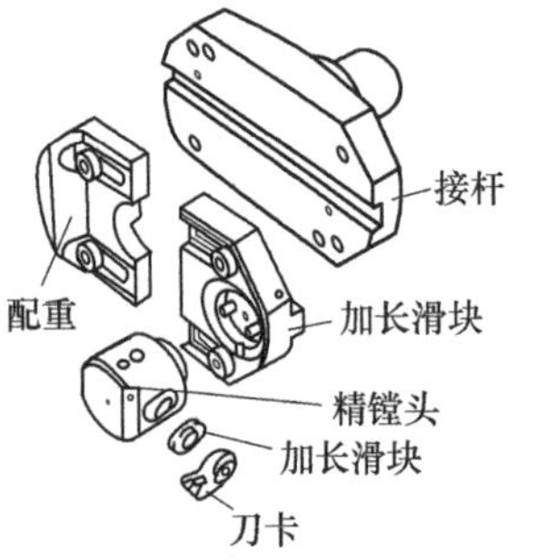
		拧紧精镗头紧固螺钉	
		加长滑块装至切削液出口上方的接杆上，安装配重	
		将刀卡装至横向滑块，拧紧刀卡螺钉至规定转矩	
		精镗头不同，拆装步骤不同	
	工件不对称	降低 F，换用精镗刀片	
		提高 v_c，降低 v_f	

（刘胜勇）

4.2.3　镗孔表面质量控制禁忌

在立/卧式加工中心或组合镗床等数控装备上镗削工件，经常出现已加工表面质量差（如毛刺、振纹、表面粗糙度值高等）的问题，致使产品返修甚至报废。产生这类问题的原因，多是切削参数设置、切削液选用、刀具磨损、刀具装配等因素的单一或综合作用的影响。镗孔表面质量异常原因与控制禁忌，见表 4-18。

表 4-18　镗孔表面质量异常原因与控制禁忌

质量问题	原因分析	控制禁忌		图　示
出口毛刺大	进给速度 v_f 过高	降低 v_f		
	粗镗头刀夹 90°	换用 80° 方刀片刀夹		
	切削力 F 过高	降低背吃刀量 a_p		
		减小刀尖圆弧半径 r_ξ		
排泄困难，划伤加工表面	镗削组件过大	换用长刀夹小直径镗头		
	a_p 过大	改用阶梯镗削加工法		
	孔下方的空间不足	工件置于工作台更高处		
	刀片槽型不利于断屑	换为更开放断屑槽型		
		经刀头内冷却冲走切屑		
刀片刃口微崩或断裂	刀片选型不当	换大 r_ξ 刀片，r_ξ 越大产生的表面光洁度越好，v_f 值一般不超 r_ξ		$r_\xi = 0.4\text{mm}$ 且 $f_n = 0.1\text{mm}$ 的镗孔表面粗糙度
		换用韧性好的刀片材料		$r_\xi = 0.4\text{mm}$ 且 $f_n = 0.2\text{mm}$ 的镗孔表面粗糙度
	严重的断续切削	降低 v_c，降低 v_f		
	切屑堵塞后继续切削	检查镗杆/孔径的间隙		$r_\xi = 0.4\text{mm}$ 且 $f_n = 0.4\text{mm}$ 的镗孔表面粗糙度
		改善切屑控制，提高 v_f		
镗刀片寿命短	镗刀片耐磨性差	换用耐磨性好的刀片材料		小 $a_p \to F$ 会将刀头推离切削位置
	切削速度 v_c 过高	降低 v_c	机加工时间更长	
			表面质量差	
			减小颤振可能性	
	刀片微崩刃	检查 a_p 和 v_c	通常，理想的最小直径 $a_p = r_\xi$，最佳表面粗糙度的推荐值 $|v_f| = \dfrac{r_\xi}{4}$	调大 $a_p \to$ 防止 F 推开切削位置的刀头
	切削液压力过低	提高切削液压力 ≥4MPa		

（刘胜勇）

4.2.4　镗削加工切屑控制禁忌

控制切屑形状和提高排屑性能是镗削工序（尤其是盲孔镗削）中的关键问题。镗削加工参数不恰当，不仅会造成切屑过短、过厚，切削力增大，进而引发偏斜和颤振，还可能出现细长切屑堆积于被镗孔内，降低表面质量，进而造成刀片断裂。理想的切屑形状为规则豆点形切屑或螺旋形切屑，这种切屑极易排出。影响镗削断屑的常见因素有，刀片微观/宏观槽型、背吃刀量a_p、进给速度v_f、刀尖圆弧半径r_ξ、主偏角κ_r和材料属性等。基于切屑形状进行镗孔控制，可获得理想的断屑和排屑效果，最终得到优异的镗孔质量。基于切屑形状的镗孔控制禁忌，见表 4-19。

表 4-19　基于切屑形状的镗孔控制禁忌

切屑现象	切屑形状	控制禁忌
难以清除的带状切屑		应增大 a_p，理想的最小直径 $a_p = r_\xi$
		增大 v_f，但 v_f 值不能超过 r_ξ
难以清除的长线形切屑		a_p 适当增大，防止 F 推开切削位置的刀头
		v_f 适当增大，推荐值 $\lvert v_f \rvert = \dfrac{r_\xi}{4}$
容易清除的弹簧状切屑（豆点或螺旋）		理想切屑
稍有变形的弹簧状切屑		v_f 稍快，若表面质量不佳，可降低 n
F 增大造成切屑有变形		v_f 稍快，若表面质量不佳，可降低 n
		改为水平镗削并配置切削液，可改善排屑性能
F 增大热量积累，使切屑严重变形		a_p 过大，应适当减小
		v_f 过高，需降低 f_n
		表面质量不佳时，需降低 n

（刘胜勇）

4.2.5　高精度背镗孔进退控制禁忌

实际生产中，用户针对正向镗孔方向不能到达的带有轴肩的内孔镗削问题，会采用反镗刀，在 CNC 系统给定的背镗孔循环指令（如 FANUC、MITSUBISHI 系统的 G87）下，自工件底面向上背镗孔加工。此时，反镗刀的配置相当重要：既要计算最小通过孔直径 $D_{\min}$ 与实

际背吃刀量 a_p，又要确保沿镗孔轴移动的反镗刀尖不与轴肩工件内壁发生碰撞。高精度背镗孔操作禁忌见表 4-20。

表 4-20　高精度背镗孔操作禁忌

明　细	操作禁忌	图　示
通过孔直径 D_2	$D_2 \geqslant D_{min} = \dfrac{D_1}{2} + \dfrac{D_c}{2} + 0.025\text{mm}$	
刀接口直径 D_1	0.25 为预留镗削余量，即最小间隙	
背镗孔直径 D_c	$a_p = \dfrac{D_c}{2} - \dfrac{D_1}{2}$	
加长滑块	据背镗孔范围选配，D_c 以刀尖为准	
背镗孔循环 G87 中刀具回退量 Q 给定	Q 为正数形式的增量值；给定负值时，负号将被忽略	
	反镗刀经通过孔下至工件底面前，沿刀尖反向让刀，回退量 Q	
	反镗刀下至工件底面后，沿刀尖方向进刀，进刀量 Q	
	背镗完，沿刀尖反向让刀，回退量 Q	

（刘胜勇）

4.3　特殊加工对象用镗削应用禁忌

4.3.1　沉淀硬化不锈钢材料零件镗削刀具应用禁忌

在金属切削加工中，不同材料的切削特性各不相同，ISO 标准金属材料分为 6 种不同的类型组，如图 4-7 所示。P-钢、M-不锈钢、K-铸铁、N-有色金属、S-耐热合金、H-淬硬钢，每种类型在可加工性方面都具有独特性。

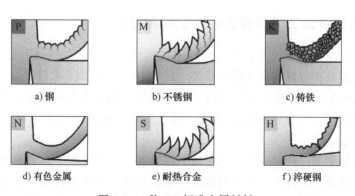

a) 钢　　　b) 不锈钢　　　c) 铸铁
d) 有色金属　　　e) 耐热合金　　　f) 淬硬钢

图 4-7　6 种 ISO 标准金属材料

其中，不锈钢的切削加工性因合金元素、热处理和加工工艺（锻造、铸造等）不同而不同。通常，切削加工性随着合金含量增加而降低，但是易切削或切削加工性改善的材料在所有各类不锈钢中都存在。

其中奥氏体不锈钢的加工特点为：①由于极高的塑性，加工表面硬化现象非常明显。②高温强度高，导致切屑不易分离，切削力比较大。③由于塑性、韧性好，断后伸长率（$A = 40\%$，约为 45 钢的 $250\% \sim 280\%$）、断面收缩率（$\psi = 60\%$）都较高，导致其切削温度高。④切削中在高温高压的作用下，易与刀具材料发生亲和，刀屑间产生粘结与扩散，生成积屑瘤，引起粘结磨损，缩短刀具寿命，影响加工精度。

该部分针对镗削奥氏体沉淀硬化不锈钢材料时的刀具选择禁忌做具体说明（见表 4-21）。

表 4-21　镗削奥氏体沉淀硬化不锈钢材料刀具选用禁忌

存在现象		说　明
误	 积屑瘤 沟槽磨损	1）积屑瘤引起表面质量降低，积屑瘤脱落时会引起切削刃破损 2）切削速度过低 3）沟槽磨损会引起表面质量下降和切削刃破裂 4）氧化
正		1）经常使用切削液以减少月牙洼磨损和塑性变形，并尽可能使用大的刀尖半径 2）加工硬化经常会导致刀片在切削处产生沟槽磨损，从而使工件上形成毛刺。应使用圆刀片或小的主偏角 3）粘结趋势、积屑瘤也是普遍的磨损类型，两者都对表面质量和刀具寿命有不利影响。应使用锋利的切削刃或正前角刀片的槽型

（臧元甲）

4.3.2　铝合金镗孔加工刀具镗刀的加工应用禁忌

镗孔可扩大孔径、提高精度、减小表面粗糙度值，还可以较好地纠正原来孔轴线的偏斜，对于工件上多处有位置度和孔径精确要求的设计，镗孔加工可以很好地满足设计要求，是作为工件孔精加工的一种主要工艺手段。由于其单刃加工为主的特点，镗孔具有加工各种异形孔尺寸稳定性好、位置精度高的特点。镗孔的尺寸精度可达 IT8 ~ IT7，表面粗糙度值 Ra 可达 $1.6 \sim 0.8\mu m$。

作为工件孔精加工的两种重要工艺手段，镗孔加工与铰孔加工具有不同的特点。镗孔加工具有高转速、低进给的特点，是刀具围绕主轴旋转成形，实现孔加工的工艺方法，对机床刀具、工件和装夹的刚性提出了比较高的要求，镗孔的几何公差完全取决于设备的精度。铰孔加工具有低转速高进给的特点，是依靠刀具的尺寸精度保证孔的精加工的工艺方法，对机床刀具、工件、装夹的刚性的要求较低。铰孔具有孔加工坐标相对位置准确和孔的形状要求低的特点。铰孔的几何公差，取决于刀具的公差，对设备要求较低。

数控加工中，模块化结构的镗刀广泛应用在镗孔加工的主流刀具工艺中，是目前加工铝合金汽车变速器零件轴承孔的首选加工方式，主要应用于有坐标位置要求的位置孔及大直径孔和非完整结构的异形孔的加工中。

镗刀加工的选择主要取决于工件的孔结构形式是否有多个高精度位置度要求的孔、刀片槽型、切削液压力及容量和切削参数等因素。

用户采用模块化结构的镗刀进行精加工镗孔时，根据不同工件的孔结构形式和高精度位置度要求孔的数量，会产生不同的加工质量和效果，加工应用禁忌见表 4-22。

表 4-22　铝合金镗孔加工刀具镗刀的加工应用禁忌

	模块化结构的镗刀		说　明
误	不良的选择	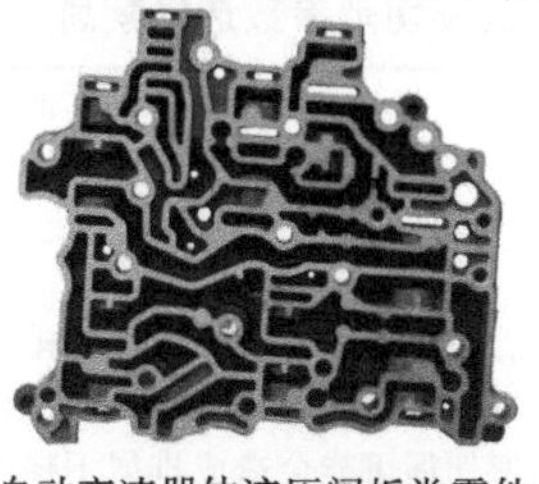 自动变速器体液压阀板类零件	该件侧面深孔加工，长径比超过 4，加工精度和表面质量要求较高，加工过程中排屑和刀具刚性都会对加工质量造成影响，导致成品率低
	优异选择	 汽车变速器类零件	该件具有大量各种轴承孔，几何公差要求很高，是镗加工工艺典型应用。各个孔之间有较高的坐标位置精度和孔径精度要求，同时对设备和其他辅助工具也提出了比较高的要求
正	可接受选择	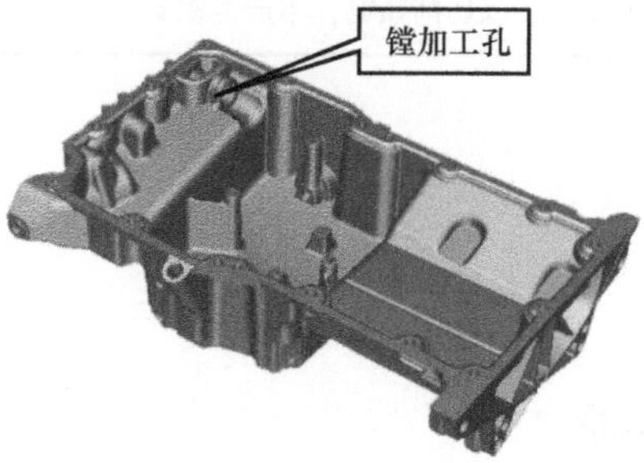 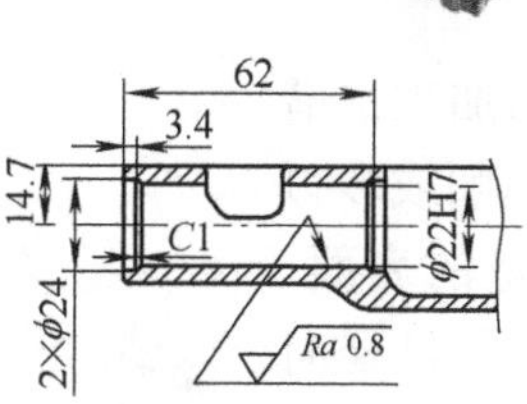	由于所加工的孔比较长，孔的长径比接近 2.8，如果选用普通的 45 钢刀柄刀具设计的镗刀刀具，在高速加工中刀具刚性不足，会出现孔径超差和加工表面振纹的现象 镗孔所用镗刀杆选用整体硬质合金，加强刀具刚性，刀片使用 PCD 刀片固定在镗刀杆头部，可换，刀体可选用模块化的带微调功能的镗刀柄，可圆满解决 $\phi 22mmH7$ 高速镗孔加工中遇到的刚性不足和调整困难的技术难题

（徐国庆）

4.3.3　镁合金铸件镗削刀具及切削参数选择禁忌

镁合金是以镁为基加入其他元素组成的合金，具有密度低、比性能好、减振性能好、导电导热性能良好、工艺性能良好、耐蚀性能差、易于氧化燃烧及耐热性差等特点。镁合金在实用金属中是最轻的，其密度大约是铝的 2/3，铁的 1/4，主要用于航空航天、运输、化工、火箭等工业部门，如图 4-8 所示工件为镁合金铸造件的镗削加工。

基于镁合金特点，特别是其耐蚀性能差、易于氧化燃烧、耐热性差，在车削时需要注意刀具和切削参数的合理选择，其选择禁忌见表 4-23。

图 4-8　镁合金铸造件镗削加工

表 4-23　镁合金铸件镗削刀具及切削参数选择禁忌

	切屑表现形式		说　明
误	堵塞切屑		镗削时若未优先考虑切屑形状和排出，选择的刀具和切削参数不合适，则可能引起切屑堵塞及被加工表面质量不良 此种堵塞切屑可能会造成排屑不畅及产生切削区域高温，从而影响切削质量及可靠性，甚至产生火灾事故
正	正常切屑		为获得良好的切削形式和镗削质量，需要选择合理的刀具及切削参数，不要让刀具中途停顿在工件中并及时排屑 实际生产中，选用刀具要求锋利并兼具强度，推荐硬质合金刀具，一般背吃刀量 ≥0.2mm，切削速度 ≤50m/min，进给量 ≥0.1mm/r，以切削顺畅，不产生积屑瘤为佳

（李创奇）

4.4　其他禁忌

4.4.1　模块化精镗头的安装与调整禁忌

精镗削可对 $\phi0.3 \sim \phi550$mm 现有孔进行精细加工，借助较小背吃刀量 a_p（一般不超 0.5mm）的单刃镗削或多刃铰削，获得优异的内孔精度（如 IT6）和高质量的表面。镗削 $\phi3 \sim \phi60$mm 小中等直径孔，多选择预先装配且径向可调的模块化精镗头（下称精镗头）进行单刃切削。常用精镗头分为无配重微调镗头与可调配重微调镗头两种，如图 4-9 所示。可调配重微调镗头又称高速精镗头，其适宜

a）无配重微调镗头　b）可调配重微调镗头

图 4-9　常用精镗头结构示意

$n \geqslant 20000 r/m$ 的高速加工场合。

（1）精镗头的安装禁忌　精镗头主要由镗杆、刀头、减径套、锁紧螺钉及带刻度盘的镗头等部件组成，高速精镗头装有可调式配重块，被镗孔径超 $\phi 60mm$ 的精镗头还需多用途适配器。精镗头安装步骤及注意事项见表 4-24。

表 4-24　精镗头安装步骤及注意事项

步骤	安装内容	注意事项	图　示
①	将刀头旋入镗杆	短系列孔采用钢质镗杆	
		长系列孔采用硬质合金镗杆	
		大孔径采用轻型/铝合金型镗杆	
		严禁使用削平柄的镗杆	
②	镗杆插入减径套，使刀头上的线对齐减径套上的线。有的精镗头为减径套槽口与镗杆夹紧螺钉成 90°	减径套又称夹套、变径套，用于不同刀柄直径镗杆的适配，以增加精镗头的直径范围	
		镗头范围适合，则省掉减径套	
③	松开镗杆夹紧螺钉，将镗杆装入镗头后，旋转至切削刃对准镗头的对准刻线	最佳镗孔质量的前提之一是刀尖务必对准刻线	
④	调整镗杆至允许的悬伸量 l 后，锁定镗杆夹紧螺钉	螺钉锁定务必满足转矩要求，一旦镗孔中松动，则会引发质量问题	
		在镗刀杆的柄部，经划线圈指示它的最小夹紧长度（最大悬伸）	

（2）调整精镗头的禁忌　预先装好的精镗头须借助刻度盘进行微米级精密调整后，方可经接口适配刀柄装至高速旋转的机床主轴上。精镗头调整步骤及注意事项见表 4-25。

表 4-25　精镗头调整步骤及注意事项

步骤	安装内容	注意事项	图　示
①	刀头装好镗刀片	刻度盘转 1 整圈，刀片径向移动 0.25mm，镗孔直径相应改变 0.5mm	
②	松开滑块锁紧螺钉	刻度盘有 50 个分度，每 1 分度表示 0.010mm	
③	通过旋转和读取刻度盘上的刻度值，调整精镗孔直径	微调标尺有 5 个分度，每刻度盘分度细分 5 部分，于是 0.010mm÷5 格 = 2μm/格，即直径调整最小增量	
		逆时针转动刻度盘，缩回镗杆	

（续）

步骤	安装内容	注意事项	图　示
④	紧固滑块锁紧螺钉至规定转矩值	顺时针转动刻度盘，设置直径	 起始位置　调后位置 顺时针转，红刻度线对齐数字5线，直径增加 $2\mu m$/格×5格=0.010mm
⑤	据规定平衡值，调整精镗头配重	平衡值来自于产品样本手册	
		调整平衡刻度盘至待调值与基准线对齐，遂紧固锁紧螺钉	

（刘胜勇）

4.4.2　小径精镗刀紧固螺钉锁紧禁忌

小径精镗刀在孔的精加工中是常用的工具之一，尺寸调整方便灵活快捷，加工范围在一定范围内可以扩展，镗杆可更换安装不同的刀头，通用性好。

有时会发现新安装的小径镗刀很难调整甚至是无法调整的现象，就要考虑侧面紧固螺钉是否过分锁紧，小径精镗刀紧固螺钉锁紧力矩如图4-10所示。

型号	锁紧力矩/(N·m)
EWN04-7	0.8
04-15	1.5
2-22	2.5
2-32	4
2-50	8

镗杆固定螺钉

套管轴

套管轴固定螺钉

图4-10　小径精镗刀紧固螺钉锁紧力矩示意

小径精镗刀是精密工具之一，多处机构滑移或螺旋驱动，只有配合间隙小才能保证精确的调整和可靠的稳定性，当受到非正常的压紧应力后，刀具本体发生微小变形，引起结构件之间的间隙变小甚至卡住，造成调整尺寸困难甚至是无法调整尺寸，如图4-11所示，如强行调节镗刀刀具径向尺寸，会造成镗刀内部结构损坏失效报废。一般情况下，松开过紧的螺钉后即可明显改善该问题。

按照厂家给定的参数进行拧紧步骤非常重要，在刀具的稳定参数内锁紧刀具，保护刀具

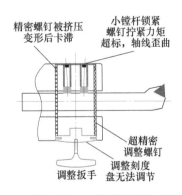

精密螺钉被挤压变形后卡滞

小镗杆锁紧螺钉拧紧力矩超标，轴线歪曲

超精密调整螺钉

调整扳手

调整刻度盘无法调节

图4-11　锁紧后无法正常调整结构原理示意

不受损伤，加工稳定，降低成本。注意：该螺钉的锁紧力矩每个品牌会有所差异，请关注力矩大小的匹配。小径镗刀紧固螺钉拧紧禁忌具体见表4-26。

表 4-26　小径镗刀紧固螺钉拧紧禁忌

	小径精镗刀紧固螺钉		说　　明
误	用太大的力拧紧镗刀紧固螺钉	紧固螺钉超扭矩 超精密进给螺钉 被应力锁紧无法调节尺寸	遇新安装的小径镗刀很难调整甚至无法调整的现象，如强行调节镗刀刀具径向尺寸，会造成镗刀内部结构损坏失效报废
正	按厂家给定的扭矩拧紧螺钉		需按照厂家给定的参数进行拧紧，在刀具的稳定参数内锁紧刀具，保护刀具本体不受损伤

（华斌）

4.4.3　精镗刀紧固螺钉应用禁忌

镗刀是一种精确加工孔的常用方式，一般以刀柄、镗头、刀夹（滑块或是精镗单元、切削单元）的模块式机构组合起来；精镗带有微调装置，很多品牌的精镗刀可以达到 0.002mm 的微调精度，是高精度孔加工的重要常用工具之一。

在精镗头的（套管轴）滑块微调机构调整到位后，需锁紧（套管轴）滑块，此时要关注该锁紧螺钉的设定扭矩和该螺钉是否安装正确。该紧固螺钉前端压紧微调滑块的位置是一个动向钢珠，正确的压紧面是一个平面。该螺钉很少拆下，这个位置一般也不会改变；当该螺钉被更换的时候，就要关注新安装的紧固螺钉前端的钢珠是否是平面朝前。若该螺钉因运输过程中振动而发生偏转，钢珠的圆球面朝前了，那么锁紧滑块时会在滑块上压出一个凹坑，第一次压出这个凹坑，不会有任何影响；但当再次进行微调时，该凹坑会将钢球引导进入圆弧的最低点，给滑块一个很大的侧向力，这个侧向力会先压缩微调机构的间隙，然后对微调机构继续进行轴向压缩，继而对微调机构产生破坏；此时调整的尺寸会向微调前的尺寸偏移，造成微调尺寸困难；而大尺寸调节时没有凹坑的情况下又可以使用。长期这样会压出很多不同位置的凹坑，不仅刀具尺寸微调困难，而且微调机构会受到异常的轴向力，精密的调节螺纹处损坏而导致整个镗头失效报废。

安装螺钉前仔细核对螺钉前面的螺钉动向钢球球面是否在正确位置，这是基本的要求，精镗刀螺钉使用过程如图 4-12～图 4-14 所示。精镗刀紧固螺钉应用禁忌具体见表 4-27。

图 4-12　精镗刀紧固螺钉锁紧的套管轴

图 4-13　精镗头的套管轴固定螺钉示意

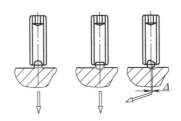

图 4-14　套管轴锁紧螺钉安装错误的影响示意

表 4-27　精镗刀紧固螺钉应用禁忌

精镗刀紧固螺钉压紧		说　明
误	套管轴锁紧螺钉定向钢珠的球面压紧	锁紧滑块时会在滑块上压出一个凹坑；当再次进行微调时，该凹坑会将钢球引导进入圆弧的最低点，给滑块一个很大的侧向力，该力会先压缩微调机构的间隙，然后对微调机构进行轴向压缩，继而对微调机构产生破坏
正	套管轴锁紧螺钉定向钢珠的平面压紧	安装螺钉前仔细核对螺钉前面的螺钉动向钢球平面是否在正确位置，保证刀具被正确的方向锁紧；使用厂家标定的扭矩锁紧螺钉，可以长期使用刀具而不损坏

（华斌）

4.4.4　精镗刀头调整机构润滑禁忌

精镗头内部结构复杂，微调精度高，有的镗刀可以进行直径方向 0.001mm 的精度调整。

精度越高越怕灰尘和切屑，但镗削大多是在加切削液的工况下加工，这样精镗头内部就不可避免地会进入微小切屑，并且不会主动排出；污垢在镗头内部不断积累，对运动副造成摩擦磨损，造成刀具的调整机构精度降低；如果刀具切削刃加工寿命很长，如几天甚至几周才调整一次的刀具，切屑会锈蚀、膨胀导致调整机构卡滞而无法调整使用，用力调整会直接造成机构损坏，刀具报废。

为此，必须在精镗头的微调刻度盘调整时长到了 20h 后，或粗略估算为 2~3 个月对精镗头加注一次润滑脂，加工铸件的时间约为 1 个月加注一次；或每个月用无酸轻质机油进行清洁。

对精镗头加注专用润滑脂时（见图 4-15），将镗头直径调整到最小，将注脂枪的出油口压紧在镗头的注油口处，数次压下注射头直至镗刀的刻度盘四周或是注油口处有润滑脂溢出（注意注脂枪出油口的中心轴与注油口的轴线在同一轴线上）。然后调整刻度盘，将刀具正常使用即可。有的品牌是要求用无酸轻质机油进行清洁，需每个月用加油枪进行对加油孔注

射清洁，加注到油液溢出后，清洁刀具外部油品即可，如图 4-16 所示。精镗刀头调整机构
润滑脂应用禁忌具体见表 4-28。

图 4-15　镗刀头的润滑脂加注方式示意

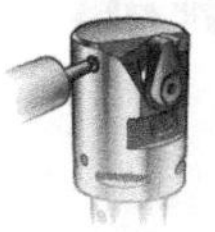

图 4-16　润滑油定期加注要求示意

表 4-28　精镗刀头调整机构润滑脂应用禁忌

	精镗刀头调整机构润滑		说　明
误	忽视加注专用润滑脂	 	切削液中的杂质渗入调整机构后，不断沉积，在封闭环境中变质、膨胀，在镗刀的调整过程中对微调机构产生研磨、挤刮，损伤调整精度。当长期未调整后，贸然调整，会导致调整结构损坏
正	定期加注润滑脂	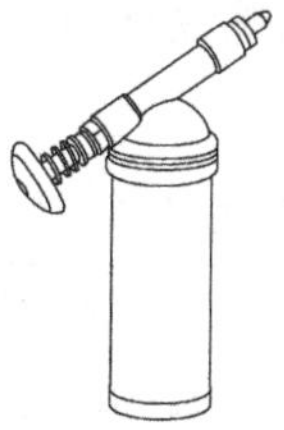	按刀具厂家的规范要求，定期加注润滑脂或润滑油，将杂质排出封闭的调整结构，润滑滑动摩擦部件，保护刀具的调整精度，延长刀具使用寿命

（华斌）

第5章

螺纹刀具应用禁忌

5.1 刀具应用禁忌

5.1.1 螺纹铣刀工艺应用禁忌

螺纹铣刀用来铣削螺纹，常用整体式和可换刀片式，不常用焊接式。相比于攻螺纹，由于铣削螺纹具有成本低、精度高、表面质量好、寿命长、不怕折断，以及可加工不同旋向螺纹等优点，所以在实际生产中被大量应用。在使用螺纹铣刀铣削螺纹时要注意的问题或禁忌见表5-1。

表5-1 螺纹铣刀应用禁忌

问 题	原因及解决方法
螺纹铣刀和要铣削螺纹的螺距不一致	如需铣削 M30×3.5 螺纹，选择螺距为 3mm 的螺纹铣刀，铣出螺纹为废品。在选择刀具时二者一定要一致
铣削参数不匹配	螺纹铣削是在三轴联动的机床（加工中心）完成的。在 X、Y 轴走 G03/G02 一圈时，Z 轴同步移动一个螺距 P 的量 如果程序中 X、Y 轴走一圈，但 Z 轴移动大于或小于一个螺距，那么铣出来的螺纹将不合格。二者必须达到同步状态
螺纹铣刀伸出过长	在装螺纹铣刀时，根据实际加工情况，螺纹铣刀伸出越短越好 如伸出过长，在铣削过程中容易出现让刀情况，尤其是在刀具磨损、铣削深度较深的情况下，会造成底部螺纹铣削不到位的问题

（岳众祥）

5.1.2 螺纹铣刀排屑槽的应用禁忌

螺纹铣刀与普通铣刀一样，为将加工过程中产生的切屑顺利地排出至工件外，需特别注意螺纹铣刀的排屑槽。影响排屑槽的因素有很多，如排屑槽处理工艺、排屑槽深度、排屑槽螺旋角等。在众多因素中，螺纹铣刀排屑槽的螺旋角对排屑效果影响最大。螺纹铣刀排屑槽的螺旋角，排屑槽与螺纹铣刀轴线的夹角即为螺旋角，如图5-1所示。

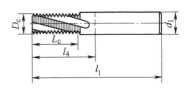

图 5-1 螺纹铣刀

螺纹铣刀排屑槽螺旋角有很多角度，如 10°、15°、20° 及 27° 等，这些螺旋角会使得切削时间不同，从而会影响排屑效果。

在选择螺纹铣刀时，要根据工件螺纹孔状态来优化选择加工刀具，如深盲孔的螺纹加工，如果刀具选择不对，将会给加工带来困难，具体说明见表 5-2。

表 5-2　螺旋槽角度选用禁忌

	螺旋槽角度		说　明
误	螺旋角大		图示刀具为 WATER 螺纹铣刀，型号为 H5336016－5/16UNF，刀具螺旋角为 27° 大螺旋角在铣削时，相同背吃刀量下，会有更大的接触面，铣削比较平稳，但因其螺旋角较大，导致切屑不易排出，因此不适合深盲孔加工
正	螺旋角小		图示刀具为 WATER 螺纹铣刀，型号为 H5351116－5/16UNF，刀具螺旋角为 10° 小螺旋角在铣削时，其螺旋槽角度变换更快，在螺旋槽中切屑运动相同的距离，距离底部距离会越远，因此，其排屑能力会大幅增强 在加工深盲孔时，选择螺旋角更小的刀具，由于螺纹孔中不会遗留更多的切屑，因此更适合深盲孔的加工

（刘壮壮）

5.1.3　螺纹铣刀切削刃形状的选用禁忌

螺纹铣刀的齿数有多齿、少齿和单齿，如图 5-2 所示。螺纹铣刀齿数会影响其在铣削螺纹时的受力状态。螺纹铣刀的刀具直径小于螺纹底孔，这样就会使得螺纹铣刀的直径较小，刚性较差。在进行螺纹铣削加工时，刀具单侧受力，当螺纹铣刀刀具齿数较多时，刀具会出现让刀现象，从而影响加工出的螺纹形状。尤其是加工硬度较高的材料时，这种现象会更加明显。

在加工高强度钢如 300M 时，如果选择刀具不合适，会使加工让刀现象更加严重，使得刀具无法正常切削，具体说明见表 5-3。

a）多切削刃螺纹铣刀

b）少切削刃螺纹铣刀

图 5-2　螺纹铣刀

表 5-3　螺纹铣刀切削刃选用禁忌

	切削刃选择		说　明
误	多切削刃		在使用多切削刃加工螺纹时，使用螺纹塞规检测工件，会出现螺纹塞规无法下到螺纹底部的现象，明显就是因为让刀而引起的 在相同加工参数下，多切削刃刀具其切削力会比少切削刃刀具大得多，因此让刀明显 在不理想的情况下，螺纹刀具重复铣削七八遍才能达到图样要求，加工过程很不稳定

（续）

	切削刃选择		说　明
正	少切削刃	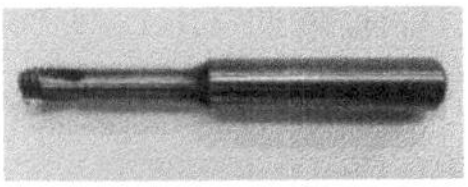 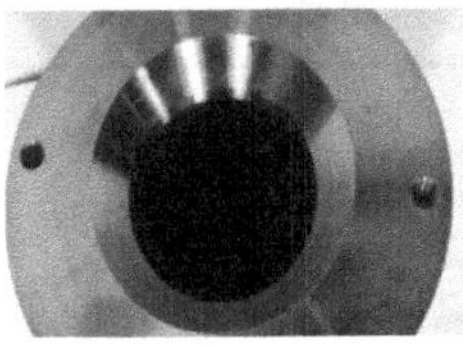	更换为少切削刃刀具后，螺纹铣刀加工的工件状态明显改善很多，只需分粗精铣削就可以满足加工要求，并且一把铣刀可以加工的工件数量比之前增加了50% 　　左下图示工件在加工过程中就遇到了上述情况，刀具更换后，实现了螺纹的稳定加工

（刘壮壮）

5.1.4　螺纹铣刀强度选用禁忌

　　在使用螺纹铣刀进行铣削时，其加工系统的强度会对工件铣削效果产生明显影响。在加工过程中保证螺纹铣刀强度，可以稳定加工过程，保证加工质量，并且可以延长刀具的使用寿命。影响螺纹铣刀的强度有很多因素，如刀具设计时的区别，如图5-3所示，刀具自身粗细不一样，粗刀杆会有更好的强度。夹持刀具的工具系统对强度的影响也很明显，工具系统的强度越好，效果越明显。

a) 粗刀杆

b) 细刀杆

图 5-3　螺纹铣刀

　　在加工深孔螺纹时，刀具自身要露出刀柄外的部分会比较长，再加上刀柄、夹具和工件干涉等问题，会使得工具系统的强度差别更大，具体说明见表5-4。

表 5-4　螺纹铣刀强度选用禁忌

	螺纹铣刀强度		说　明
误	刀具悬伸长	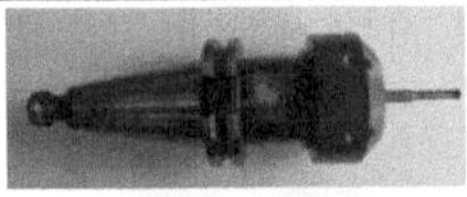 	按照左上图示进行装刀，刀具强度较差，加工工件时出现让刀，铣刀加工程序需要反复执行，但效果不明显 　　加工零件如左下图示，由于工件上螺纹孔的起始平面距离上端面有一定距离，且工件上槽较窄，螺纹铣刀刀柄无法进入槽中，所以在加工螺纹时，为避免干涉，螺纹铣刀悬伸较长，刀具强度下降，导致在加工螺纹中出现让刀，无法顺利加工
正	使用加长杆，增强刀具强度		为改善此工件铣削状态，改善螺纹铣刀装夹方式，用刀柄夹持加长刀杆，再用加长刀杆夹持螺纹铣刀 　　加长刀杆的刀柄会比螺纹铣刀刀杆粗很多，强度会增强很多使用的刀杆直径为16mm，槽宽为26mm，不会引起加长刀杆的干涉 　　经改善后，此工件螺纹只需铣削一遍就可满足图样要求，加工状态大幅改善

（刘壮壮）

5.1.5　保证牙型角一次加工合格的数控螺纹刀具应用禁忌

在正常情况下，螺纹测量采用螺纹环规、螺纹塞规等螺纹类量具进行测量，但在无螺纹类量具的情况下，采用的是三针和万能工具显微镜进行测量。三针检测螺纹中径尺寸是否合格，万能工具显微镜检测螺纹牙型角和底径尺寸是否合格。因无法在机床上实现检测，导致螺纹加工时不能随时调校，需根据万能工具显微镜检测数据反复调校螺纹刀具，费时费力且易造成零件报废。用数控机床难以加工出高精度螺纹牙型角（±30′）。常见错误案例及纠正措施见表 5-5。

表 5-5　保证螺纹牙型角一次加工合格的数控螺纹刀具应用禁忌

	刀　具		说　明
误	加工出的螺纹无法互配		螺纹刀具选择不正确，刀具刀体和刀片选择错误，导致加工出的螺纹出现无法互配的现象
	螺纹牙型角不合格		1）刀具装夹前后的位置调校不准确，造成刀具工作角度不正确 2）螺纹刀具刀垫型号选择错误 3）进刀方式选择错误
正	正确选用螺纹刀具，保证螺纹牙型角±30′	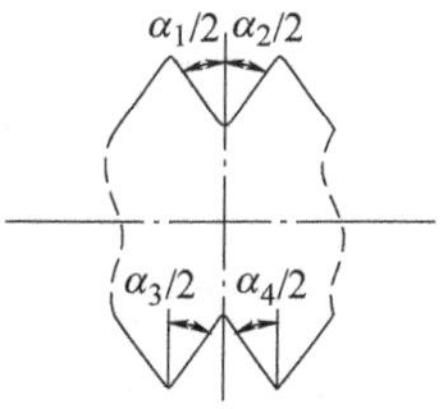	根据所加工螺纹旋向和进刀方向选择螺纹刀具，右旋螺纹配右手螺纹刀体及刀片，注意不要将内外螺纹刀片混用，否则会因导程角误差而产生牙型角不合格或向一侧倒牙现象，零件无法互配 标准螺纹牙型半角公式为 $A/2(左)=(\alpha_1/2+\alpha_2/2)/2$ $A/2(右)=(\alpha_3/2+\alpha_4/2)/2$
	准确调校刀具装夹前后位置，保证刀具工作角度正确	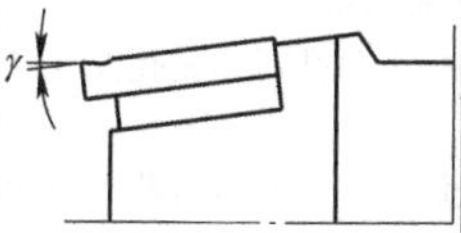	1）螺纹刀具装夹前需对装夹基础柄进行调校，方法：百分表固定在主轴端面，对基础柄相对主轴的平行度和垂直度进行调校，尽可能将位置度公差调至最小（40mm 范围内公差为 0.01~0.02mm） 2）对装夹好的螺纹刀具进行相对主轴端面的运动平行度调校，使刀具刀尖角的对称中心线与工件轴线垂直 3）注意刀具相对工件中心高度。采用试切法调整刀具垫片厚度，使刀尖与工件中心等高，防止螺纹牙型歪斜。如图示数控螺纹刀具刃倾角是负值，刀尖比刀具体略低，因此调试时刀具应比工件中心略高 0.05~0.1mm，才能保证刀尖与工作中心等高，使螺纹切削时刀具牙型角度正确
	正确选用螺纹刀具刀垫	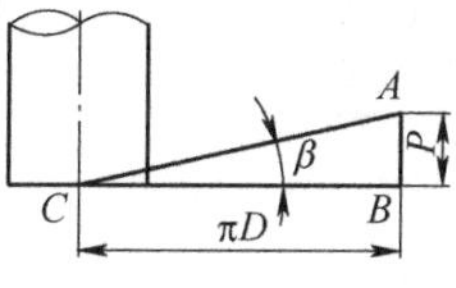	使用符合 ISO 标准的螺纹刀加工时，不同直径和螺距的螺纹所采用的刀垫也不相同（常用刀垫有 0°、1°、2°、3°、4°五种类型） 刀垫类型的计算公式为 $$\tan\beta=P/\pi D$$ 式中，D 为螺纹大径；P 为螺距；β 为倾斜角 根据计算所得 $\tan\beta$ 所对应的 β 值，来选择倾斜角度合适的刀垫 若刀垫选择不正确，会造成导程角过大（或过小）误差，切削平面和基面的位置发生改变，螺纹刀前后角也随之发生变化，加工螺纹牙侧为曲线，在使用万能工具显微镜检测螺纹牙型角时，出现牙型半角超差的现象

（续）

刀　具		说　明
正	选择合理的进刀方式 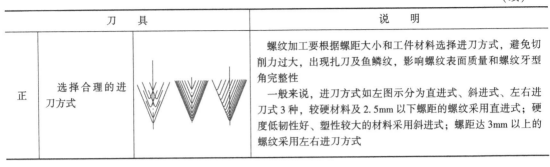	螺纹加工要根据螺距大小和工件材料选择进刀方式，避免切削力过大，出现扎刀及鱼鳞纹，影响螺纹表面质量和螺纹牙型角完整性 　一般来说，进刀方式如左图示分为直进式、斜进式、左右进刀式 3 种，较硬材料及 2.5mm 以下螺距的螺纹采用直进式；硬度低韧性好、塑性较大的材料采用斜进式；螺距达 3mm 以上的螺纹采用左右进刀方式

（邹峰）

5.1.6　钨铜合金加工中小螺纹丝锥应用禁忌

　　钨铜合金是一种由体立方结构的钨和面立方结构的铜所组成的既不相互固溶又不形成金属化合物的两种独立混合组织，通常称为伪合金，其铜的质量分数一般为 10%～50%，弹性模量 E 为 239.79GPa，硬度为 28HRC。因其既具有钨的高强度、高硬度、低膨胀系数等特性，又具有铜的高塑性、良好的导电导热性等特性，导致工件加工难度大，丝锥易折断。

　　以表 5-6 中零件为例，加工时丝锥折断率高，磨损快（国产需要 5～8 支丝锥才能加工一个合格螺纹），成品检验经常出现零件不合格的现象。分析原因主要是外圆圆柱面带有锥度，零件小直径内螺纹（M3 及 M3 以下）塞规不合格。上述问题的出现，不仅会导致整批零件需要进行返修，而且零件极易出现废品，造成极大的生产资源和成本的浪费。

表 5-6　钨铜合金加工中小螺纹丝锥应用禁忌

刀　具		说　明
误	钨铜合金零件螺纹加工不合格	1）由于钨铜合金的加工特性，易造成丝锥磨损较快，导致小直径内螺纹（M3 及 M3 以下）中径不合格，螺纹 T 塞规不能旋入到位，若持续加工，丝锥易折断 　2）使用丝锥加工盲孔时，钻孔深度没有达到螺纹的有效深度，导致丝锥折断 　3）使用丝锥加工钨铜合金盲孔时形成的切屑为短屑，由于螺纹底径较小，容屑空间有限，所以如不及时清理，就会造成堵塞，导致丝锥折断
正	钨铜合金零件螺纹加工合格	1）攻螺纹时应尽量选择刚性好、带涂层的丝锥。即将原使用的高速钢无涂层螺旋丝锥更换为蒸汽回火物理涂层含钴高速钢直槽丝锥，该丝锥铲背和前角较大，切削刃厚度较薄，可有效增加丝锥的刚性和锋利程度 　2）使用丝锥加工盲孔时，钻孔深度一定要比螺纹深 1～2 个螺距，以防止丝锥碰到孔的底部 　3）攻螺纹时应及时清理切屑，避免造成螺纹底孔堵塞

（邹峰）

5.1.7　丝锥排屑槽选用禁忌

　　螺纹加工根据不同螺纹的特征有不同的加工方式，有车削螺纹、铣削螺纹、攻螺纹及挤压螺纹等，不同的加工方式需要使用对应的刀具。丝锥是内螺纹加工中经常使用的刀具，攻螺纹时丝锥排屑槽的数量和槽的大小的选用至关重要，如果选择不当就会造成加工螺纹不合格、丝锥崩齿或断掉。同等排屑槽数量下，排屑槽截面面积的大小也会影响到丝锥强度和加工质量，具体情况见表 5-7。

表 5-7 非标刀具精度检查的禁忌

	排屑槽情况		说 明
误	选择不当		排屑槽选择不当时，丝锥容易断掉，或加工后的螺纹孔表面"起皮"不光滑 前者是因为排屑槽截面面积过大时，前角相应变大，刚性降低 后者是因为截面面积过小时，前角相应减小，切削刃不锋利，加工表面不光滑
正	选择正确	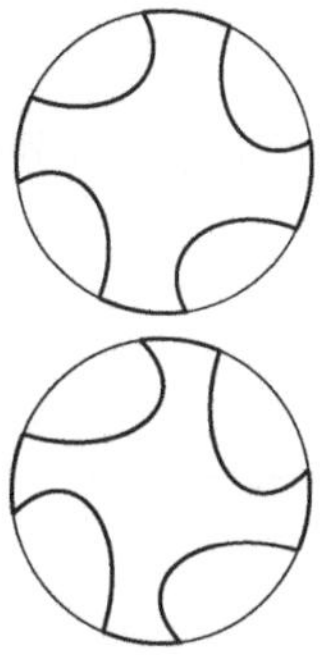	加工塑性大的材料切削力小，需要的刀齿前角大，排屑槽可以大些 加工硬度较高的材料时，需要前角小些、刚性好，排屑槽可以小些的丝锥 排屑槽数量少，排屑槽大，容屑空间增大，不易堵塞。排屑槽数量多，刀具强度较高，刚性好

(刘振利)

5.1.8 加工通孔、盲孔时丝锥的选用禁忌

常见的丝锥有直槽丝锥、螺旋丝锥、螺尖丝锥及挤压丝锥等，不同形状的丝锥应用于不同的场合，只有正确选用才能保证螺纹精度，延长刀具寿命。直槽通常可用于通孔和盲孔的加工，右螺旋槽用于盲孔加工，左螺旋槽和螺尖槽用于通孔加工，如图 5-4 和表 5-8 所示。

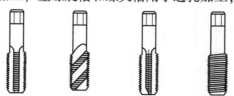

a) 直槽丝锥　　b) 螺旋丝锥　c) 螺尖丝锥　　d) 挤压丝锥

图 5-4 常见的丝锥类型示意

表 5-8　加工通孔、盲孔时丝锥的选用禁忌

丝锥选择情况			说　明
误	选择不当	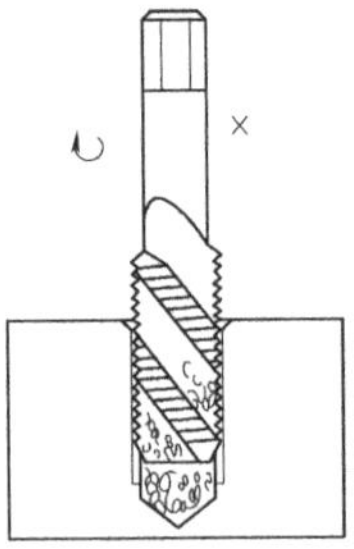 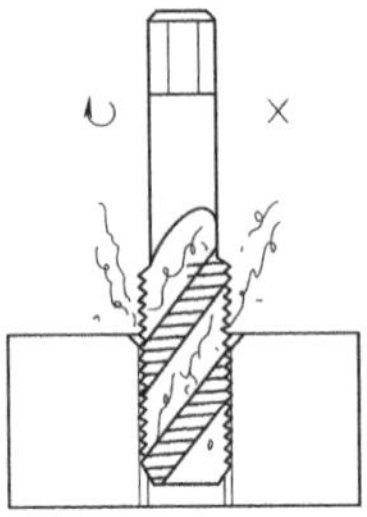	1）使用左螺旋丝锥或螺尖丝锥加工盲孔，切屑向下排，堆积在盲孔底部不能排出 2）使用右螺旋丝锥加工通孔，切屑向上排出，对于表面要求高的螺纹孔，容易划伤表面，加工如果产生长切屑，切屑容易缠绕
正	选择正确	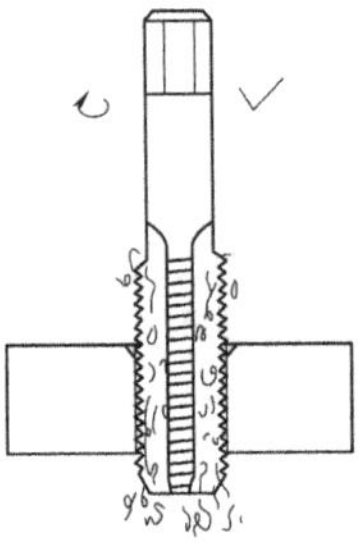	直槽丝锥，较通用，刚性好，适合短的通孔、盲孔，短切屑材料
		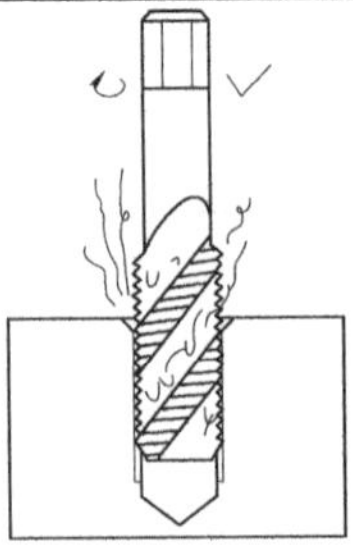 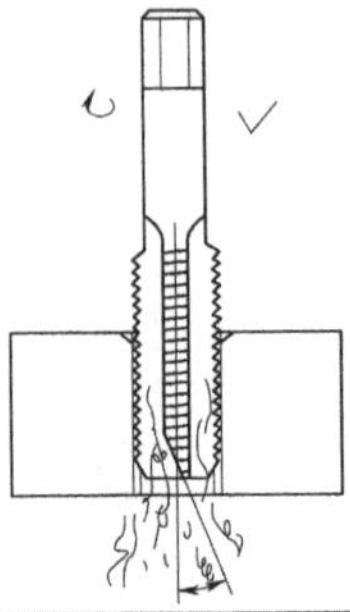	1）螺旋丝锥适合于加工盲孔，产生的切屑向上排出，避免切屑在孔底堆积堵塞 2）加工通孔，应该选用螺尖丝锥或左螺旋丝锥，切屑向下排出，避免切屑缠绕刮伤工件，防止夹屑

（刘振利）

5.1.9　丝锥切削刃宽选用禁忌

丝锥切削刃宽会影响到丝锥的使用效果，丝锥结构如图 5-5 所示。

（1）存在问题　丝锥切削刃宽度小，强度降低。切削刃宽度大，切削部分在退刀时易夹屑，造成丝锥崩刃甚至断掉。

（2）原因分析及解决方法　丝锥切削刃宽度过小，容屑槽相应变大，前角也会增大，虽刀具锋利，摩擦力小，但强度降低。切削刃宽度大，容屑槽相应变小，丝锥完整螺纹修光位置与螺纹的摩擦力增大，切削部分在退刀时容易夹屑，造成丝锥崩刃甚至断掉。所以应根据加工材料的不同，合理选用丝锥刃宽。

（刘振利）

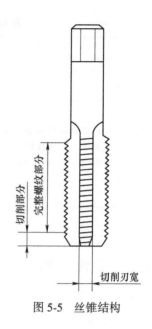

图 5-5　丝锥结构

5.1.10　API 螺纹刀具类拓展应用禁忌

美国石油学会（API）是美国进行石油综合研究的主要单位，负责石油和天然气工业用设备的标准化工作，确保该工业界所用设备的安全、可靠和互换性，自 1924 年发布第 1 个标准开始，API 现在已发布了 500 多项标准。

螺纹作为 API 标准的重要组成部分，适用性广，能够适应绝大部分螺纹加工要求，最大限度地借用 API 标准的螺纹刀具是一个共性选择，在油气田物探、射孔、完井、开采、贮存、运输等用途非常广阔，经过其认证的产品可在全球油气资源服务业得到无障碍认可与使用，国内中国石油、中国石化、中国海油、油气作业平台及生产或服务企业等均大量引用或借用其标准，进而转换成行业标准、企业标准。ISO、R、Rc、NPTF、UN、W、G、ACME、BAPI、RAPI、NPT、TBG、BUTT、NC、REG、IF 及 FH 等螺纹种类非常多，一般企业不会用到全部，虽然各种螺纹已标准化，市场购买便捷，但比较冷门的螺纹结构刀片因用量少，少量生产制造成本高，如 BUTT、PUSH-BUTT（ANSI B1.9）螺纹与 YS（JB/T2001.73—1999）螺纹，定做成本比较高，有的产品生产数量少，购买标准刀具不能为了极少的刀片用量投入较大成本。部分螺纹适应范围见表 5-9，非标 API 螺纹刀具类拓展应用注意事项见表 5-10。

表 5-9　部分螺纹适应范围

序号	螺 纹 种 类	可适应螺纹类型
1	ISO	M、NPT、UN、NPTF、RAPI、NPT、TBG、UP-TBG、NC、REG、IF 及 FH
2	R/Rc	W、G、Rp、PT、PS 及 PF
3	Tr	Tr、TM
4	ACME	ACME、TW
5	NPTF	UNC、UNF、UNEF、ISO 及 UNJ
6	BUTT	B. S. Buttress thread 英制锯齿形螺纹无可替代
7	BAPI	偏梯形螺纹无可替代

表 5-10　非标 API 螺纹刀具类拓展应用注意事项

特　征		说　明
误	一对一机械的对应螺纹种类与刀具	从理论角度来讲，此方法无可厚非，但对小批量、多规格、做样品等显得非常不经济与外行
正	认识螺纹结构类型，不可生搬硬套、照本宣科，灵活掌握并运用，必要时手工磨刃	找出替代品的共性部分，最大限度地利用商品规格，降低制造成本和质量风险，如螺纹刀具生产厂商绝大部分生产泛类刀尖角 60° 美制螺纹刀片，可以适应大部分 60° 螺纹牙型角，泛 NPT 刀具加工 NPTF、UN、ISO，泛 R 刀具加工 W、Rp、G 及 Rc 市场如没有替代或类似结构，可以考虑手工磨刃刀具 在保证刀尖角相同的前提下，灵活运用刀具类型，不可机械硬套

（马兆明）

5.1.11　铝合金螺纹孔加工用丝锥的应用禁忌

在汽车压铸铝合金零部件的结构中，设计有大量的不同规格和结构的螺纹孔，满足不同的使用工况设计要求，螺纹孔结构根据在零件上的贯通方式分为螺纹通孔和螺纹盲孔。加工工艺为专用复合钻刀具钻扩螺纹底孔，然后通过丝锥完成螺纹加工。

铝合金塑性低，熔点也低。加工铝合金时，刀具粘刀问题严重，排屑性能较差，工件表面比较粗糙。加工中铝合金产生粘刀与表面粗糙是刀具在加工中产生积屑瘤导致的，如何在加工中抑制丝锥刀具上积屑瘤的产生成为关键因素。螺纹表面质量不良主要表现在牙型表面存在鱼鳞状的细微倒刺，以及螺纹牙型部分缺失。

用户采用丝锥在铝合金工件上进行攻螺纹时，不同的丝锥会产生不同的加工效果，具体应用禁忌见表 5-11。

表 5-11　铝合金螺纹孔加工用丝锥的加工应用禁忌

螺纹孔加工效果		通孔螺纹	盲孔螺纹	说　明
丝锥种类				
带内冷丝锥 无涂层丝锥	直槽	合适	合适	螺纹孔加工效果状态定义： 1）合适：加工可接受状态，对质量和效率有较小影响 2）不合适：加工不合适状态，对质量和效率影响较大 3）非常合适：加工优良状态，质量和效率比较满意
	左旋槽	非常合适	不合适	
	右旋槽	合适	非常合适	
带内冷丝锥 有涂层丝锥	直槽	合适	合适	改善刀具部位空间的润滑冷却条件，使用带内冷却系统的丝锥 选用带涂层的丝锥，可以减少丝锥攻螺纹加工积屑瘤的产生，提高螺纹加工质量 采用螺旋结构设计，改善丝锥的加工角度，也可以减少丝锥攻螺纹加工积屑瘤的产生概率 在小尺寸铝合金螺纹结构中，为减少产品在成品螺纹处漏气的现象，常采用挤压结构丝锥，来提高螺纹的强度和致密性
	左旋槽	非常合适	不合适	
	右旋槽	合适	非常合适	
无内冷丝锥 无涂层丝锥	直槽	不合适	不合适	
	左旋槽	非常合适	不合适	
	右旋槽	合适	非常合适	
无内冷丝锥 有涂层丝锥	直槽	不合适	合适	
	左旋槽	非常合适	不合适	
	右旋槽	合适	非常合适	

（徐国庆）

5.1.12　铝合金螺纹孔加工用螺纹铣刀的润滑禁忌

铝合金材料具有低硬度、低密度、高强度及线膨胀系数大等特点，加工粘度大，加工过程中易粘刀。对于较大直径螺纹孔的加工，铣加工螺纹为低成本刀具减材孔的首选加工工艺，可通过机床编程的方式，实现一刀加工相同螺距不同直径的螺纹孔。图 5-6 所示为压铸铝合金汽车滤清器座，螺纹铣刀非常适合加工其口部螺纹。

图 5-6　压铸铝合金汽车滤清器座

在工件加工中，螺纹铣刀的刀具形式有整体带内冷却螺纹铣刀和不带内冷却螺纹铣刀，可根据所需加工的工件螺纹孔的大小，参照刀具供应商提供的刀具手册具体选型。通常需考虑的主要因素有工件螺纹结构、刀片槽型、刀片材质、切削液压力和容量、切削参数，以及加工机床和工装夹具等因素。选择不同的螺纹铣刀结构，优先考虑刀具切削的润滑冷却条件及加工过程中铝屑从加工部位的排出，防止刀具产生的积屑瘤对加工表面作用产生不良影响，和加工铝屑对已加工螺纹表面的挤压破坏。

用户选择螺纹铣刀加工工件上的螺纹孔时，需注意螺纹铣刀润滑方面的应用禁忌，具体见表 5-12。

表 5-12　铝合金螺纹孔加工用螺纹铣刀的润滑禁忌

	螺纹铣削加工润滑冷却条件		说　　明
误	差的加工润滑冷却条件		工件加工直径不大于螺纹铣刀直径 1.5 倍，加工空间严重不足，加工排屑空间很小，外部切削液喷淋冷却不足，排屑条件不良。铣削时，则可能产生刀具粘刀，引起螺纹表面质量不良和螺纹缺齿，严重时甚至产生折断事故 对于此种工件加工可以选择丝锥直接加工
正	优异的加工润滑冷却条件		工件加工直径是螺纹铣刀直径的 3 倍以上，具有足够的加工空间，只需外部切削液喷淋冷却，即可获得优异的刀具切削的润滑冷却条件和排屑空间，加工出所需的螺纹质量 刀具材料选用金刚石 PCD，可以获得优良的螺纹表面加工质量
	可接受的加工润滑冷却条件		工件加工直径是螺纹铣刀直径的 1.5~3 倍，加工空间比较局促，需外部切削液喷淋冷却，辅助机床主轴具有中心内冷功能及刀具内部喷射冷却，改善排屑条件，也可获得满足所需的螺纹质量

（徐国庆）

5.1.13　大直径内容屑丝锥加工应用禁忌

大直径内容屑丝锥如图 5-7 所示，主要用于加工 M48~M100 常用普通螺纹。加工中应注意：

1）大直径内容屑丝锥需根据工件材质和机床刚性合理选用。

2）每次加工螺纹孔时，都需根据丝锥大小调整攻螺纹刀柄扭矩。

3）加工前确认各孔螺纹底孔尺寸、螺孔深（内容屑丝锥一次性允许攻螺纹深度为丝锥直径的 1.5 倍）、倒角及保证孔内无切屑。

4）加工时，丝锥上涂抹专用丝锥油。

5）每次加工螺纹后，要对内容屑丝锥进行清理。

6）攻完螺纹后，需拿通止规进行测量检验。

7）加工完成后，记录每只丝锥攻螺纹数量，查看使用情况是否完好。

大直径内容屑丝锥加工应用禁忌具体见表 5-13。

a）内容屑丝锥　　　b）内容屑丝锥和丝锥套组合　　　c）攻螺纹刀柄组合

图 5-7　大直径内容屑丝锥

表 5-13　大直径内容屑丝锥加工应用禁忌

	使 用 方 式	说　明
误	螺孔攻深超过 1.5 倍径，一攻到底	螺孔攻深超过 1.5 倍径，强行一次攻到底，会导致丝锥内容屑孔没有空间容屑，丝锥出现崩牙现象，或攻螺纹刀柄打滑，螺孔出现乱牙现象
正	螺孔攻深超过 1.5 倍径，分多次攻螺纹	螺孔攻深超过 1.5 倍径，分多次攻，既可以保证螺孔的质量，还可以更好保护丝锥和攻螺纹刀柄

（张永洁）

5.1.14　螺纹铣削用铣刀片的选用禁忌

加工螺纹除使用丝锥加工外，还可使用螺纹铣刀进行铣削加工。只要选择正确的螺纹铣削刀片、合适的刀杆及正确的加工程序就能加工出高质量的螺纹，如图 5-8 所示为螺旋铣削刀杆。螺纹铣刀片大多用于铣削大直径螺纹、深孔螺纹、管螺纹等，选用螺纹铣刀片需注意：

1）螺纹刀片分为 55°、60° 两种，60° 刀片一般加工普通螺纹，55° 刀片加工锥管管螺纹。

2）螺纹刀片常用直径种类有 09、13、15、19 共 4 种，牙深对应刀片长度。

3）60° 螺纹刀片长度对应螺距分别为 09：1.5 ~ 4mm；13：1.5 ~ 5.5mm；15：1.5 ~

6mm；19：1.5~6mm。

4）55°螺纹刀片深度根据螺纹铣刀杆选用，大多管螺纹螺距在 2.5mm 以下。

螺纹铣刀片的选用禁忌见表 5-14。

a）BT50整体式螺纹铣刀柄

b）侧固式螺纹铣刀杆

图 5-8　安装螺纹刀片的螺纹铣削刀杆

表 5-14　螺纹铣刀片的选用禁忌

	选 用 方 式		说　　明
误	螺纹铣刀片混用		螺纹铣刀片角度55°、60°，很难用肉眼一眼看清，一旦出现错误选择，铣削出的螺纹牙型角不对，只能报废
正	选择正确螺距的螺纹铣刀片		选择正确角度、螺距的螺纹铣刀片铣削螺纹，既高效，又可以保证螺纹加工的质量

（张永洁）

5.1.15　铝基复合材料攻螺纹刀具选用禁忌

铝基复合材料具有较高刚度，在锻造熔合过程中材料熔合有可能不均，加之在攻螺纹过程受力不均，极易造成丝锥断裂。在合理选用刀具的同时，刀具后角进行相应地修磨，可对提升加工质量起到较好的效果，使用过程中选用禁忌见表 5-15。

表 5-15　铝基复合材料攻螺纹刀具选用禁忌

	内螺纹表面质量	说　　明
误	新丝锥　　　　烂牙	攻螺纹时不对丝锥后角进行处理，螺纹孔容易烂牙，甚至会造成刀具损坏

（续）

内螺纹表面质量	说　明
正	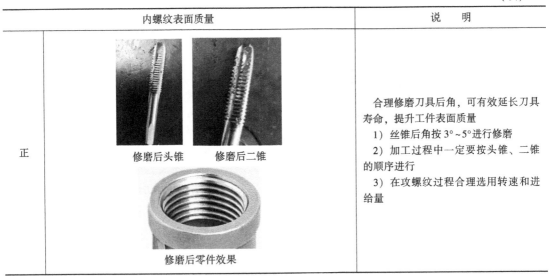 修磨后头锥　　修磨后二锥 修磨后零件效果	合理修磨刀具后角，可有效延长刀具寿命，提升工件表面质量 　　1）丝锥后角按 3°~5°进行修磨 　　2）加工过程中一定要按头锥、二锥的顺序进行 　　3）在攻螺纹过程合理选用转速和进给量

（张玉峰）

5.1.16　镁合金铸件攻螺纹、铰削刀具及切削参数选择禁忌

　　镁合金是以镁为基加入其他元素组成的合金，具有密度低、比性能好、减振性能好、导电导热性能良好、工艺性能良好，以及耐蚀性能差、易于氧化燃烧、耐热性差等特点。在实用金属中是最轻的，其密度大约是铝的 2/3，铁的 1/4，主要用于航空航天、运输、化工等工业部门。基于镁合金的特点，特别是其耐蚀性差、易于氧化燃烧、耐热性差，在攻螺纹时需要注意刀具和切削参数的合理选择，具体选择禁忌见表 5-16。镁合金铸件铰削时需要注意刀具和切削参数的合理选择，具体选择禁忌见表 5-17。

表 5-16　镁合金铸件攻螺纹刀具及切削参数选择禁忌

	选择刀具及切削参数的对应切屑表现形式	说　明
误	堵塞切屑	攻螺纹时若未优先考虑切屑形状和排出，选择的刀具和切削参数不合适，则可能引起切屑堵塞及被加工工件表面质量不良 　　此种堵塞切屑可能会造成排屑不畅及产生切削区域高温，从而影响铣削质量及可靠性，造成攻螺纹超差甚至粘连"掉牙"发生
正	正常切屑	为获得良好的切削形式和攻螺纹质量，需要选择合理的刀具及切削参数，不要让刀具中途停顿在工件中并及时排屑 　　实际生产中，选用刀具要求锋利并兼具强度，刀具材质不限，采用干式加工时，切削速度≤5m/min，易造成刀具粘屑超差，一般不推荐 　　采用湿式加工时，切削速度≤10m/min，攻螺纹前清理孔内的切屑。丝锥推荐涂 10#~20#航空液压油（执行标准：GJB 1177A—2013）

表 5-17　镁合金铸件铰削刀具及切削参数选择禁忌

	选择刀具及切削参数的对应切屑表现形式		说　明
误	堵塞切屑		铰削时若未优先考虑切屑形状和排出，选择的刀具和切削参数不合适，则可能引起切屑堵塞及被加工表面质量不良 此种堵塞切屑可能会造成排屑不畅及产生切削区域高温，从而影响铣削质量及可靠性，造成铰削超差甚至发生粘连
正	正常切屑		为获得良好的切削形式和铰削质量，需要选择合理的刀具及切削参数，不要让刀具中途停顿在工件中并及时排屑 实际生产中，选用刀具要求锋利并兼具强度，刀具材质不限，一般切削余量≤0.3mm，切削速度≤10m/min，进给量≥0.1mm/r，铰削前清理孔里的切屑。铰刀推荐涂10#~20#航空液压油，防止产生积屑瘤

（李创奇）

5.2　工艺应用禁忌

5.2.1　深孔螺纹加工的断屑控制禁忌

深螺纹加工时，长切屑容易造成缠绕和堵塞，缠绕的切屑旋转时会划伤工件表面，堵塞会影响切屑排出，适当的断屑有利于切屑的排出，减少丝锥阻力，具体措施见表 5-18。

表 5-18　深孔螺纹加工断屑的禁忌

	断屑情况		说　明
误	未断屑	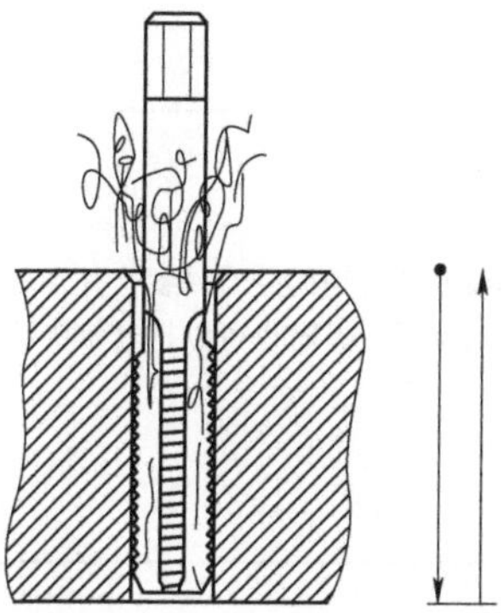	深孔攻螺纹过程中，无断屑措施，一次攻到孔底后再退刀，长切屑容易发生缠绕堵塞，刮花工件表面，且不利于切屑排出，丝锥容易崩齿断裂

（续）

断屑情况			说　明
正	断屑	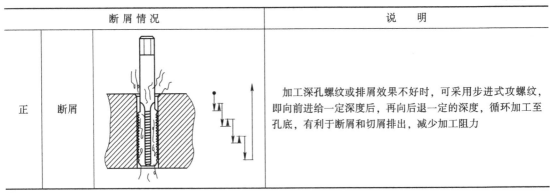	加工深孔螺纹或排屑效果不好时，可采用步进式攻螺纹，即向前进给一定深度后，再向后退一定的深度，循环加工至孔底，有利于断屑和切屑排出，减少加工阻力

（刘振利）

5.2.2　预留盲孔螺纹空刀长度选用禁忌

　　为保证盲孔螺纹加工的有效深度尺寸，通常使用向上排屑的螺旋丝锥，丝锥的无效切削刃长度不易过长。在向上排屑时，有部分碎屑会在孔底堆积，如果螺纹底孔的空刀部分预留过短易把切屑压实在底部。另外，对于孔底锥面精度要求高的（如作为密封面）螺纹孔，丝锥头部也容易碰到孔底，损伤孔底锥面，或因丝锥受力过大而断掉，具体禁忌见表 5-19。

表 5-19　预留盲孔螺纹空刀长度选用禁忌

空刀情况			说　明
误	空刀深度过短	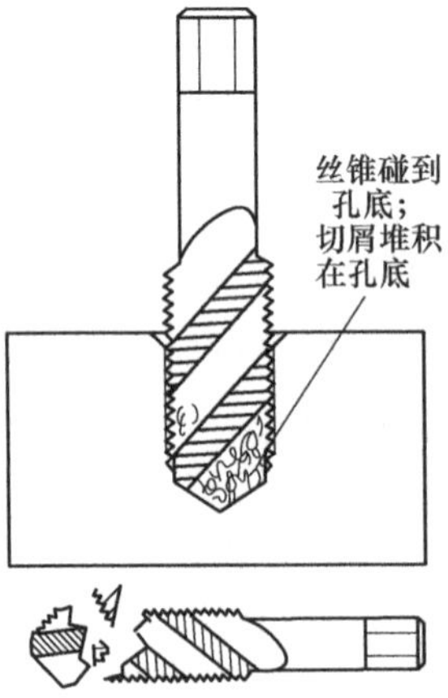 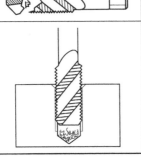	螺纹底孔预留空刀深度过短，部分切屑在孔底堆积，容易划伤孔底锥面 　对刀时如果长度方向存在误差，丝锥头部容易碰到底孔，导致刀具断裂
正	空刀深度合适		保证螺纹底孔合理的空刀深度，并合理选用丝锥，使孔底有一定的容屑空间，有时也可以把丝锥头部制成凹形，增大容屑空间

（刘振利）

5.2.3　攻螺纹同步误差控制禁忌

在 CNC 设备上，用丝锥进行刚性模式加工螺纹时，设备转速和轴向进给需计算、制定好，并且要求设备性能同步。虽然理论上可行，但实际上控制系统误差成为引起故障的重要原因。

1）设备系统因素：设定的设备速度，轴向精度（垂直度、旋转轴、C 轴），设备的机械系统条件状况。

2）螺纹刀具因素：刀具相关的螺距公差，螺纹刀具加工深度的变化，都会加剧攻螺纹同步误差带来的轴向力变化。

在加工中心上攻螺纹时，要求丝锥进给和旋转同步，以防止因拉或挤压而断丝锥。由于刚性攻螺纹功能通过串行主轴功能实现，所以该功能调试前，确保能够实现主轴的正常运行（如主轴正转、停止和反转）。以上都是通过伺服系统控制而实现，在调试功能前，需检查所设计的梯形图是否正确。主轴运行从速度系统变成位置系统运行。主轴移动采用伺服电动机来驱动，在主轴上增加位置传感器，对主轴传动机构的间隙和惯量均有严格要求。由于各厂家的机床结构不同，调试刚性攻螺纹的相关参数也不相同，要特别注意。

即使精心调试，随着设备的使用磨耗，系统一样会产生误差，为消除同步误差，每半年进行一次调整以保证稳定加工。了解设备同步误差变化，根据变化周期规律制定设备维护计划，从而消除丝锥断裂问题的基础因素。

如果机床不具备准确同步的条件，只能选择微量浮动攻螺纹或柔性攻螺纹，在刀柄中增加弹性浮动装置，若主轴移动中与螺距产生不同步，弹性装置的伸缩量会补偿丝锥的进给量和"转速×螺距"的差值。

在加工条件好的情况下，使用浮动刀柄攻螺纹并不能改善加工，还会造成效率降低。因为浮动刀柄结构有间隙，所以不能使用高速切削参数。具体说明见表 5-20。

表 5-20　攻螺纹同步误差控制禁忌

攻螺纹同步误差		说　明
误	设备刚性攻螺纹时同步误差大	螺纹烂牙、中径偏差，零件不合格，设备受到异常的轴向拉力或推力
误	定期对设备刚性攻螺纹性能进行检测、维护调整	至少每 3 个月要对设备进行同步攻螺纹误差检测，要求高时每个月进行检测
正	当不能实现刚性攻螺纹功能时，使用微量浮动攻螺纹刀柄或浮动攻螺纹刀柄　左侧是浮动攻螺纹刀柄，右侧是微量浮动攻螺纹刀柄	浮动攻螺纹刀柄适用的条件有 5 种： 1）主轴转动精度好，但 Z 轴移动有微量的偏差 2）Z 轴移动精度良好，但主轴回转精度有微量误差 3）主轴回转和 Z 轴移动同步功能都有微量误差 4）主轴回转和 Z 轴移动精度都良好，但工件−夹具系统在加工中有微量误差（包括：旋转又分为工件旋转和四轴旋转精度；工件的 X、Y 轴移动；工件微量的弹性变形） 5）不能进行高速切削，否则会有尺寸偏差

（华斌）

5.2.4　三角外螺纹高速车削禁忌

在各种机械产品中，带有螺纹的零件应用很广泛，用车削方法加工螺纹是目前最常用的方法。为提升加工效率，降低生产成本，高速车削三角外螺纹的方法也广范应用于日常的生产加工当中。在高速车削三角螺纹时，对刀具选择、工艺安排尤其重要。在实际生产加工中应注意以下禁忌，具体见表5-21。

表 5-21　三角外螺纹高速车削禁忌

禁　　忌		说　　明
车削螺纹前的外圆直径不能大于或等于公称直径	 车削 M42×1.5 外螺纹前外圆直径按 f42mm 加工，螺纹加工公称直径变大 0.18mm	因为高速车削后螺纹大径会产生膨胀变形，若在车削螺纹外圆时考虑此膨胀量，则会导致加工后螺纹大径变大，从而影响了加工质量，因此在高速车削螺纹前的外圆直径至少要比其公称直径小 0.12~0.5mm（具体按螺距大小确定）
车刀刀尖不宜低于或高于工件中心	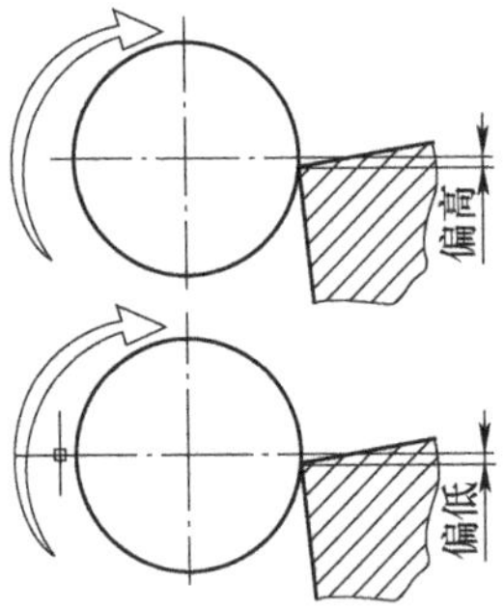	由于高速车削螺纹时会产生很大切削力，加之高速车削时背吃刀量较大，若刀尖与工件中心等高或低于工件中心，受切削力影响，刀尖会略向下移动，所以容易产生扎刀现象 通常在高速车削三角螺纹时，车刀刀尖应略高于工件回转中心（高出的距离一般为工件直径的 1/100）
不宜采用左右车削法	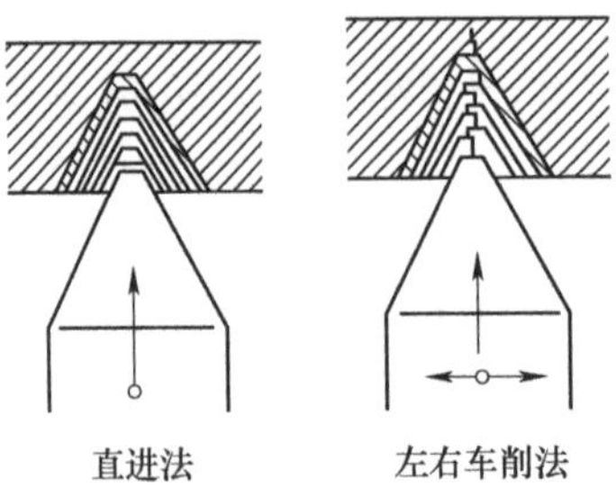 直进法　　左右车削法	因为切屑向两侧排出，容易拉毛牙侧，因此高速车削螺纹时，只能用直进法
刀尖角不应等于牙型角	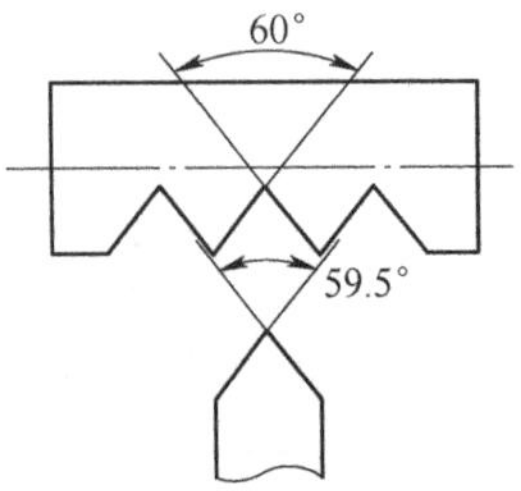	高速车削时切削力大，加工后螺纹牙型角会增大，故在刃磨硬质合金螺纹车刀时，其刀尖角应比螺纹牙型角减少 30′，以确保加工后得到正确的牙型

（续）

禁　忌		说　明
刀具不宜刃磨断屑槽	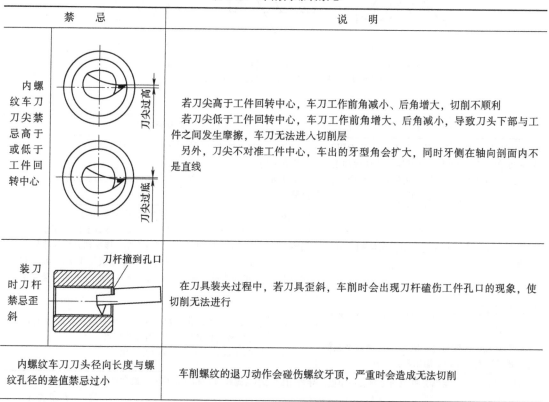由于刀具有断屑槽，高速加工中刀尖崩碎	高速车削螺纹时多采用硬质合金刀具 若刃磨断屑槽会降低刀头强度，易使螺纹刀片崩碎，且开断屑槽后，将使径向前角不为 0°，车出的螺纹牙型角要扩大，牙侧不直

（赵敏）

5.2.5　车削内螺纹的 5 项禁忌

螺纹车削是机械加工中非常普遍且又比较复杂的问题。螺纹车削的要求要高于其他普通车削操作，车削时所产生的切削力一般较大。车削螺纹时，由于螺纹导程角的影响，引起切削平面和基面位置的变化，从而使车刀工作时前角和后角与刃磨的前角和后角数值不同，影响正常车削。在车削螺纹时，若有一个环节出现问题，就会产生意想不到的后果，影响正常加工，这时应及时加以解决。内螺纹车削中应注意以下禁忌，具体见表 5-22。

表 5-22　车削内螺纹禁忌

禁　忌	说　明
内螺纹车刀刀尖禁忌高于或低于工件回转中心	若刀尖高于工件回转中心，车刀工作前角减小、后角增大，切削不顺利 若刀尖低于工件回转中心，车刀工作前角增大、后角减小，导致刀头下部与工件之间发生摩擦，车刀无法进入切削层 另外，刀尖不对准工件中心，车出的牙型角会扩大，同时牙侧在轴向剖面内不是直线
装刀时刀杆禁忌歪斜	在刀具装夹过程中，若刀具歪斜，车削时会出现刀杆磕伤工件孔口的现象，使切削无法进行
内螺纹车刀刀头径向长度与螺纹孔径的差值禁忌过小	车削螺纹的退刀动作会碰伤螺纹牙顶，严重时会造成无法切削

（续）

禁　　忌	说　　明
刀杆禁忌过细	刀杆刚性差，车削时受切削力会产生弯曲变形，易让刀，加工后内螺纹产生锥形误差。因此，内螺纹车刀的刀杆应在保证正常切削及排屑的前提下，尽可能粗些 　　刀柄截面尺寸的选用。标准内孔车刀已给定最小加工孔径。加工最大孔径范围一般不超过大一规格的车孔刀的最小加工孔径，如特殊需要，也应小于再大一规格的使用范围
禁忌后角过小	车刀后角小。粗车时，后角小但车削深，每一刀让刀量不易显现。当车到一定深度时，刀量集聚，产生一个大的车削深度，车削力猛然增大，产生啃刀现象 　　精车时吃刀量小，工件与车刀间的切削力小抵抗不了后刀面与工件之间的抗力，车刀在精修前几刀虽然进刀但无法车削到工件，而在后续某一刀会突增切削量，产生啃刀现象

（赵敏）

5.2.6　螺纹加工的切入方法

螺纹加工的进刀方式会对螺纹工艺的切屑控制、刀片磨损、螺纹质量、刀具寿命及加工温度等方面产生重要影响。实际中，加工刀具、工件材料、刀片槽型及螺距确定了进刀方式。

目前，主要有如图5-9所示的3种不同类型的螺纹车削进刀方式。具体禁忌见表5-23。

a）径向进刀

b）侧向进刀
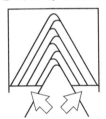
c）交替式进刀

图5-9　3种不同类型的螺纹车削进刀方式

表5-23　螺纹车削进刀方式禁忌

问　　题	原因及解决办法
径向进刀方式，刀尖易产生高温，从而限制轴向进给深度，只适用于小螺距（不建议加工>1.5mm螺距螺纹），在加工大螺距时易产生振动并切屑控制困难，甚至会崩刃	径向进刀方式是最常用的方法，生成不易弯曲的"V"形切屑，刀片磨损均匀 　　平衡每刀的切削面积（第一刀为最大的吃刀量，最后一刀的吃刀量最小）
侧向进刀方式，刀片的一个侧面接触，刀片磨损不均	大多数数控机床都可通过编程来实现这种进刀方式（FANUC：G76指令，SIEMENS：Cycle95指令），切屑类似于传统车削产生的切屑，能够容易地成形和引导，切屑更厚，传递到刀片的热量少 　　侧向进刀方式适用于小至中等螺距（不建议加工$P=10$mm以上螺距螺纹），可作为螺纹加工的首选，能获得较好的表面质量和切屑控制
交替式进刀方式，两个方向引导切屑，难以控制切屑 　　CNC编程难度较高（一般CNC控制器不支持此类螺纹的固定循环，需用户自行编辑）	交替式进刀是加工大螺距大尺寸螺纹牙型时最可靠的加工方式，具有均匀的刀片磨损和最长的刀具寿命等优点 　　建议加工$P=10$mm以上螺距螺纹时采用

注：应注意计算导程角并及时更换刀垫角度。导程角的大小与螺纹直径和螺距相关，最常见的倾斜角为1°。

（周巍）

5.3　其他禁忌

5.3.1　螺纹加工工件弹性变形控制禁忌

螺纹加工一般是在所有工序完成后加工，若出现问题，如丝锥折断，将会有 6 大浪费：

1）工件加工中止，物料统计困难（造成每日交付的统计量错误）。

2）操作人员之前的加工过程成为无效的动作。

3）丝锥的正常摊销成本陡然升高（正常磨损后不按要求强制换刀的除外）。

4）去除断丝锥的成本，含运输、管理费用（直接在本设备上去除断丝锥的方式没有这两项）、水电费、人工费、刀具和工具费用等。

5）去除断丝锥后的返工成本，修复螺纹，保证螺纹深度，检验及防锈。

6）重新上线需要的运输成本、管理费用等（需告诉物流进行统计，不然在制数量、已加工数量、交付数量不能准确核对）。

排除丝锥品质原因外，造成断丝锥有诸多原因，其中工件刚性或夹具刚性差造成的断丝锥比较容易被忽略。

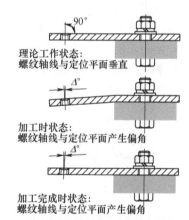

根据 EMUGE 公司的研究，在丝锥指定位置和机床主轴实际位置之间超过 $17\mu m$，将会导致一个约为 2800N 的轴向力；按此模型分析工件偏转一个角度后，产生 $26\mu m$ 误差，M10 丝锥将会施加一个 >2800N 的轴向力，这时丝锥折断的概率会增加很多；压紧不可靠会加剧这种现象。

如图 5-10 所示，工件加工时被切削力压迫发生弯曲，实际孔的轴线与刀具不同轴，对刀具产生一个弯矩，当刀具不能承载这个力矩，丝锥就会折断。绘制图形可以看到，在距离定位孔 100mm 位置上钻孔后，若该平面下沉 0.1mm 时，角度偏差为 0.05°，孔两端的轴线最大偏差为 0.0261mm。受到的异常轴向

图 5-10　攻螺纹时工件弹性变形造成断丝

力、径向力足够折断一支 M10 丝锥。工件的弯曲程度与零件材料、底孔大小、丝锥选型、丝锥磨损有关，当处于临界状态时是无规律的折断；当超过临界状态，断丝锥现象就会在基本固定的螺纹孔位置发生。螺纹加工工件弹性变形控制禁忌具体见表 5-24。

表 5-24　螺纹加工工件弹性变形禁忌

	工件弹性变形和夹具变形	说　明
误	攻螺纹的工件在悬伸处加工，工件发生部分弯曲变形 　加工位置与定位销方向垂直的情况下，定位销或定位套磨损后，工件在夹具内存在浮动状态，一般是固定某个孔位时断丝锥	工件加工时，因剪切力压迫发生弯曲，实际孔的轴线与刀具不同轴，对刀具产生一个弯矩，当刀具不能承载这个力矩，丝锥就会折断 　工件的弯曲程度与零件材料、底孔大小、丝锥选型、丝锥磨损有关，当处于临界状态时是无规律的折断，当超过临界状态，就会在固定位置发生断丝锥现象 　安装工件的定位销与定位套的间隙，也是造成断丝锥的原因，一般呈缓慢、逐渐严重的趋势生成

（续）

	工件弹性变形和夹具变形	说　明
正	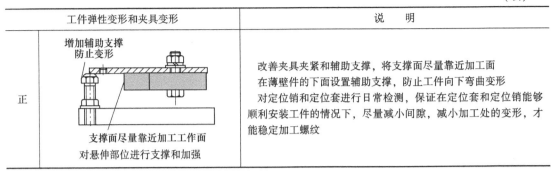 增加辅助支撑 防止变形 支撑面尽量靠近加工工作面 对悬伸部位进行支撑和加强	改善夹具夹紧和辅助支撑，将支撑面尽量靠近加工面 　在薄壁件的下面设置辅助支撑，防止工件向下弯曲变形 　对定位销和定位套进行日常检测，保证在定位套和定位销能够顺利安装工件的情况下，尽量减小间隙，减小加工处的变形，才能稳定加工螺纹

（华斌）

5.3.2　攻螺纹切削液悬浮切屑末控制禁忌

　　丝锥经前刀面切入工件，流出切屑。切削部分后角横截面是铲磨的，一般呈楔形（校准部位一般是无后角），多数是有刃带的偏心圆弧后角，有的是同心圆后角，还有修复磨损丝锥时的简易直线后角。各种铲磨后角形成楔形减小阻力，但反转时此楔形会被切削液中的切屑末卡住，如图 5-11 所示。

　　当切削液中的切屑末越大、硬度越高、数量越多时，卡住丝锥的概率也就越大，开始是引起丝锥的切削刃崩损，而设备还在运转，主轴还在反转，崩损边无阻力了，其他几个刃依然会有摩擦，而产生偏向弯矩，也就是力偶不平衡，折断丝锥的机会也就越大。当切削液中切屑末直径 $>50\mu m$ 时，折断丝锥的概率将会增加 3~5 倍。攻螺纹切削液使用禁忌见表 5-25。

 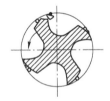 

a）反转时丝锥的楔形部位被切屑末卡住　　　b）丝锥尖部薄弱点开始崩刀　　　c）丝锥机械反转失衡而整体折断

图 5-11　切屑末造成断丝锥的作用机理

表 5-25　攻螺纹切削液使用禁忌

	切削液使用	说　明
误	切削液没有处理洁净，没有定期清理或有效过滤，或是过滤器失效	切削液中微小切屑末在水泵高速流动冲击下悬浮后吸附到加工处，切屑末在丝锥反转时卡在铲磨的后刀面处，对丝锥产生径向挤压，严重时将丝锥挤压崩损，使丝锥受力不均，导致丝锥折断
正	定期清理切削液箱 对切削液进行有效的过滤	定期清理切削液，防止切屑末太多太大 　确保进入加工区域的切削液中没有切屑末 　有效防范因切削液异常对丝锥的影响，延长刀具寿命

（华斌）

第6章

切断切槽刀具应用禁忌

6.1 刀具应用禁忌

6.1.1 切槽刀具应用禁忌

（1）步骤与禁忌 在切断切槽中，加工效果、安全性、生产效率是3个重要方面。选择正确的刀具并正确装夹，以及正确的参数设定能够避免许多问题，如杜绝飞边和毛刺、刀具破裂、堵屑、表面质量差等。切削液压力不正确、长悬伸和高水平的振动及刀具断裂，可能导致昂贵的零件报废，因此掌握切断切槽技术应用显得尤为重要。选取步骤需从认识切断切槽工步开始，认识切断切槽工步，如图6-1所示。切槽刀具选择考量因素见表6-1，选取常见禁忌与预防见表6-2。

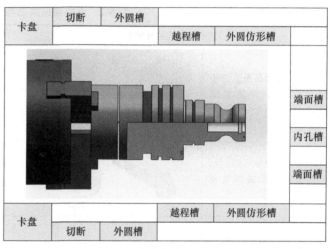

图 6-1 切断切槽工步全图

表 6-1 切槽刀具选择考量因素

考量因素	技术要素细节		选择技术及技巧
刀具	应用类型	外圆槽、内圆槽、端面槽及仿形槽等	了解现场 & 网站配刀
	背吃刀量 a_p	浅槽、深槽	
	切削宽度 W	窄槽、一般槽宽、宽槽	
	刀尖圆弧半径 R_E	刀尖圆弧半径 0.05~0.2mm	
	质量要求	表面粗糙度、几何公差要求等	关键要素（重点）
工件	结构	连续、断续、刚性、薄壁及细长轴等	刀具材质选择
	材质	六大系列材质 P/M/K/S/N/H	

(续)

考量因素	技术要素细节		选择技术及技巧
工件	工步	内孔、外径、端面、仿形、沟槽等	刀具切槽种类
	批量	大、中、小批量	专用或标准
	切削状态	粗加工、中加工、精加工	刀片形状
	工件直径	外径、内径、端面槽小径/大径	刀具尺寸
	槽尺寸	槽宽、槽深、根部 R 角及倒角等	
机床	刀台（刀座）	水平式、斜床身、刀排式等	刀具 R/L、0°/90°
	参数	刀具补偿、倒角功能、螺纹倒角功能等	程序及刀具匹配
	切削液	切削液种类、内外冷、压力等	刀具内冷/断屑槽
	功率、扭矩	区分是刚性切削还是轻型切削	决定刀片形状
	转速限制等	最高转速及最低转速	刀片尺寸/材质
	刀具位置	刀座情况及是否干涉等	刀杆长度/材质
	刀具数量	刀座数量、排列决定刀具选择	刀具量、加工状态

表 6-2 选取常见禁忌与预防

选取常见禁忌与预防		说　明
没有区分左右手刀具，导致无法使用		端面槽刀根据上下排屑，区分左右手没有考量，导致无法安装或不能使用 切断刀具有左右手之分没有考量，造成不能使用
0° 及 90° 未区分，导致无法安装及使用		由于现场刀座安装数量及工件结构的限制，没有区分 0° 及 90° 刀杆，导致无法安装
误　选取刀具的尺寸不合适	见表 6-3	1）外圆、端面刀方不合适 2）内孔径大干涉内孔或排屑不畅 3）刀片宽度 CW 尺寸或大或小 4）刀尖圆弧半径 R_E 过大、过小 5）端面槽刀切削最大、最小径范围不合适，干涉工件 6）刀杆刀片深度不合适，过大刚性不足，过小干涉工件 7）没有考虑通孔、盲孔导致内孔槽刀干涉工件 8）没有区分浅、中、深切槽，导致选择刀具失误
切削液接口不合适		1）机床冷却与刀具冷却不匹配 2）接口不匹配 3）上、下冷却不匹配 4）内冷外冷压力不匹配

（续）

	选取常见禁忌与预防		说　　明
正	考虑周全区分左/右手、0°/90°刀具	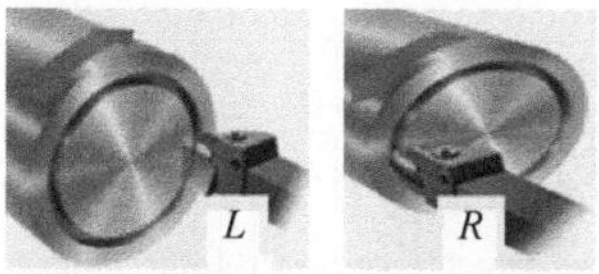  0°　　　90°	1）上下排屑与刀具匹配 2）刀座与刀具匹配 3）刀具与工艺等匹配
	刀具尺寸全部合理	见表6-3	1）刀杆全部尺寸合适 2）刀片尺寸全部合适 3）刀片材质合适 4）涂层合适 5）刀片公差符合加工工艺要求 6）刀具符合粗、中、精加工状态 7）刀具符合排屑要求 8）刀座刀套相关匹配
	根据槽型精度等级选用粗、中、精加工刀具	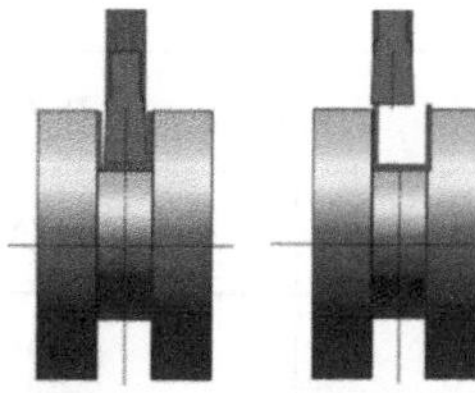 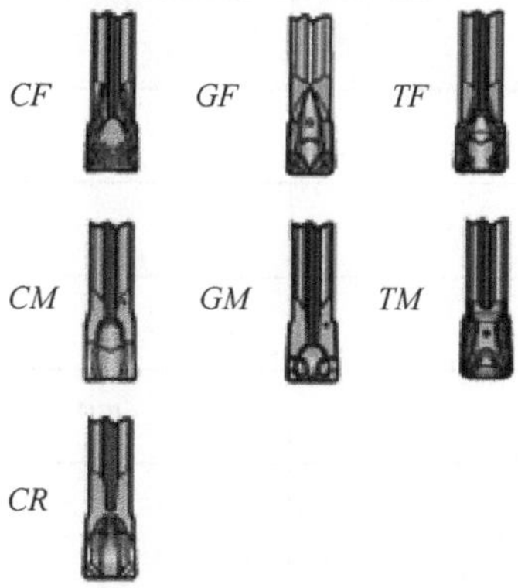 CF　　GF　　TF CM　　GM　　TM CR 断屑槽代码	1）槽型精度大于 IT10 适合使用粗加工刀具，1 把刀具解决问题，考虑的是效率，区分开粗刀具路径、精加工路径 2）槽型精度介于 IT10～IT8 适合使用中加工刀具，1 把可以解决问题，提升效率，区分粗刀具路径、精加工路径 3）槽型低于 IT8 精度建议使用粗、精两把刀具，这样粗加工保证效率，精加工保证精度及表面要求。精加工刀具较小刀具磨损及精度保证稳定性
	冷却相关技术符合要求	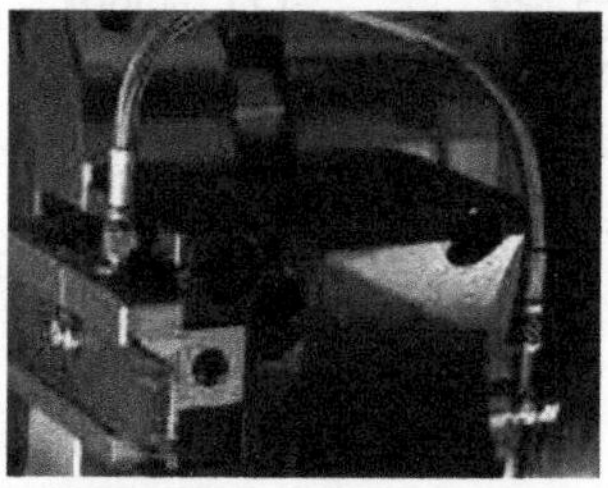	1）机床冷却系统与刀具匹配 2）外冷内冷与系统匹配 3）切削液连接管道部分匹配 4）上下、内外冷却匹配

表 6-3　切槽刀片参数选取

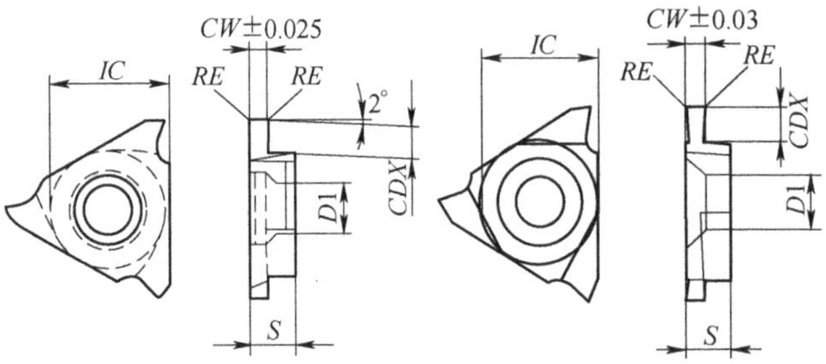

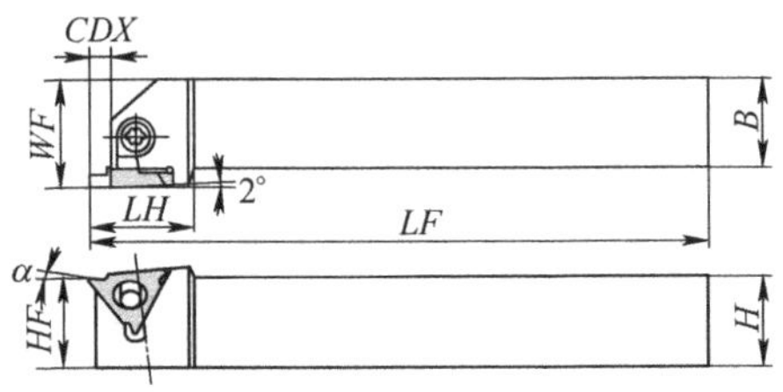

切断切槽刀片参数简码		切断切槽刀杆参数简码	
IC	刀片内接圆径	B	刀杆宽度
BCH	倒棱宽幅	CDX	最大加工深度
CDX	最大加工深度	CUTDIA	最大切断径
CW	刃宽	DAXN	最大端面槽外径
D1	孔径	DAXX	最小端面槽外径
DAXN	最大端面槽外径	DCB	安装孔径
DAXX	最小端面槽外径	DMIN	最小加工径
INSL	刀片长度	DCON	刀杆径
PSIRR	导程角	H	刀杆高度
RE	刀尖 R	HF	刀尖高度
S	刀片厚度	LF	全长
W1	刀尖宽	LH	刀头长度
WF	刃宽	WF	刀尖距离

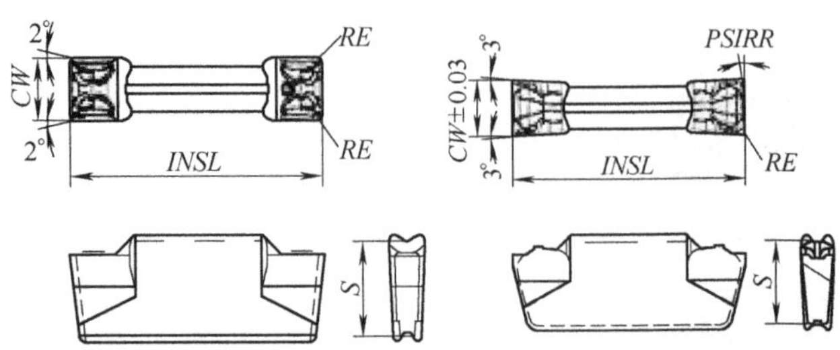

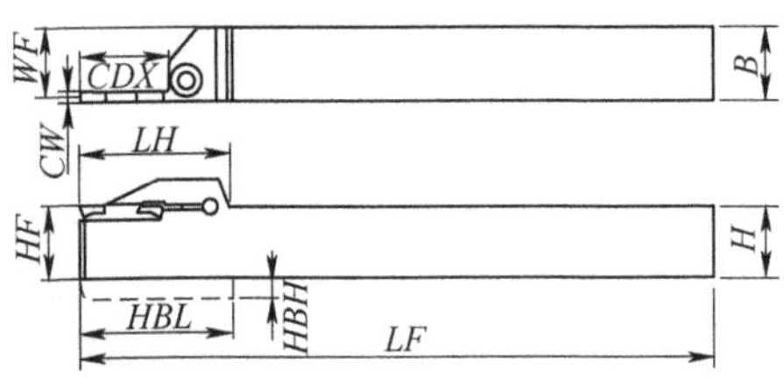

（2）选取案例　切槽刀具选取有一定的规律可循，根据机床、工件、产品批量、精度、表面质量要求等进行选取。下面根据案例分析选取的步骤方法、工艺及注意事项，具体见表 6-4、表 6-5。

表 6-4　端面槽加工刀具选取

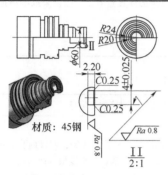 材质：45钢	步骤一：选取思路要点
	1）通过查看图样，明确产品材质：45 钢，明确端面槽尺寸：宽 w =（4±0.025）mm，深度 H = 2.20mm，表面粗糙度值 Ra = 0.8μm 2）DAXX：φ48mm、DAXN：φ40mm 3）确认本端面槽属于精密级 4）表面粗糙度值 Ra = 0.8μm，选择陶瓷刀片 5）表面质量要求高，选取内冷刀杆 6）刀宽 2.5mm，粗加工两到刀，单边留余量 0.3mm，最后两边全周精加工
	步骤二：明确刀具刀体信息
	1）根据机床选择刀方：12/16/20/25/32/40 等刀方 2）根据槽型选刀片宽度 CW 3）根据最大槽深 CDX 选择刀具 4）根据加工部位最大最小直径选择模块。因为刀具高度可能有误差，选择时不能紧靠最大极限尺寸 5）根据机床设置和工件旋转方向选择正确的刀具——A 曲线或 B 曲线，右手型或左手型刀具，区分 0° 或 90° 6）根据是否需要切削液选择相应模块（建议切削液添加为必选模块）

	步骤三：选取刀具尺寸
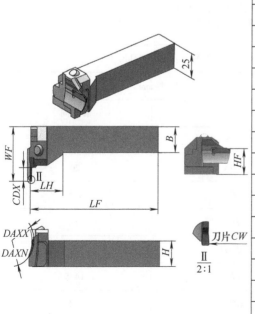	尺寸/mm

切削方向	R 右向
DAXN	40
CUTDIA	50
B	25
L4	57
LF	150
LH	39
CDX	12
WF	28
H	25
HF	25
CW	2.5
RE	0.1
冷却方式	外冷
断屑槽	GM

（续）

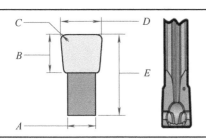

刀片材质	陶瓷或金属陶瓷
	端面槽表面粗糙度及公差要求精度严格，建议粗加工、精加工分开加工，如果刀库数量有限，建议采取半精加工的断屑槽 GM 加工

表 6-5 内孔切槽刀具选取

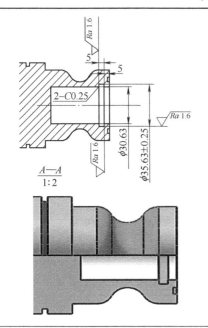

$A—A$
$1:2$

步骤一：明确加工信息
1）通过查看图样，明确产品的材质：45 钢，明确内孔槽尺寸：宽 $w = 5.0$mm，单边深度 $H = 2.5$mm，表面粗糙度值 $Ra = 1.6$μm 2）内孔大小 ϕ（35.63 ± 0.025）mm/ϕ30.63mm，确认本端面精密级浅槽 3）材质 45 钢，表面粗糙度值 $Ra = 1.6$μm，选择陶瓷刀片 4）选择湿式加工

步骤二：分析数据及参数
1）内孔大小 ϕ（35.63 ± 0.025）mm/ϕ30.63mm，可以选择 ϕ20mm 内孔槽刀杆 2）内孔槽孔深度 2.5mm，属于浅孔槽，槽宽 5.0mm，选择刀宽 CW 2.5mm，粗加工两刀，单边留余量 0.3~0.5mm，最后两边全周精加工 3）根据机床选择右左手 R/L 4）选择内冷（精密级槽）

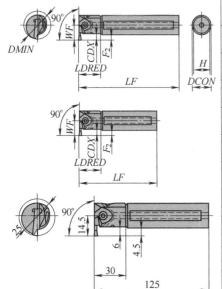

步骤三：选取刀具尺寸

尺寸/mm	
切削方向	R 右向
DMIN	25
DCON	20
LF	125
CDX	6
LDRED	30
WF	14.5
CW	2.5
WF2	4.5

（续）

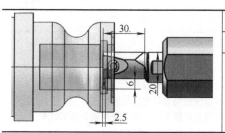

断屑槽	GM
刀片材质	陶瓷或金属陶瓷

注：内孔槽表面粗糙度及公差要求精度高，如果大批量加工，可以使用两把刀具，粗加工、精加工分开加工；如果刀库数量有限，使用一把刀具，采取中加工的断屑槽 GM

（张世君）

6.1.2 切断刀具应用禁忌

（1）步骤与禁忌　根据切断的种类，分为 3 种状态：浅切断、中等切断、深切断，如图 6-2 所示。3 种切断状态有 3 种不同的刀具方案来解决，刀杆及刀片都有不同的尺寸及特征（见表 6-6），有益于提升效率，降低刀具费用，延长刀具寿命，提升加工质量，如公差保证、表面质量等。

由于切断通常是对工件执行的最后几道工序之一，因此安全非常重要。刀具在切断期间一旦破裂，则正在加工的工件可能报废。这一环节需对刀具选择及程序编制进行严格控制。切断刀具选取表及禁忌具体见表 6-7。

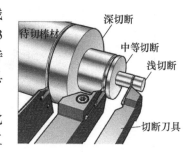

图 6-2　切槽 3 种状态

表 6-6　工件直径及刀片宽度选取

工件直径 D/mm	刀具宽度 CW/mm
≤10	1
10~25	1.5
25~40	2
40~50	2.5
50~65	3

表 6-7　切断刀具选取及禁忌

	切断刀具选取及禁忌		说　　明
误	浅切断		1）浅切槽追求的是效率、质量 2）刀杆结构显然不利于较高切削效率 3）刀杆结构受刀宽，限制切削槽宽
	深切断		1）深切槽追求的是安全 2）浅切槽刀具显然不能胜任工作 3）使用浅切槽刀具有干涉工件及扛刀风险

（续）

切断刀具选取及禁忌			说　　明
正	浅切断	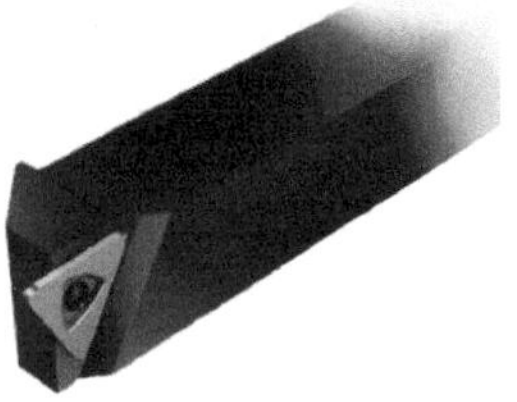 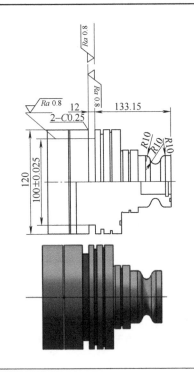	1）浅切槽刀具悬伸较短 2）浅切槽选用刀具较宽的规格 3）使用浅切槽刀具，可以快速提升加工效率 4）3个以上刃口经济性较好 5）较高的刃口精度及公差
	深切槽		1）深切槽刀具悬伸较长 2）深切槽选用刀具较窄的规格 3）使用深切槽刀具有利于排屑，可以保证加工安全性

（2）选取案例　切断刀具案例及思路分析见表 6-8，供参考。

表 6-8　切断刀具选取案例

	步骤一：选取思路要点
	1）通过查看图样，明确产品材质为 45 钢 2）明确外径尺寸 $D=120mm$ 3）明确装夹方式为自定心卡盘夹紧 4）选择湿式加工内冷式刀杆 5）选取刀板型刀杆 6）刀片刀宽为 5mm 7）断屑槽：CR（$\phi120mm$ 属于深切槽）
	步骤二：明确刀具刀体信息
	1）根据机床选择刀方，这里选择刀板型刀座 2）根据加工部位最大直径选择模块，选择时不能紧靠最大极限尺寸 3）根据机床设置和工件旋转方向选择右或左手型刀具 4）根据是否需要切削液选择相应模块（建议切削液添加为必选模块），明确内冷或外冷

（续）

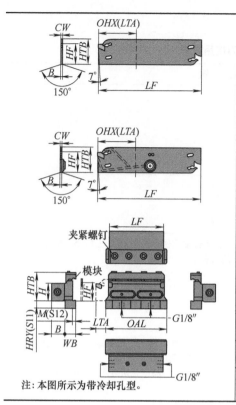

注：本图所示为带冷却孔型。

步骤三：刀具尺寸/mm	
切削方向	R 右向
CUTDIA	130
B	4
LF	150
LH	47
CDX	65
HDB	32
HF	25
CW	5
断屑槽	CR
RE	0.2
刀片材质	硬质合金
冷却方式	内冷

（张世君）

6.1.3　大吃刀量外切槽切刀应用禁忌

大吃刀量的特点：

1）吃刀量大于刀宽 10 倍，吃刀量只能采用递进式切削方式进行加工。

2）切刀切削时排屑困难，应采用少进多退方式，保证切屑要通畅。

3）大吃刀量切削时冷却易不充分，大深度加工时应采用刀体直喷方式，以保证切刀刀头部分冷却充分。

外切槽切刀应用时有如下特点：

1）切槽刀进行切削时，刀具的一个主切削刃、两个副切削刃同时参与工件上 3 个面的切削，如图 6-3 所示。在切削过程中材料塑性变形复杂，摩擦阻力大，切削时进给量小，切削厚度薄，切屑变形大，单位面积切削力增大。

2）进行深槽切削时，切削线速度在切削过程中不断变化，切削力、切削热也在不断变化。

3）在切槽过程中，随着切刀的不断切入，切削表面形成阿基米德螺旋面，因此刀具在切削过程中，刀具的实际前角、后角不断地发生变化。

4）进行深槽切削时，切削刃宽度、刀体悬伸长度对切削效

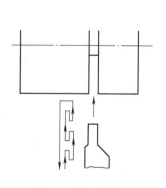

图 6-3　走刀路线

果都有很大影响。

大吃刀量外切槽切刀应用禁忌具体见表 6-9。

表 6-9　大吃刀量外切槽切刀应用禁忌

刀　具		说　明
误	刀具磨损快，刀具易损坏，零件尺寸易超差	1）刀具选择不正确 2）冷却困难，切屑不易排出 3）刀具安装不正确 4）刀具走刀路线不正确 5）刀具与切削速度搭配不合理 6）切刀切削时产生"让刀"现象
	表面质量差	1）切削参数选择不合理 2）切槽刀的刀头宽度与悬伸长度搭配不合理 3）切削刀具与被加工材料不匹配 4）刀片断屑槽型选择不正确
正	刀体刚性好，刀具正常磨损，刀具不易损坏，零件尺寸符合设计要求	1）切削深槽时，选择好切刀的刀体与切刀悬伸长度比例，一般不超过 1∶5，确保切刀刀头的刚性和稳定性，刀体材质要选择韧性好的材料 2）切削深槽时，进给量不宜过大： P 类材料选择 0.1～0.15mm/r N 类材料选择 0.15～0.25mm/r S 类材料选择 0.02～0.06mm/r M 类材料选择 0.06～0.15mm/r 3）冷却方式，采用切刀自带的刀头出水冷却方式和外冷的大流量冲刷模式，使加工部位得到快速充分冷却，以减小切削时切削热对工件的变形影响 4）刀具安装时，必须保证刀尖一定要与工件旋转中心等高，且切刀两边必须对称 5）切宽槽时选择正确的走刀路线： 6）切刀切深槽时，机床须具备恒线速功能，以保证切刀在切削到不同直径时，切刀的线速度保持一致 7）使用外切槽刀加工外形，看似简单，但要想保证好零件尺寸精度必须要注意，横向走刀切削时，刀具切削刃与工件轴线之间会有一个副偏角，这个副偏角的大小主要与进给量、吃刀量、刀杆头部悬伸长度、刀片的宽度、工件转速和材质这 6 种因素密切相关 因此，在精加工时必须考虑直径补偿因素，当切刀沿径向切削至零件最终直径后，再沿轴向横向走刀时刀片会出现一个副偏角，径向切槽处工作直径 D_1 与横向车削处零件直径 D_2 两者会出现一个调试差 Δ，所以必须对切刀进行一个补偿，根据计算结果得出补偿值即可，计算公式为 $$\Delta/2=(D_1-D_2)/2$$

（续）

刀 具		说 明
正	零件表面粗糙度符合设计要求	1）刀具切削线速度参数： P 类材料 120~150m/min N 类材料 250~350m/min S 类材料 40~70m/min M 类材料 50~100m/min 2）为避免切削时引起振动，切槽刀刀头宽度与悬伸长度需经过计算得出，根据经验，计算公式为： 刀头宽度 $a=$（0.5~0.6）d（d 为零件直径） 刀头长度 $L=h+$（2~3）（h 为切入深度） 3）切削刀具与被加工材料应匹配，加工不同材料时应选择不同的刀具： P 类材料以硬质合金材质为基体的涂层和非涂层刀具为主 N 类材料以高速钢和非涂层硬质合金材质刀具为主 S 类材料以硬质合金材质为基体的化学和物理涂层刀具为主 M 类材料以硬质合金材质为基体的化学和物理涂层刀具为主 4）刀片的断屑槽型应选择 CF 型

（邹峰）

6.1.4 实心棒材切断刀具操作禁忌

在汽配、机械零件加工等行业，碳素钢、不锈钢等实心棒材的批量下料离不开切断刀具的正确选用。根据待切棒材的实心直径，一般分为不超过 $\phi12$mm 的浅切断、不超过 $\phi40$mm 的中等切断及不超过 $\phi110$mm 的深切断，如图 6-2 所示。不同的切断形式和切削工况，用户需要正确选用切断刀具——刀片、槽型和长悬伸等，方可使所选刀具发挥最佳作用，以免刀具失效和零件质量较差。实心棒材切断刀具的操作禁忌具体见表 6-10。

表 6-10 实心棒材切断刀具的操作禁忌

考虑因素	图 示	说 明
长悬伸 a_r	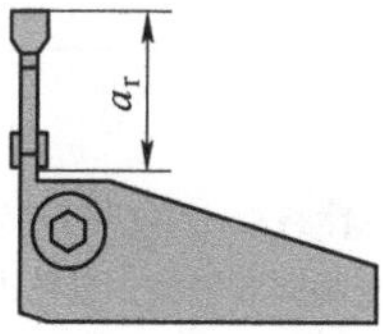	a_r 不超过 8 倍刀片宽度，否则刀具失效
切削刃高度	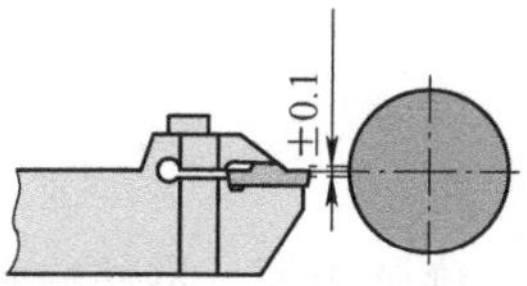	切削刃高度保持在工件中心 ±0.1mm 内，以稳定切削

（续）

考虑因素	图　示	说　明
棒材最后切断	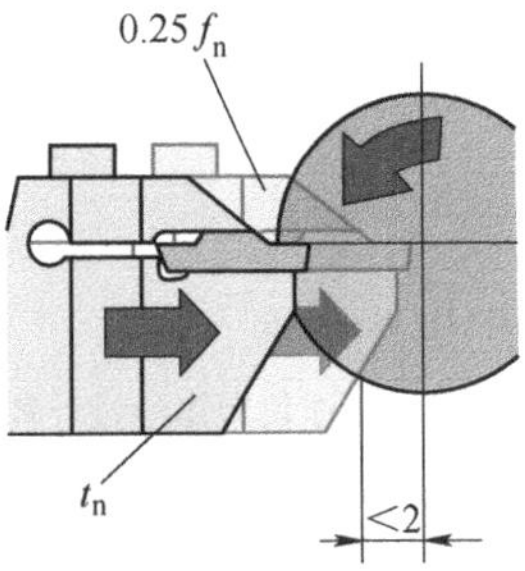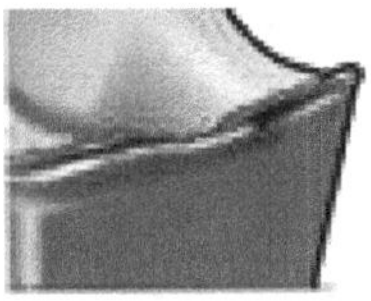积屑瘤	向中心切削至工件坠落前 2mm 时，降低进给量 f_n 近 75%，以防刀尖崩裂；f_n 不可太低，否则刀尖产生积屑瘤
棒料飞边去除	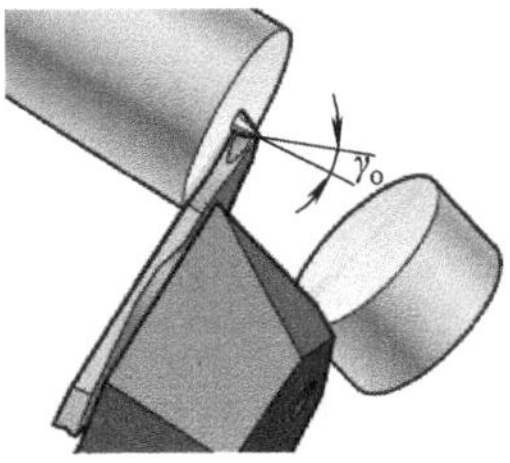残留飞边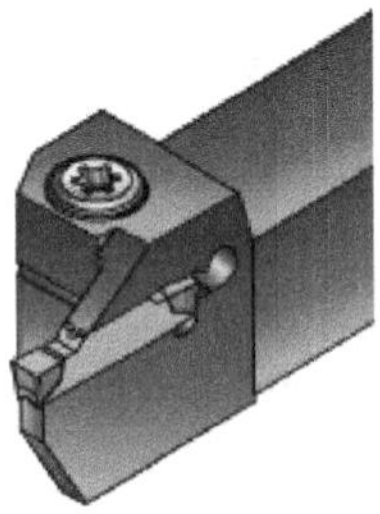短 a_r 刀柄	受重量和长度作用，工件切断前会在棒料上留有飞边。一般选用前角 $\gamma_o=5°$ 断屑槽刀片和最短 a_r 的螺钉夹紧刀柄，可直接去除棒料飞边。但前角过大，会使零件表面质量变差及缩短刀片寿命
六角形棒料	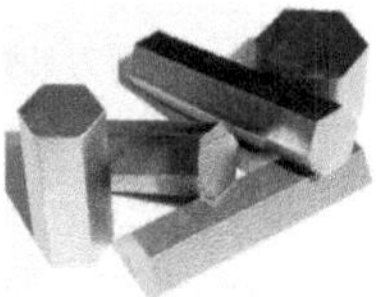	先降低 f_n，直至棒料被连续切削时提高 f_n。若切屑较长，采用寸断法（切入浅距离后停顿，继续进给）切削来断屑

（刘胜勇）

6.1.5　车削端面槽刀具应用禁忌

如图 6-4 所示，端面槽分为：端面直槽、T 形槽、燕尾槽等，零件端面槽加工中经常出现刀具易磨损折断、表面质量变差、零件成品尺寸不满足要求等问题。以端面上车削直槽为例，端面槽车刀的几何形状是外圆车刀和内孔车刀的组合体，在应用中需要注意的禁忌见表 6-11。

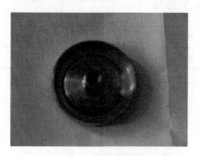

图 6-4　端面槽示意

表 6-11　车削端面槽刀具应用禁忌

	刀　具	说　明
误	端面槽刀磨损快，易折断	1）端面槽刀刀尖处副后刀面与工件发生摩擦或碰撞 2）刀具主切削刃与工件中心线不垂直 3）刀具切削刃与被加工面不平行 4）首切直径选择不正确 5）刀具中心高与工件中心高不重合
	零件表面质量差	1）刀具切削参数选择不正确 2）刀具走刀路线选择不正确 3）刀杆刚性不足 4）端面槽刀切削刃宽度选择不正确
正	端面槽刀正常磨损，不易折断	1）端面槽刀刀尖处副后刀面曲率，应略小于工件被切削时圆弧半径，避免发生摩擦或碰撞 2）切削端面槽时，刀具主切削刃应与工件中心线垂直，避免刀具两侧刮蹭工件 3）切削时，刀具切削刃与被加工面需平行，防止加工完成后的端面槽与工件不平行 4）首切直径选择一定要正确，不能大于端面槽刀副后刀面的曲率，否则容易造成刀具损坏 5）刀具中心高与工件中心高要等高
	零件表面粗糙度符合设计要求	1）根据表 6-12 选择正确的刀具切削参数 2）选择正确的刀具走刀路线，每次吃刀量不能超过 2mm $\phi 59.2$　　$\phi 48$　　1　　2 3）为保证刀杆刚性，尽可能选择截面积大的刀杆 4）根据切削材料、端面槽结构特点等来选择端面槽刀的切削刃宽度

表 6-12 端面切槽刀切削参数

刀 具 名 称	零件材料类型	加工类型	切削速度/(m/min)	进给量/(mm/r)	轴向背吃刀量/mm	径向背吃刀量/mm
端面切槽刀	P 类	粗加工	120	0.08	2	4
		精加工	200	0.04	2	4

（邹峰）

6.2 工艺应用禁忌

6.2.1 切槽刀走刀路线应用技术及禁忌

正确的切槽刀走刀路线，既可以避免扎刀、扎刀、崩刀，又可以延长刀具寿命及产品表面质量，保证加工公差；在实践中需要不断探索，不断优化。端面、内孔、外圆等切槽刀走刀路线应用技术及禁忌见表 6-13~表 6-15。

表 6-13 端面切槽刀走刀路线应用技术及禁忌

应用技术及禁忌		说　明
误	第一刀进给过快	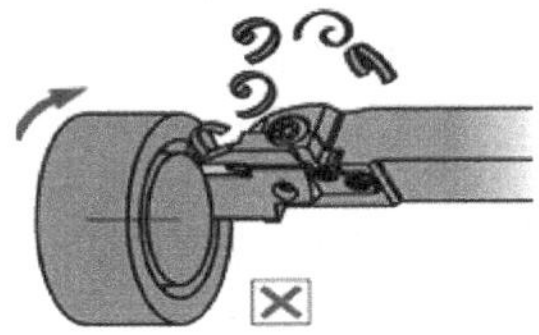 1）切削第一刀全刃切削，排屑困难，进给过快导致崩刃 2）刀具寿命缩短
	不分段进给	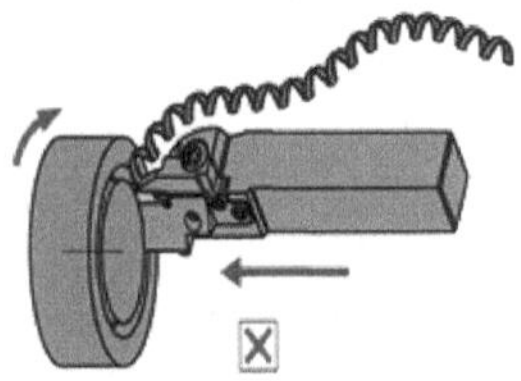 1）容易产生连续切削，从而发生卷屑或缠屑现象 2）连续切削容易产生大量热量，破坏加工条件
	走刀断续进给	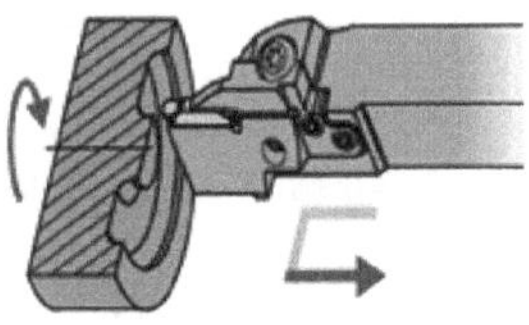 精加工时，从外周部壁面到槽底面之间应进行连续加工，最后对中心部壁面进行切入加工
	一直横向进给到底部，容易卷屑进入破坏表面，或导致刀片破裂	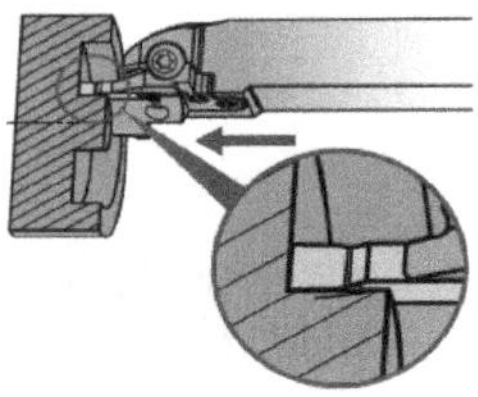 1）侧面排屑不畅，导致精加工表面受损 2）刀片侧面受力容易发生崩刃

（续）

应用技术及禁忌		说　明
确认端面刀具内外径是否在安全范围内加工	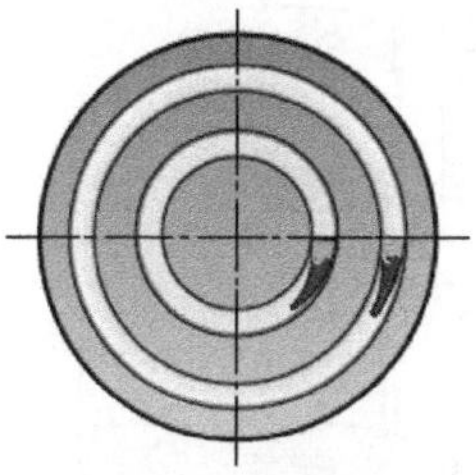	如果刀板刷蹭到工件内径：可能是直径范围错误，刀具与轴不平行，检查中心高，应将刀具安装高度适当降低 　如果刀板刷蹭到工件外，可能是直径范围错误，刀具与轴不平行，检查中心高，应将刀具安装高度稍微提高
端面槽刀第一刀，切屑排出困难，容易发生阻塞现象，降低进给速度，使切屑连续排出	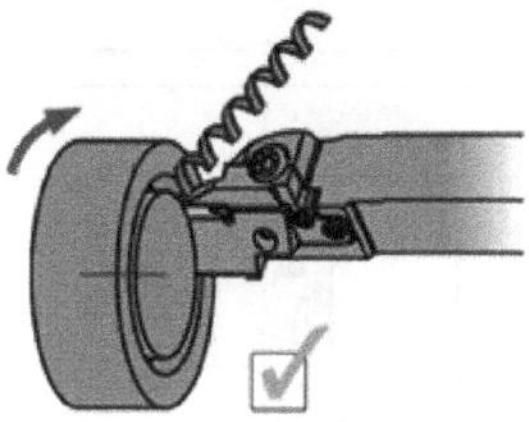	第一刀开始是全刃切削，需要降低进给速度，安全加工，排屑相对容易
第二刀切屑过长不易断屑，可采取分步进给方式解决；切屑容易分段 　刀宽采取（0.5~0.8）T_w（T_w为切削刃宽度）	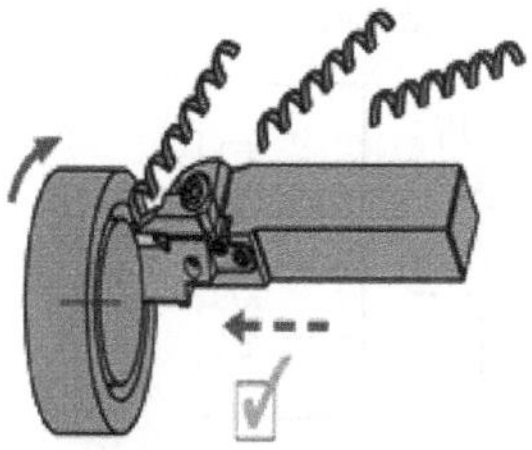	益于断屑、排屑，加工效果更优，刀具寿命延长
端面槽需要从外向中心部方向依次加工，这样可以容易排屑，防止发生切屑咬入缠绕	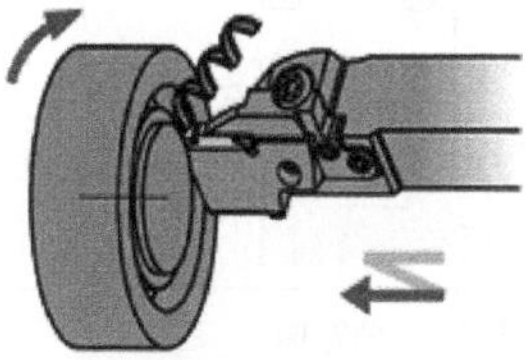	益于断屑、排屑，加工效果更优，刀具寿命延长
1）精加工可以先倒角，从两边往中间加工 2）精加工进行连续加工	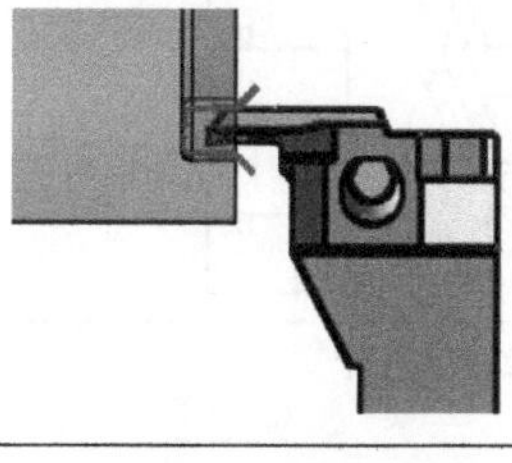	1）去毛刺倒角或按照图样倒角 　2）从两边往中间加工，有益于排屑，有益于表面质量良好，刀具寿命延长
		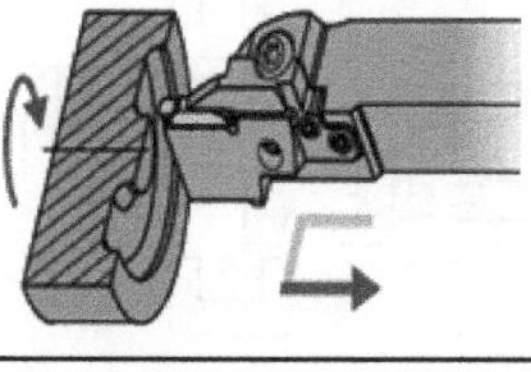 　有益于排屑，表面质量提升，刀具寿命延长

正

表 6-14　内孔切槽刀走刀路线应用技术及禁忌

	应用技术及禁忌		说　　明
误	过粗、过细的刀杆	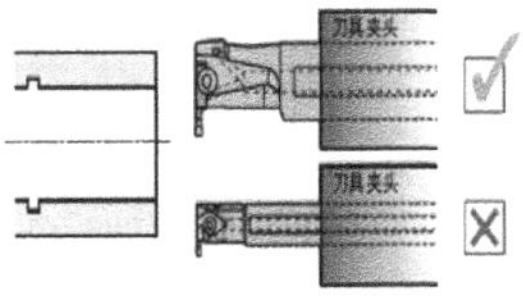	1）考虑排屑 2）考虑刚性 3）考虑刃宽 4）考虑中心高
	过长的悬伸	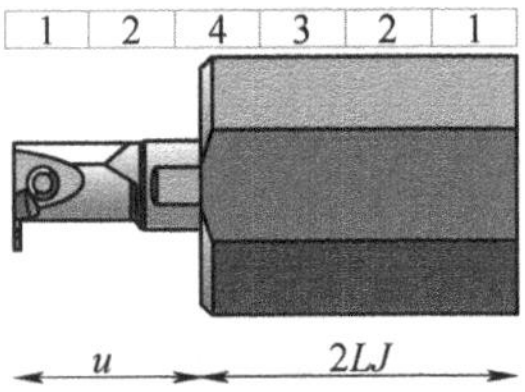	1）悬伸过长容易振刀 2）振动加工表面不良 3）刀具寿命缩短
	盲孔槽直接扎到内孔底部，导致撞刀或切削液无法进入及切屑无法排出	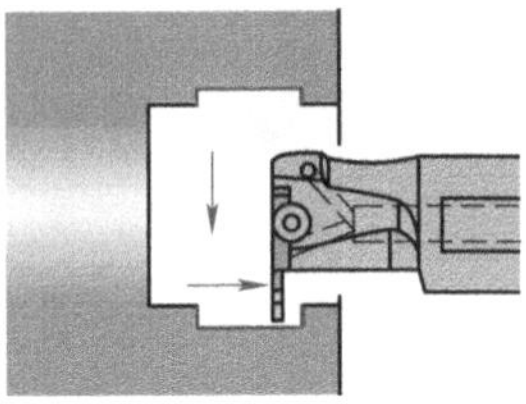	1）容易发生撞刀 2）切削液无法进入 3）排屑困难 4）刀具寿命缩短
	严禁从里往外面排刀，不容易排屑及冷却，更容易发生因切屑缠绕及刀具崩刃而导致报废	●刃宽×2≥槽宽时 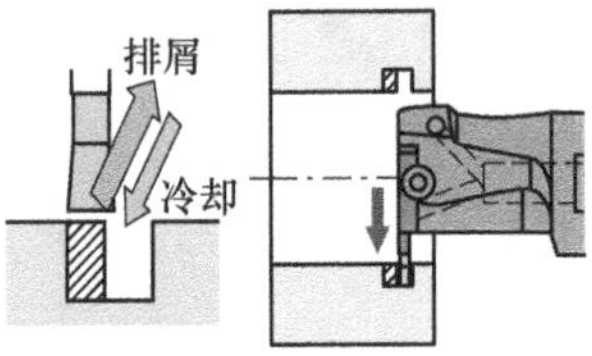	1）容易发生撞刀 2）切屑液无法进入 3）排屑困难，切屑缠绕 4）刀具寿命缩短
正	在盲孔中进行横向进给加工时，为将切屑顺利地排出，推荐采用从盲孔底部向开口部加工的方式	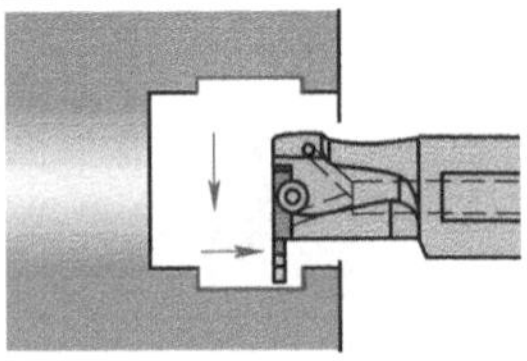	1）考虑加工安全距离 2）更容易排屑 3）切削液充分冷却 4）刀具寿命延长 5）加工表面效果良好
	加工余量（切第二刀的台阶部分）小于刃宽时，切屑不易折断。此时切屑易向开放部位排出。为使切屑能够向开口方向排出，且便于切削液的注入，推荐最后加工里侧	●刃宽×2≥槽宽时 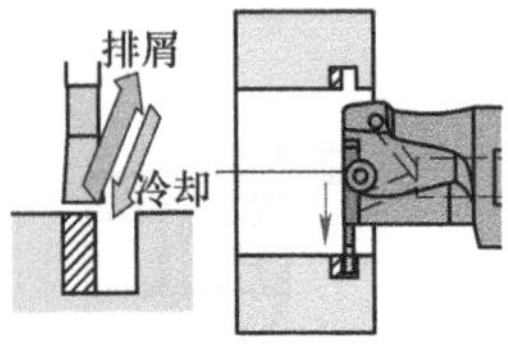	1）考虑加工安全距离 2）更容易排屑 3）切削液充分冷却 4）刀具寿命延长 5）加工表面效果良好
	槽宽大于刃宽时，按照图示顺序进行切入加工，可提高断屑性能，保证槽边公差及表面质量	●刃宽×2<槽宽时 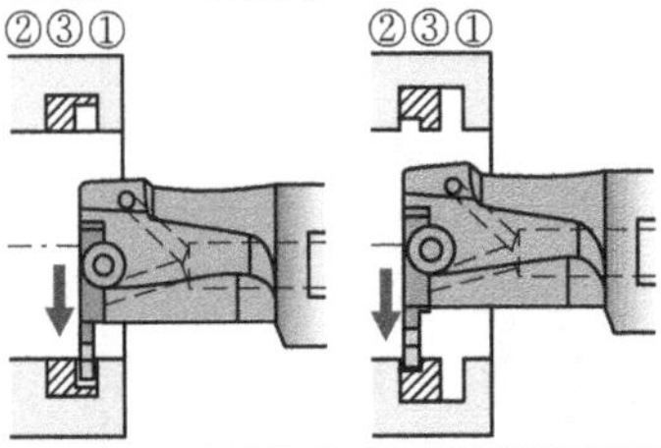	1）考虑加工安全距离 2）更容易排屑 3）切削液充分冷却 4）刀具寿命延长 5）加工表面效果良好 6）公差的保证

（续）

	应用技术及禁忌		说　明
正	槽加工时，推荐从工件开口部分开始加工 采用这种加工顺序，可减少工件的挠曲	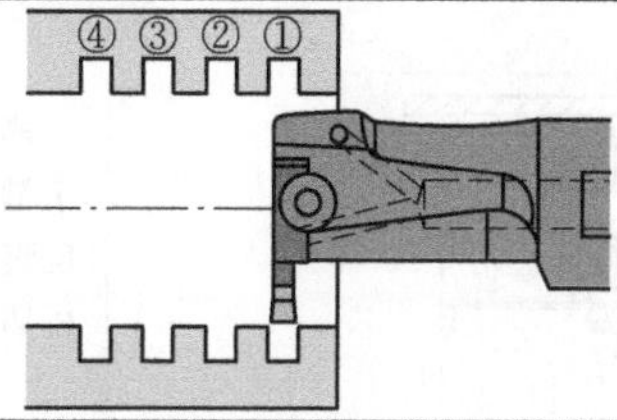	1）考虑工件变形量 2）刀具寿命延长 3）工件表面效果好

表 6-15　外圆切槽刀走刀路线应用技术及禁忌

	应用技术及禁忌		说　明
误	振动趋势下精加工	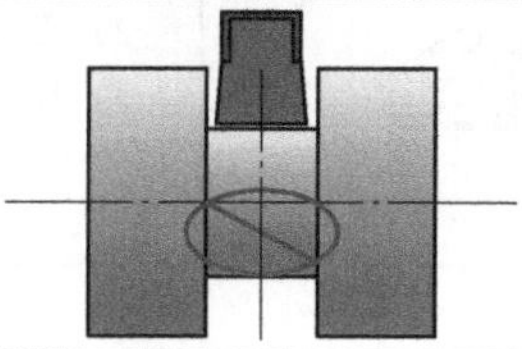	严禁在有振动趋势下一次加工完毕，这样因振动不能保证周边表面质量及公差，无毛刺及倒角不能保证
	宽槽加工、槽深大于槽宽加工时，单边扎刀加工	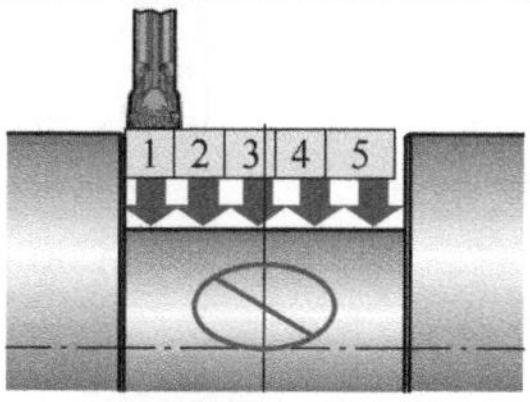 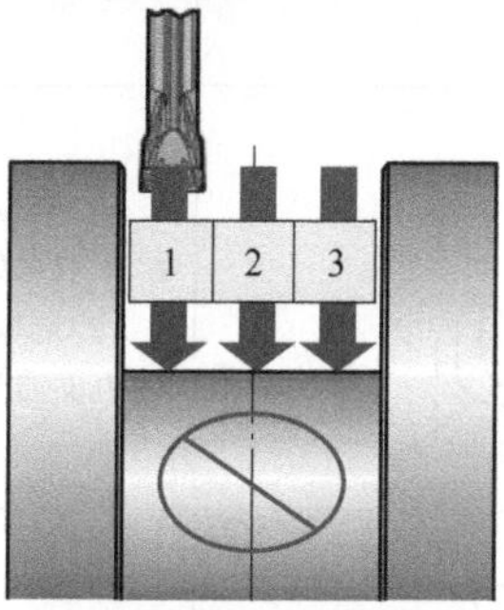	严禁按照单边扎刀加工，导致排屑不畅及因挤压造成的挠曲。严禁不留余量一次加工到尺寸，容易导致表面不良，出现台阶等
	外圆切断刀刀体及刀片安装时，与中心轴不垂直	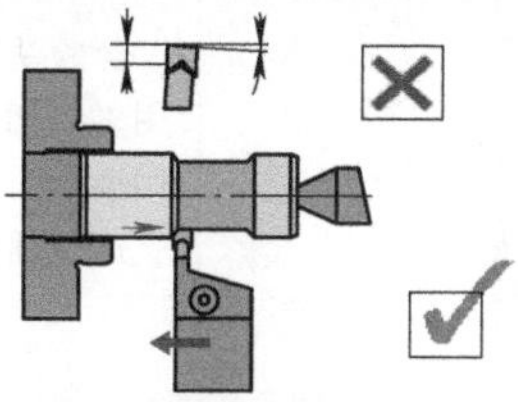	外圆切断刀刀体及刀片安装时，与中心轴不垂直导致刀片各角度发生变异，刀具寿命缩短，公差不能保证，表面质量不能保证，严重时工件报废
	不进行倒角及去毛刺	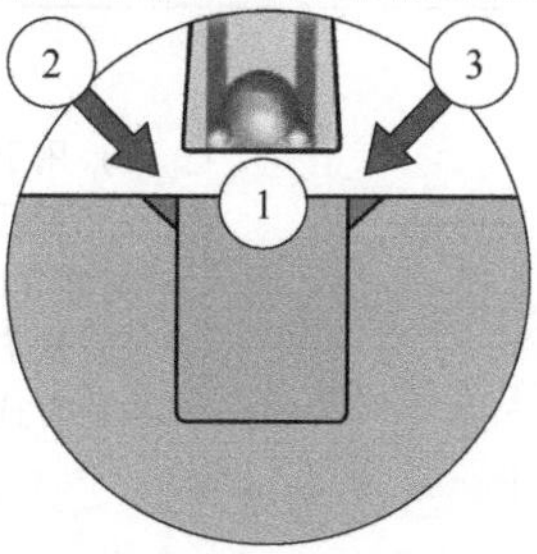	锐角倒钝，未注倒角 $C0.1 \sim C0.2$，除非图样注明保持尖角

（续）

应用技术及禁忌		说　明
误	**不分析槽宽与槽深关系，盲目采取横向走刀或纵向走刀**	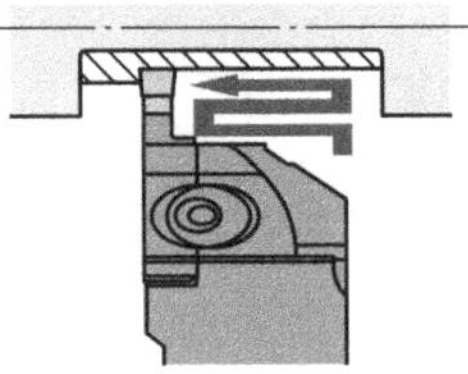 槽宽大于槽深，推荐横向走刀，槽深大于槽宽，推荐 X 向扎刀加工原则，严禁相反策略，容易导致表面不良及刀具挠曲，排屑不良
	从 R 根部直接扎刀	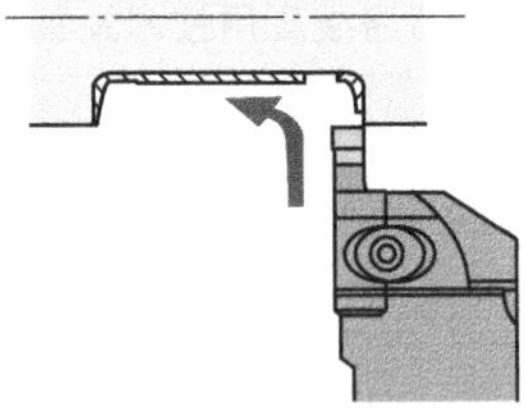 1）容易导致崩刃 2）刀具受损 3）加工表面不良
	刀具悬伸过长	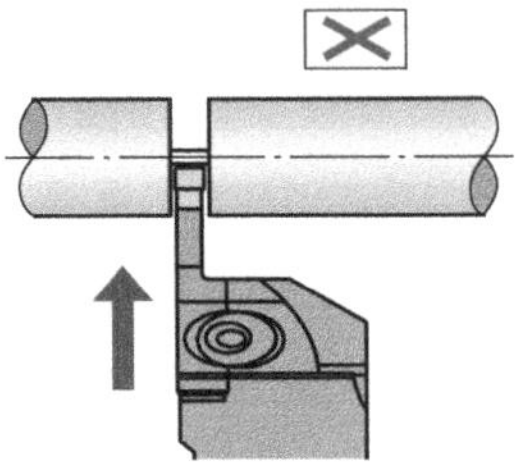 1）容易振刀 2）刀具寿命缩短 3）加工表面不良
正	**单步切槽精加工**	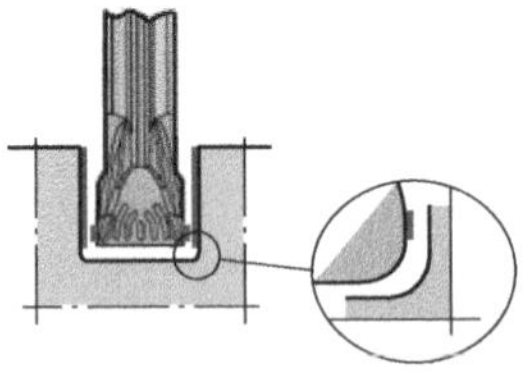 1）槽型宽度公差为±0.02mm，选取低进给率效果好，较低进给率可以保持精度 2）选取修光刃刀片可使槽侧面具有极高的表面质量
	粗加工宽槽	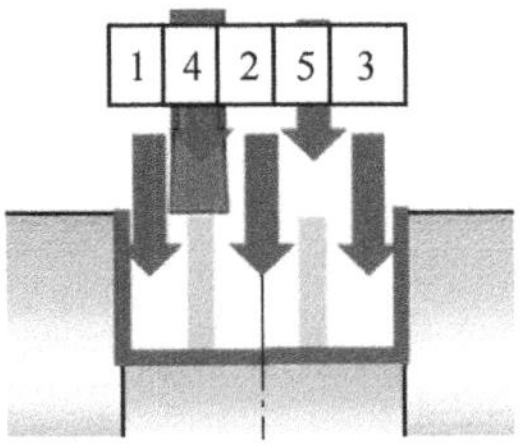 经验法则：如果槽宽度小于深度，则使用多步切槽法；如果宽度大于深度，则使用插车法 加工细长零件时，可使用坡走车槽方法
		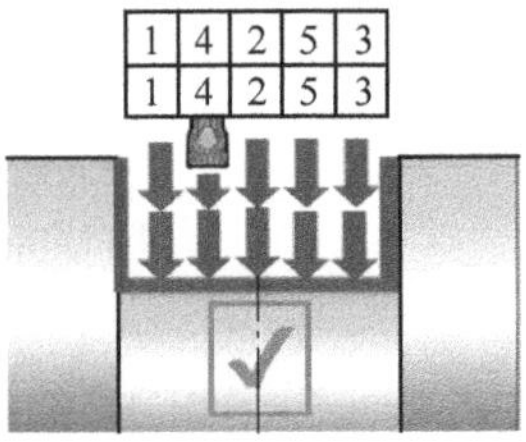 1）用于深而宽的凹槽（深度大于宽度） 2）最后切削的剩余环（4和5）应小于刀片宽度（$CW-2×$刀尖圆角半径） 3）加工剩余环时将进给量提高30%~50% 4）首选槽型为 GM

（续）

应用技术及禁忌		说　　明
正	粗加工宽槽	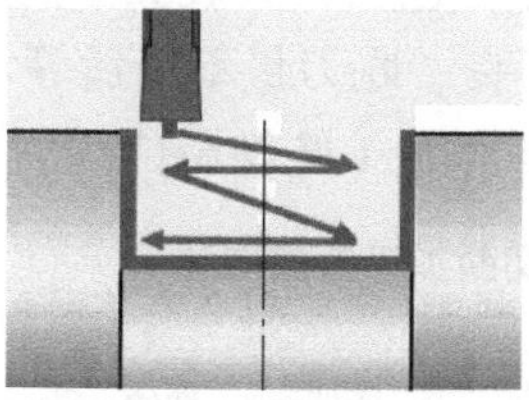 1）坡走式切削（斜插式） 2）最佳切屑控制 3）将径向切削力和沟槽磨损降至最低 4）首选槽型为 RO 和 RM
		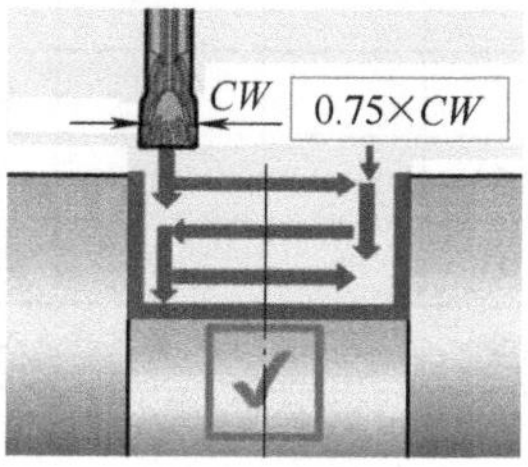 1）用于更宽并且更浅的凹槽（宽度大于深度） 2）不要车削到肩部，要留台阶余量避让 3）首选槽型为 TF 和 TM
	精加工车削凹槽路径	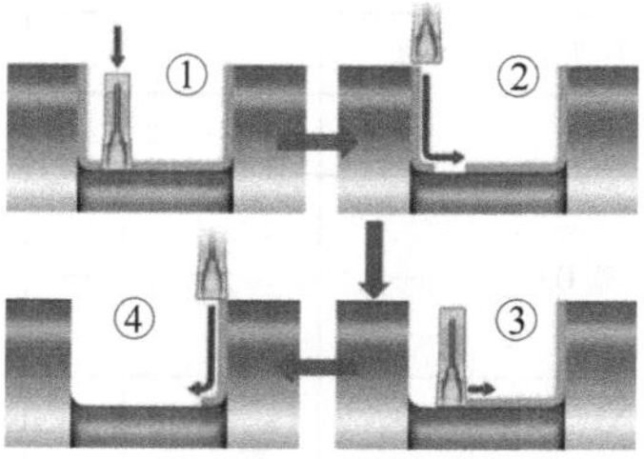 推荐轴向和径向背吃刀量为（20% ~ 30%）CW（加工周边余量），刀宽20% ~ 30% 排屑顺畅，周边表面质量良好
	增加边沿倒角程序	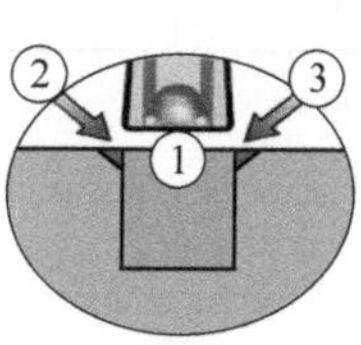 去除毛刺，锐角倒钝，未注倒角C0.1 ~ C0.2
	刀具安装规范	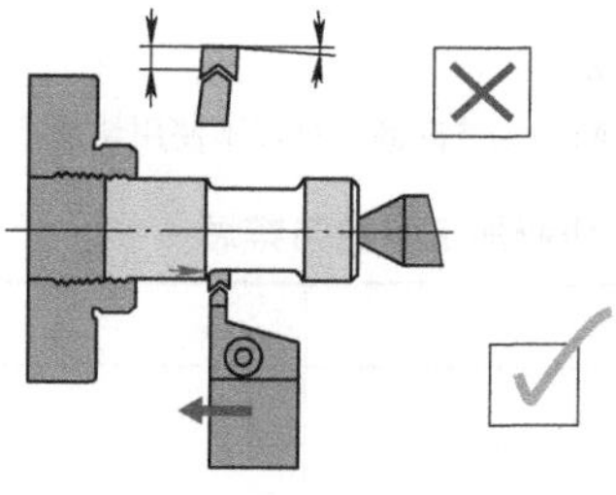 1）与主轴轴线保持垂直及平行，可保证刀具尺寸正确 2）保证加工表面质量 3）保证工件加工公差要求 4）保证刀具寿命

（张世君）

6.2.2　切断切削参数及禁忌

在切断实践中，大多数用户对切断认识不足，采取恒一的切削速度及进给量，会导致刀具寿命不足，效率过低，加工异常较多。根据各大刀具厂商推荐及实践经验，总结了切断加工参数推荐表，见表6-16。

切断加工失效模式与一般车削基本一样，包括刀具装夹不正、悬伸过长、中心高不良、切削液和断屑槽选取不良，以及刀片材质不良、吃刀量不合适等常见失效原因，这里仅对切断加工参数与禁忌进行介绍，包括切削3要素等（见表6-17）。

表6-16 切断加工参数推荐

ISO 材料组		断屑槽	切削速度（m/min）	进给量 f_n（mm/r）	硬质合金	涂层硬质合金	陶瓷	金属陶瓷	CBN	PCD
P	低碳钢	GR	70~180	0.03~0.06	—	★	☆	☆	—	—
	中碳钢	GM	60~150	0.02~0.06	—	★	☆	☆	—	—
	高碳钢	GF	45~120	0.015~0.03	—	★	☆	☆	—	—
M	不锈钢	GS	50~120	0.02~0.08	—	★	—	—	—	—
K	灰铸铁	PH	80~140	0.05~0.10	—	★	—	☆	—	—
	球墨铸铁		60~150	0.03~0.08	—	★	—	—	—	—
N	铝合金	GS	260~800	0.1~0.15	☆	—	—	—	—	★
	黄铜	NB	260~600	0.1~0.2	☆	—	—	—	—	★
S	耐热合金钛合金	GR/GM/GF	30~60	0.02~0.03	—	★	—	—	—	—
H	高硬/淬火钢	NB	80~100	0.015~0.03	—	—	—	—	★	—

注：★是第一选择，切削速度及进给量针对第一选择给出。

☆是第二选择。

参数酌情调整：

1. 端面槽按照外圆槽加工参数×（85~100）%。
2. 外圆槽按照内孔槽加工参数×（115~135）%。
3. 刀杆刚性不满足时，请降低切削参数。
4. 机床功率不足时，请降低切削参数。
5. 切槽较深，排屑较困难，需要降低切削参数。
6. PCD/CBN 槽刀使用充分的切削液，不要间断，如有间断，可以不使用切削液。

表6-17 切断加工参数与禁忌

	切断加工参数与禁忌		说　明
误	切削速度/进给率不良		1）从扎刀进入工件到 X0 全部一个进给率 2）到了 X2~4 时没有减速或停止，导致工件振动，造成不良或损伤刀具 3）因中心高的原因，车削到中心，会导致崩刃，发生刀具报废等情况

（续）

切断加工参数与禁忌		说　明
中心高不良	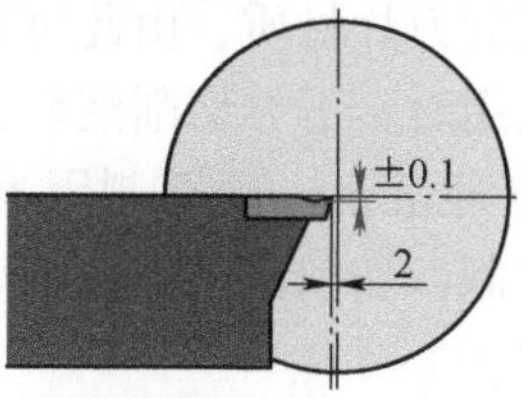	1）中心高有严格要求，安装误差控制在±0.1mm内 2）过高扛着后面 3）过低会导致扎刀现象，到了中心处发生崩刃情况
切断到钻孔	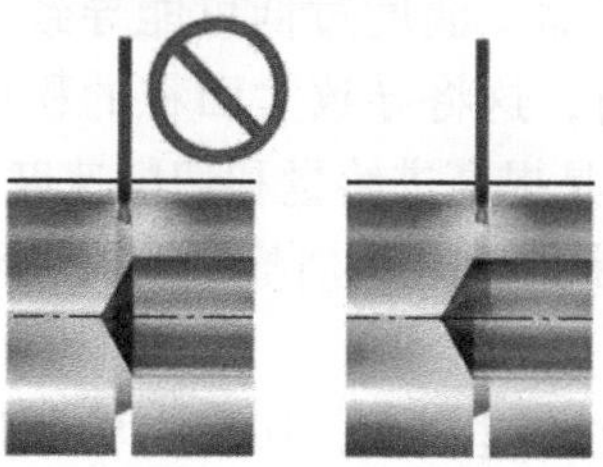	避免切断至锥形区域内，因为这将导致刀板偏斜且可能导致刀具破裂
合理切削参数，建立3个切削区域	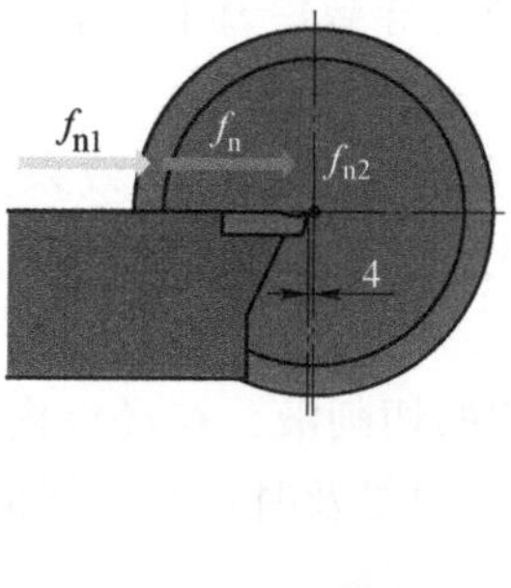	1）切断端面上区分3个阶段 2）开始扎刀为了缓冲因工件外圆径向圆跳动对刀具的冲击，进给量控制：$f_{n1}=0.5f_n$ 3）进入工件内2~3mm后恢复f_n进给量（绿色阶段） 4）距离 $X4 \sim X3$ 时可使用：$f_{n2}=25\% f_n$（尽可能低一些） 5）避免因中心高问题发生崩刃情况，避免因中心挠弯对刃口挤压导致崩刃 6）深切断建议在工件内加工绿色范围内采取啄式加工，可杜绝因粘刀、积屑瘤、缠屑导致的不良切削情况
合理选择切削速度	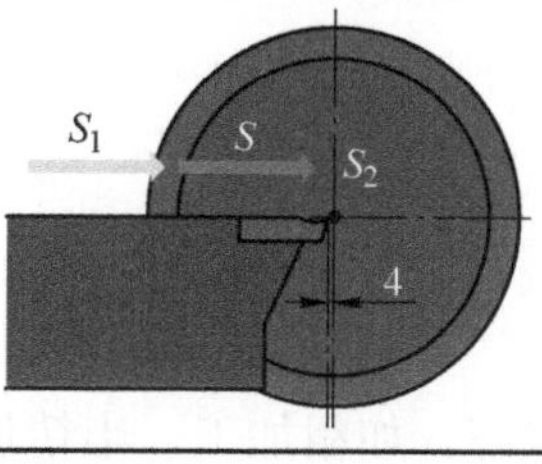	1）扎刀阶段控制：$S_1=0.5S$（降低转速） 2）到了工件内恢复控制：正常 S 3）到了接近 $X4 \sim X3$ 时，$S_2=0.5S$（降低转速或停止）

（张世君）

6.2.3　切槽及切断刀具冷却要求及禁忌

切削液具有冷却、润滑、防锈、排屑及防溅等作用。使用切削液和润滑油会对切断切槽加工安全性产生较大影响。如果正确使用，不但能够降低切削区域的温度，还可改善排屑。切断切槽对切削液要求更加苛刻，任何出现失效的情况都会是致命的。

切削液根据冷却方式可分为内冷却和外冷却两种，按照方位分上冷却及下冷却两种。内冷却主要是用于刀具的冷却，外冷却兼顾冷却刀具及工件表面等。在切断切槽中使用外切削液时，由于实际进入槽（特别是深槽）中的切削液量非常少，因此切削液作用很小。使用高强度内切削液时，即使是深槽，切削液射流也能到达切削刃。

上方切削液可改进切屑控制，这是延长刀具寿命并减少机床停机次数的关键因素，同时切削液从上方供应还能减少积屑瘤。下方切削液在降低温度的同时不仅可减少后刀面磨损，还可改善排屑。降低的温度允许使用硬度更低的刀片材质，由此可延长刀具寿命并能使用更高的切削参数。与韧性更高的刀片材质搭配使用时，下方切削液能够实现更可预测的安全加工过程。下方切削液对长时间连续切削（温度通常是一项限制因素）有益。低切削液压力能够在一定程度上延长刀具寿命并改善切屑控制，切削液压力范围取 2~6MPa 较好。

切槽及切断刀具冷却禁忌可归纳以下几点：

（1）加工过程中避免过低的温度和积屑瘤　温度过低可能导致刀片上产生积屑瘤，带来刀具寿命缩短风险，特别在加工不锈钢时，这将导致大面积的积屑瘤。如果出现这种情况，可能需要提高温度。为此，最好的方法是提高进给量和切削速度。使用内切削液时，将切削速度提高 30%~50%，如果在沿径向切断时出现积屑瘤，则在达到机床转速极限时切断切削液。

（2）避免时断时续的冷却效果　由于加工过程中，切断切槽条件恶劣，刀具较外圆加工刚性差，排屑困难，容易发生切屑缠绕、产生高温，导致刀具因磨损过快而发生种种失效，所以保证切削液的连续性至关重要，避免时断时续的冷却。

（3）禁止使用过期的切削液　过期切削液会导致冷却和防锈失效，并且产生对人体有害的厌氧菌，破坏皮肤的平衡。

（4）禁止切削液压力过低、过高　这样会发生诸多冷却效果失效问题，如刀片过热，在切削过程中产生卡死、积屑瘤、崩刃、崩裂及排屑不畅等失效事故，严重时发生撞车事故及工件报废等情况。

（5）禁忌使用脏的切削液　没有经过过滤的切削液，在经过内冷通道时，会发生阻塞，导致切削液失效。需要对切削液液位、浓度 pH 值等及时点检，保证切削液的有效性。

（张世君）

6.3　其他禁忌

6.3.1　切槽切断程序编制要点及禁忌

切槽切断程序编制主要考量：加工工艺状态，如粗加工、半精加工、精加工等因素；切削参数的设置；切削 3 要素；刀具走刀路线等关键因素。切槽切断程序编制要点及禁忌见表 6-18。

表 6-18　切槽切断程序编制要点及禁忌

要点及禁忌			说　明
误	加工状态		1）禁忌千篇一律地用一把刀具加工槽型 2）需要区分单件生产、中批量、大批量产品，选择加工状态 3）考量稳定性、加工效率、精度等级、表面要求、刀具寿命及成本等

（续）

	要点及禁忌	说　明
误	切削参数	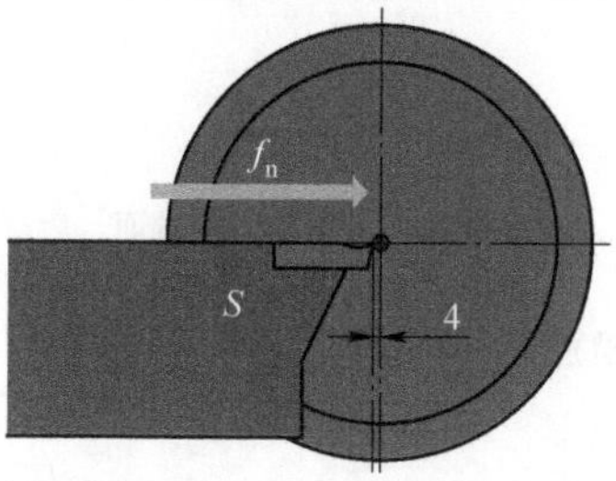 1）使用推荐参数进行选择 2）有必要试加工验证切削参数 3）切断连续进给不推荐 4）切槽区分加工状态调整参数
	走刀路线	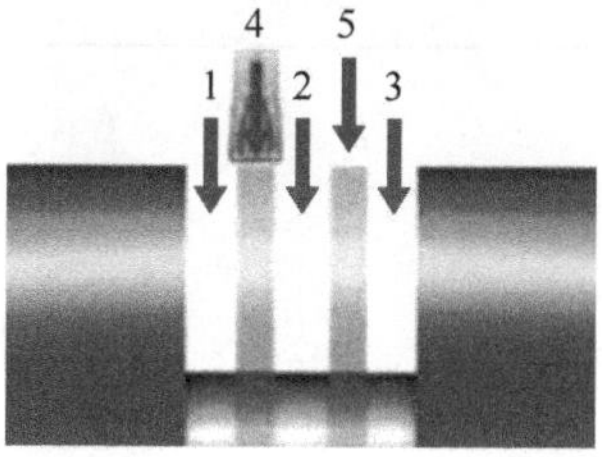 1）不合理的走刀路线不容易排屑，不能保证公差精度，不能保证表面质量，容易发生崩刃、撞刀 2）锐角未倒钝，毛刺未去除
	手工编程	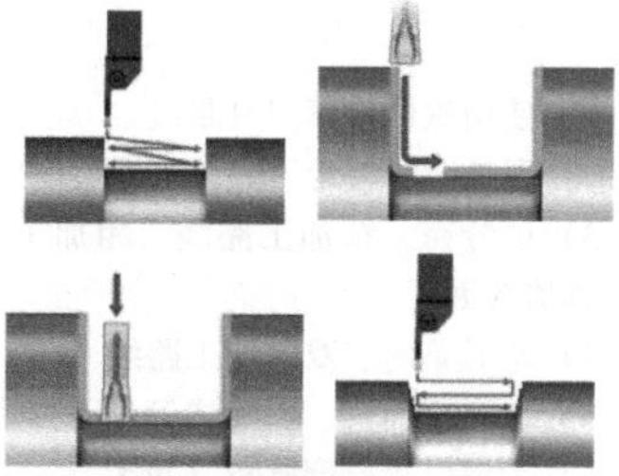 1）不推荐手工编程，因为手工编程不能精确计算刀具路径及数值，导致倒角及加工精度需要反复修改，左/右刀进行插刀时尤为严重 2）手工不能模拟路径，对于干涉等情况无法检查
正	加工状态	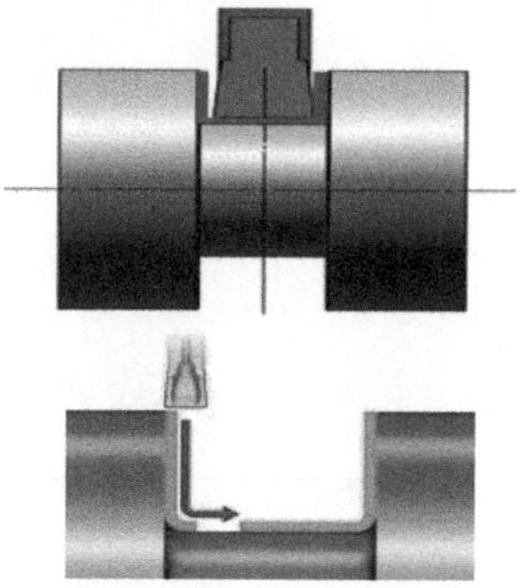 1）根据现场条件、工件批量、槽型结构、精度等级及表面质量要求等情况进行刀具选择及状态区分 2）区分一把刀具的粗加工、精加工 3）粗、精两把刀具的粗加工、精加工的选择
	切削参数	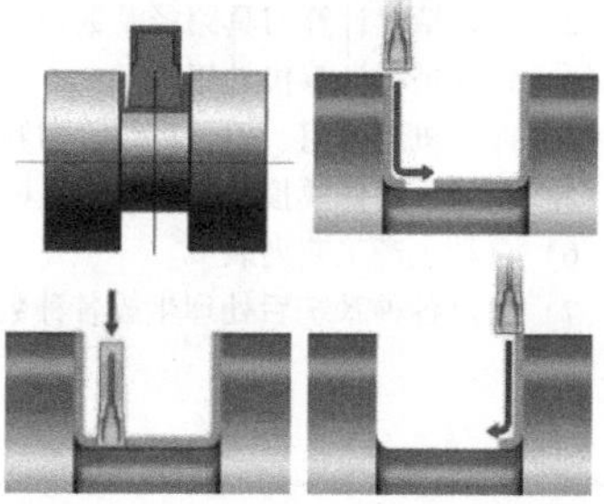 1）根据现场条件，结合推荐切削参数来选取计算切削参数 2）考虑安全距离及退刀距离 3）考虑刀补（G41、G42） 4）考虑切削液、安全换刀点等

（续）

要点及禁忌	说　明

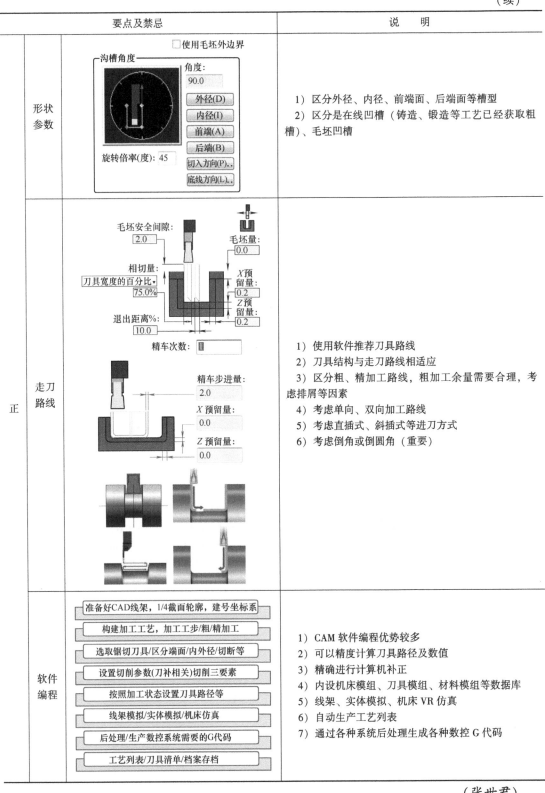

形状参数

1）区分外径、内径、前端面、后端面等槽型
2）区分是在线凹槽（铸造、锻造等工艺已经获取粗槽）、毛坯凹槽

走刀路线

1）使用软件推荐刀具路线
2）刀具结构与走刀路线相适应
3）区分粗、精加工路线，粗加工余量需要合理，考虑排屑等因素
4）考虑单向、双向加工路线
5）考虑直插式、斜插式等进刀方式
6）考虑倒角或倒圆角（重要）

软件编程

准备好CAD线架，1/4截面轮廓，建号坐标系
构建加工工艺，加工工步/粗/精加工
选取锯切刀具/区分端面/内外径/切断等
设置切削参数(刀补相关)切削三要素
按照加工状态设置刀具路径等
线架模拟/实体模拟/机床仿真
后处理/生产数控系统需要的G代码
工艺列表/刀具清单/档案存档

1）CAM 软件编程优势较多
2）可以精度计算刀具路径及数值
3）精确进行计算机补正
4）内设机床模组、刀具模组、材料模组等数据库
5）线架、实体模拟、机床 VR 仿真
6）自动生产工艺列表
7）通过各种系统后处理生成各种数控 G 代码

（张世君）

6.3.2 切槽刀具断屑槽选取与禁忌

切屑成形不良会导致切屑堵塞等种种失效模式，因此断屑槽的选取使用显得至关重要。

针对不同加工状态设计切槽刀具断屑槽槽型，从而使切槽的断屑更好地排出。切槽刀具断屑槽与外圆、内孔刀具断屑槽理论基础一致，也是根据工艺、加工切削状态来标识及识别，粗加工（R）、中加工（M）、精加工（F），不同刀具厂家有不同的断屑槽简码及标识，需要区别对待并且对使用厂家的样本进行查看并识别。以山特维克切槽刀具断屑槽为例：C（切断）、G（车沟槽）、T（车削）及 R（仿形），见表 6-19。切槽断屑槽选取及禁忌见表 6-20。

表 6-19　切槽刀具断屑槽槽型识别（以山特维克/三菱为例）

切　断		车　沟　槽		车　削		仿　形	
简码	加工状态	简码	加工状态	简码	加工状态	简码	加工状态
C		G		T		R	
CH	重加工	GH	重加工	TH	重加工	RH	重加工
CR	粗加工	GR	粗加工	TR	粗加工	RR	粗加工
CM	中加工	GM	中加工	TM	中加工	RM	中加工
CF	精加工	GF	精加工	TF	精加工	RF	精加工
CS	轻加工	GS	轻加工	TS	轻加工	RS	轻加工
		GE	优化			RO	优化
						RE	优化

表 6-20　切槽断屑槽的选取及禁忌

	选　取　禁　忌			说　　明
误	槽开粗加工使用精加工槽型			开粗考量的是刚性、切削效率，断屑槽功能性主要是为了较大的切削量，断屑是较短较粗较厚实的切屑，开粗及刚性加工刀具较钝，刀尖圆弧半径 R_E 较大，容屑槽、断屑槽较大，显然精加工不合适，不推荐
		CF/CS　GF/GS　TF/TS		
	沟槽精加工采取开粗槽型			由于精加工考量的是公差保证、表面效果，需要优良刃口、较小刀尖圆弧半径 R_E、较小排屑，因此不推荐使用粗槽型、刚性断屑槽刀具
		CR/CH　GH/GR　TH/TR		

（续）

选取禁忌				说　明
正	刚性加工/开粗加工使用重加工、粗加工断屑槽	CR/CH　GH/GR　TH/TR		开粗考量的是刚性、切削效率，因此断屑槽功能性主要是为了较大的切削量，断屑是较短较粗较厚实的切屑，开粗及刚性加工刀具较钝，刀尖 RE 角较大，容屑槽、断屑槽较大，选用粗加工断屑槽合理、正确
	轻型加工/精加工使用轻加工、精加工断屑槽	CF/CS　GF/GS　F/TST		由于精加工考量的公差保证、表面效果，需要优良刃口、较小刀尖 RE、较小排屑，因此选用精加工、轻加工使用的断屑槽合理、正确

（张世君）

6.3.3　切断刀具断屑槽选取与禁忌

断屑槽形状、尺寸及断屑槽与主切削刃的倾斜角合适，断屑则可靠。掌握切断刀具断屑槽的选取同时，需要掌握锯切刀具断屑槽槽型简码及识别（以山特维克、三菱简码为例），见表 6-21。

切断切削条件更为复杂、恶劣时，断屑槽的选取就显得尤为重要。可以通过对切屑状态进行分析，判断选择是否合理（见表 6-22）。

表 6-21　锯切刀具断屑槽槽型识别

切　断		车沟槽		车　削		仿　形	
简码	加工状态	简码	加工状态	简码	加工状态	简码	加工状态
C		G		T		R	
CH	重加工	GH	重加工	TH	重加工	RH	重加工
CR	粗加工	GR	粗加工	TR	粗加工	RR	粗加工
CM	中加工	GM	中加工	TM	中加工	RM	中加工
CF	精加工	GF	精加工	TF	精加工	RF	精加工
CS	轻加工	GS	轻加工	TS	轻加工	RS	轻加工

表 6-22　通过切屑判断切断刀具断屑槽选择是否合理

切断刀具断屑槽选取与禁忌			说　明
误	连续较长切屑		连续卷曲较长的切屑对刀具不利，易缠绕在刀具上发生刀具失效或工件报废情况，严重时会发生撞机事故
	碎状切屑		碎状切屑呈深蓝色，对加工不利，容易嵌到刀具与工件之间，导致崩刃、加工表面不良，严重时会发生崩刃甚至发生撞机事故
正	合理的切屑		颜色呈浅蓝色，成卷状，长度小于工件直径，长于刀具宽度范围，表现为切削参数合理，断屑槽选择合理

（张世君）

第7章

磨具应用禁忌

7.1 常用磨具应用禁忌

7.1.1 金刚石砂轮磨削硬质合金应用禁忌

硬质合金是以碳化钨、碳化钛等金属碳化物作为硬质相，以钴等金属作为结合剂，通过粉末冶金的方法制成，具有较高的硬度（可达 89~93HRA，显微硬度 1300~1800MPa）、较低的热导率（16.75~79.55W/m·K）、较低的抗弯强度（3.0~4.5GPa）及较大的弹性磨量（540~650GPa），常温下为硬脆性材料，表现出与钢件等材料不同的磨削要求。

由于金刚石具有高硬度、磨粒切削刃锋利、耐磨性极高的特性，所以近年来，金刚石砂轮已经基本上替代了碳化硅砂轮成为磨削硬质合金的首选。金刚石砂轮的主要特性参数有粒度、浓度、形状、尺寸和结合剂等，常用的结合剂有金属结合剂（M）、树脂结合剂（B）、陶瓷结合剂（V）。

（1）影响磨削裂纹的磨削工艺选用禁忌　整体硬质合金刀具产生的裂纹，主要是由磨削加工过程中磨削产生的局部高温造成，在局部高温的作用下材料表面的力学应力变化超过了材料自身的破断强度而产生磨削裂纹。相关试验表明，金刚石砂轮的线速度越快、径向进给量越大、砂轮硬度越高、砂轮粒度越细、刀具材料热导率越低和砂轮磨损得越严重，都使磨削温度升高得越快，则越容易产生磨削裂纹及磨削烧伤。工件材料硬度高时应选用稍粗一些的粒度，以减少磨削过程中产生的热量和改善散热条件。磨削硬质合金材料时，宜选用粗粒度磨粒，以免硬质合金材料产生烧伤和裂纹。影响磨削裂纹的磨削工艺选用禁忌具体见表7-1。

表 7-1　影响磨削裂纹的磨削工艺选用禁忌

	磨削裂纹		说　明
误	整体硬质合金刀具表面的典型磨削裂纹		1）由于硬质合金材料硬度高，脆性大，热导率小，所以在刃磨过程中很容易使砂轮砂粒钝化。若采用细粒度砂轮，磨屑极易堵塞砂轮表面气孔，加大摩擦力，局部会急剧增大，形成附加热应力，产生热性裂纹 2）磨削参数不合理 3）切削液不合适或冷却方式不合理 4）若裂纹存在于材料内部，质检时不易观测，刀具寿命也大幅缩短。若裂纹扩展到表面，也会导致产品直接报废

（续）

磨削裂纹			说　明
正	无表面裂纹	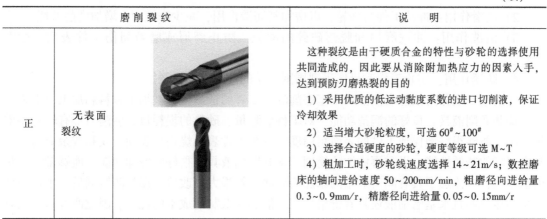	这种裂纹是由于硬质合金的特性与砂轮的选择使用共同造成的，因此要从消除附加热应力的因素入手，达到预防刃磨热裂的目的 　1）采用优质的低运动黏度系数的进口切削液，保证冷却效果 　2）适当增大砂轮粒度，可选 60#～100# 　3）选择合适硬度的砂轮，硬度等级可选 M～T 　4）粗加工时，砂轮线速度选择 14～21m/s；数控磨床的轴向进给速度 50～200mm/min，粗磨径向进给量 0.3～0.9mm/r，精磨径向进给量 0.05～0.15mm/r

（2）金刚石砂轮磨削硬质合金的砂轮结合剂选用禁忌　硬质合金产品的表面粗糙度会影响产品外观和加工基准，也直接影响到产品使用中的定位性能、接触刚度、耐腐蚀性、抗疲劳强度及摩擦力等诸多性能。硬质合金切削刀具的表面粗糙度还会影响其涂层质量，良好的基体表面质量有助于增强涂层与基体之间的结合性能、稳定和提高刀具的切削加工性能。

不同的结合剂对磨料的把持力不同，导致砂轮的自锐性和形状精度保持性也不同，从而造成加工表面粗糙度的差异。综合比较而言，树脂结合剂砂轮的自锐性较好，可获得更好的磨削表面粗糙度。结合剂对磨削表面粗糙度选用禁忌具体见表 7-2。

表 7-2　结合剂对磨削表面粗糙度的选用禁忌

表面粗糙度			说　明
误	陶瓷结合剂		陶瓷结合剂因其抗弯强度和韧性没有树脂结合剂优异，且结合剂对金刚石磨料的润湿性差，把持力不高，所以磨削过程中金刚石容易过早脱落。同时孔隙结构等方面还存在不足，导致磨削的表面粗糙度值相对较大，约为 $Ra = 0.07\mu m$
正	树脂结合剂		树脂结合剂砂轮具有良好的韧性、可塑性和延展性，其良好的韧性可以缓冲磨削力的作用，磨削效率高，自锐性好，且砂轮具有一定的弹性，因而磨削效果好，具有一定的抛光作用，有利于改善工件表面形貌，表面粗糙度值可达 $Ra = 0.03\mu m$。用细粒度砂轮可作为镜面磨削

（3）磨削切削液选用禁忌　切削液在硬质合金磨削加工中起着重要的作用，一般具有以下几个方面的作用。

1）冷却作用：有效冷却被磨削表面，以免烧伤，同时减少工件的热变形，提高磨削精度。

2）润滑作用：冲洗工件与砂轮，以增加其润滑作用，减少摩擦力，增加磨削效能。

3）清洗作用：冲洗磨屑和脱落破碎的磨粒，防止磨屑或磨粒划伤工件表面、堵塞砂轮。

4）防锈作用：防止工件和机床受到周围介质的侵蚀而产生锈蚀。

切削液一般分为油基磨削液和水基磨削液，二者的选用依据被加工材料和加工要求来确定。油基磨削液具有良好的润滑功能，对工件磨除量、砂轮的损耗量、磨削力都有较好的效果，不仅能够很好地保证工件的表面粗糙度，减少工件表面烧伤、表面裂纹和残余应力，而且有很好的防锈性能，无需再添加防锈剂。水基磨削液具有很好的冷却功能，能够带走大量的磨削热，在添加了具有润滑效果的添加剂后润滑效果大幅改善。添加防锈剂后，不仅防锈效果明显，而且水基磨削液还具有价格低廉，能够降低制造成本的优点。因此两种磨削液各有优点，合理选用至关重要。磨削切削液选用禁忌具体见表7-3。

表 7-3　磨削切削液选用禁忌

表 面 形 貌			说　明
误	水基磨削液		1）表面脆性断裂引起的 WC 颗粒剥落坑相对较多，材料脆性去除的趋势更加明显，但其表面形貌和表面质量较油基磨削液差。表面粗糙度值 Ra 可达 $0.8 \sim 0.4 \mu m$ 2）适用于高速磨削（砂轮线速度超过 50m/s），因其具有良好渗透性能、冷却性能、极压润滑性能、防锈性能、沉降性能和清洗性能，可迅速将所产生的废屑冲洗干净并迅速沉降，满足加工工艺要求 3）含极压添加剂的水基合成磨削液适用于强力磨削，有利于降低磨削力、减少功率消耗、防止出现烧伤
正	油基磨削液		1）油基磨削液润滑性能优于水基磨削液，可防止砂轮磨粒切削刃摩擦损耗和切削粘附，保持磨粒锋锐，减小磨削力，降低磨削热，很好地保证工件的表面粗糙度 2）采用低黏度油基磨削液，能够迅速将切屑及砂轮磨粒等杂物冲走，获得更好的工件表面质量和加工精度，表面粗糙度值 Ra 可达 $0.1 \sim 0.3 \mu m$

（何云、雷学林）

7.1.2　金刚石砂轮磨削 PCD 刀具禁忌

在金刚石砂轮磨削中，磨粒、结合剂和气孔被称为磨具的三要素。金刚石砂轮机械刃磨 PCD 刀具时，PCD 材料的去除方式大体可归纳为机械冲击去除和热化学去除。其中，机械冲击去除主要是指冲击脆性去除、沿晶疲劳脆性去除、疲劳点蚀脆性去除；而热化学去除主要是指当摩擦温度达到一定程度，PCD 会发生石墨化和其他化学反应。在不同的磨削工艺参数下，各种去除方式起作用的主次顺序是不同的。所以，PCD 刀具的刃磨加工，不仅与金刚石磨具本身的磨削性能有关，还与磨削工艺参数、磨床选择等因素有关。

（1）PCD 刃磨机床的选用禁忌　PCD 材料特性决定了刃磨机床的要求不能等同于普通工具磨床，一般机床很难达到刃磨精度要求，通常金刚石砂轮刃磨 PCD 刀具的机床须满足以下条件：

1）要求砂轮主轴及机床整体有很高的刚性和稳定性，以保持刃磨时对 PCD 材料恒定的压力。

2）砂轮架可以横向摆动，用以保证砂轮断面磨损均匀，砂轮摆动频率和幅度可以调节。

3）配置光学投影装置和高度回转工作台。

PCD 刃磨机床的选用禁忌见表 7-4。

表 7-4　PCD 刃磨机床的选用禁忌

PCD 刃磨机床的选用禁忌		说　明
误	低刚性、低稳定性	 易导致砂轮受力不均，没有稳定压力，从而降低磨削效率，砂轮磨削不均、充分，导致刃口崩刃，影响主轴精度
	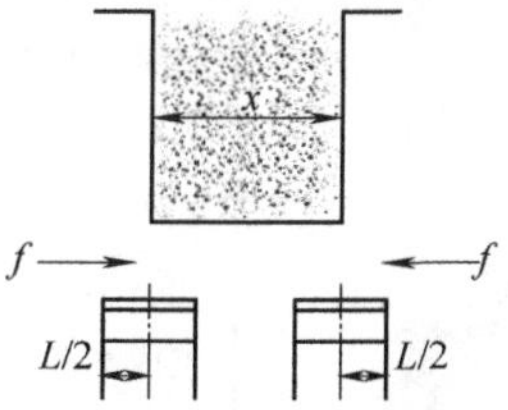 砂轮架无法做横向摆动 x—砂轮宽度　L—刀具宽度	为充分利用砂轮，砂轮摆幅应调整到所示最佳位置 由于金刚石砂轮较昂贵，无法充分利用砂轮，砂轮表面易出现沟痕
	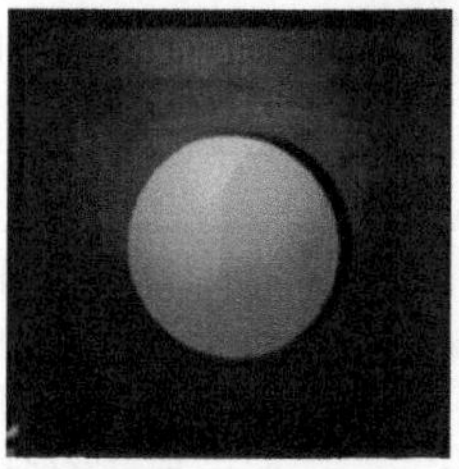 未配备光学装置 机床投影仪，用于在线检测砂轮或工件	无法在加工时观测工件质量，严重影响加工效率和加工精度 在线光学投影仪可以检测 PCD 刀具的尺寸精度和刃口平直度等缺陷
正	 满足 PCD 刃磨机床三项要求 PCD 刃磨机床	1）要求砂轮主轴及机床整体有很高的刚性和稳定性 2）砂轮架可以横向摆动，用以保证砂轮断面磨损均匀 3）配置光学投影装置和高度回转工作台

（2）结合剂的使用禁忌　PCD 材料的高硬度、高耐磨性使刀具刃磨相当困难，以某试验为例，刃磨 PCD 刀具具有相同的几何角度：前角 $\gamma_o = 5°$，后角 $\alpha = 8°$，$R = 0.5 \sim 1.2mm$，采用三种不同结合剂的金刚石砂轮刃磨。相同试验条件下由图 7-1 可以发现，陶瓷结合剂金刚石砂轮的磨削效率远高于其余两种结合剂的金刚石砂轮。

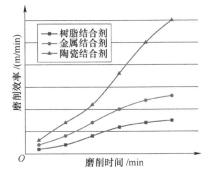

图 7-1　砂轮磨削时间与磨削效率的关系

采用树脂结合剂的砂轮磨削效率低，使用寿命短，砂轮修整和更换频繁，所以工件尺寸分散度较大，工件加工质量不稳定，现在已很少采用这种砂轮来加工 PCD 刀具。金属结合剂金刚石砂轮磨削效率高、质量好，但金属结合剂金刚石砂轮自锐性差，容易堵塞、发热，修整也比较困难。而使用陶瓷结合剂金刚石砂轮磨削加工 PCD 刀具，可最大限度提高磨削效率，约为金属结合剂刃磨效率的 4 倍。且陶瓷金刚石砂轮磨耗比小，使用寿命长，具有良好的 PCD 刃磨价值。金刚石砂轮结合剂的选用禁忌具体见表 7-5。

表 7-5　金刚石砂轮结合剂的选用禁忌

	结合剂的选择		说　明
误	金属结合剂（M）		1）对磨粒的把持性好，但是自锐性差，气孔率低，修整困难 2）加工 PCD 材料容易发生工件黏着，烧伤和堵塞工具的情况
	树脂结合剂（B）		1）只能用于 PCD 外圆加工，加工效率低，加工成本高 2）自锐性良好，但成品尺寸偏差大 3）耐热性差，树脂易软化或分解，造成磨料未发挥作用便脱落的情况
正	陶瓷结合剂（V）		1）磨具有很高的耐磨性，消耗率低 2）磨削温度低，磨削力小，磨具使用时容易修整，磨削效率高 3）磨削的工件表面质量好、精密度高，工件的形状保持性好

（3）造孔剂的选用禁忌　PCD 刀具的刃磨通常包括粗磨、半精磨和精磨等，目前广泛使用陶瓷结合剂金刚石砂轮加工。由于材料硬度高、耐磨性好，因此刃磨困难，主要出现的问题有材料去除率小，刃磨效率低，刃口呈锯齿状（见表 7-6），砂轮组织中需要一定量的气孔来散热和容屑，金刚石磨料颗粒度很细，砂轮结构致密，相应磨屑和散热较为困难，通常在烧结时需要添加造孔剂改善砂轮组织，使用不同的造孔剂会直接影响工件加工后的状态。陶瓷空心球大小要求与金刚石大小相匹配，以 W3.5 的金刚石砂轮为例，使用 600 ~

1500nm 等级别的陶瓷空心球作造孔剂，可获得最优的 PCD 刃磨效果。

表 7-6　造孔剂的选用禁忌

	不同造孔剂的选择		说　明
误	碳酸盐	刀刃崩口 刀具刃口出现崩刃	在烧结过程中因碳酸盐分解而在砂轮中留下气孔，所产生的金属氧化物会进入硅酸盐结构中，使砂轮硬度增加，从而磨不动工件，导致刃磨后 PCD 刀具有崩刃情况发生
正	陶瓷空心球	刃磨后刃口光整	采用与金刚石磨粒大小相当的陶瓷空心球，在磨削时空心球破裂产生气孔，性能稳定，所烧结的砂轮锋利、结构稳定，刃磨 PCD 刀具的效果良好

（何云、雷学林）

7.1.3　碳化硅砂轮修整金刚石砂轮禁忌

金刚石砂轮是一种超硬磨粒砂轮，可对硬质合金、玻璃、陶瓷等难加工材料进行高效磨削，具有寿命长、磨削性能好等特点。由于磨削过程中磨粒与工件表面的频繁相互作用，所以金刚石砂轮在磨削过程中会产生失效。主要失效形式有 4 种：砂轮堵塞、磨粒磨损、磨粒脱落及砂轮形状失真，如图 7-2 所示。失效后的砂轮如果继续进行磨削，不仅会使磨削力增大，磨削温度上升，发生颤振与烧伤，降低金刚石砂轮的磨削性能，而且砂轮失效后由于其几何形状不能得到保证，使加工精度降低，无法实现高精度复杂型面工件的磨削加工，因此需要定期对金刚石砂轮进行修整。

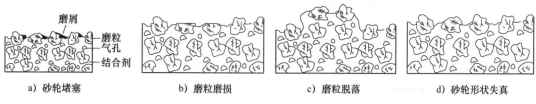

a) 砂轮堵塞　　　　b) 磨粒磨损　　　　c) 磨粒脱落　　　　d) 砂轮形状失真

图 7-2　金刚石砂轮的 4 种失效形式

常用金刚石砂轮修整法有碳化硅砂轮磨削修整法，该方法分为修型和修锐两个步骤，如图 7-3 所示。修型一般采用低速回转的绿碳化硅砂轮与高速旋转的金刚石砂轮对磨，将砂轮刃面形状修平或整形成所需形状，并使其与砂轮心轴同心。修锐时使用碳化硅砂条磨削金刚石砂轮，使金刚石磨料的锐角适当露出砂轮表面，产生磨削能力。

使用碳化硅砂轮进行修型时，应采用顺向磨削的方式，即碳化硅砂轮与金刚石砂轮接触位置的线速度方向相同。这是由于碳化硅磨料的硬度比金刚石低得多，修整作用主要表现如下。

a) 修型后的砂轮表面

1）碳化硅磨料去除金刚石砂轮表面结合剂，使金刚石磨粒脱落。

2）碳化硅磨料对金刚石磨料的摩擦作用。

b) 修锐后的砂轮表面

3）碳化硅修整轮对金刚石砂轮的挤压作用。

图 7-3　使用碳化硅砂轮修整金刚石砂轮

若使用逆向磨削，两轮相对速度高，金刚石砂轮对碳化硅磨料的切除能力强，起不到修整金刚石砂轮的作用。而使用顺向磨削，两轮相对速度低，增强了碳化硅磨粒对金刚石砂轮的表面结合剂去除作用和对金刚石磨粒的摩擦作用。

使用碳化硅砂条对金刚石砂轮进行修锐过程中，磨粒粒径越大，被修砂轮磨粒突出高度增加，但砂条磨粒粒径过大，容易擦伤金刚石磨粒，增加磨粒顶端的平坦度，因此应合理选择修锐砂条的目数，一般比被修砂轮的目数低 $2 \sim 3$ 级，以磨粒突出结合剂高度 $h > 20\mu m$ 为宜。使用过程中具体禁忌见表 7-7。

表 7-7　碳化硅砂轮修整金刚石砂轮禁忌

	磨削修整方式	说　明
误	修型时逆向磨削	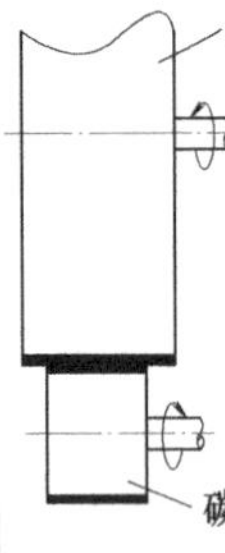 两轮相对速度高，金刚石砂轮对碳化硅磨料的切除能力强，金刚石砂轮表面结合剂去除效率低，造成修型效率低
	修锐砂条目数不合理	砂条粒径过小，被修砂轮的磨粒突出高度不够 砂条粒径过大，砂条磨粒在修锐中难以被切除，对金刚石磨粒的擦伤作用增强，增加金刚石磨粒顶端的平坦度
正	修型时顺向磨削	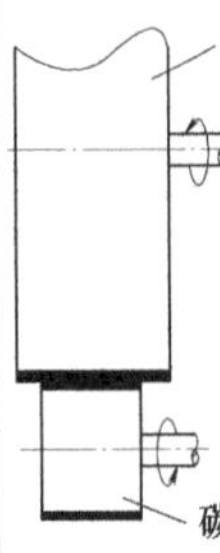 两轮相对速度低，金刚石砂轮对碳化硅磨料的切除能力弱，反而增强了碳化硅磨粒对金刚石砂轮的表面结合剂去除作用和对金刚石磨粒的摩擦作用，提高了修型效率
	修锐砂条目数应比被修金刚石砂轮的目数低 $2 \sim 3$ 级	合理的修锐砂条目数可保证被修金刚石砂轮修锐后的磨粒突出高度，一般以磨粒突出结合剂高度 $h > 20\mu m$ 为宜

（何云、雷学林）

7.1.4　刚玉砂轮型号与加工参数选取禁忌

刚玉砂轮以氧化铝（Al_2O_3）为磨料，主要用于碳素钢、合金钢、可锻铸铁、青铜、高速钢及薄壁零件等的磨削加工。刚玉砂轮的特性参数主要有粒度（磨料颗粒的大小）、结合剂（固结磨料的材料）、硬度（磨料与结合剂的粘固程度）、组织（砂轮结构的紧密或疏松程度）及形状等。在使用过程中，适当匹配砂轮型号与加工参数，避免使用不当的参数，既可预防加工事故发生，又可以提高加工效率，获得更优的磨削表面质量。刚玉砂轮型号与加工参数推荐见表 7-8，刚玉砂轮型号与加工参数选取禁忌见表 7-9。

表 7-8　刚玉砂轮型号与加工参数推荐

项　　目	粒度	结合剂	硬度	组织等级/级	砂轮线速度/(m/s)	工件线速度/(m/min)	径向背吃刀量/mm
粗磨、半精磨	$30^\#\sim100^\#$	陶瓷	H~N	4~12	20~30	15~25	0.015~0.04
精磨	$120^\#\sim240^\#$	树脂	K~L	0~3	15~25	10~20	0.005~0.015

表 7-9　刚玉砂轮型号与加工参数选取禁忌

刚玉砂轮型号与加工参数选取禁忌		说　　明
误	径向力过大引起工件或砂轮损坏	1）进给量增大时，径向切削力自然随之变大，如果工件较薄（板材、薄壁件）或较细（棒材），容易损坏零件 2）进给量过大也会使磨削废料堵塞砂轮气孔，使得径向力不正常地增大，导致零件损坏或砂轮崩碎造成生产事故
	磨屑堵塞气孔工件易烧伤、变形	1）砂轮粒度较细，气孔较小，磨削塑性较大的工件时，材料易堵塞气孔，导致砂轮失效 2）进给量较大时，磨削下来的材料较多，挤在磨料之间造成堵塞，导致砂轮失效 3）线速度较低时，脱离工件的磨削废料黏附在磨料上无法排出，随着加工的进行容易堵塞气孔使砂轮失效 4）气孔率较小，空气、切削液难以进入磨削区，同时磨屑粘附在砂轮上，热量在磨削区积聚，容易导致工件烧伤或变形
	结合强度较大，径向力过大	在磨削过程中，锋利的棱角会因慢慢磨圆而变钝，削弱砂轮的磨削能力。这时如果结合剂结合强度过大，表面的磨粒不会自行脱落而导致磨削力过大，温度过高，容易损坏零件

（续）

刚玉砂轮型号与加工参数选取禁忌		说　明
正	径向力合适	1）适当减小进给量，减小磨削力，以免损坏零件 2）使磨料粒度与进给量相匹配，避免因磨削废料堵塞气孔而导致径向力过大
	磨屑顺利排出	1）选择疏松类砂轮，提高气孔比例，当磨削塑性较大的材料时能够使磨屑有足够的变形空间，砂轮不易堵塞，切削液和空气也容易进入磨削区，降低磨削温度，进而可减少工件因发热而引起的变形和烧伤 2）适当减小进给量，避免因磨屑过多而挤压在气孔内，难以排出造成堵塞 3）适当提高转速，加快砂轮边缘线速度，使粘附在磨粒上的磨屑可以顺利排出
	结合强度合适，径向力变小	适当选用结合强度较小的结合剂，可以使磨料棱角磨圆到一定程度时因受力较大而自行脱落，露出新的磨料，保证自锐性，使磨削力、温度不致过大造成加工事故

（雷学林、何云）

7.1.5　刚玉砂轮锁紧螺钉应用禁忌

　　刚玉砂轮正确的安装不仅包括合适大小和厚度的垫片、法兰的厚度和直径要求、法兰与砂轮的间隙、螺钉的正确长度及螺钉的拧紧顺序（见图7-4）等细节，还包括影响安全的重要因素——锁紧螺钉的拧紧扭矩。不少砂轮爆裂事件实际都是拧紧扭矩不正确造成的，法兰紧固螺钉拧紧过松过紧都是造成砂轮碎裂的原因。由于砂轮加工时一直高速旋转，且大多数设备的砂轮都是正对操作人员，所以不论是加工时还是加工完成装卸工件时，都要有安全意识。只有掌握充分的基础知识和安装技能，才能保证操作人员的安全。

　　多点紧固的法兰，应根据机床制造厂所建议的力矩大小，将法兰用力均匀地紧固在砂轮上。安装时，螺钉和螺母的松紧程度，压紧到足以带动砂轮且不产生滑动为宜。多个螺钉拧紧时应按对角顺序，分数次逐步拧紧，如有条件尽量采用指示式扭力扳手。注意，

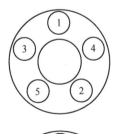

多个螺栓拧紧时，按对角顺序，分数次逐步拧紧

图7-4　多点紧固锁紧螺钉拧紧顺序

在使用一到两天后需在安装状态再次按要求紧固螺钉，因为一些垫片在使用后会有一些松动脱落或是切削液腐蚀后变形造成松动。中央夹紧螺母装置扭矩和多螺栓法兰锁紧结构扭矩要求见表 7-10，对薄砂轮（见表 7-11）法兰螺钉的拧紧扭矩要求按表 7-12 上扭矩×0.8 来执行。刚玉砂轮法兰锁紧螺钉应用禁忌见表 7-13。

表 7-10　中央夹紧螺母装置扭矩要求

砂轮外径/mm	螺距/mm			
	2	3	4	5
	扭矩/N·m			
100	4	4	6	8
200	12	16	20	28
300		36	48	59
400		63	79	98
500		98	146	157
600		142	189	236
800		251	334	432

表 7-11　薄砂轮的定义　　　　　　　　　　（单位：mm）

直　径	砂轮最大厚度
400	20
450	22
500	25
600	30
750	35

表 7-12　多螺栓法兰锁紧结构扭矩要求

砂轮外径×最大厚度×砂轮孔径/（mm×mm×mm）	最大功率（HP）/kW	螺栓数量	螺栓公称直径/mm	扭矩/N·m
250×32×127	3	6	M8	3
300×40×127	4	6	M8	5
350×40×127	5	6	M10	9
400×50×127	6	6	M10	12
450×50×127	8	8	M10	12
500×65×203.2	10	8	M12	14
600×80×304.8	15	8	M16	26
750×80×304.8	20	8	M16	36
900×100×304.8	30	8	M16	59
1060×50×304.8	35	10	M16	54

表 7-13　刚玉砂轮法兰锁紧螺钉应用禁忌

刚玉砂轮法兰锁紧螺钉应用		说　　明
误	刚玉砂轮法兰螺钉拧太紧或拧太松	刚玉砂轮法兰螺钉拧太紧,砂轮受到太大压应力,发生直接爆裂事故 法兰螺钉拧太松,砂轮旋转后发生偏移,失去调校好的动平衡,同样会产生砂轮爆裂事故
正	按照刚玉砂轮厂家提供的参数拧紧砂轮法兰螺钉	刚玉砂轮法兰螺钉按照厂家提供的正确扭矩拧紧,是保证生命财产安全的基础和稳定加工的基石,是一个磨工基本的素养

（华斌）

7.1.6　刚玉砂轮修整禁忌

刚玉砂轮的制造过程大致为：将磨料和结合剂均匀混合后压制成型→风干→装窑→烧结→冷窑→整形→检测（动平衡、线速度安全检测）→包装。砂轮两端面与安装内孔垂直度之间的误差直接影响砂轮的动平衡精度，高质量的砂轮两端面与安装孔的精度一般会比较好，但受两次安装、垫片弹性变形等的影响，轴向圆跳动是必然存在的。

一般外圆磨床安装使用刚玉砂轮前都针对外圆部位进行修整，而忽略刚玉砂轮的端面修整。所存在问题：

1）端面磨削时工件端面烧伤和振纹同时存在。

2）磨削外圆时从修整好砂轮开始加工后，逐渐开始发生自激振动，加工外圆出现棱圆。

3）设备长期处于异常状态，经常维修主轴或轴瓦。

改善方式：

1）采用手持金钢笔（见图 7-5）修整砂轮端面的方式，有时因现场空间环境狭小，会有起点位置比较高的现象，所以要注意按照正常修整器的角度和虚拟一个中心高，调整修整器实际角度进行修整操作。优点是可以修整到靠近砂轮法兰的地方，缺点是需要一些操作技巧（见图 7-6），要注意安全。

图 7-5　自制砂轮端面修整笔

图 7-6　手工修整砂轮端面

2）采用专用修整座安装修整器对砂轮两端面进行修整，注意不要碰撞砂轮的法兰或防护罩。优点是用设备保证平面度和平行度，但需要一点准备时间。

刚玉砂轮修整禁忌具体见表 7-14。

表 7-14　刚玉砂轮修整禁忌

	刚玉砂轮修整两端面		说　　明
误	修整刚玉砂轮时仅修整加工处	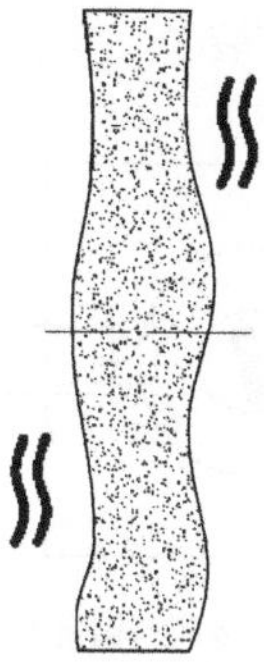	砂轮会有微量径向和轴向制造误差，第一次修整砂轮后静平衡中不会明显体现出来。随着砂轮的使用，修整深度越来越大，偏差会逐渐体现，动平衡变差，加工状况逐渐恶化，会产生棱圆、麻点、尺寸变化、大小头等问题；严重时设备主轴受到影响，造成振动、烧瓦、抱死等严重问题
正	刚玉砂轮必须修整两侧非加工处端面	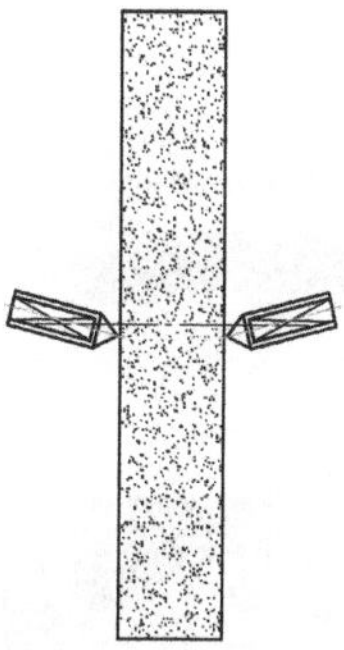	刚玉砂轮需修整外圆和加工部位，尽量修整非加工表面，一般是两端面。修整可采用设备自带的修整器，或手持加长修整器。以修平为准，尽量不要留有凹坑，可用涂有颜色的粉笔识别 经过两端面修整的砂轮，直至退役都能保证较好的尺寸稳定性和加工精度，设备状况也会比较稳定

（华斌）

7.1.7　砂轮修整器安装与应用禁忌

（1）砂轮修整器的安装禁忌　使用金刚石刀车削法修整方式包含修整器水平角、修整器偏置角、修整器水平高度偏置值和修整器的旋转角度。在磨削缺陷的产生中，修整器安装座的角度不正确的概率极低，主要是设备制造厂家没有正确认识或制造安装不当造成修整器安装座的角度或位置偏差。不正确的安装成形修整器导致的修整器不耐用或砂轮切削不锋利的概率极大。此类问题十分隐性，需要有经验的技术工人观察发现或设备入厂前检测，且必须及时改善，否则，将会长期并严重缩短修整器的使用寿命，造成修整器消耗异常、加工尺寸异常、加工零件精度差。

不正确的修整器的安装角度分为"3+1"项：置偏角、俯仰角、中心高及旋转角（成形金刚石修整器）。以上所述 4 种不正确的修整器安装会导致磨削工件烧伤或细小裂纹、尺寸变化、磨削效率降低，以及砂轮与工件之间出现打滑，引起振动和噪声等。金刚石修整器的正确安装如图 7-7 所示，成形金刚石修整器安装如图 7-8 所示，成形修整器相关失效故障如图 7-9 所示，砂轮修整器安装禁忌具体见表 7-15。

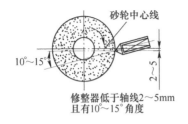

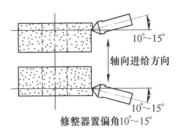

图 7-7 金刚石修整器的正确安装

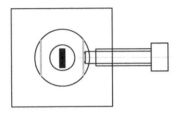

a) 修整器侧面与锁紧螺钉要垂直

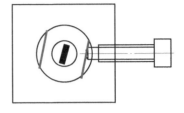

b) 修整器侧面与锁紧螺钉未垂直

图 7-8 成形金刚石修整器安装

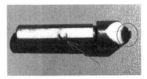

a) 成形修整器的失效和零件偏差

b) 成形修整器中心高不正确，整个侧面接触砂轮，发热严重，修整器崩损

c) 成形修整器中心高不正确，磨损整个平面

图 7-9 成形修整器相关失效故障

表 7-15 砂轮修整器安装禁忌

	砂轮修整器安装角度		说　　明
误	置偏角偏差	金刚石与砂轮垂直安装	修整中振颤，磨损快，修整啃刀，修整的砂轮钝，切削阻力大，易烧伤
	俯仰角偏差	金刚石与砂轮没有倾斜	修整中振颤，砂轮堵塞，工件烧伤，金刚石磨损快，不能翻转使用
	中心高偏差	金刚石与砂轮中心高没有按要求偏置	金刚石磨损快，修整啃刀，砂轮堵塞严重，磨削烧伤，难切削
	旋转角度偏差	主要针对成形金刚石修整器，指的是成形修整器在安装座内，锁紧螺钉轴线与修整器侧面不垂直	用切入法磨削阶梯轴有大小头，纵向磨削有螺旋纹

（续）

	砂轮修整器安装角度		说　明
正	金刚石修整器的四项安装角度正确	1）金刚石与砂轮径向安装有 10°～15°夹角 2）金刚石低于砂轮轴线 2～5mm 处与砂轮相切 3）金刚石轴线沿轴向进给方向倾斜 10°～15°偏角 4）安装成形金刚石修整器时须边旋转边锁紧	金刚石耐用，且砂轮持续锋利，有效避免修整时振颤或啃刀 修整器与砂轮是点接触，砂轮外圆平整，无锥度、大小头

（2）修整器的应用禁忌　砂轮的修整是用砂轮修整工具将砂轮工作面上已经磨钝的表面修去，以恢复砂轮的切削性能和正确的几何形状的过程。砂轮的车削修整法，是用一颗单粒的大金刚石镶焊在专用刀杆上制成，车削修整法如金刚石钻尖刻划玻璃一样，对砂轮颗粒进行刻划，使磨粒破碎脱落，形成新的磨削刃。一般金刚石尖端制成 70°～80°的尖角。

使用金刚石刀车削法修整砂轮，修整器的安装方式会影响修整器的寿命和砂轮的加工效果，但不能忽视的是修整器在使用一段时间后必然会有磨损，而磨损的修整器对砂轮是压碾加工，仔细看会有很多粉末状的砂轮碎屑被压在砂轮的空隙里，这样处理出来的砂轮必然不利于加工。

修整器磨损后须转向后使用如图 7-10 所示，修整砂轮时修整器应用禁忌具体见表 7-16。

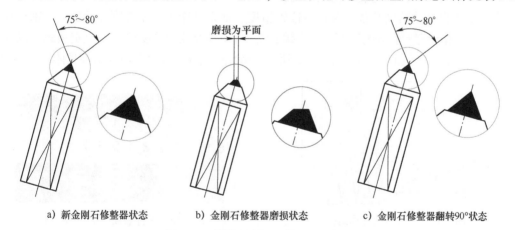

a）新金刚石修整器状态　　　b）金刚石修整器磨损状态　　　c）金刚石修整器翻转90°状态

图 7-10　修整器磨损后须转向后使用

表 7-16　修整砂轮时修整器应用禁忌

	修整砂轮修整器是否转向		说　明
误	修整器磨损后不转向		磨损一侧的金刚石修整器直接丢弃是浪费，而不转角换向使用，会造成砂轮被磨损的修整器挤压碾压，结合剂和破碎的磨料牢固地压实在砂轮的气孔中，使砂轮失去切削能力，造成工件烧伤、螺旋纹、长工件呈腰鼓形或鞍形

（续）

修整砂轮修整器是否转向		说　　明
正　修整器磨损后转向	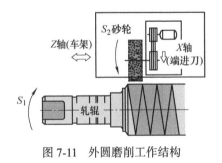	金刚石修整器的正确使用，将会降低工具成本，保证加工质量，提高加工效率，达到降低综合成本的目的

（华斌）

7.2　工艺应用禁忌

7.2.1　外圆磨削工件表面螺旋纹控制禁忌

　　外圆磨削工作结构如图 7-11 所示，外圆磨削时常出现螺旋纹，特别是加工高精度零件此现象更为严重。这些螺旋纹呈等间距，与工件轴线成一定角度。螺旋纹的产生对零件表面质量和尺寸精度都会产生较大影响，是外圆磨削中较为棘手的问题，应设法消除。

　　影响螺旋纹产生的因素主要集中在砂轮性能、磨床精度及磨削参数，砂轮磨削性能与其表面形貌有很大关系，砂轮磨粒粗细不均，易在工件表面造成螺旋纹。磨床精度包含主轴运动精度、工作台运动精度及各位置相对位置精度。如果磨床工艺系统刚性不足，主轴存在径向圆跳动，工作台有倾斜等情况都会产生螺旋纹。不合理的磨削参数选择也是造成螺旋纹的一大原因。工件表面产生的螺旋纹如图 7-12 所示。造成螺旋纹的成因及解决措施具体见表 7-17。

图 7-11　外圆磨削工作结构　　　　图 7-12　工件表面产生的螺旋纹

表 7-17　外圆磨削表面螺旋纹控制禁忌

造成螺旋纹的成因	图　　示	解　决　措　施
砂轮母线不平整，某条棱边接触工件较紧	砂轮　工件	砂轮的两条棱边应倒圆角 　砂轮在使用过一段时间后需进行修整，且达到精确静平衡 　砂轮在停止前，先关闭切削液，使砂轮空转脱水，避免砂轮底部因聚集切削液而导致砂轮失去平衡

（续）

造成螺旋纹的成因	图　　示	解决措施
修整砂轮时，金刚石刀横向进给量大小会影响砂轮的修整质量，横向进给量越大，磨粒越易破碎脱落，修整出的砂轮较粗糙	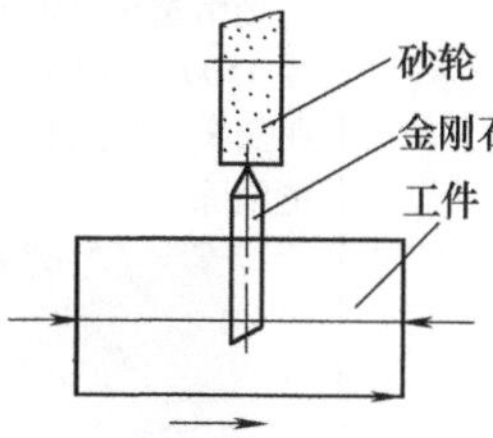	合理选择砂轮修整用量，适当减小金刚石的横向进给量，一般加工要求取 0.001～0.003mm，横向进给 2～3 次 同时，金刚石在修整中夹紧，或在刀杆上焊接牢固，不应产生松动
砂轮主轴间隙大，或砂轮主轴的刚性较差，磨削时受径向力过大时会使砂轮产生偏转，使砂轮边缘接触工件	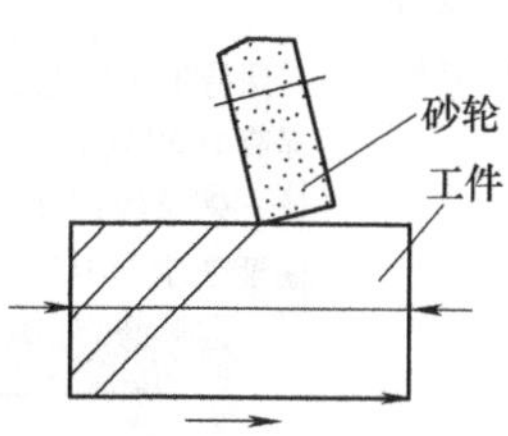	调整砂轮主轴与轴承的配合为 0.005～0.01mm 合理选择磨削时的横向进给量，减小径向力，粗磨 0.03～0.04mm/次，半精磨 0.015～0.02mm/次，精磨 0.005～0.01mm/次
工作台移动方向与砂轮主轴不平行或者整个磨床工艺系统的刚性较差 进给机构的微调精度不高，在砂轮主轴和工作台不平行的情况下，修整时难以保证砂轮的微刃等高，砂轮母线会产生凹形，结果只有砂轮边缘与工件接触产生螺旋纹	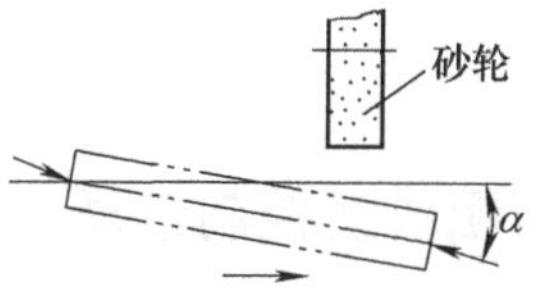	定期检修机床，保持磨床头架轴承的回转精度，保证头架、尾架和轧辊的同轴度，保证整个工艺系统的刚度，保证工作台与砂轮主轴的平行度为 0.02/100，保证工作台移动时的垂直度为 0.04/1000～0.06/1000
工作台不是等速运动或液压中进入空气，导致工作台滑移		提高导轨面刮研精度，改善润滑条件减少摩擦阻力，定期检查油泵工作轴的密封状态，机床停止使用一段时间开启前应旋开放气阀，开动机床，来回往复空载运行数次，排尽空气
磨削参数会对是否产生螺旋线造成影响。磨削参数主要有 S_1（工件转速），S_2（砂轮转速），Z 轴（工作台）速度和 X 轴进给量，如图 7-11 所示	粗磨时，磨削进给量＞0.03mm/次，工作台速度＞2600mm/min 时，磨削效率高，磨削后表面螺旋纹非常明显 	粗磨参数选择： S_1：28～32r/min S_2：34～38m/s 工作台速度：2800～3300mm/min 进给量：0.03～0.04mm/次

（续）

造成螺旋纹的成因	图　示	解　决　措　施
磨削参数会对是否产生螺旋线造成影响。磨削参数主要有 S_1（工件转速）、S_2（砂轮转速）、Z 轴（工作台）速度和 X 轴进给量，如图 7-11 所示	进给量>0.03mm/次，工作台速度为 1500~2000mm/min 时，螺旋纹间距变窄，磨痕有一定程度减轻，但不能消除	半精磨参数选择： S_1：30~36r/min S_2：30~35m/s 工作台速度：1800~2600mm/min 进给量：0.015~0.02mm/次
	保持工作台速度为 1500~2000mm/min，提高轧辊转速，同时适当减小进给量，螺旋纹逐渐变轻微，磨削纹间距逐渐变窄，但仍可见模糊螺旋纹	精磨参数选择： S_1：34~38r/min S_2：25~30m/s 工作台速度：800~1500mm/min 进给量：0.05~0.15mm/次

（雷学林、何云）

7.2.2　平面磨削工件表面粗糙度控制禁忌

随着各类机械产品的精度要求提高，在机械系统中较为重要的连接平面和接触平面多采用平面磨削的加工方式。磨削加工一般作为工件加工的最终工序，以保证产品零件能达到图样设计要求的精度和表面质量。以砂轮工作表面的不同，平面磨削可分为周边磨削、端面磨削及周边-端面磨削三种方式。

（1）周边磨削　又称圆周磨削，用砂轮圆周面进行磨削。适用于精磨各种工件的平面，平面度误差能控制在 $0.01‰~0.02‰$，表面粗糙度值可达 $Ra=0.8~0.2\mu m$，但生产效率低。

（2）端面磨削　用砂轮端面进行磨削。以下措施可改善端面磨削加工的质量：

1）选用粒度较粗、硬度较软的树脂结合剂砂轮。

2）磨削时供应充分的切削液。

3）采用镶块砂轮磨削。

4）将砂轮端面修成内锥心，使砂轮与工件线接触或调整磨头倾斜一个微小角度，减少砂轮与工件的接触，改善散热条件。

（3）周边-端面磨削　同时用砂轮圆周面和端面进行磨削，磨削用量不宜过大。一般情况下，对尺寸要进行有效的控制，表面粗糙度值 Ra 应不超过尺寸公差的 1/8。磨削加工后的表面粗糙度对零件使用性能的影响为：表面粗糙度值越小，零件的耐磨性、耐蚀性、耐疲劳性越好，配合精度越高；反之亦然。因此，在磨削加工生产实践中，必须注意降低表面粗糙度值。

在磨床进行平面磨削加工时，表面粗糙度控制禁忌详见表 7-18。

表 7-18　平面磨削工件表面粗糙度控制禁忌

平面磨削工件表面粗糙度控制		说　明
误	砂轮的选择和使用不合理	砂轮粒度较粗，磨削后平面刻痕较粗，表面粗糙度值较大 粒度过细，砂轮易堵塞，使磨削后平面的表面粗糙度值增大，同时还易产生波纹和引起烧伤 砂轮太硬，磨粒磨损后不能脱落，工件平面受到强烈的摩擦和挤压，塑性变形增大，表面粗糙度值增大，同时还容易引起烧伤 砂轮太软，磨粒易脱落，磨削作用减弱，也会增大表面粗糙度值 砂轮在磨削的过程中，若不修整，砂粒会逐渐磨钝，磨削力增大，磨削效率降低，表面粗糙度值增大
	磨削不考虑工件材质	工件材料的硬度、塑性、导热性对表面粗糙度有显著影响 铝、铜合金等软材料产生的磨屑易堵塞砂轮，比较难磨 塑性大、导热性差的耐热合金易使砂粒早期崩落，导致磨削表面粗糙度值增大
	加工条件选择错误	砂轮速度低，磨削效果差，材料变形，表面粗糙度值增大 工件速度加快，塑性变形增加，表面粗糙度值增大 磨削深度和纵向进给量越大，塑性变形越大，从而增大了表面粗糙度值 不采用切削液，磨削区温度高，产生烧伤，降低表面质量
正	合理选择和使用的砂轮	砂轮粒度越细，砂轮单位面积上的磨粒数越多，磨削平面的刻痕越细，表面粗糙度值越小 平面磨削较硬工件时，选择较软的砂轮 砂轮与工件接触面越大，砂轮选择越软 精磨和成形磨削时应选择较硬砂轮，以保持砂轮必要的形状精度 粒度越大的砂轮，为避免砂轮被磨屑阻塞，一般选择较软砂轮 当采用周边磨削时，一般选用陶瓷结合剂的平形砂轮，粒度为 $36^\#\sim60^\#$，硬度为 H~L；当采用端面磨削时，接触面积大，排屑困难，易发热，一般采用树脂结合剂的筒形或镶块砂轮，粒度为 $20^\#\sim36^\#$，硬度为 J~L 砂轮修整是用金刚石修整器去除砂轮外层已钝化的磨粒，使磨粒切削刃锋利，降低磨削平面的表面粗糙度值 修整砂轮的纵向进给量越小，修出的砂轮上的切削微刃越多，等高性越好，从而获得较小的表面粗糙度值
	根据工件材质合理选择磨削方式	平面磨床适合加工硬度较高的材料，如淬硬钢、硬质合金等；也能加工脆性材料，如玻璃、花岗石；能进行高精度和表面粗糙度值很小的磨削，也能进行高效率的磨削，如强力磨削等 平面磨削软而韧的有色金属材料（如铝、铜）时，为避免砂轮被堵塞，应选用较软的砂轮

（续）

平面磨削工件表面粗糙度控制		说　明
正	根据加工要求选择合适的加工条件	加快砂轮速度，可使平面表层金属塑性变形传递速度跟不上磨削速度，材料来不及变形，从而使磨削平面的表面粗糙度值降低，如磨削不锈钢的砂轮速度≤25m/s时取较大值 工件速度要随砂轮速度正比例变化，可使切屑截面积基本保持不变。一般而言，工件速度与砂轮速度的比例可选为 1/100~1/60。平面磨削 45 钢淬火状态（硬度 40~45HRC）、GCr15 钢淬火状态（硬度 61~65HRC）、T10 钢淬火状态（硬度 58~64HRC）、TC4 固溶处理并时效状态（硬度 320~380HBW）工艺参数选择见表 7-19 采用切削液可降低平面磨削区温度，减少烧伤，冲去落的砂粒和切屑，以免划伤工件，从而降低表面粗糙度值。但必须选择适当的冷却方法和切削液

表 7-19　典型材料平面磨削工艺参数选择

类　别	Ra	径向进给量/（mm/次）	轴向进给量（双行程）/（mm/次）	磨削速度/（m/s）	工件速度/（m/min）	砂轮
粗磨 45 钢	1.6	0.02~0.04	0.3B	25~30	15~25	WA46K
精磨 45 钢	0.8	0.01~0.015	0.1B	20~25	10~15	WA60K
粗磨 GCr15 钢	1.6	0.015~0.03	0.3B	15~20	15~25	WA46K
精磨 GCr15 钢	0.8	0.005~0.01	0.1B	15~20	15~25	WA60K
粗磨 T10 钢	1.6	0.02~0.03	0.3B	25~30	15~25	WA46K
精磨 T10 钢	0.8	0.005~0.01	0.1B	20~25	10~15	WA60K
粗磨 TC4	1.6	0.01/0.015	1~2	18/14	15	普通砂轮（碳化硅等）
精磨 TC4	0.8	0.005/0.003	1~2	18	18	
粗磨 TC4	1.6	0.01/0.015	≤B/2	30	10	立方氮化硼（CBN）
精磨 TC4	0.8	0.005/0.003	≤B/2	30	10	

注：表中 B 为砂轮宽度。

（雷学林、何云）

7.2.3　给磨床顶尖加注润滑脂忌有切屑异物

一般外圆磨床头架、尾架采用两固定顶尖顶紧工件中心孔的装夹定位方式，头架拨盘带动工件旋转。尾座顶尖是用弹簧顶向工件中心孔，驱动力一般约 1000N，单个顶尖的接触面积按 A4 中心孔计算约 50mm²。由于工件中心孔与顶尖处于相对滑动状态，两者接触面积小，所以在单位面积上产生的压强如超出了工件中心孔和顶尖所能承受的极限载荷，会使工件中心孔与顶尖在磨削加工过程中产生不同程度的磨损，直接影响工件加工精度，导致工件不合格。所以磨床顶尖和中心孔之间要加注润滑脂进行润滑，减少顶尖与中心孔的摩擦，防止烧伤，减少发热磨损导致的异常。

在现场操作磨床时，会用压缩空气清理中心孔，这样可能将切屑吹到开放裸露的润滑脂表面，造成润滑脂污染，不仅会偶发工件圆度超差，原因是中心孔润滑不良或是中心孔中润滑脂有杂质，还会偶发工件有大小头，原因是润滑脂中的杂质造成工件外径磨小（见图 7-13）。当长期使用不清洁的润滑脂，微量磨屑与砂轮脱落的微小磨料与润滑脂混合后被包裹进工件中心孔内，和顶尖进行挤压摩擦，加剧顶尖和中心孔的磨损（见图 7-14）。磨床顶尖润滑脂应用禁忌具体见表 7-20。

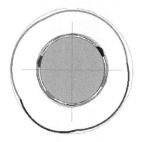

润滑脂中的杂质在顶尖上随机转动
造成工件加工后随机棱圆

图 7-13　工件棱圆椭圆

图 7-14　合金顶尖磨损

表 7-20　磨床顶尖润滑脂应用禁忌

	磨床顶尖润滑脂		说　明
误	润滑脂敞开式存放、加注	红圈内是大小不等的杂质，最大单个杂质达到 5mm	会偶发工件圆度超差、棱圆等现象，原因是中心孔润滑不良及润滑脂中有杂质。还会偶发工件有大小头，原因是润滑脂中杂质和工件一起旋转，造成工件外径磨小 顶尖容易磨损变形，造成定位精度降低，产生加工振动，尺寸变化等异常现象
正	封闭式加注润滑脂的工具	润滑脂	用封闭容器灌装润滑脂，保证没有灰尘、切屑等杂质混入顶尖孔内，有效保证加工的稳定，改善顶尖的磨损趋势 图示是用清理干净的牙膏瓶灌装润滑脂，可防止污染；用其他密闭清洁容器装载润滑脂加注顶尖孔内也一样方便快捷，可防止灰尘杂质混入润滑脂

（华斌）

第8章

数控刀具选用禁忌

8

8.1 特殊材料工件选用刀具禁忌

8.1.1 铝合金加工刀具选用禁忌

铝合金的塑性低、熔点低，加工时粘刀问题严重，排屑性能较差，表面质量不易保证。工业铝合金零件的加工对数控刀具有很高要求，特别是航空工业中的铝合金，数控刀具在具有高性价比的同时还必须满足高质量加工的需求。由于整体硬质合金立铣刀具有非常锋利的切削刃和槽型，其在铝合金精加工中具有切削力小且容屑空间大、排屑顺畅等优点，因此逐渐取代了传统的高速钢立铣刀。由于铝合金强度、硬度相对较低，塑性较小，对数控刀具磨损小，且热导率较高，切削温度较低，所以铝合金适合高速切削。具体选用禁忌见表8-1。

表8-1 铝合金加工刀具选用禁忌

问 题	原因分析及解决方法
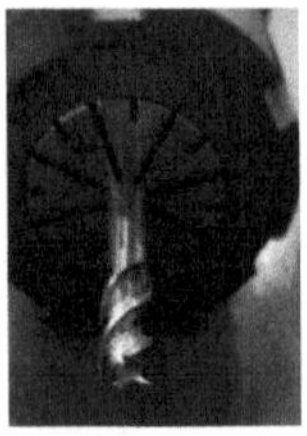 铝合金熔点较低，易粘刀，会产生积屑瘤，加工表面质量差	1) 铝合金熔点较低，温度升高后塑性增大，在高温高压作用下，切削界面摩擦力很大，容易粘刀 2) 特别是退火状态的铝合金，不易获得低的表面粗糙度值，各种合格的工件毛坯总会有一些氧化层，数控刀具受到一定程度的磨损 3) 为获得光洁的工件表面，尽可能采用粗切削和精切削的组合，切削工序采用抛光过的锋利数控刀具进行精细切削，可满足加工要求 综上所述，加工铝合金刀具材料一般选用细晶粒的钨钴硬质合金，刃口要求锋利且表面有研磨，摩擦因数较低，减少积屑瘤的产生，且刀具要求有较大的排屑槽

(岳众祥)

8.1.2 加工不同材料铣刀的选用禁忌

在机械加工中，常接触到的材料有碳素钢、合金钢、铸铁及有色金属四大类，四大类中又可以分很多小类。螺纹铣刀选用禁忌见表8-2，介绍了几种在机械加工中常遇到的材料的刀具选用情况。

表 8-2　加工不同材料铣刀的选用禁忌

问　　题	原因及解决方法
 不锈钢加工经常出现切削力大、切削温度高、易粘刀和产生积屑瘤、刀具磨损快以及崩刃等问题	不锈钢加工刀具应尽量选择强度高、耐磨性好、韧性和导热性好的材料（硬质合金类选用 YG 类和 YW 类；高速钢类选用 W6Mo5Cr4V2Al、W10Mo4CrV3Al 等） 　为防止加工不锈钢出现崩刃，应提高切削刃强度，前角最好选择较小值或负值。加工不锈钢若采用硬质合金刀具，其螺旋角应选择 5°~10°；若采用高速钢立铣刀，则其螺旋角应选择 35°~45°
铝材加工极易产生积屑瘤	铝材软，易粘刀，极易产生积屑瘤。加工铝合金如有特殊要求，一般采用细晶粒的钨钴硬质合金刀具且不带涂层；刃口锋利及表面有研磨，摩擦因数较低，减少积屑瘤的产生；如没有特殊要求，从经济性考虑，可选用高速钢刀 　总之，加工铝及铝合金的刀具一定要锋利且有大的排屑槽，不易粘刀
铸铁切削加工温度高，刀具磨损快	常见普通铸铁为灰铸铁、球墨铸铁和奥氏体铸铁。灰铸铁加工性能较好，如采用氧化铝涂层的硬质合金铣刀，可进行灰铸铁的切削 　球墨铸铁中石墨的含量会影响其加工性能，一般可以用经济型整体硬质合金涂层铣刀。奥氏体铸铁加工刀具可优先选择经济型钨钢铣刀，其次可以选用含钴高速钢刀具

（岳众祥）

8.1.3　碳纤维增强复合材料铣削加工选刀禁忌

　　碳纤维增强复合材料（CFRP）是典型的难加工材料，呈各向异性，材料层间强度低，易在切削力的作用下产生分层，导热性能差，刀具磨损快。在刀具选用不当或刀具发生磨损时，容易产生分层、毛刺、撕裂、烧蚀融化及加工表面粗糙等问题。因此，加工碳纤维增强复合材料时选择合适的刀具至关重要，刀具要有良好的切削性能、耐磨性能和导热性能，不仅在加工复合材料时能够对分层有良好的抑制作用，而且排屑通畅。

　　在实际生产制造中，对于常规复合材料层合板零件，主要选用寿命较长的整体硬质合金涂层刀具、钎焊 PCD 或烧结 PCD 刀具。在刀具结构上，主要选用直刃、菱齿波纹及交错齿铣刀。具体铣削加工选刀禁忌见表 8-3。

表 8-3　碳纤维增强复合材料铣削加工选刀禁忌

铣削加工选刀			说　　明
误	使用不适合 CFRP 加工的刀具		选用普通高速工具钢、普通硬质合金刀具加工 CFRP 产品时，刀具磨损极为严重，加工效率低下，易产生毛刺、撕裂、分层、烧蚀及加工表面粗糙等缺陷

（续）

铣削加工选刀		说　明
正	选择适合 CFRP 切削的性能好的刀具	应综合考虑刀具的切削性能、耐磨性能和导热性能，首选金刚石涂层菠萝铣刀和钎焊镶片 PCD 铣刀，在加工过程中应有效抑制分层、毛刺及劈裂现象的发生，加工表面质量好

（张永岩）

8.1.4　铝缸盖粗加工立铣刀选用禁忌

乘用车发动机缸盖一般为铝合金材料，采用铸造工艺制作毛坯，然后进行机械加工。乘用车发动机生产线节拍较短（一般为 1min 左右），在此情况下，只有采用高效率的刀具才能在规定的节拍时间内，完成规定的加工内容。铝缸盖粗加工一般分为两种：面的粗加工（用铣刀）和孔的粗加工（用钻头），加工余量都较大。

图 8-1 所示为缸盖上的一个螺栓安装面，从毛坯状态一次性加工到成品尺寸（加工余量 6mm），同时还要保证这个面与燃烧室面的平行度（要求为 0.05mm），铝缸盖粗加工立铣刀选用禁忌见表 8-4。

图 8-1　缸盖螺栓安装面

表 8-4　铝缸盖粗加工立铣刀选用案例与禁忌

刀具选择		说　明
误		采用图示硬质合金立铣刀加工此面，加工约 300 件缸盖后，由于刀具磨损，切削力增大，导致这个面与燃烧室面的平行度差，重磨后刀具也无法保证上述平行度 如为保证平行度而不停换刀，刀具成本将会严重超标
正		采用图示国产 PCD 立铣刀，每齿进给量 0.07mm/z，经过长期跟踪，刀具寿命超过 1 万件，平行度始终合格，单件缸盖刀具成本为原来的 1/10，一直未出现 PCD 刀片崩刃的问题 同一条缸盖生产线的另外几把硬质合金刀具改为 PCD 刀具后，也取得良好效果

（朱海）

8.2　特殊形状工件用刀具选用禁忌

8.2.1　深孔钻头选用禁忌

深孔加工（此处主要指 12 倍径以上）因长径比大，需要增加引导钻并分多把刀具加工，此类深孔加工需机床提供高压内冷。表 8-5 中直径 6mm、深 180mm 的阀体流道孔，使用单支加长钻头完成加工，常伴随下列问题。

1）效率低。为保证钻头的安全性需要牺牲加工效率，除了冷却难点，排屑不畅也是问题，为保证排屑，退刀行程会很长，即便减少退刀次数，效率低下还是不可避免。

2）加工质量不良。使用单支钻头加工深孔，刀具本身刚性差会导致轴线偏离，使工件产生质量问题甚至报废。

推荐做法是使用多根不同长度的钻头去分段加工，如先使用 5 倍径合金钻头加工到约 30mm 深（相当于引导钻），后换 18 倍径加长钻头加工到约 100mm 深，再换 30 倍径加长钻头钻到图样要求深度或使用引导钻后用枪钻加工。深孔钻头选用禁忌见表 8-5。

表 8-5　深孔钻头选用禁忌

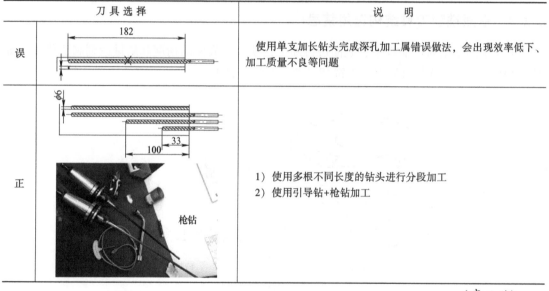

刀具选择		说　明
误	182	使用单支加长钻头完成深孔加工属错误做法，会出现效率低下、加工质量不良等问题
正	φ6　100　33　枪钻	1）使用多根不同长度的钻头进行分段加工 2）使用引导钻+枪钻加工

（李玉兴）

8.2.2　较小深 *R* 角清角铣削加工刀具选用禁忌

在工艺允许的前提下，对于较小深 *R* 角可以采用铣削前预钻孔的办法达到清角的目的。采用此方法的原因有两个：一是清角铣削的效率低；二是清角铣削的刀具成本高。小直径加长刀具价格数倍乃至数十倍于同直径钻头，且因强度原因经常会发生破损。如果工况原因必须采用小直径铣削加工，也要减少吃刀量以减少刀具损耗。选用具体情况及禁忌见表 8-6。

表 8-6　较小深 *R* 角清角铣削加工刀具选用禁忌

刀具选择	说　明
误　ZM　XM　第一工序铣刀去大余量　第二工序铣刀清角	*R* 角较小且深，使用铣刀去除大余量后再用小直径铣刀清角效率低、刀具成本高

（续）

刀具选择	说　明
正 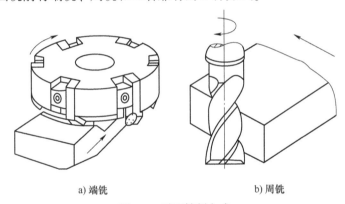	实际生产中，先用钻头在 R 角位置钻出半径 R 的孔，再用铣刀去除大余量，可缩短加工时间和减少生产成本

（李玉兴）

8.2.3　平面铣削刀具结构选用禁忌

平面铣削是指对产品较平整表面进行加工，使加工表面的精度和质量达到制造要求。如图 8-2 所示，平面铣削有端铣、周铣和二者兼有的 3 种方式。

a) 端铣　　　　　　　　　　　b) 周铣

图 8-2　平面铣削方式

平面铣削常用刀具有端铣刀、立铣刀、圆柱铣刀、三面刃铣刀等。平面铣削时，应在保证加工质量的前提下合理选用刀具。

端铣刀也称面铣刀，分整体式、镶齿式和可转位式 3 种，其圆周表面和端面上都有切削刃，端部切削刃为主切削刃，适合加工大平面，以提高加工效率。面铣刀多用在立式铣床上加工平面，也可用于卧式铣床，一般刀齿采用硬质合金材料，也可采用陶瓷材料，适用于粗、精铣各平面。面铣刀的直径大概是 1.4~1.6 倍的铣削宽度，可参考表 8-7 选择。立铣刀适用于铣削加工较小平面。立铣刀的圆周表面和端面上都有切削刃，圆周切削刃为主切削刃，主要用来铣削台阶面，一般选用直径 20~40mm 的立铣刀铣削台阶面。圆柱铣刀分粗齿和细齿系列，一般用于卧式铣床，由高速钢材料制造，适用于粗铣及半精铣平面。三面刃铣刀适用于加工小平面。

表 8-7　面铣刀直径选择　　　　　　　（单位：mm）

铣削宽度	40	60	80	100	120	150	200
铣刀直径	50~63	80~100	100~125	125~160	160~200	200~250	250~315

对于大平面的铣削加工，应首选大规格面铣刀，以提高材料去除率；避免选择直径规格较小的刀具，并尽量增大加工跨步，减少接刀痕。对于狭小的加工区域，应根据加工区域及形状适当选择较小的刀具，避免使用球头刀具以行切的方式加工平面。对于加工精度要求较高的平面，应适当选用带有底 R 圆角的牛鼻刀具，避免出现接刀差。

(1) 铣刀齿数选择　在选择平面铣削刀具时，首先要考虑刀具的齿数，相同直径的粗齿铣刀和密（细）齿铣刀具有不同的齿数。铣刀齿距的大小决定了铣削加工时同时参与切削的刀齿数目，进一步影响切削过程的平稳性和对机床功率的要求。一般情况下，铣刀具有粗齿、密（细）齿等系列。当进行重载荷粗铣时，由于过大的切削力会使刚性较差的机床产生颤振，这种振动会影响加工质量，并会导致铣刀崩刃，所以根据切削工艺选择适当的铣刀齿数尤为重要。密齿、标准齿和粗齿特点如下。

1) 密齿：高速进给，铣削力较大，容屑空间小。

2) 标准齿：常规进给速度、铣削力和容屑空间。

3) 粗齿：低速进给，铣削力较小，容屑空间大。

硬质合金面铣刀的齿数在粗齿、中齿及细齿系列中各有不同（见表 8-8）。粗齿面铣刀适用于钢件平面的粗铣；中齿面铣刀适用于铣削带有断续表面的铸件或对钢件的连续表面进行粗、精铣；细齿面铣刀适用于在机床功率足够的情况下，对铸件进行粗铣或精铣。

表 8-8　硬质合金面铣刀齿数

铣刀直径 D/mm		50	63	80	100	125	160	200	250	315	400	500	630
齿数/个	粗齿	—	3	4	5	6	8	10	12	16	20	26	32
	中齿	3	4	5	6	8	10	12	16	20	26	34	40
	细齿	—	—	8	10	12	18	24	32	40	52	64	80

(2) 铣刀刀片选择　铣刀刀片有压制刀片、磨制刀片等类型。粗加工最好选用压制刀片，可使加工成本降低。压制刀片的尺寸精度及刃口锋利程度比磨制刀片差，但是压制刀片的刃口强度较好，粗加工时耐冲击并能承受较大吃刀量和进给量。压制刀片前刀面上有卷屑槽，可减小切削力，同时还可减小与工件、切屑的摩擦，降低功率需求。由于压制刀片便宜，所以在生产上应用广泛，但也要根据实际工艺情况使用压制刀片。

(3) 铣刀前角选择　铣刀有一个主偏角和两个前角（前角即前刀面接触面），一个叫轴向前角 γ_f，一个叫径向前角 γ_p，如图 8-3 所示。径向前角 γ_f 主要影响切削功率；轴向前角 γ_p 则影响切屑的形成和轴向力的方向，当 γ_p 为正值时切屑即飞离加工面。

图 8-3　可转位铣刀的前角示意

负前角：用于钢、钢合金、不锈钢及铸铁。

正前角：用于黏性材料和一些高温合金。

前角中置：用于车螺纹、割槽、仿形车和成形刀。

(4) 铣刀几何形状选择　铣刀几何形状选择见表 8-9。

平面铣削刀具构型选用禁忌见表 8-10。

表 8-9　铣刀几何形状选择

铣刀几何形状	图　示	特　点	适用范围	其他说明
正径向前角-正轴向前角	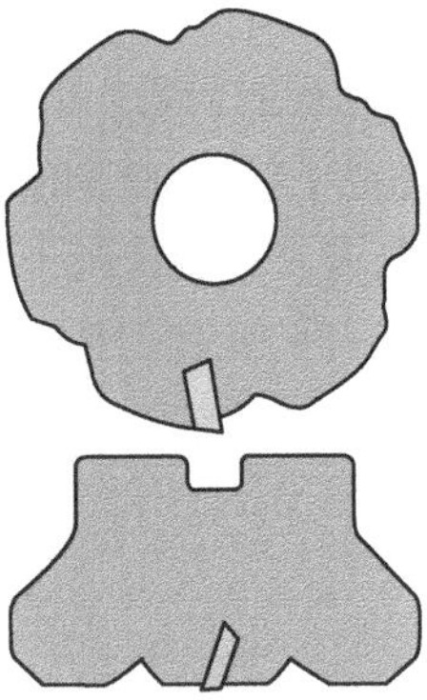	优点： 1）切削较平滑 2）排屑顺畅 3）加工表面的表面质量较好 缺点： 1）切削刃强度较低 2）不利于切入接触 3）工件易脱离机床工作台	适用于加工软材料和不锈钢、耐热钢、普通钢及铸铁等	切削轻快，排屑顺利但切削刃强度较差 在机床功率小、工艺系统刚性不足以及有积屑瘤产生时应优先选用该形式
负径向前角-负轴向前角	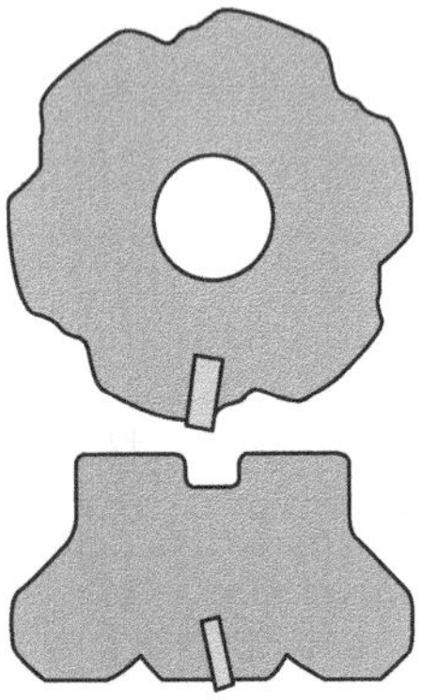	优点： 1）切削刃强度较高，抗冲击性强 2）可以提高生产率 3）可以把工件推向机床工作台 缺点： 1）切削力更大 2）切屑易阻塞	适用于粗铣铸钢、铸铁和高硬度、高强度钢等	切削加工有抗冲击能力强的需求时，采用负型刀片。但铣削功率消耗大，需要极好的工艺系统刚性
负径向前角-正轴向前角	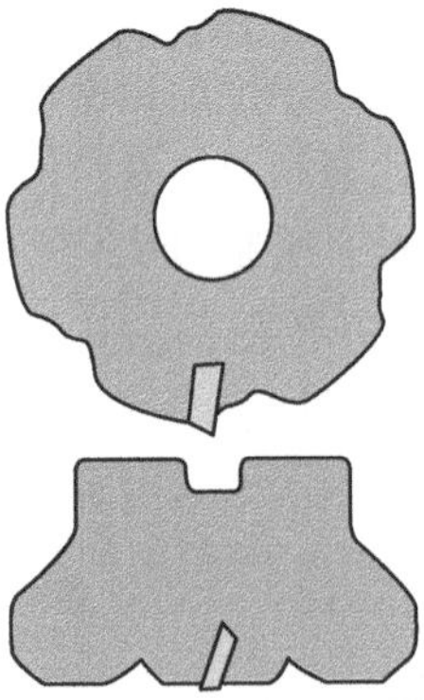	优点： 1）排屑顺畅 2）有利的切削力 3）应用范围较广	适用于加工钢、铸钢和铸铁等	这种铣刀综合了双正前角和双负前角铣刀的优点，轴向正前角有利于切屑的形成和排出；径向负前角可提高切削刃强度，改善抗冲击性能 切削刃也较锋利，大余量铣削时也能达到较好效果

表 8-10　平面铣削刀具构型选用禁忌

	描　述		说　明
误	加工较大平面选用刀具不合理，影响加工效率和表面质量		较大平面选用的刀具规格较小，较小的跨步加工效率低，接刀痕密集，影响质量；选用球头刀具加工平面，加工效率低，表面质量差

（续）

描　　述			说　　明
误	选择铣刀齿数不合适（采用密齿铣刀进行粗加工）	密齿	密（细）齿铣刀容屑槽不够大，将会造成卷屑困难，并且加剧切屑与刀体、工件之间的摩擦 密齿铣刀进行较大轴向背吃刀量加工时产生的切削力较大，将会引起刀杆颤振，发出噪声。颤振将影响加工精度，甚至导致铣刀崩刃，缩短刀具使用寿命
	铣刀刀片使用不合理		压制的刀片表面不如磨制刀片紧密，尺寸精度较差，在铣刀刀体上各刀尖高度相差较多 没有尖锐前角的硬质合金刀片，当采用小进给、小背吃刀量加工时，刀尖会摩擦工件，刀具寿命短
正	依据加工平面合理选用刀具规格、跨步		较大的平面应选择直径大的刀具，避免使用球头刀具加工平面，避免使用无底 R 角的刀具加工精度要求较高的平面
	选择合适的铣刀齿数（采用粗齿铣刀进行粗加工，采用密齿铣刀进行精加工）	标准齿 疏齿	选用粗齿铣刀进行开粗，可以降低对机床功率的要求。当主轴孔规格较小时，可以用粗齿铣刀有效地进行铣削加工。粗齿铣刀多用于粗加工，有较大的容屑槽，粗加工产生的大量切屑容易排出 在同样进给速度下，粗齿铣刀每齿切削负荷较密齿铣刀要大。精铣时背吃刀量较小，一般为 0.25~0.64mm，每齿的切削负荷小，所需功率不大，不但可以选择密齿铣刀，而且可以选用比较大的进给量。由于精铣中金属切除率有限，所以密齿铣刀容屑槽也能满足排屑要求
	铣刀刀片选择合理		对于精铣，最好选用磨制刀片，由于这种刀片具有较高尺寸精度，所以切削刃在铣削中的定位精度较高，可得到较高的加工精度及较低的表面粗糙度值 另外，精加工所用的磨制铣刀片优化后加入卷屑槽，形成大的正前角切削刃，允许刀片在小进给、小背吃刀量的情况下切削

（雷学林、揣云冬）

8.2.4　侧面铣削方式选用禁忌

零件侧铣加工时，极易发生的问题主要包括刀具刃长不足导致刀体和材料干涉，工件表面切削条件不好造成刀具振颤、圆角过切、表面出现各种形式的振纹等。加工中心用立铣刀铣侧面时表面产生振纹，主要原因是刀具夹持长度太短或加工余量太大，也可能是受刀具或主轴精度影响，所以在侧面铣削时选择合适铣刀极为重要。

侧面铣削选择刀具直径时，应考虑刀具悬长，在满足侧面铣削高度的基础上，悬长与直径比在 3 倍以内。长径比越小，刀具强度越好且加工越稳定，应避免选择过长的刀具。

在精加工侧面铣内轮廓圆角（特别是<90°的轮廓夹角圆弧）时，应选择比圆角小的刀具，或者对圆角在加工公差范围内加大处理；应避免使用与圆角半径相等的铣刀直接切入，否则在圆角处会引起刀具振动，甚至产生"啃刀"和过切现象。

侧面铣削采用侧铣刀，其外形与直刃形平面铣刀类似，除具备平铣刀的形状和作用外，侧铣刀侧面也有切削刃，可同时铣削工件的平面与侧面。依切削刃形状可分为直齿、螺旋齿及交错齿 3 种形式。交错齿侧铣刀铣切时应力可相互抵消，减少振动，铣削效率较高，适合重铣削。

由于侧铣刀盘主要用于在铣床上加工平面、台阶、沟槽、成形表面及切断工件等，所以铣刀三面都有切削刃。侧铣刀盘主要分为两种：一种是圆周上齿的切削刃和轴线平行；另一种是齿的切削刃交错排列。由于后者的容屑空间比前者大，更易切削，因此可以采用较高的切削速度和进给量。为确保使用足够高的平均切屑厚度及每个齿的进给量，必须正确选用适合于该工序的侧铣刀刀齿数。对于盘铣刀来说，其铣削深槽很方便且效率也非常高，可以用在很多大型设备上。但此类铣刀在磨钝后，三面切削刃都要重磨，才能继续使用，然而重磨后切削刃处变窄，会使得再铣削加工出的沟槽宽度也变窄。

在数控铣床的工件加工中，虽然精铣侧面通常为其一关键工序，但常会出现精铣侧面的接刀痕过于明显的问题，严重影响工件的外观和加工质量，进而影响零件装配精度。侧面铣削刀具选用禁忌见表 8-11。

表 8-11　侧面铣削选刀禁忌

	描　　述		说　　明
误	侧面铣削刀具长径比不合理或选择非必要过长刀具		如果使用长径比较大铣刀，刀具挠度较大，易产生振动并导致刀具折损
	精加工侧面铣内轮廓圆角，刀具刀体半径与圆角相同		在精加工侧面铣内轮廓圆角（特别是<90°的轮廓夹角圆弧）时，使用与圆角半径相等的铣刀通常会在圆角处引起刀具振动，产生"啃刀"和过切
	使用高速钢铣刀切削较硬材料；使用硬质合金铣刀时切削条件不当		使用高速钢铣刀切削较硬材料会产生严重刀具磨损，导致铣削温度上升，铣削加工后的侧面表面质量差，另外大幅缩短刀具寿命 硬质合金铣刀使用范围不及高速钢铣刀广泛，且切削条件若不当，将会产生崩刃等刀具损坏现象
	单个侧铣刀盘刃磨后继续铣槽		侧铣刀盘切削刃重磨后变窄，继续铣槽得到的槽也相应变窄，不能满足加工尺寸要求
	精铣侧面产生明显接刀痕	 明显接刀痕	造成明显接刀痕的主要原因是进退刀的位置和参数选择不当 另外，使用非专用切削液时，由于极压抗磨性能不够，油膜在加工过程中瞬间破裂，会导致工件产生划痕

（续）

描　述		说　明
正	侧面铣削合理选择刀具长径比	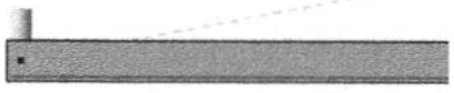 　侧面铣削选择刀具直径时，应考虑刀具悬长，在满足侧面铣削高度的基础上，悬长与直径比在 3 倍以内，长径比越小，刀具强度越好，且加工越稳定，避免选择过长的刀具 　若只需刀具端部附近切削刃参加切削，则最好选用刀具总长度较长的短刃长柄型立铣刀 　卧式数控机床上使用大直径立铣刀加工工件时，由于刀具自重所产生变形较大，所以更应十分注意端刃切削容易出现的问题。必须使用长刃型立铣刀的情况下，需大幅度降低切削速度和进给速度
	侧面铣削内轮廓圆角，合理选择较大直径刀具	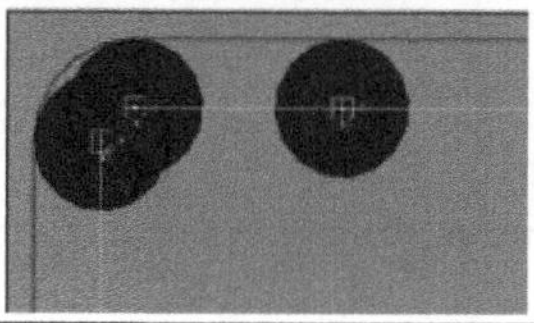 　在精加工侧面铣内轮廓圆角（特别是<90°的轮廓夹角圆弧）时，应选择比圆角小的刀具，或对圆角在加工公差范围内加大处理
	切削参数调整范围较大时，在适用范围内选择高速钢立铣刀；对耐磨性要求较高的工况选择硬质合金铣刀	高速钢立铣刀使用范围和使用要求较为宽泛，即使切削条件选择略有不当，也不至出现太大问题 　硬质合金立铣刀虽然高速切削时具有很好的耐磨性，但其使用范围不及高速钢立铣刀广泛，且切削条件必须严格符合刀具使用要求
	两个侧铣刀盘拼接使用	 　在拼接的两个铣刀盘之间装配可更换的垫片，在切削刃重磨后，可以通过垫片来调整铣削宽度
	 精铣侧面无明显接刀痕 无接刀痕光滑表面	虽然不同的加工软件提供的侧面铣削方式也不同，但可以选择吃刀量和进退刀参数；首先进刀点选取要正确，其次是在侧面中间位置下刀时增加一个重叠量，最后是在进行侧面的精加工时一次完成 　另外，精加工时选用专用切削液

（雷学林、揣云冬）

8.3　特殊工艺用刀具选用禁忌

8.3.1　铣深孔排屑禁忌

铣深孔时，应考虑排屑问题，在保证足够的刚性及符合要求的情况下，较小的悬伸直径有益于排屑，可防止发生因排屑不畅而导致的各类问题。另外，应避免切削液的间断冷却，特别是合金刀片及合金整硬铣刀，以防止因冷热交替导致的刀片脆裂，同时防止积屑瘤的发生。具体铣孔排屑与冷却禁忌见表 8-12。

表 8-12　铣孔排屑不畅解决方案及禁忌

铣孔方案		说　　明
误	盲孔铣削铣刀直径选取不合理	盲孔加工铣刀直径过大，$DC \geqslant 70\%DCON$，刀具与孔壁接触面积太大，排屑不畅，容易黏着导致切屑堵塞，严重时刀具折断，工件报废 不能进行螺旋下刀或斜插式下刀
	切削刃部直径小于柄部直径	1）排屑不畅 2）切削表面质量不良 3）严重时切屑堵塞而导致刀具折断
	多刃刀具在实体上垂直插刀	1）2 刃刀具中心开口，可以直接 Z 向插刀 2）3 刃以上刀具中心不开口，禁止垂直插刀 3）允许小 a_p、小斜度的斜插式铣刀
	不合理的切削液设置	1）切削液压力不够（≤3MPa），切屑无法排出，会导致积屑，工件表面粗糙度值过高 2）切削液断续冷却会导致合金刀具出现冷脆情况，刀具折断，严重时导致工件报废

（续）

铣孔方案		说　明
合理选取盲孔铣削加工铣刀直径	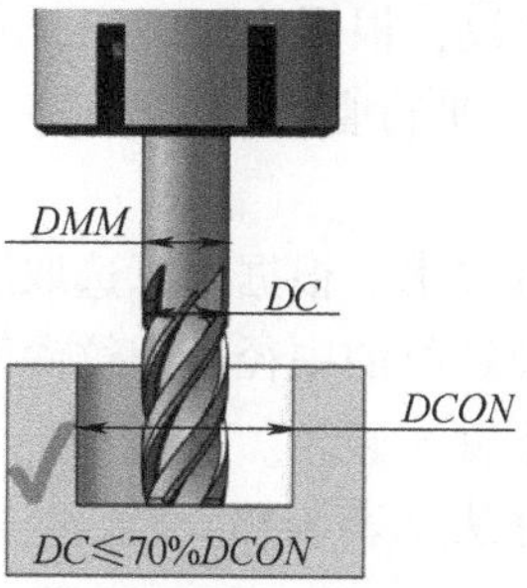 $DC \leqslant 70\% DCON$	1）合理的容屑空间 2）排屑顺畅，保证工件加工表面粗糙度效果 3）刀具寿命延长
		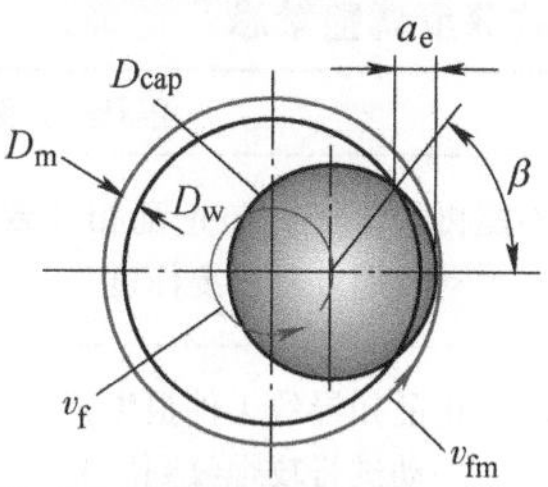 考虑铣刀直径与孔直径比值 DC/D_w，该比值越小，吃刀量就越大，因此刀具控制一定的直径铣削效果最佳
切削刃部直径大于柄部直径	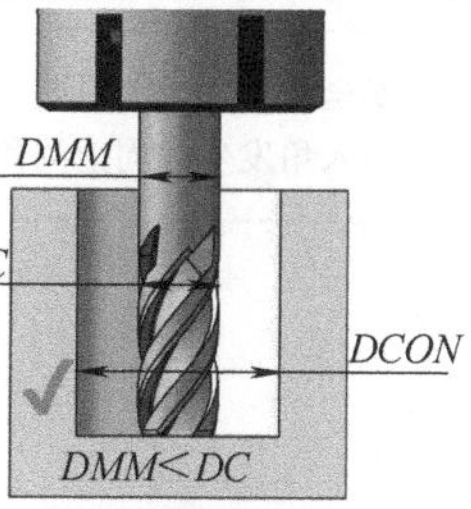 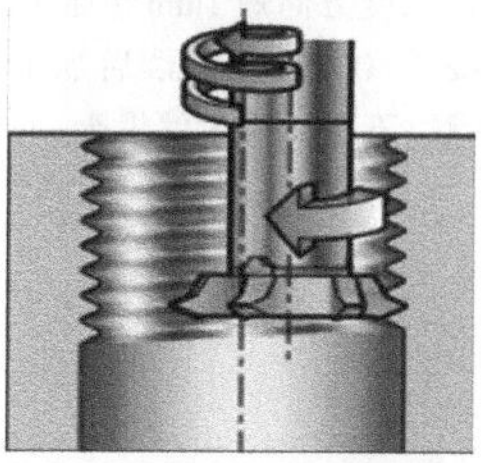 $DMM < DC$ 	1）排屑容易，不易发生堵塞 2）工件加工表面粗糙度效果得到保证 3）刀具寿命延长
合理下刀方案	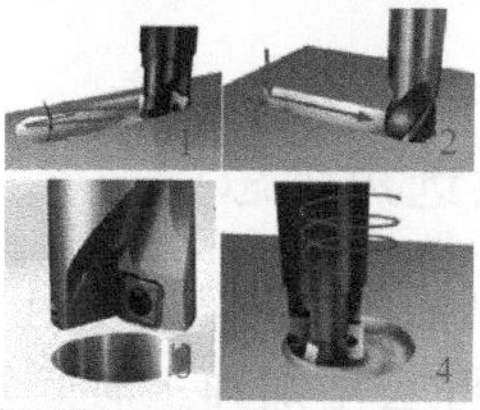	1）1 号是坡走式（斜插式） 2）2 号是啄式下刀方式 3）3 号是预钻孔（U 钻） 4）4 号是螺旋下刀 这样可以较好地解决排屑问题
合理的切削液设置（3 ~ 8MPa）		1）足够的压力保证切屑排出及刀具冷却 2）连续的供给保证良好的表面质量 3）内冷保证冷却、冲刷充分 4）保证优异的公差 5）稳定的加工状态 6）足够的刀具寿命

（张世君）

8.3.2 寸制螺纹攻螺纹深度调整禁忌

美制和寸制螺纹标准 NPT、PT、G，均是管螺纹，根据 JISB0203，寸制螺纹分类为：锥度内螺纹 Rc（PT）、平行管内螺纹 Rp（PS）、寸制平行管用螺纹（G、PF），寸制螺纹是等腰 55°牙型，美制螺纹 60°。

在攻螺纹过程中，螺纹底孔计算及加工是关键技术。根据计算选取底孔及加工方式，再选取合适的丝锥进行攻螺纹；底孔的大小直接涉及螺纹的中径及螺纹深度尺寸，底孔过小会导致排屑不畅发生积屑现象，导致螺纹表面质量不良或破牙。

加工中心攻螺纹时，产生的一些问题和解决办法见表 8-13。

表 8-13　寸制螺纹攻螺纹深度调整禁忌

问　题	解　决　方　法
调试加工管螺纹深度时，使用螺纹塞规或深度尺检测，发现螺纹深度不对	不能再次加工，防止乱扣导致工件报废，可以卸下工件，手动攻螺纹到所要深度
丝锥相对刀柄发生了旋转及位移	为防止乱扣导致工件报废，不能再次攻螺纹，可以卸下工件，手动进行攻螺纹到所要深度
对螺纹切入角有角度要求	修改安全距离，增加或减少螺距整数倍的距离，否则容易导致切入角发生圆周上的角度移位
	若 Z 深度方向短 1mm（通止面在中间），则丝锥 H 长度补偿按照+0.25mm 补偿后加工验证，这样不至于因过深导致螺纹不良而使工件报废

（张世君）

8.3.3 加工大实心孔或余量较大内孔时刀具选用禁忌

在大实心孔或内孔余量较大的情况下，通常做法是先钻较小底孔，后依次换更大直径刀具扩孔，逐步接近需要的直径和深度。这样做除会增加加工时间外，也会增加刀具数量。加工内容较多时，尤其是数控车床刀位大多为 4~12 个，会存在刀位不够用的情况，影响工艺排布。

在条件允许时，可以根据实际工况选择一些更高效率的刀具，尤其是通孔没必要将料心部分层掏空，可以采用套料钻加工。对于工件材料昂贵的零件，还可以将心部掏出的材料作为零件加工的材料，或测试力学性能的试样件，这样既节省加工时间，还节省材料，可谓一举两得。加工较大余量内孔时刀具选用禁忌见表 8-14。

表 8-14 加工较大余量内孔时刀具选用禁忌

刀 具 选 择		说 明
误	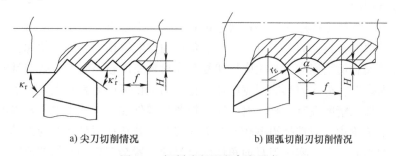	进行余量较大的内孔加工时，使用传统工艺路线（中心钻→钻孔→扩孔→镗孔），加工时间长、刀具数量多
正	套孔钻	1）可以使用 VMD 可转位刀具，减少刀具数量 2）使用套料钻，在减少刀具数量和加工时间的同时，亦可节省材料。使用套料钻时应保证工件夹紧可靠、冷却充分且排屑流畅，在材料即将分离时降低加工参数，避免损坏刀具

（李玉兴）

8.3.4 镗削高等级表面粗糙度刀具选用禁忌

切削加工后表面的实际轮廓形状，一般都与由纯几何因素形成的理想轮廓有较大差别，这与被加工材料的性能及切削机理有关。从物理因素入手，降低表面粗糙度值的主要措施是减少加工时的塑性变形，避免产生积屑瘤和鳞刺。其主要影响因素有切削速度、被加工材料性能、刀具几何形状、刀具材料性能及刃磨质量等。

切削加工表面粗糙度值主要取决于切削残留面积的高度。影响切削残留面积高度的因素主要包括：刀尖圆弧半径 r_ε、主偏角 κ_r、副偏角 κ_r' 及进给量 f 等。用尖刀切削的情况，切削残留面积的高度为 $H = \dfrac{f^2}{8r_\varepsilon}$，如图 8-4a 所示；用圆弧切削刃切削的情况，切削残留面积的高度为 $H = \dfrac{f}{\cot\kappa_r + \cot\kappa_r'}$，如图 8-4b 所示。

a) 尖刀切削情况   b) 圆弧切削刃切削情况

图 8-4 切削残留面积高度示意

针对内圆车削加工中刀具选用不当，导致加工表面粗糙的问题进行说明，具体见表 8-15。

表 8-15　镗削加工高等级粗糙度表面刀具选用禁忌

存 在 现 象		说　明
误		表面在视觉和触觉上为"毛状"，不满足公差要求，切屑撞击工件后断裂并在已加工表面上留下痕迹。分析原因如下： 1）切削刃上过大沟槽磨损导致毛状表面 2）过高的进给与过小的刀尖半径共同作用产生粗糙的表面
正		正确做法： 1）内部切削液有助于排屑，也可使用压缩空气替代切削液，并利用通孔将切屑通过主轴吹出 2）倒置镗削，使切屑远离切削刃 3）较短的螺旋形切屑是内圆车削中希望获得的切屑形状，这样的切屑较容易排出，在断屑过程中不会对切削刃造成大压力 4）选择主偏角较小或前角为正值的刀具，且刀尖角圆弧过渡刃不宜过小。同时，在刀具长径比不宜过大的情况下，尽量选择小直径刀具防止挤屑。选择适用于被加工材料的刀片材质，并控制好刀尖更换频率

（臧元甲）

8.3.5　金属蜂窝轮廓与曲面超声铣削加工选刀禁忌

1. 金属蜂窝轮廓超声铣削加工选刀禁忌

蜂窝材料加工中，对于与底面呈 90°的竖直曲面轮廓或近似竖直曲面轮廓的精加工，通常选择刃式刀具，刃式刀具通常具备前刃和后刃两副切削刃，切削功能相同，控制系统选择前刃或后刃进行切削。

在编制刃式刀具加工程序时，编程轨迹控制刀具的中心点和刀轴中心线。对于一般的直线轮廓或厚度较薄的材料，刃式刀具加工的前角切削点能够精确到理论轮廓，保证轮廓加工精度，也较容易编制切割程序。当轮廓形状复杂或材料厚度较厚时，刃式刀具的刃宽对轮廓加工精度有较大影响，刃式刀具的刃宽越宽，轮廓加工精度误差就越大。对于直线轮廓，刃式刀具的宽度对加工精度没有影响；对于厚度较薄的零件加工，加工误差基本可以忽略；对于厚度较厚及复杂轮廓，应选择刃型较窄的刃式刀具，若选择刃型较宽的刀具，编程轨迹控制点为刀具的中心刀尖点，实际刀具前角切削材料的位置会偏离理论切削位置，造成前角切削材料不充分，零件轮廓尺寸偏大，对产品的尺寸精度控制有较大影响。

另外，较复杂轮廓的加工，刀具越宽，控制刀具和材料的干涉越困难，轨迹设计越复杂。金属蜂窝轮廓超声铣削时选刀禁忌见表 8-16。

表 8-16　金属蜂窝轮廓超声铣削加工选刀禁忌

	描　述		说　明
误	厚蜂窝轮廓或复杂轮廓加工采用刀体较宽的刃式刀具	 	对于厚蜂窝轮廓加工,若采用刀体较宽的刃式刀具,编程控制切削刃前角精确加工理论轮廓非常困难,造成前角切削材料不充分,零件轮廓尺寸偏大
正	厚蜂窝轮廓或复杂轮廓加工采用刀体较窄的刃式刀具		选择较窄的刃式刀具能够简化编程,易于控制轮廓加工精度和控制切削刃后角与材料干涉 选择只有单刃的刃式刀具能够减小刀具宽度,显著降低编程控制难度,提高加工工艺性

2. 金属蜂窝曲面超声铣削加工选刀禁忌

金属蜂窝曲面超声铣削加工通常选择盘式刀具,且应根据曲面形状和曲率及变化情况合理选择刀具规格。对于曲面形状复杂、曲率变化较大及曲率半径小的曲面,应选择刀具直径较小的盘式刀具,若刀具直径过大,将影响加工轨迹设计;同时,刀具后角面容易干涉,刀具前角面易出现欠切造成倾压。对于曲面平缓、曲率半径大的曲面,应选择刀具直径较大的盘式刀具,若选择较小直径刀具,通常会影响曲面加工效率。金属蜂窝曲面超声铣削时选刀禁忌见表 8-17。

表 8-17　金属蜂窝曲面超声铣削加工选刀禁忌

	描　述		说　明
误	曲面曲率半径较小及曲面转角倒 R 较小处,选择的刀具直径过大	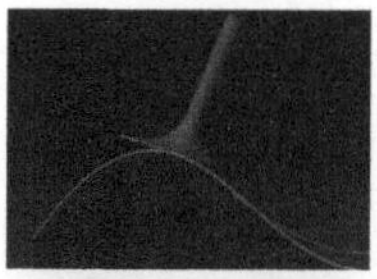 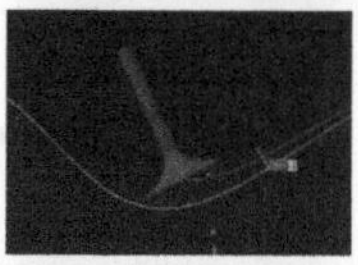	无论是凸面还是凹面,使用过大直径刀具都很难保证曲面加工质量,极易出现过切或残留高度过大的现象,造成刀具前角、后角面出现倾压
正	曲面曲率半径较小及曲面转角倒 R 较小处,选择的刀具直径合理	 	一般选择较小直径刀具,并合理设定跨步,使曲面加工更充分、顺畅,且尽可能避免刀具前角面和后角面对材料的挤压

（张永岩）

8.3.6　曲轴中心孔加工刀具选用禁忌

在加工过程中，曲轴一般处于旋转状态（与之相对应的缸体缸盖，在加工过程中一般处于静止状态），曲轴两端中心孔为加工基准，无论是车床还是磨床，都会用到中心孔。

图8-5为某型号曲轴法兰端的中心孔（曲轴另外一端也有一个中心孔），其主要由一个60°锥面和内部直孔组成。车床、磨床的顶尖与60°锥面接触，从而确定曲轴的回转中心。此锥面有圆度要求（0.02mm），曲轴中心孔加工刀具选用案例与禁忌具体见表8-18。

图8-5　曲轴法兰端中心孔

表8-18　曲轴中心孔加工刀具选用案例与禁忌

刀具选择		说　明
误		采用图示两把刀具加工中心孔，先加工直孔，再加工锥面 因加工锥面时加工余量逐渐变大，同时刀具顶端没有支撑，导致锥面圆度差（要求圆度0.02mm，实际为0.03mm左右），且锥面上有很大振纹，从而导致后面工序顶尖与中心孔贴合不紧密
正		采用图示两把刀具加工中心孔（前一把刀粗加工，后一把刀精加工） 后一把刀加工锥面时，刀具顶端有直孔作支撑，圆度合格，且锥面光滑无振纹，为后面工序加工打下良好基础；同时，这种加工方式还降低了对机床和夹具在刚性方面的要求

（朱海）

8.3.7　缸盖直喷孔加工刀具选用禁忌

目前，大部分乘用车发动机都采用缸内直喷的供油方式，也就是将汽油直接喷射到燃烧室内，这样缸盖上每个缸就多一个直喷孔。直喷孔是一个通孔，其结构是一个锥孔加一个直孔，其中锥孔的作用是将喷油器上的聚四氟乙烯密封圈导入直孔，从而封闭燃烧室，防止漏气。

图8-6为某型号缸盖上直喷孔和喷油器，为保证密封性，直喷孔与密封圈配合部分的孔径精度要求高（公差±0.01mm）。表8-19为缸盖直喷孔加工刀具选用案例与禁忌。

图8-6　缸盖直喷孔和喷油器
注：白色为聚四氟乙烯密封圈。

表 8-19　缸盖直喷孔加工刀具选用案例与禁忌

刀 具 选 择		说　明
误	 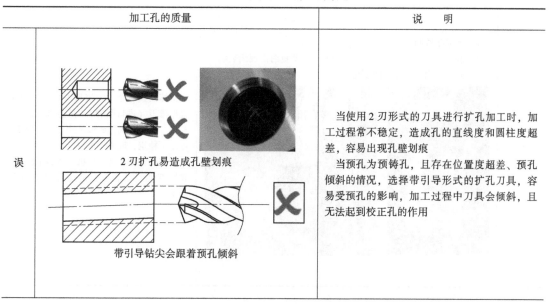	采用图示 PCD 成形刀具加工整个直喷孔，切屑向前排出 　　加工锥面时产生切削力较大，切屑沿容屑槽向前排，但是容屑槽逐渐变小，导致排屑不畅，经常导致直喷孔直径加工偏大，缸盖报废。为此增加了 100% 人工检测直喷孔直径的工序，人工成本也随之升高
正	 	采用图示两把刀具加工直喷孔，先加工直孔部分，再加工锥面部分，加工锥面时排屑不畅的问题得到很大改善，锥面上的振纹也通过优化加工参数得以消除 　　通过连续 1 万件加工和 100% 检测，未发现直喷孔直径加工偏大的现象

（朱海）

8.3.8　扩孔加工应用禁忌

　　扩孔加工属于孔加工的半精加工或精加工阶段，区别于实体钻孔，扩孔加工前会有预孔，预孔的加工一般分为零件预铸和钻孔粗加工。

　　在选用扩孔刀具时应确认以下几方面内容：①预孔尺寸（孔径/孔深）。②预孔状态（预铸/预加工）。③机床冷却情况（内冷/外冷）。④最终孔的状态（通孔/盲孔）。

　　选用切削角度及尺寸合适的扩孔刀具，是扩孔加工的关键。如果刀具选用不合适会造成加工孔的位置度、圆柱度及孔壁表面粗糙度超差的现象，严重时会导致零件及刀具损坏，在使用过程中具体禁忌见表 8-20。

表 8-20　扩孔加工的应用禁忌

加工孔的质量		说　明
误	2 刃扩孔易造成孔壁划痕 带引导钻尖会跟着预孔倾斜	当使用 2 刃形式的刀具进行扩孔加工时，加工过程常不稳定，造成孔的直线度和圆柱度超差，容易出现孔壁划痕 　　当预孔为预铸孔，且存在位置度超差、预孔倾斜的情况，选择带引导形式的扩孔刀具，容易受预孔的影响，加工过程中刀具会倾斜，且无法起到校正孔的作用

（续）

加工孔的质量	说　明
正 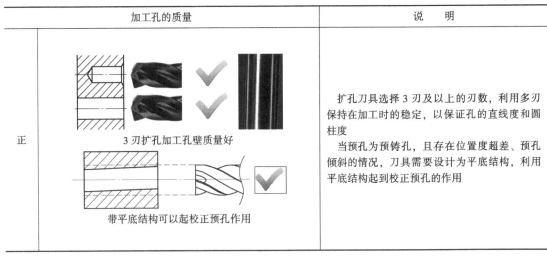 3 刃扩孔加工孔壁质量好 带平底结构可以起校正预孔作用	扩孔刀具选择 3 刃及以上的刃数，利用多刃保持在加工时的稳定，以保证孔的直线度和圆柱度 　当预孔为预铸孔，且存在位置度超差、预孔倾斜的情况，刀具需要设计为平底结构，利用平底结构起到校正预孔的作用

（李振丰、周攀科）

8.3.9　高精度成形环槽加工刀具应用禁忌

　　加工尺寸精度、表面质量、几何公差要求高的成形槽时，加工过程中温度高、不断屑且易产生积屑瘤，刀具磨损会加剧，影响加工品质；加工设备功率、内冷压力相对较小也会影响刀具使用。对于刀具本身的要求，首选一次成形并保证加工精度的刀具，其次是刀具稳定性要高，可以保证大批量生产，但是一次成形加工也会面临加工阻力大、易产生振刀的情况，影响尺寸精度、表面质量等问题。加工高精度成形环槽刀具应用禁忌见表 8-21。

表 8-21　加工高精度成形环槽刀具应用禁忌

零件质量	说　明
误 1）侧壁条纹明显 2）底平面粗糙度较大、振刀纹路明显，严重时出现撕裂状 3）外环、内环尺寸、圆度超差 纹路明显　底部粗糙	整体硬质合金一次成形刀具、可调式成形槽刀（进口品牌），都会出现振刀、毛刺、残渣情况，成形尺寸更是不稳定，寿命不稳定，成本不可控 　应用同一把刀具，分粗、精加工阶段，效果有明显改善，但是还有以上情况产生

（续）

零件质量	说　明
正 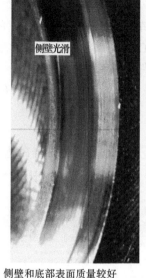 侧壁和底部表面质量较好	合理选择刀具形式和加工工艺对于产品质量、刀具寿命提升有很大帮助 　改成粗精方案，粗加工去除大部分余量，并保证外侧精度要求稍低部分的加工精度；精加工刀具加工内侧精度要求高的部分，通过机床对刀，解决底部接刀痕迹问题。经对比测试，此方案刀具寿命可以提高 2.5 倍，产品一致性好，大幅降低制造成本和换刀频率

（李振丰、周攀科）

8.4　其他刀具选用禁忌

8.4.1　CBN 与陶瓷刀具的选用禁忌

　　陶瓷刀具在高速切削下均有出色的耐磨性。图 8-7 为陶瓷示意，不同的陶瓷材质用于不同的应用场合。

　　氧化物陶瓷通常指氧化铝（Al_2O_3）基陶瓷，添加氧化锆（ZrO_2）用于抑制裂纹。因此，这种材料的化学稳定性非常好，但抗热冲击性能不足。混合陶瓷通过添加碳化物或碳氮化物颗粒来提高混合陶瓷的强度和导热性。晶须增强陶瓷利用碳化硅晶须（SiCW）显著提高陶瓷强度且使之能够适应切削液，晶须增强陶瓷是加工镍基高温合金的理想选择。氮化硅陶瓷（Si_3N_4）则是另外一种陶瓷材料，其柱状晶体形成具有高强度的自增强

图 8-7　陶瓷

材料，氮化硅材质加工灰口铸铁非常成功，但缺乏化学稳定性，这限制了它在其他工件材料中的使用。赛阿龙陶瓷（SiAlON）材质将自增强氮化硅的强度与氧化铝基陶瓷的化学稳定性结合在一起，是加工高温合金（HRSA）的理想选择。

　　陶瓷材质应用范围广泛，常用于高速车削工序，也用于切槽和铣削工序。正确应用和发挥每种陶瓷材质的特定性能，能够实现高生产率。陶瓷的局限性包括较低的抗热冲击性能和断裂韧度。

　　立方氮化硼（CBN）是一种具有出色红硬性的切削刀具材料，可在切削速度非常高时使用，表现出良好的强度和抗热冲击性能。常见 CBN 材质是 CBN 含量为 40%~65%，以陶瓷为黏结剂的复合材料。耐化学磨损的陶瓷黏结剂可提高 CBN 的抗月牙洼磨损性能；另一

种 CBN 是高含量 CBN 材质，CBN 含量为 85% 至近 100%，这些材质通常以金属为黏结剂提高强度。CBN 被钎焊到硬质合金载体上就形成了刀片。山特维克可乐满特有的 Safe-Lok 焊接技术，大幅增强了 CBN 刀尖与负前角刀片的结合强度。

CBN 材质主要用于对硬度 >45 HRC 的淬硬钢进行精车。对于硬度 >55 HRC 的钢，CBN 是能够取代传统磨削方法的唯一切削刀具。硬度 <45 HRC 的较软钢中铁素体含量较高，会对 CBN 的耐磨性产生负面影响。CBN 也可用于灰口铸铁件高速车削和铣削加工。

（周巍）

8.4.2 "姐妹"刀具的选用禁忌

（1）存在问题　在大批量生产中，为实现无人化工厂，必须确保刀具寿命达到 24h，以保证强制换刀的效果。

（2）解决方法　以西门子数控控制器为例（见图 8-8），通常通过 DP 姐妹刀的方式来达到要求。注意事项如下。

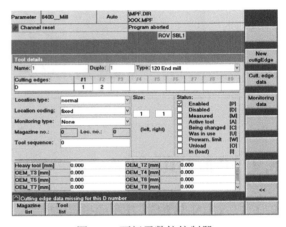

1) T 号必须为刀具名称号，不得为刀位号。

2) 姐妹刀的几何参数必须提前机外对刀。把参数输入刀具库数据中，并设置正确的位置（可 NC 程序写入）。

3) 姐妹刀的刀具名称相同，Duplo 号不同（DP1 原刀具，DP2 第一替换刀具，DP3 第二替换刀具……）。

图 8-8　西门子数控控制器

4) 必须开启刀具寿命监测功能。

刀具数据包括刀具特性数据、磨削刀具数据、OEM 刀具特性数据等。西门子 840D 刀具数据变量地址如下。

$ TC_TP1［刀具号］：Duplo 号。数据类型 INT，预置值为刀具号。

$ TC_TP2［刀具号］：刀具名称。数据类型 STRING，预置值为"刀具号"。

$ TC_TP3［刀具号］：刀具中心线左侧占用的半刀位数。数据类型 INT，预置值为 1。

$ TC_TP4［刀具号］：刀具中心线右侧占用的半刀位数。数据类型 INT，预置值为 1。

$ TC_TP5［刀具号］：刀具中心线顶部占用的半刀位数。数据类型 INT，预置值为 1。

$ TC_TP6［刀具号］：刀具中心线底部占用的半刀位数。数据类型 INT，预置值为 1。

$ TC_TP7［刀具号］：刀具需占用的刀位类型。数据类型 INT，预置值为 9999。

$ TC_TP8［刀具号］：刀具状态。数据类型 INT，预置值为 0。例如 $ TC_TP8［21］= 18 表示 21# 刀具有效，但已达到预警限制值。

$ TC_TP9［刀具号］：刀具监控方式。数据类型 INT，预置值为 0。例如 $ TC_TP8［15］= 5 表示 15# 刀具寿命监控和磨损监控有效。

$ TC_TP10［刀具号］：换刀策略。数据类型 INT，预置值为 0。

$ TC_TP11［刀具号］：刀具组（子组）。数据类型 INT，预置值为 0。例如 $ TC_TP11［5］= 4 表示 5# 刀具属于 04 刀具组。

$ A_TOOLMN［刀具号］：刀具当前所在的刀库号。数据类型 INT，预置值为 0。

$ A_TOOLMLN［刀具号］：刀具当前所在的刀位号。数据类型 INT，预置值为 0。

$ P_TOOLND［刀具号］：刀具数量。数据类型 INT，预置值为 0。

$ A_MYMN［刀具号］：所有者刀库号。数据类型 INT，预置值为 0。

$ A_MYMLN［刀具号］：所有者刀位号。数据类型 INT，预置值为 0。

$ TC_TPC1~10［刀具号］：根据 OEM 定义。数据类型 REAL，预置值为 0。根据 MD18094 参数定义该数据的有效数量。　　　　　　　　　　　　　　　（周巍）

8.4.3　铸造阀体加工刀具选择步骤与禁忌

在工件加工中，针对工件材质、结构（刚性）、尺寸和表面质量等选择对应刀具至关重要。下面案例针对铸造阀体，制订了科学有效的刀具方案。在实践过程中，加工结果良好，做到了一次加工合格率 100%，这是基于丰富的刀具知识及实践经验摸索出来的，具体刀具选择步骤与禁忌见表 8-22。

表 8-22　铸造阀体加工刀具选择步骤与禁忌

步　骤	说　明	
	产　品　图	工　艺　分　析
识别产品，梳理工件选刀因素	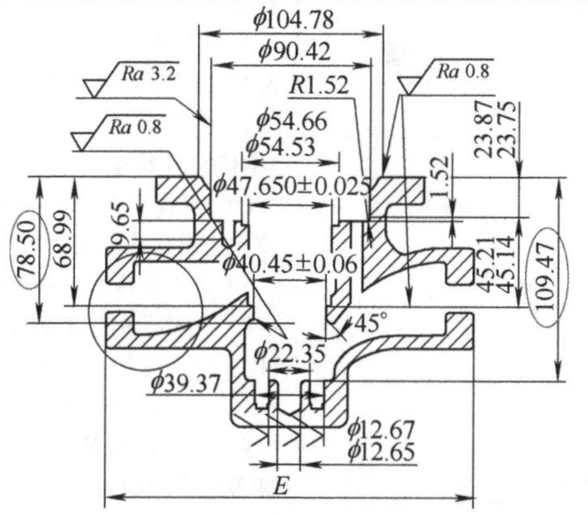 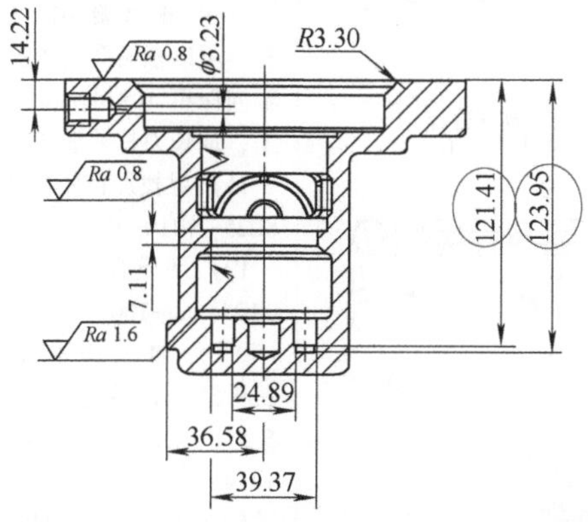 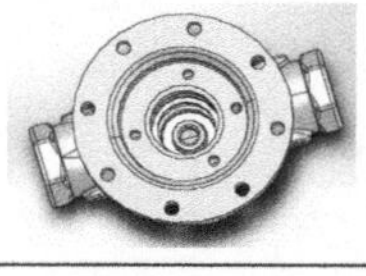	1）产品高压阀体 2）材质：304 钢 3）精密铸造工艺 4）端面最大端 φ176mm 5）内孔径分别为：φ104.78mm、φ90.42mm、φ54.66mm/φ54.53mm、φ（47.65±0.025）mm、φ（40.45±0.06）mm、φ22.35mm，深 109.47mm 6）涉及端面刀、内孔刀、钻头和内孔端面槽刀

（续）

步骤	说　明			
	刀号	工步	刀具图示	刀具选择及禁忌
明确产品及机床信息，选择刀具	T1	FA 端面加工	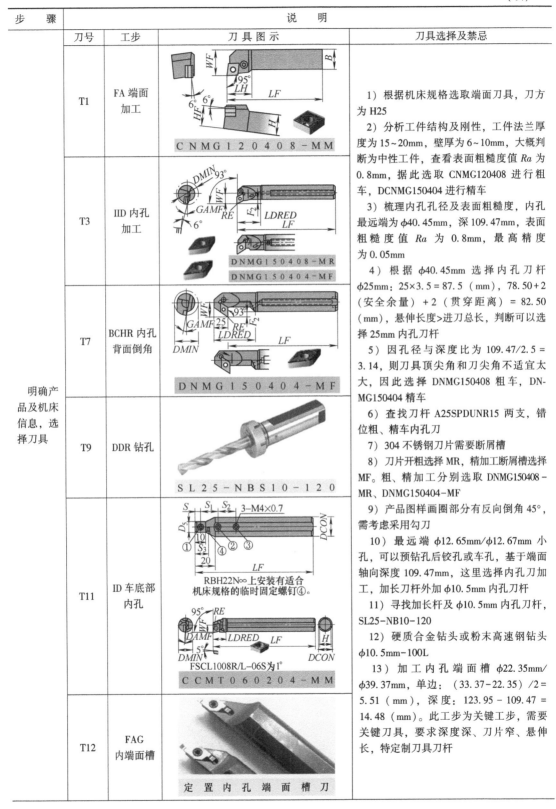 CNMG120408-MM	1）根据机床规格选取端面刀具，刀方为 H25 2）分析工件结构及刚性，工件法兰厚度为 15~20mm，壁厚为 6~10mm，大概判断为中性工件，查看表面粗糙度值 Ra 为 0.8mm，据此选取 CNMG120408 进行粗车，DCNMG150404 进行精车 3）梳理内孔孔径及表面粗糙度，内孔最远端为 ϕ40.45mm，深 109.47mm，表面粗糙度值 Ra 为 0.8mm，最高精度为 0.05mm 4）根据 ϕ40.45mm 选择内孔刀杆 ϕ25mm：25×3.5＝87.5（mm），78.50＋2（安全余量）＋2（贯穿距离）＝82.50（mm），悬伸长度>进刀总长，判断可以选择 25mm 内孔刀杆 5）因孔径与深度比为 109.47/2.5 ＝ 3.14，则刀具顶尖角和刀尖角不适宜太大，因此选择 DNMG150408 粗车，DNMG150404 精车 6）查找刀杆 A25SPDUNR15 两支，错位粗、精车内孔刀 7）304 不锈钢刀片需要断屑槽 8）刀片开粗选择 MR，精加工断屑槽选择 MF。粗、精加工分别选取 DNMG150408-MR、DNMG150404-MF 9）产品图样画圈部分有反向倒角 45°，需考虑采用勾刀 10）最远端 ϕ12.65mm/ϕ12.67mm 小孔，可以预钻孔后铰孔或车孔，基于端面轴向深度 109.47mm，这里选择内孔刀加工，加长刀杆外加 ϕ10.5mm 内孔刀杆 11）寻找加长杆及 ϕ10.5mm 内孔刀杆，SL25-NB10-120 12）硬质合金钻头或粉末高速钢钻头 ϕ10.5mm-100L 13）加工内孔端面槽 ϕ22.35mm/ϕ39.37mm，单边：（33.37-22.35）/2＝5.51（mm），深度：123.95 - 109.47＝14.48（mm）。此工步为关键工步，需要关键刀具，要求深度深、刀片窄、悬伸长，特定制刀具刀杆
	T3	IID 内孔加工	DNMG150408-MR DNMG150404-MF	
	T7	BCHR 内孔背面倒角	DNMG150404-MF	
	T9	DDR 钻孔	SL25-NBS10-120	
	T11	ID 车底部内孔	3-M4×0.7 RBH22N∞上安装有适合机床规格的临时固定螺钉④。 FSCL1008R/L-06S为1° CCMT060204-MM	
	T12	FAG 内端面槽	定置内孔端面槽刀	

（续）

步　骤	说　明
明确加工禁忌	1）加工不锈钢较高刚性产品时，需严格控制内孔刀长径比，维持在 3~3.5 倍内，否则振动明显，轻则导致振纹，重则导致刀杆刀片报废及工件过切报废 2）当刀具悬深不够时，使用加长杆、加长套，增强阶梯孔部分刀具刚性，从而增加悬伸长度 3）刀座数量不够时，需考量粗加工及精加工之间关系，尽量按照中加工刀具及参数来选刀，这样既能保证粗加工效率，又能保证精加工效果 4）深度阶梯孔，为能顺利排屑，必要时设计阶梯刀套和刀杆，来增加刀具刚性，保证加工效率及质量 5）远端内孔端面槽加工环境恶劣，刀杆悬伸长，采取高压内冷却方式 6）铸造较薄阀体存在铸造应力，精加工时尽量选取 D、V 形刀片，降低切削阻力，提高表面质量。较薄零部件切忌选取 C、W、S 形刀片，既会增加振动趋势，也不利于表面质量

检测	加工后产品	表面粗糙度检测	检测结果
		 加工后产品表面粗糙度检测	本案例中，最终加工后表面粗糙度值 Ra 达到 0.201mm，符合产品要求

（张世君）

8.4.4　车削刀片的选用禁忌

选取车削刀片时，需要考虑许多参数，进而选择刀片槽型、刀片材质、刀片形状（刀尖角）、刀片尺寸、刀尖半径和主偏（切入）角，以实现良好的切屑控制和加工性能。

根据加工范围（如精加工）选择刀片槽型，根据背吃刀量选择刀片尺寸。如果存在振动趋势，则选择较小的刀尖半径。选取车削刀片的技术要点及禁忌见表 8-23。

表 8-23　选取车削刀片的技术要点及禁忌

考量因素	选取建议			说　明
加工工况	重型切削 断续切削	中型切削 一般切削	轻型切削 连续切削	
刀片形状	R/S/C/W	T/D	D/V	顶角大小与刚性成正比
工件材质	M/H	P/K	S/N	根据刀具材质而对应选取
刀片槽型	R/H	M	S/F	识别槽型而选取
切削刃长	12~22mm	8~12mm	3~8mm	切削刃长度与刚性成正比

（续）

考量因素	选取建议			说　明
刀尖圆弧半径	2mm/1.6mm R_E	1.2mm/0.8mm R_E	0.4mm R_E	R_E 大小与状态成正比
主偏角	尽量小 KAPR	折中	尽量大 PSIR	主偏角与加工条件成反比
前角	双面（负前角） －	较小正（负）前角	较大正前角 ＋	正负前角与加工状态成反比
修光刃	WR $R_{bO}(W)$ R_t $2xf_n$	WM $R_{bO}(W)$ R_t $2xf_n$	WF $R_{bO}(W)$ R_t $2xf_n$	修光刃 R/M/F 状态区分 1）保证中心高 2）保证悬伸 3）两倍进给

（张世君）

8.4.5　考虑综合因素选用刀具

对于 $\phi 8 \sim \phi 14mm$ 的孔加工（$>\phi 16mm$ 建议选择 U
钻或铲钻，见图 8-9），钻头常用材质有高速钢和整体
硬质合金。当产品批量较大或产品上同类孔径较多时，
出于对刀具使用寿命、加工品质及制造成本的综合考
虑，可以采用一些模块化钻头（如肯纳 KEN TIP FS）。
此类刀具不但头部可以在机内快速更换，且更换刀头
后无需重新对刀，这样能大幅节省换刀磨刀时间，提
高效率和加工表面质量，在降低成本方面也有较好效
果。具体选用禁忌见表 8-24。

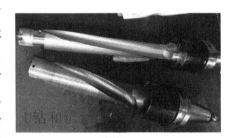

图 8-9　U 钻和铲钻

表 8-24　综合成本等方面的刀具选用禁忌

	刀具选择		说　明
误	通用钻头		刃磨需拆卸，装夹后需要重新对刀长 刃磨水平高低，可能导致质量有差异

（续）

刀具选择			说　明
正	模块化钻头	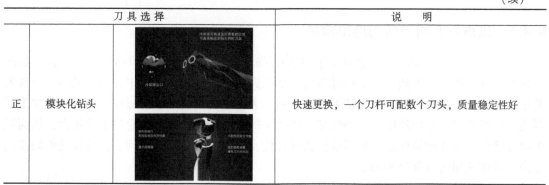	快速更换，一个刀杆可配数个刀头，质量稳定性好

　　对于加工形状不规则的工件，使用通用刀具往往需要多把刀具，每把刀具完成其中一部分加工，产品质量稳定性很难保证，刀具交接处产生的毛刺也不方便去除。如果是根据产品结构定制的刀具，除了可消除上述弊病外，还能简化员工操作强度，进而减少了人为出错的概率，对于提高加工效率和质量稳定性有很大帮助。图 8-10 为多台阶阀孔刀、定制成形刀、双面倒角刀等。

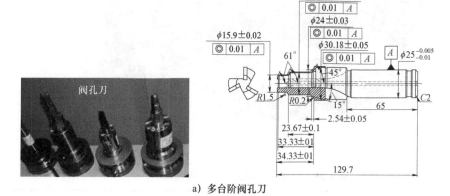

a) 多台阶阀孔刀

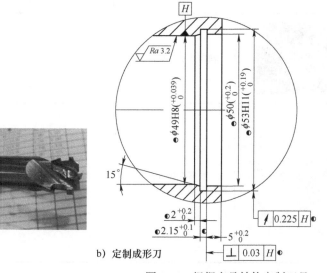

b) 定制成形刀

c) 双面倒角刀

图 8-10　根据产品结构定制刀具

（李玉兴）

8.4.6 攻螺纹专用刀柄的选用禁忌

如图 8-11 所示，加工现场使用刀柄主要有强力刀柄、弹簧夹头刀柄、液压刀柄、热缩刀柄及组合刀柄等，不同工况应选择对应刀柄来夹持刀具。实际生产中，很常见的一个现象就是用弹簧夹头刀柄替代丝攻刀柄去装夹丝锥，大多数也能做出合格螺纹。但对于难加工材料或盲孔等工况，专用丝攻刀柄的优势在于攻完螺纹反转时，缓冲了对丝锥的扭力，从而减少丝锥断裂。另外在拉伸方向也可提供微量补偿，从而减少螺纹质量问题，延长丝锥的使用寿命。具体选用情况见表 8-25。

图 8-11 刀柄种类

表 8-25 攻螺纹专用刀柄的选用禁忌

	刀 具 选 择		说 明
误	通用刀柄		轴向无法位移
正	丝攻刀柄		反转时有缓冲作用，减小刀具负载，延长刀具寿命，提高产品质量

（李玉兴）

8.4.7　非标刀具模块化设计及选用禁忌

1. 圆弧盘铣刀设计选用

大批量产品加工圆弧槽对刀具的加工精度、效率、成本和互换性要求很高，在实际加工过程中对切削刃圆弧强化数据处理，这样对刀具刃口强度有极大帮助。加工刀具进行设计、数值优化改进，设计圆弧盘铣刀应满足以下要求。

1）采用机械压紧式分体结构，双刀盘调整好固定在刀杆不再变动，刀片使用可转位结构，实现快速更换，准确定位。

2）现有涂层刀片 RCGT0602 类厚度不足，为 2.38mm 左右，加工刚性不足，铣削过程中容易出现振动造成损坏，故该思路放弃。符合 R3 刀具商品规格很少，且结构强度较低，车削可以采用但铣削不行，因为铣削要不断承受交变载荷，属于断续加工。

刀具侧后角是设计关键，如图 8-12 所示，同时参数确定、磨制加工也是难点，合适的角度对刀具强度、寿命和加工毛刺有至关重要的影响，不同于普通的三面刃铣刀，刃口进行圆弧强化。随着各点在圆弧位置的变化，后角处于变化状态，精磨时对金刚石砂轮粒度、黏合剂、转速都有较严苛的要求。

选择铣削用量时，应合理组合切削速度和进给量，在一定条件下存在一个不产生破损的安全工作区，在安全区域内能保证 AlTiC 涂层合金刀片正常工作。若选择较低的切削速度和较小的进给量，易产生低速性冲击破损；选择高的切削速度和大的进给量，会产生高速挤压破损。最佳的切削参数为：进给速度 600mm/min，转速 600r/min，深度切削一次完成，每齿进给量 0.11mm/r，切削速度 235.5m/min，15%～20% 水基全合成切削液冷却润滑（见图 8-13）。非标圆弧盘铣刀设计选用禁忌见表 8-26。

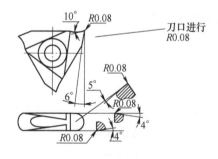

图 8-12　刀具侧后角设计

图 8-13　15%～20%水基全合成切削液冷却润滑

表 8-26　非标圆弧盘铣刀设计选用禁忌

	特　征	说　明
误	未经过全面论证投入非标刀具制造，先期选型不充分	投入模具进行非标刀坯的制造，本身成本高，交货周期长，不及通用刀具设计成熟
	未经试验，批量供货	未经试验的非标刀具批量供货，潜在风险极大，任何设计更改都会造成报废

（续）

特　征		说　明
正	除非通用刀具都不可用或不合适，尽量不要开模制造非标刀具	投入模具进行非标刀坯制造，特别是 PCD、CBN、合金涂层刀片等高价值刀具，本身成本高，交货周期长，不及通用刀具设计成熟
	未经过试验的非标刀具，切忌批量供货	如有条件可借用先进的有限元设计软件，如 ANSYS、Solidworks、DYNA 分析刀具受力变形程度，可大幅节省设计、试验时间 无条件的可借用类似刀具做模拟试验，先期可做保守耐用度试验 如为专机使用刀具更须小心谨慎，一旦不合适将导致非标刀具批量报废

2. 圆周平底盲孔刀具设计选用

钻平底盲孔对机械加工来说较困难，尤其孔底平面度要求高时，在实际加工过程中受切削刃平直度与顶角限制，会造成盲孔底部平面度超差。通过设计、数值优化制造盲孔平底刀具及设定加工参数，应满足以下要求。

1）刀具寿命要高，单支刀具钻孔量≥5 万。考虑刀具制造成本与寿命，刀片与刀体分体结构经济性好，刀片磨损后可以转位与更换，简单方便，如图 8-14 所示。

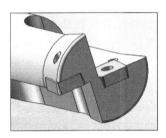

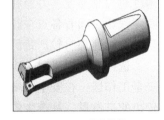

a）刀片结构　　b）刀具整体结构

图 8-14　盲孔平底刀具

2）根据公式计算，双刃刀片钻削时轴向力 $F=4770\text{N}$，转矩 $T=40.161\text{N}\cdot\text{m}$，钻削动力头转速（变频调速）$n=1000\text{r/m}$，功率为 5.5kW，可以导出

$$P=\frac{Tn}{9550}=\frac{40.161\times1000}{9550}=4.2<5.5\text{（满足）}$$

式中　P——钻削条件下的功率消耗（kW）；

T——转矩（N·m）；

n——转速（r/m）。

机夹刀杆钻盲孔时主要承受轴向力，芯部切削速度为零，呈挤压状态（位移及应力变形见图 8-15），为此应对芯部切削刃进行强化处理。利用刀尖圆弧过渡处理，芯部切削刃跨

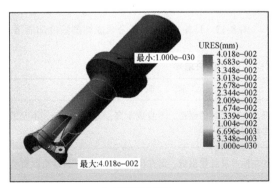

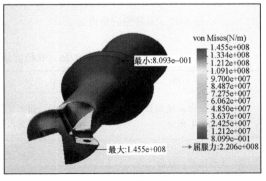

a）位移变形云图　　b）应力变形云图

图 8-15　位移及应力变形

越中心 0.5mm，改善切削条件。

3）产品的盲孔底部平面度要求。平底错刃刀具可优化钻削时刀具的受力情况，刀具外缘处切削刃负责孔壁成形，芯部刀具切削条件较差，中心圆弧过渡刃刀片负责清根。芯部切削刃高出外缘切削刃 0.03mm，起到钻圆弧孔壁定心作用，如图 8-16 所示。这样一方面因直径小线速度较低，对切削刃的冲击较小，刚与工件接触时面积较小，不产生振动；另一方面芯部刃切入后，适时定心避免因外部刃切入而产生的偏斜。非标精密圆周平底盲孔刀具设计选用禁忌见表 8-27。

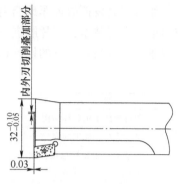

图 8-16 平底错刃刀具

表 8-27 圆周平底盲孔刀具设计选用禁忌

	特 征	说 明
误	芯部刀尖崩刃	芯部线速度低，刀尖处工况差，造成切削崩刃
	芯部切削刃崩刃	较大的进给量，切削刃受力变大，线速度低造成切削刃崩落
正	芯部刀尖圆弧强化处理	旋转中心的线速度是零，刀尖处要有 $R \geqslant 0.5$mm 的圆角
	芯部刃是设计关键	避免大进给量，0.18~0.25mm/r 合适
	有条件可对受力进行模拟分析	1）如果有条件可借用先进的有限元设计软件，如 ANSYS、Solidworks、DYNA 分析刀具受力变形程度，可以大幅节省设计、试验时间 2）如果为专机使用刀具更须小心谨慎，一旦出现不合适将导致非标刀具批量报废

3. 非标组合刀具设计选用与禁忌

机加专用组合刀杆在中小型弹壳类零件的加工中应用广泛，包括数控平头、内外倒角、钻中孔、车台阶及外圆等工序，可一次走刀完成总高或总长度、内外倒角、中孔、外圆和台阶加工，无需其他辅助动作。组合刀杆适用于大批量、专业化、小型化、高效数控机械加工行业，特别适用于弹壳类零件的量产加工，主要特点如下。

1）设计同时安装 4 把刀，如图 8-17 所示，通过设备纵向进给完成工序要求。

2）借鉴涂层刀使用寿命长、磨损小、重复定位精度高的优点，应用到实际生产中。

3）无需专业设计涂层刀与刀杆，可直接购买。

非标组合刀具的设计方法利用工步集中优势，一次放置弹壳后，经过一次走刀即可加工完成，极大提高加工效率，保持尺寸稳定性，减少工序分散造成的效率低下，如图 8-18 所示。

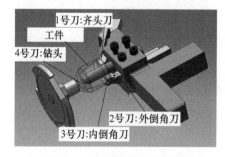

图 8-17 专用组合刀杆示意

图 8-18 使用非标组合刀具加工弹壳

组合刀具发挥数控车床自身的定位精度优势，结合"四刀同切"技能创新技术，配合先进的涂层刀技术，刀片磨损后能够在 3min 内及时转位或更换刀片，且尺寸稳定，满足质量要求。非标组合刀具的设计选用禁忌见表 8-28。

表 8-28　非标组合刀具的设计选用禁忌

	特　征	说　明
误	刀具全部采用非标结构	不经深思熟虑全部刀具采用非标结构，会造成制造、调试成本的提高
	结构简单，加工内容少	加工内容少，没有采用非标的必要
正	尽量不采用非标结构，除非没有可替代的商品规格	生产批量大，结构特殊，刀具采用非标结构，虽然会造成刀具制造、调试成本的提高，但总体来看，只要质量与效率提高，成本降低可控完全可以接受
	一次加工的内容多、集中，无需换刀	使用组合刀具目的是提高生产效率，减少换刀、空程、辅助时间，最大可能降本增效，适合于数控机床、走心机、专机和普通机床等场合

(马兆明)

8.4.8　镗削刀具刀尖圆角选用禁忌

刀片刀尖半径是镗削工序选择中的一个关键因素。刀尖半径的选择取决于背吃刀量和进给量，并影响表面质量、断屑性能和刀片强度。小吃刀量时，切削合力为径向力，并趋于将刀片推离内孔表面；吃刀量增加时，切削合力变为轴向力。

一般经验如下。

1）吃刀量不应小于刀尖半径的 2/3。在以小吃刀量精加工时，避免吃刀量小于刀尖半径的 1/3。

2）刀尖半径和进给率都对加工表面质量有直接影响。

3）对于小吃刀量加工，最好使用小刀尖半径，以便减少振动，但刀片破裂的风险增加。

4）大刀尖半径具有极高进给率、大吃刀量、很高的切削刃安全性，径向切削力增加。

5）可使用修光刃刀片来改进表面质量或提高进给（注意：修光刃刀片不建议用于长悬伸和不稳定工况）。

镗削刀具刀尖圆角选用禁忌见表 8-29。

表 8-29　镗削刀具刀尖圆角选用禁忌

	存 在 现 象	说　明
误	振动明显 排屑较差 崩刃	1）刀尖圆弧半径过大，加工中切削力会增加，容易产生振动，反而会影响加工面精度 2）刀尖圆弧半径过大，切屑的处理性能会变差 3）刀具刀尖圆角过小，会削弱刀尖强度，极易发生崩刃现象

（续）

存 在 现 象	说　　明
正 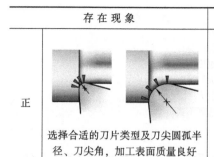 选择合适的刀片类型及刀尖圆弧半径、刀尖角，加工表面质量良好	1) 加工中达到同样的表面质量，修光刃刀片加工允许使用的进给率为普通刀片的 2 倍 2) 刀尖圆弧半径和刀尖角对于降低径向力和切向力非常重要。一般而言，小刀尖圆弧半径及小刀尖角应作为首选 3) 选择刀尖圆弧半径的经验法则是刀尖圆弧半径应稍小于背吃刀量 4) 对于长悬伸内圆工序，不推荐使用修光刃刀片 5) 虽然修光刃刀片使刀片沿着工件进给所生成的表面更加光滑，但修光刃效果仅在沿直线进给的车削和车端面时发挥作用

（臧元甲）

8.4.9　粗加工镗削刀片选用禁忌

镗削是一种使用刀具扩大孔或其他圆形轮廓的内径加工工艺方法，其应用范围一般涵盖粗加工到精加工。镗削加工有以下特点。

1) 刀具结构简单，且径向尺寸可以调节，用一把刀具就可以加工直径不同的孔。

2) 能校正原有孔的轴线歪斜与位置误差。

3) 由于镗削运动形式较多，工件放在工作台上，可方便准确地调整被加工孔与刀具的相对位置，因而能保证被加工孔与其他面的相互位置精度。

其中，镗削粗加工方法主要用于去除金属，以扩大通过预加工、铸造、锻造和气割等方法加工出来的孔。在孔的粗加工镗削中，主要考虑孔的尺寸和质量，工件材料、形状和数量，以及机床参数等 3 个不同方面，以确定最佳方法和刀具解决方案。

针对粗加工镗削方法，该部分内容主要介绍在加工过程中出现的各种故障现象，并对应分析刀具使用的不当之处，提供最优的刀具解决方案，详细说明见表 8-30。

表 8-30　粗加工镗削刀具选用禁忌

存 在 现 象	说　　明
误	切屑过短、过硬	产生缺陷原因： 1) 切削速度太低 2) 进给过高 3) 刀片槽型不合理，产生憋屑现象
	切屑过长	产生缺陷原因： 1) 进给过低 2) 吃刀量速度过高 3) 刀片槽型不合理，切屑没有形成卷曲

（续）

	存 在 现 象	说　　明
误	 刀具振动严重	产生缺陷原因： 1）刀柄接口刚度不足 2）吃刀量过大 3）刀尖半径过大 4）刀片角度选择不当
正		正确做法： 1）多刃镗削且采用短式、高刚性和紧凑性的镗刀设计，采用滑块组件，可分别进行轴向和径向调整 2）针对刀具自身内冷结构，通过高压切削液提高加工过程中的排屑性能 3）当刀具悬伸较长时，须相应降低切削速度。图示为不同悬伸和槽型时降低切削速度的总体趋势 注意：该图所提供信息只能作为切削速度与悬伸、接口尺寸比率之间关系的总体趋势

（臧元甲）

8.4.10　精加工镗削刀具选用禁忌

现代工业产品中高精度孔加工广泛存在，同时各行业对孔加工精度要求也越来越高，孔加工工艺技术随之得到飞速发展。目前，较大孔径、深孔加工广泛采用镗孔加工工艺，镗削加工孔精度较高、成本相对低廉。但高精度镗削工艺同样存在很多问题，如精加工镗削过程加工状态不易观察；切屑不易排出；切削热不易传导、扩散；刀柄或镗刀的悬臂较长；工艺系统刚性差等。

当精镗孔公差要求较高的孔时，必须考虑可能出现的径向偏斜（特别是在长悬伸时），以及预安装器与机床刀具主轴时间的不对准。具体可以通过下面几种方法来完成。

1）进行一次少量测量切削，然后在刀具仍在机床主轴中的情况下调整直径。

2）将背吃刀量两等分。

3）将背吃刀量三等分。

在镗削精加工过程中需要关注的刀具选用禁忌见表8-31。

表 8-31　精加工镗削刀具选用禁忌

	存 在 现 象	说　　明
误	 表面质量较差	产生缺陷原因： 1）加工中系统存在较大的振动 2）走刀轨迹选择不合理 3）刀片存在磨损 4）排屑不畅，切屑划伤内孔表面
	 锥形孔，进刀处尺寸过大	产生缺陷原因： 1）径向圆跳动量不正确，旋转轴线与预加工孔轴线不平行 2）位置不正确 3）在进刀过程中镗刀上的压力过大

（续）

存 在 现 象	说　明
误  孔圆度较差	产生缺陷原因： 1）径向圆跳动量不正确，旋转轴线与预加工孔轴线不平行 2）由于倾斜进刀所致的非对称切削 3）位置不正确 4）在进刀过程中镗刀上的压力过大 5）刀具齿数或布置问题
正	正确做法： 1）单刃切削。用于要求高公差等级（IT6~IT8）和高表面质量的小背吃刀量精加工。精镗刀直径可用高精密机械在微米范围内调整。用粗镗刀具进行单刃镗削，孔的公差为IT9或更大 2）多刃切削。多刃切削进行精加工工序，能以高进给获得小公差和高表面质量，通常应用于大批量生产 3）刀柄：尽可能选择最短的接杆，尽可能选择强度最高的接杆，如果需要使用缩径杆，推荐使用锥形，对于长径比>4的刀具，建议使用防振接杆，对于长悬伸，应确保与主轴表面接触的刚性夹紧

（臧元甲）

8.4.11　车削刀具槽型选用禁忌

1. 主要应用范围

切削加工根据加工精度和加工余量分粗加工（R）、半精加工（M）和精加工（F），如图 8-19 所示。

车削加工的断屑方式，主要包括：车削铸铁时的自断屑、撞击刀具断屑、撞击工件断屑，如图 8-20 所示。

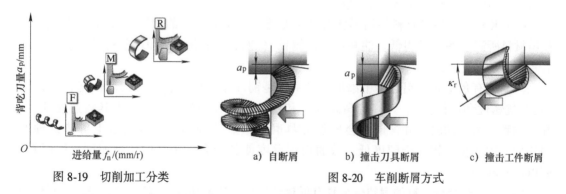

图 8-19　切削加工分类　　　图 8-20　车削断屑方式

a）自断屑　　b）撞击刀具断屑　　c）撞击工件断屑

断屑类型取决于刀片、刀具槽型及切削参数。任何一种断屑方式都有优缺点，通常通过选择刀片槽型或切削参数来改变。影响断屑的因素有：刀片槽型、刀尖半径、主偏角、背吃刀量、进给量、切削速度及工件材料等，如图 8-21、图 8-22 所示。

选择刀片槽型时需关注刀尖圆弧半径，因采用大刀尖圆弧和大进给量，也能达到小刀尖圆弧小进给量所能达到的加工表面粗糙度值（见表 8-32）。

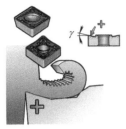

a) 正前角切削作用

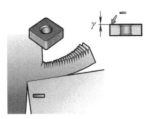
b) 负前角切削作用

图 8-21　刀片刃型对切屑的作用效果

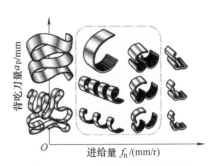

图 8-22　切削参数对断屑的影响

表 8-32　标准刀片在不同进给参数情况下的表面粗糙度值

进给量/（mm/r）	刀尖圆弧半径 R/mm				
	0.2	0.4	0.8	1.2	1.6
	表面粗糙度值 Ra/μm				
0.6	0.05	0.07	0.10	0.12	0.14
1.6	0.08	0.11	0.15	0.19	0.22
3.2	0.1	0.17	0.24	0.29	0.34
6.3	0.13	0.22	0.30	0.37	0.43

2. 工件材料

（1）P 钢　低碳钢易产生粘刀现象；中碳钢的切削性能最佳；高碳钢的硬度高，不易加工，而且刀具磨损快。

（2）M 不锈钢　碳素钢中含 Cr 量超过 12% 时可以防锈，成为不锈钢；镍作为一种添加剂，可以提高钢的淬硬性和稳定性，当镍含量达到一定程度时，不锈钢就拥有了奥氏体结构，不再有磁性，且材料的加工硬化倾向严重，易产生毛面和积屑瘤。不锈钢可分为铁素体不锈钢、马氏体不锈钢和奥氏体不锈钢。

（3）K 铸铁　铸铁材料切屑形状有多种变化，从接近粉状的切屑到长切屑都有。加工该组材料所需功率通常很低。注意：灰口铸铁（通常接近粉状）和球墨铸铁有很大不同，后者断屑通常更像钢材。

（4）N 有色金属　铝合金中添加元素主要是铜（增加应力，改善切削性能），锰、硅（提高抗锈性和可铸性），锌（提高硬度）和铁。铝合金中的硅，可改善其铸造性能、内部结构和应力；同时，硅含量高会增加刀具磨损量。这种铝合金铸件是不可热处理的，铜的加入则相反。铝合金硬度低，低的切削温度使其能允许很高的切削速度，但因较黏所以不易断屑。

（5）S 耐热合金　有的耐热合金具有低热传导率，这使切削区温度过高，易与刀具材料热焊导致积屑瘤，加工硬化趋向大，磨损加剧，切削力加大且波动大。按照钛的基体组织，钛合金可分为 3 类：α、α+β 和 β 钛合金。α 钛合金机械加工性能最好，纯钛合金机械加工性能也很好。从 α+β 到 β 钛合金，加工性能愈来愈难，要求刀具材质抗磨性增加，抗塑性变形、抗氧化、强度高、刃口锋利。

（6）H 硬质材料　硬质材料是指 42～65HRC 的工件材料。常见硬质金属包括白口铁、冷硬铸铁、高速钢、工具钢、轴承钢及淬硬钢。加工难点在于：①切削区内温度高。②单位切削力大。③后刀面磨损过快，易断裂。

硬质材料的切削性能要求刀具抗磨性强、化学稳定性高、耐压和抗弯且刃口强度高。

3. 切削参数

不同加工类型的切削参数见表 8-33。根据切削负载选择刀片槽型见表 8-34。不同工况适应的加工条件见表 8-35。粗、精刀具选用禁忌见表 8-36。

表 8-33　不同加工类型的切削参数

加 工 类 型	进给量 f_n/(mm/r)	背吃刀量 a_p/mm
重载粗加工	>0.7	8.0~20.0
粗加工	0.5~1.5	6.0~15.0
轻粗加工	0.4~1.0	3.0~10.0
半精加工	0.2~0.5	1.5~4.0
精加工	0.1~0.3	0.5~2.0
超精加工	0.05~0.15	0.25~0.20

表 8-34　根据切削负载选择刀片槽型

切削负载	轻型	中等	重载
刀片槽型	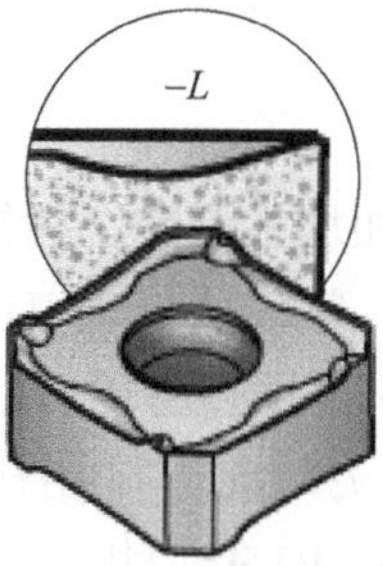 −L	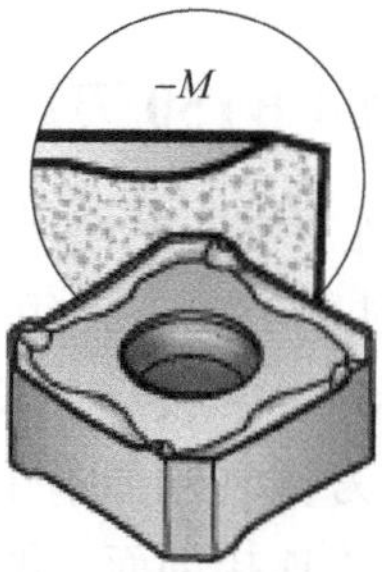 −M	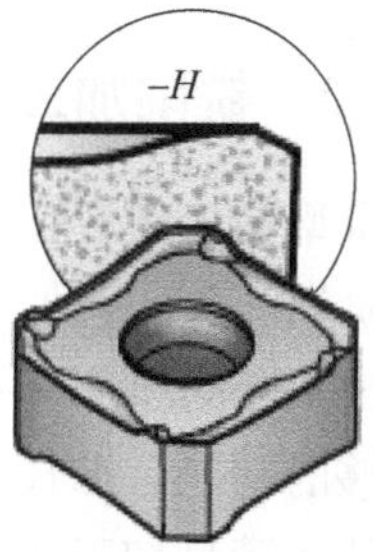 −H
说明	大正前角 低切削力 低进给率	通用槽型 中等进给率 半精加工到轻型粗加工工序	强化切削刃 最高切削刃安全性 高进给率

表 8-35　不同工况适应的加工条件

工况	良好工况	中等工况	恶劣工况
刀片槽型	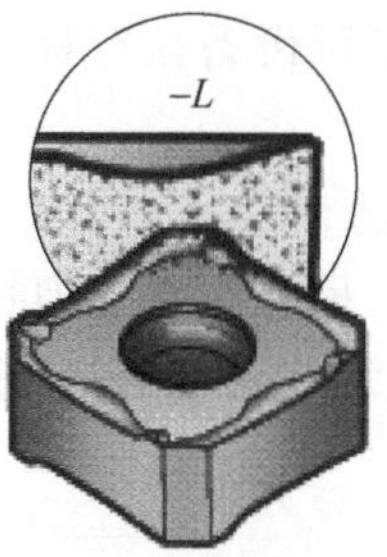 −L	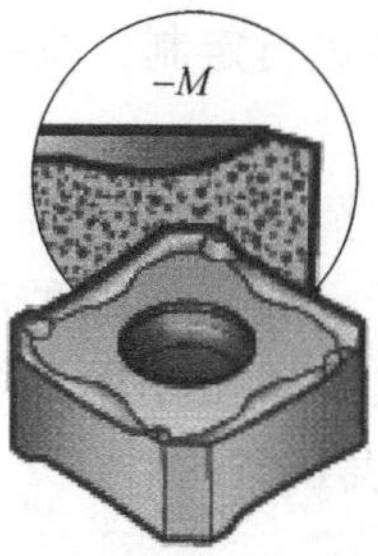 −M	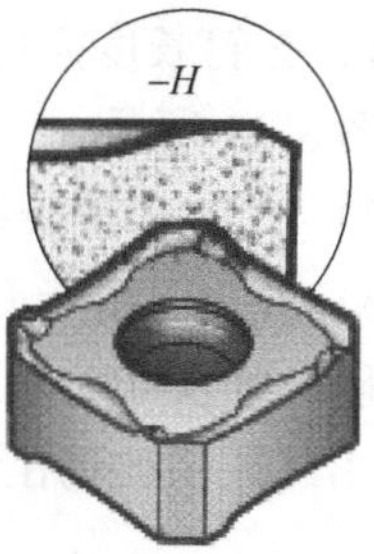 −H

（续）

加工条件	采用最大 a_p 的 25% 或更低 悬伸不足刀具直径 2 倍 连续切削 湿式或干式加工	采用最大 a_p 的 50% 或更高 悬伸为刀具直径 2~3 倍 间断切削 湿式或干式加工	采用最大 a_p 的 50% 或更高 悬伸超过刀具直径 3 倍 间断切削 湿式或干式加工

表 8-36　粗、精刀具选用禁忌

	选用情况	说　明
误	粗、精刀具随意替换选用	粗加工刀具用于精加工时，刀片刃部圆角较大，倒钝也相对较大，对工件有一定挤压作用，不利于尺寸的稳定和表面质量的良好状态 精加工刀具用于粗加工时，原本是锋利、高参数加工用刀具，因要面对毛坯面、大余量、大背吃刀量、中低参数等不利条件，很容易就崩损、磨耗，以频繁更换刀具来稳定加工状况，会造成刀具成本高、工作效率低
正	粗、精刀具专项选用	专业的刀具做专业的加工，粗、精刀具分开使用，可提高加工稳定性，保证一次合格率，亦是降低成本的基本保障

（华斌）

8.4.12　铣削加工中加长 BT50-BT50 刀排的选用禁忌

重型加工领域，加长刀柄和加长夹头的使用十分广泛，如加工型腔、插铣加长平面、加长台阶钻孔等，但加长刀柄和夹头价格高，使用时振动较大，零件质量难以保证，当有效长度超出 400mm 时刀柄基本为非标产品。设计加长 BT50-BT50 刀排，可以解决加工振动和长度不够的问题。加长 BT50-BT50 刀排利用原有 BT50 莫氏夹头与此刀排相连接达到一定长度，从而满足加工要求。图 8-23 为连接剖面，图 8-24 为 BT50-BT50 刀排。

图 8-23　连接剖面　　　　　　　图 8-24　BT50-BT50 刀排

加长 BT50-BT50 刀排在使用过程中需具备以下条件。

1）拉钉长度需按照刀排长度进行定制，拉钉头部标准参照设备拉钉标准制作，加长拉钉如图 8-25 所示。

2）BT50 刀柄安装到刀排上时，刀柄凹槽需对应刀排凸槽。

3）使用时由于刀排长度较长，所以线速度需进行调整。另外，由于刀排内部进行了掏空处理，所以可以起到一定的减重减振作用，图 8-26 为现场实际应用。铣削加工中加长BT50-BT50 刀排应用禁忌具体见表 8-37。

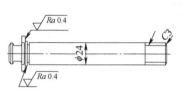

图 8-25　加长拉钉

图 8-26　现场实际应用

表 8-37　铣削加工中加长 BT50-BT50 刀排的应用禁忌

	使 用 方 式		说　明
误	加长拉钉混用		设备拉钉标准不相同, 尤其 MAS1 和 MAS2 经常会混用, 一旦混用拉钉拉紧铣刀盘, 在铣削加工过程中会出现掉刀现象, 设备主轴中的拉钉卡爪也会损伤
正	使用符合设备拉钉标准的加长拉钉拉紧刀柄		使用设备对应的加长拉钉拉紧刀柄, 在铣削过程中, 刀排可以起到防振的作用, 铣削效果良好

（张永洁）

8.4.13　多刃阶梯式镗铣刀的设计选用禁忌

　　多刃阶梯式镗铣刀用于加工内大圆弧及粗加工大直径孔, 加工直径为 300~420mm, 共有 12 个切削刃, 每片切削刃有 0.3mm 落差。阶梯式切削保证每个切削刃切削时受力均匀, 但使用不当会导致圆弧表面质量较差。图 8-27~图 8-29 所示为其设计、实物和现场使用情况。

　　加工实例: 原加工 R180mm 孔时, 使用刀具加长刀盘编程加工, 再用双刃镗排进行调整加工, 加工效率低。改进后, 使用多刃阶梯式镗铣刀加工一次就可完成, 效率提升 5 倍左右。表 8-38 为多刃阶梯式镗铣刀设计及选用禁忌。

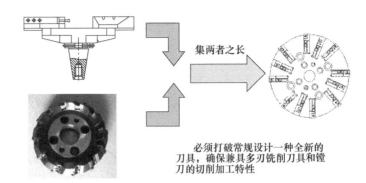

必须打破常规设计一种全新的
刀具，确保兼具多刃铣削刀具和镗
刀的切削加工特性

图 8-27　多刃台阶式镗铣刀设计理念

图 8-28　台阶式镗铣刀

图 8-29　实际加工

表 8-38　多刃阶梯式镗铣刀设计及选用禁忌

	切削方式	说　明
误	刀片不均匀切削	镗削时若未优先考虑均匀切削，会导致刀片磨损加快，不仅会损坏刀具，而且加工表面质量差
正	刀片均匀切削	为获得良好的均匀切削，需要针对不同的工件材料制定不同的切削参数，并且在调整刀垫时根据毛坯余量进行均匀调整，确保每个刀齿切削受力均匀 实际生产中，通过切削声音、切屑形状及表面粗糙度判断切削参数选择是否合理

（张永洁）

第9章

数控刀具装夹禁忌

9.1 车刀装夹禁忌

9.1.1 外圆车刀装夹禁忌

车刀安装情况的好坏直接影响到工件的尺寸精度和表面质量,如不注意车刀的正确装夹,就会使切削效果降低,甚至损耗刀具和降低产品品质。

如图9-1所示,95°右偏刀是一种常用外圆车刀,适合车削工件外圆、端面和台阶。因主偏角较大,车外圆时,半径方向上的径向切削力较小,不易将工件顶弯;车端面和台阶时,省时省力,具有切削方便、灵活等特点。

众所周知,进行外圆车削时使用不同的装夹方式会产生不一样加工效果。正确的装夹形式如图9-2所示,具体禁忌说明见表9-1。

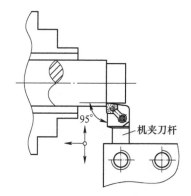

图9-1 95°右偏刀外圆车刀

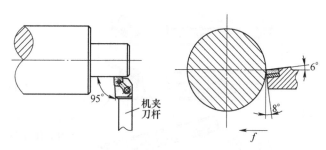

图9-2 外圆车刀装夹示意

表9-1 外圆车刀装夹禁忌

存 在 问 题	原因及解决办法
车刀装夹应避免刀尖"过高"	车外圆柱面时,车刀刀尖应避免装得高于工件中心线,刀尖过高会使车刀前角增大,实际工作后角减小,增加车刀后面与工件表面的摩擦;刀尖高过车削端面中心时,易造成刀尖崩碎现象
车刀装夹应避免刀尖"过低"	车外圆柱面时,若车刀刀尖装得低于工件中心,则车刀工作前角减小,实际工作后角大,切削阻力增大且切削不顺;装夹过低,车削靠近工件端面中心处刀尖易崩碎,留有凸台,表面产生振纹,缩短刀具寿命

（续）

存 在 问 题	原因及解决办法
刀具装夹不宜伸出过长	车刀装夹时，应考虑刀具刚性及强度。如果刀具伸出过长，产生振刀，会造成表面粗糙度值增大和刀具寿命缩短，车刀不宜伸出刀架太长，应尽可能伸出短些
车刀刀杆不宜太右偏或左偏	95°右偏刀车刀安装时，主车刀轴线应与工件中心线垂直 1）若装夹太偏左，则车刀工作主偏角变小，副偏角变大，影响车削，会造成主切削刃扎入工件的台阶和端平面，形成斜面 2）若装夹太偏右，则车刀工作主偏角变大，副偏角变小，影响车削受力方向和刀尖强度，特别是粗车更明显，易将工件拉弯，严重时会发生崩刃和"扎刀"现象 为获得良好的尺寸精度、表面质量，提高切削效率和延长刀具寿命，车刀安装时应把刀尖对准工件中心，车刀刀杆应与车床主轴轴线垂直

（常文卫、邹毅）

9.1.2　减振刀具应用禁忌

在加工悬伸超过 3 倍径的内孔时，需要应用到减振刀具。表 9-2 主要介绍使用减振刀具时需注意的事项，以及如何获得好的加工质量和效果。

表 9-2　减振刀具应用禁忌

应用禁忌		说　　明
刀座中心	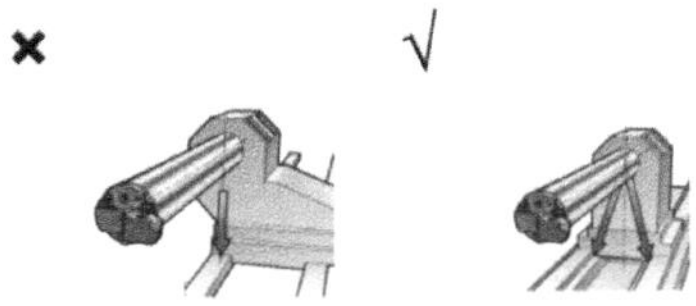	刀座中心应位于导轨中心线上，避免偏向一侧，否则会导致稳定性变差和产生振动
刀套形式	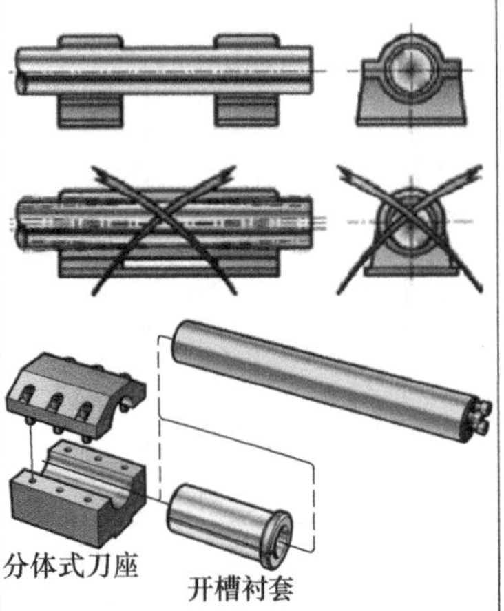 　分体式刀座　开槽衬套	1）使用开口刀套，刀套内径公差为 H7 级，确保圆周面大面积夹持 2）绝对不能使用螺栓直接夹紧刀套 3）建议使用分段式刀套
刀杆材质	应正确选择刀杆材质	1）钢制刀杆：能保证 3 倍径的悬伸加工效果 2）硬质合金刀杆：能保证 5 倍径的悬伸加工效果 3）减振阻尼刀杆：能保证 7~10 倍径的悬伸加工效果 4）硬质合金减振阻尼刀杆：能保证 14 倍径的悬伸加工效果

（续）

应 用 禁 忌	说 明
夹紧方式 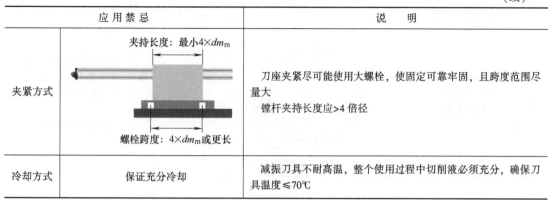 夹持长度：最小4×dm_m 螺栓跨度：4×dm_m或更长	刀座夹紧尽可能使用大螺栓，使固定可靠牢固，且跨度范围尽量大 镗杆夹持长度应>4倍径
冷却方式 保证充分冷却	减振刀具不耐高温，整个使用过程中切削液必须充分，确保刀具温度≤70℃

（周巍）

9.1.3 车刀装夹和操作禁忌

车削加工前，须正确安装好车刀，否则即便车刀的各个角度刃磨得很合理，其工作角度也会有所改变，会直接影响到切削的顺利进行和工件的加工质量。因此在安装车刀时，要注意下列事项（见表9-3）。

表9-3 刀具安装和操作过程中的禁忌

禁忌内容	说 明
误　车刀刀尖相对工件旋转中心位置改变，影响车刀角度	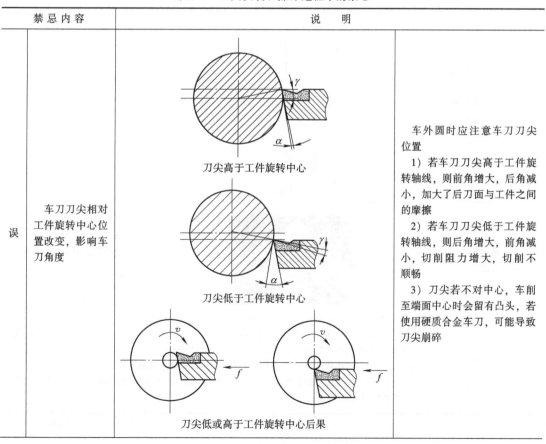 刀尖高于工件旋转中心 刀尖低于工件旋转中心 刀尖低或高于工件旋转中心后果　车外圆时应注意车刀刀尖位置 1) 若车刀刀尖高于工件旋转轴线，则前角增大，后角减小，加大了后刀面与工件之间的摩擦 2) 若车刀刀尖低于工件旋转轴线，则后角增大，前角减小，切削阻力增大，切削不顺畅 3) 刀尖若不对中心，车削至端面中心时会留有凸头，若使用硬质合金车刀，可能导致刀尖崩碎

（续）

禁忌内容	说　明	
正	车刀安装时，刀尖必须严格对准工件的旋转中心	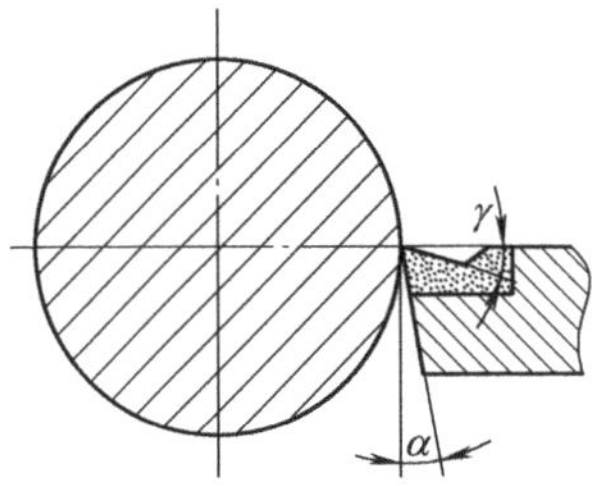 刀尖对准工件旋转中心	为使车刀刀尖对准工件旋转中心，通常采用的方法如下 1）根据车床主轴中心高度装刀 2）根据机床尾座顶尖的高度装刀
误	车刀装偏，影响主、副偏角	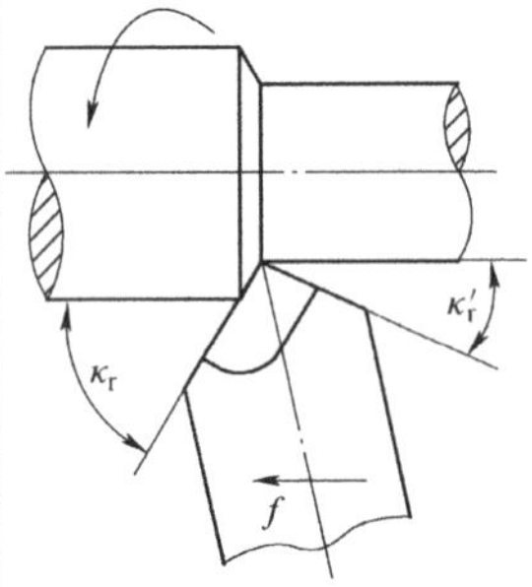 主偏角 κ_r 增大，副偏角 κ_r' 减小 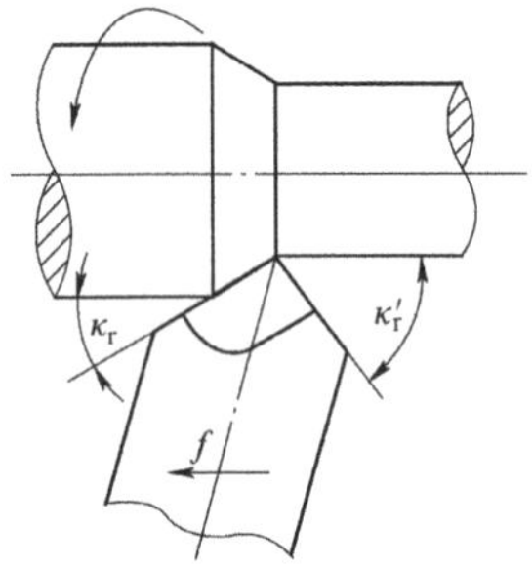　　主偏角 κ_r 减小，副偏角 κ_r' 增大	车刀装偏会使车刀工作时主偏角 κ_r 和副偏角 κ_r' 发生改变 主偏角 κ_r 减小，进给力增大 副偏角 κ_r' 减小，加剧摩擦
正	注意主切削刃与工件中心线的角度，主要影响车刀主偏角 κ_r 和副偏角 κ_r'	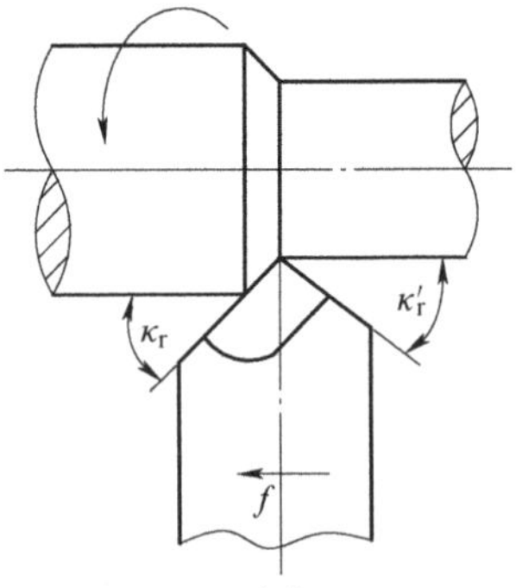 正确值	车刀刀杆中心线应与进给运动方向垂直
正	螺纹车刀的对刀方法	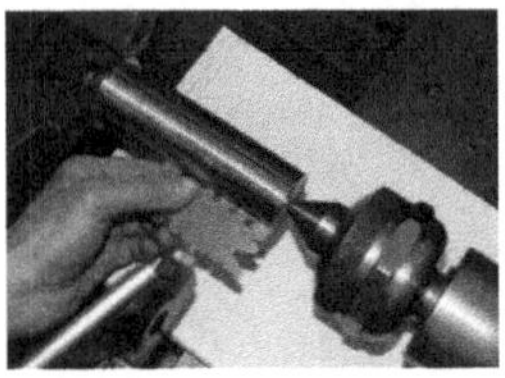	采用梯形螺纹样板对刀，使两切削刃夹角、角平分线垂直于螺纹轴线，刀尖与工件轴线等高 通过该方法对刀，车削的螺纹不会出现倒牙
	其他操作注意事项及禁忌	1）刀头伸出的长度约为刀杆厚度的 1~1.5 倍。车刀的悬伸长度要尽量短，以增强其刚性 2）车刀下面的垫片数量尽量少，且与刀架边缘对齐 3）车刀一定要压紧，至少用两个螺钉平整压紧，否则车刀易崩出 4）忌不按顺序乱装，应严格按加工工步装刀，以达到使用方便的目的，节省装刀时间，减少不必要的重复操作	

（邹毅）

9.1.4 数控车床上软自定心卡盘应用禁忌

如图 9-3 所示，软自定心卡盘是数控车床上常用的一种自定心夹持元件，其结构简单、使用方便，被广泛应用于各类回转体零件的精加工中。

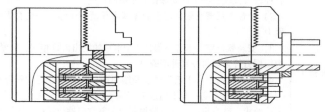

图 9-3 软自定心卡盘

软自定心卡盘的夹持优点：夹持系统结构简单，使用方便，并能提高工件的定位精度，增强工件的结构适应性，这两点在数控车床的应用中尤为明显。

现代数控车床普遍采用液压卡盘，液压卡盘在夹持稳定性、定位精度、重复运动一致性等方面较普通卡盘有很大优越性。与液压卡盘相匹配的软自定心卡盘，可将工件垂直度、平行度、同轴度等位置公差控制在 0.02mm 以内。因此，根据工件夹持部位的形状对软自定心卡盘的夹持部位进行匹配设计、制造，可大幅简化工艺流程，优化工艺路线，确保工件加工精度。

软自定心卡盘虽有自身的夹持优点，但作为数控车床定位夹紧系统中的末端元件，如果在设计、制造及使用过程中忽视了一些细节，就会出现各种问题，影响整个工艺系统的夹持精度或加工精度，进而体现不出软自定心卡盘的夹持优势。为此，要充分发挥软自定心卡盘的夹持优点，须从以下等细节入手。主要体现在：制造材料选用、结构设计以及软自定心卡盘的加工、使用的技巧和方法等，具体见表 9-4。

表 9-4 数控车床上软自定心卡盘应用禁忌

	软自定心卡盘应用	说　明
误	软自定心卡盘夹持工件零件表面质量差	1）软自定心卡盘基体材质选择错误 2）软自定心卡盘夹持部位材质选择错误 3）表面易出现压痕及"凹坑"现象
	软自定心卡盘夹持工件精度差	软自定心卡盘制作过程不正确
	夹持不同类型工件，软自定心卡盘选用错误	不同类型的软自定心卡盘（夹持圆锥面、夹持薄壁件、夹持螺纹面的软自定心卡盘）的选用和制造过程中出现错误
正	软自定心卡盘夹持工件表面质量好，表面不易出现压痕现象	不同材质类型的工件要选用不同材质的软自定心卡盘 1）低碳钢（如 20 钢、30 钢）软自定心卡盘，材料强度偏低，此类软自定心卡盘一般应用于普通调质处理的碳素结构钢及低合金结构钢零件的加工中，且不宜用于断续切削 2）中碳钢（如 45 钢）软自定心卡盘，强度比低碳钢软自定心卡盘强度高，可用于高硬度钢、钛合金、高温合金等难加工材料的零件加工中，并可用于断续切削 3）在已有中碳钢或低碳钢自定心卡盘上焊接铜棒的软自定心卡盘，一般用于有色金属的加工，卡盘基体材质可为中碳钢或低碳钢

(续)

软自定心卡盘应用		说　明
正	软自定心卡盘夹持工件精度高	软自定心卡盘的制造质量决定工件的加工精度 1）根据工件形状设计软自定心卡盘工件夹紧部位，应留有足够的车削余量，夹持直径较大或较长的工件要保证有足够的强度 2）卡盘卡爪槽及软自定心卡盘基座须清理干净，否则会影响卡爪的定位精度及夹紧力 3）安装软自定心卡盘应保证3个卡爪的突出齿数相同，拧紧螺钉时应先预拧紧，将内圈螺钉拧紧后再拧紧外圈螺钉 4）车削软自定心卡盘为严重断续切削，选择刚性好的镗杆和锋利的半精加工槽型刀片，主轴线速度一般不超过70m/min；最好编程，避免手动进给不均匀。若有轴向定位要求，软自定心卡盘台阶根部应车制空刀槽或清根，否则会造成定位不准确 5）卡爪车削完成后，周边毛刺须清除，并将边沿倒钝或修圆，防止夹伤工件；此外，车削后应用金相砂纸修整软自定心卡盘定位夹持面 6）为保证软自定心卡盘重复安装使用时的定位精度，应做好与卡盘卡爪槽对应的标记 软自定心卡盘设计结构应与配用的液压卡盘啮合部位相匹配
	正确选用夹持不同类型工件的软自定心卡盘	 锥形软自定心卡盘 螺纹软自定心卡盘 薄壁软自定心卡盘	1）夹持圆锥面，设计时应首先核算与工件的摩擦角，保证工件能够自锁 2）夹持螺纹面，夹紧辅助工具后应将自定心卡盘的螺纹底径车至略大于工件螺纹的大径，用切槽刀车出退刀槽，再加工出所需螺距的螺纹。但要注意，自定心卡盘松开时，螺纹底径大于工件螺纹底径0.2~0.3mm，并预先加工软自定心卡盘端面用做定位面，以保证软自定心卡盘上三角螺纹面能与工件三角螺纹面充分接触，工件轻松旋入自定心卡盘，装夹后有良好的定位精度 3）夹持薄壁件，结构可采用扇形，增加夹持接触面积，使夹紧力均匀分布，减少工件变形

（邹峰）

9.2　铣削、钻削及其他切削装夹禁忌

9.2.1　弹簧夹头安装禁忌

机械加工中，从机床主轴输出的动力需要传递至刀具上，才能使刀具拥有加工工件的动

力，从主轴到刀具的动力通过工具系统来实现传递。工具系统包括刀柄、弹簧夹头，刀柄包括刀柄刀体和刀盖，具体结构如图 9-4 所示。

a）刀柄刀体

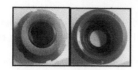

b）刀柄刀盖　　　　　　　　c）弹簧夹头

d）装夹示意

图 9-4　工具系统

夹持系统内，ER 弹簧夹头（见图 9-5）使用最广泛。ER 夹头可分为标准 ER 弹簧夹头（ER standard）、ER 高精度弹簧夹头（ER-UP）、ER 机械式弹簧夹头（ER-DM）、ER 攻丝弹簧夹头（ER-GB）及攻丝弹簧夹头（PCM ET1）等。产品规格从 ER 8 到 ER 50，夹持直径为 0.2~36mm。表 9-5 主要介绍弹簧夹头平时操作过程中的注意事项。

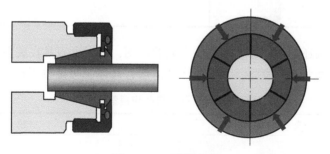

图 9-5　ER 弹簧夹头

表 9-5　弹簧夹头安装禁忌

安 装 禁 忌		说　　明
误		严禁使用加力杆锁紧，有可能因锁紧力过大而使夹套、本体受损

（续）

安 装 禁 忌		说　明
误		刀具夹持长度≥ER 夹套的长度
		螺母、夹套均为消耗品，须适时更换。继续使用已磨损的螺母、夹套，不仅会对夹持精度带来很大影响，也有可能会导致夹套螺母的破损
正		按照正确方式拆卸 ER 弹簧夹头
		按照正确方式装夹 ER 弹簧夹头

另外，弹簧夹头还起到了连接刀具和刀柄的作用，为保证刀具在装夹后拥有良好的跳动量，弹簧夹头的工作状态须良好，装刀应注意清洁，具体说明见表 9-6。

表 9-6　弹簧夹头应用禁忌

应 用 禁 忌			说　明
误	不清洁	弹簧夹头中有异物　　装刀后，刀具切削刃不同轴	弹簧夹头未清洁，槽中嵌入大量切屑 使用未清洁的弹簧夹头进行装刀，弹簧夹头在受到刀盖压紧力时不能均匀变形，存在杂物的槽变形不充分，无法保证刀具在装夹后满足刀具与刀柄的同轴要求

（续）

应用禁忌		说　明
正	清洁	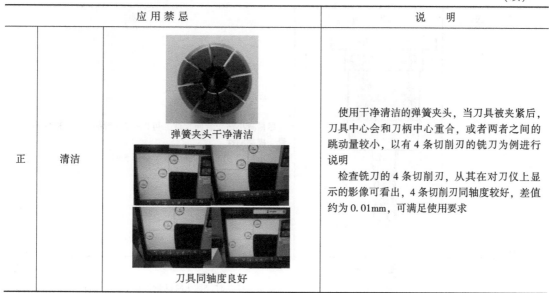　弹簧夹头干净清洁 刀具同轴度良好	使用干净清洁的弹簧夹头，当刀具被夹紧后，刀具中心会和刀柄中心重合，或者两者之间的跳动量较小，以有 4 条切削刃的铣刀为例进行说明 　　检查铣刀的 4 条切削刃，从其在对刀仪上显示的影像可看出，4 条切削刃同轴度较好，差值约为 0.01mm，可满足使用要求

（周巍、刘壮壮）

9.2.2　钻头跳动控制禁忌

钻头寿命、产品尺寸与稳定性取决于夹头系统。一般常见的夹头有：弹簧夹头、液压夹头、热缩夹头、侧固夹头及钻夹头等。表 9-7 主要介绍不同夹头的特点。在无法改变刀柄的情况下，提升钻头性能的方法见表 9-8。

表 9-7　不同夹头的特点

夹　头	示　意	特　点
液压夹头		跳动小、精度高、价格贵，操作方便
热缩夹头		跳动小、精度高、价格便宜，操作麻烦（需要热套机）
弹簧夹头		跳动大、精度低、价格便宜，操作方便
侧固夹头		跳动大、精度低，价格便宜，操作方便

表 9-8 提升钻头性能的方法

方　法	图　示	说　明
减小钻头悬伸长度 A		尽量减小钻头悬伸长度，可以提高产品稳定性和减小偏斜量，提高刚性 减小长度 20%，可显著减少变形 50%
减小钻头跳动量		加工精度孔时，钻头跳动量尽量<0.005mm（一般精度较好的刀柄应满足此跳动要求） 寿命与刀具、工况等一系列因素均相关，钻头每增加 0.01mm 跳动量，最多时将会缩短刀具寿命的 50% 当钻头直径小时，这个问题更为关键
提升动平衡性		夹头上的动平衡差，会引起表面质量差、公差大小不稳定、刀具寿命短及机床主轴磨损快等问题

（周巍）

9.2.3　螺纹加工刀具装夹禁忌

螺纹车削是机械加工中普遍且较复杂的问题。如图 9-6 所示，螺纹加工的要求要高于其他车削操作，所产生切削力较大且受力复杂。车削螺纹时产生的缺陷形式多种多样，要综合考虑设备、刀具、操作人员等原因，其中螺纹刀具装夹正确，是保证螺纹加工质量和生产效率的一项重要措施。

使用不同装夹方式对螺纹进行车削时会产生不一样的加工效果，正确装夹形式如图 9-7 所示。具体刀具装夹禁忌说明见表 9-9。

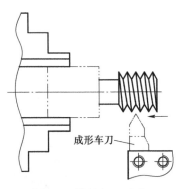

成形车刀

图 9-6　螺纹加工示意

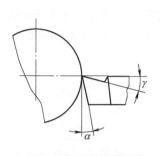
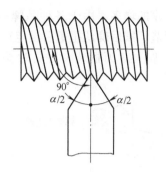

a) 刀具刀尖位于工件旋转轴线　　　　b) 刀具刀尖角平分线垂直于主轴轴线

图 9-7　螺纹加工刀具装夹示意

表 9-9　螺纹加工刀具装夹禁忌

禁　　忌	原因及解决办法
螺纹加工刀具装夹刀尖不宜"过高"	螺纹加工刀具装夹时，刀尖应位于工件旋转轴线，避免刀具径向前角和侧后角发生变化，引起车削分力变化，导致产品质量和刀具寿命等问题 刀具装夹过高，由于主切削力作用，螺纹车刀刀尖会受到工件压力而向下移动，造成"啃刀"或打刀
螺纹刀装夹刀尖不宜"过低"	当刀尖低于工件旋转轴线时，切屑不易排出，在径向力的作用下切削会自动趋向加深，导致工件抬起，发生"扎刀"
刀具装夹伸出不宜过长	装夹时，应考虑刀具刚性及强度。刀具伸出过长，产生振刀，会造成螺纹表面粗糙度值增大和刀具寿命缩短等
装夹应避免刀尖角平分线不垂直于主轴轴线	装夹应使用对刀样板装刀，确保车出的螺纹两牙型半角相等。若产生牙型歪斜，则会造成通规不通，止规不止现象，产生废品
螺纹刀切勿错误装夹	当刀具刀尖位于工件旋转轴线，刀尖角平分线垂直主轴轴线时，可获得较高的切削效率和较好的螺纹车削质量，延长刀具寿命，同时获得良好的尺寸精度、表面质量和配合精度

（常文卫、邹毅）

9.3　刀具夹持系统禁忌

9.3.1　ER 刀柄螺母应用禁忌

ER 刀柄结构简单，操作简便，执行可靠，价格适中，夹持范围良好。高精度的 ER 刀柄能在悬伸 3 倍径处获得 0.003mm 以下的安装精度，直到今天 ER 系统仍是世界上使用最广泛的刀柄夹持系统。

如图 9-8 所示，ER 刀柄的锁紧是用锁紧螺母将锥形夹套压紧在刀柄锥孔中，螺母螺纹将旋转的力量转化为将夹套下压到刀柄锥孔中的力量，利用两端锥形的约束，将弹簧夹套压紧收缩，从而将刀具的柄部夹紧。但这些是在可控的扭矩下完成的，如超过扭矩会将刀柄和夹套、螺母损坏，导致刀具无法正确、可靠安装，螺母无法松开等异常现象。

随着制造厂家的增多，由于各种品牌的设计不一样，ER 螺母的锁紧力矩有一些差异，所以必须咨询制造厂家后确认扭矩后设定正确的力矩，防止拧太紧无法松脱或因拧紧不达标而不能正常加工等。ER 刀柄装夹刀具时受力如图 9-9 所示。ER 刀柄螺母锁紧具体禁忌见表 9-10。

a）安装　　　　　　　　　　　　　　b）拆卸

图 9-8　ER 刀柄的弹簧夹套和螺母的连接方式

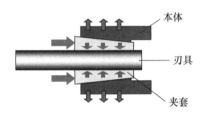

图 9-9　ER 刀柄装夹刀具时受力

表 9-10　ER 刀柄螺母锁紧禁忌

ER 刀柄螺母锁紧禁忌		说　明
误	使用接力杆锁紧 ER 刀柄螺母	锁紧用力过大会造成 ER 弹簧夹头刀柄精度损坏和螺母开裂、甚至本体开裂，引起刀具装夹精度变差，加工尺寸变化，表面质量明显变差，严重时刀具无法加工，甚至直接断裂等 损坏的刀柄、螺母和夹套直接报废，一般不建议维修再使用，除非有专业的人员和工具
正	使用扭矩扳手，根据厂家提供的扭矩锁紧 ER 刀柄的螺母	根据刀具厂家提供的相关扭矩拧紧 ER 刀柄锁紧螺母 1）使用咔哒式扭矩扳手可以提醒操作者已经达到扭矩要求 2）用正确扭矩锁紧刀柄，保证锁紧力和安装精度，也是降低刀具成本的重要步骤之一

（华斌）

9.3.2　ER 弹性筒夹和刀柄安装禁忌

ER 夹头一般用于加工中心及数控镗铣床等，可装立铣刀、键槽刀、定心钻及钻头等，但刀具直径必须符合 ER 夹头内弹簧钢套内孔的大小，筒夹规格为 2～25mm，常在加工小孔径和使用小刀杆时使用 ER 弹性筒夹和刀柄，如图 9-10 所示，在小立式加工中心和卧式加工中心均可普遍使用，可省去使用强力夹头。ER 刀柄和夹套安装禁忌见表 9-11。

图 9-10　ER 弹性筒夹和刀柄

表 9-11　ER 刀柄和夹套安装禁忌

安 装 方 式			说　明
误	偏心		若直接把 ER 夹套放在莫氏刀柄里装刀，螺母旋紧，会造成加工刀具不对中，跳动增大。在使用铣刀杆时夹不紧，切削时在切削力作用下将刀杆拉出
正	同心		把夹套先装进螺母里的卡槽内，再拧紧在刀柄，这样可保证刀具和刀柄的同心度在 0.02mm 以内，确保加工精度

（张永洁）

9.3.3　刀柄拉钉应用禁忌

拉钉是连接刀柄和主轴的关键零件，承载主轴拉爪的所有拉力，将刀柄锥面牢牢地固定在主轴内孔中。拉钉的制造精度会影响刀柄在主轴中的定位精度。安装拉钉时要确保扭矩正确，最好能采用扭矩扳手安装拉钉，而不是用扳手和锤敲或其他不正确的方法。

一般都认为刀柄刚性好，不会变形，安装精度的误差主要是锥度的制造误差，实际上不正确的拉钉锁紧扭矩，也是影响刀具安装精度的重要原因之一。当加工出现问题时，一般情况下都会用标准棒检测主轴跳动精度，认为主轴精度没问题，那机床和加工就没问题，而往往忽略了对刀柄锥度的检测。不精确的锥柄会随时损坏机床主轴，如每天 1000 次换刀，锥角不准确的锥柄仅数周就能损坏主轴。设备的转速越高，刀具锥柄角度不正确，动平衡设计也会被破坏，高速切削时会产生严重振动。为此必须使用专用的扳手与适合的拧紧扭矩锁紧拉钉。拉钉锁紧后的变形区域如图 9-11 所示。刀柄拉钉应用禁忌具体见表 9-12。

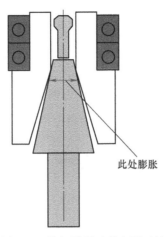

此处膨胀

图 9-11　拉钉锁紧后的变形区域

表 9-12　刀柄拉钉应用禁忌

	刀柄拉钉拧紧方式		说　　明
误	刀柄拉钉拧太紧，锥柄小端膨胀		拉钉锁紧力过大使得刀柄小端与主轴接触，造成机床主轴锥度损伤，加工效果不好 1）若安装的是铣刀会崩刃 2）若安装的是钻头会折断 3）若安装的是镗刀，会使加工孔偏小或是粗糙，引起振动等 安装扭矩过大造成刀柄变形的拉钉，用正常手段很难拆下来，日常维护中务必防止此类事件发生
正	使用专用扳手，按照刀柄、拉钉厂家推荐扭矩锁紧拉钉		正确使用扳手，正确使用维护保养工具和刀柄，可延长刀具使用寿命，降低加工成本

（华斌）

9.3.4　不加工时主轴维护装刀

　　目前市场上绝大部分镗铣设备主轴孔均为 7：24 锥孔（见图 9-12），锥度精度通常用锥角公差 AT 等级来衡量，AT 共分 12 个公差等级，分别为 AT1、AT2、……、AT12，其中 AT1 精度最高，随数值增大，精度等级依次降低，AT12 精度等级最低。ISO 标准规定机床主轴锥孔锥角公差等级≤AT2，负公差；刀柄锥柄锥角公差等级≤AT3，正公差。锥柄精度按 AT3 级精度控制，保证锥柄与主轴孔的接触率≥85%，以提高工具系统与主轴的连接接口刚性。连接部位的接触面积大小决定了传递扭矩的大小，7：24 锥柄靠锥柄与主轴间的摩擦力传递扭矩，只有当摩擦力小于扭矩时，端面键才起作用，这使得停机时若刀柄在主轴锥孔内，则主轴和刀柄还在受力（见图 9-13）；AT3 精度的刀柄可延长主轴的使用年限及改善刀具使用效果，使加工表面质量更好。通过刀柄和主轴大端磨损后增大接触面提高刚性，来体现精度优势。主轴装刀应用禁忌具体见表 9-13。

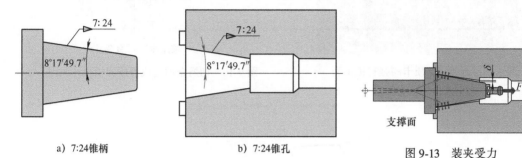

a) 7:24锥柄 　　　 b) 7:24锥孔

图 9-12　7：24 锥孔和锥柄

图 9-13　装夹受力

表 9-13　主轴装刀应用禁忌

	禁 忌 内 容	说　明
误	不加工时刀具安装在主轴内不取下，主轴和刀柄内外锥体长期拉紧配合	主轴长期受力膨胀使得安装刀柄时刀具刃部的跳动加大，刀柄在主轴内存在微量摆动，会加速主轴孔前段磨损，形成喇叭口，刀柄组装后实际为小端接触，引起刀具径、轴向定位误差，加工精度变差，刀具寿命缩短
正	不加工时刀具从主轴内取下保存	主轴在不加工时不装刀具，保证主轴部件卸荷，减少设备不必要的消耗和磨损，延长设备使用寿命并提高精度，从而减少设备维修

（华斌）

9.3.5　液压刀柄安装应用禁忌

如图 9-14 所示，液压刀柄与 ER 刀柄系统、侧固刀柄及强力刀柄有着不同的夹紧机制，液压刀柄是通过作用在包裹刀杆的弹性钢质刀体内部的液体压力将刀体压向刀具柄部来实现刀具夹紧。

液压刀柄安装刀具精度高，一般可以实现 4 倍径处的跳动精度在 ≤3μm 以下的高精度，凭借高精度的安装跳动，可提高表面加工质量及延长刀具寿命。液压刀柄安装也较简单，只要在正确装入刀具后，用一支 T 形扳手就可以轻松进行紧固和拆卸。

液压刀柄安装刀具的柄部公差必须是 h6 以内，不能用有缺口的圆柱刀杆或侧固型刀杆，否则液压刀柄的内圆部分会压入侧固刀柄的平面，使液压刀柄的内圆发生塑性变形，导致不能恢复圆柱形而报废。即使是这样的高精度刀柄，如果刀柄内附有油污、杂质，也会影响其刀具安装高精度的效果（见图 9-15、图 9-16）。液压刀柄内部清洁工具的使用方式如图 9-17 所

a) 液压刀柄结构

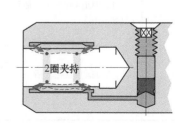

b) 液压刀柄的工作原理

图 9-14　液压刀柄

示。液压刀柄安装禁忌具体见表9-14。

图9-15 因残留杂质卡滞强行拔出而
损伤液压刀柄变径套

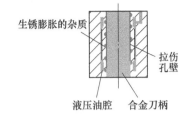

图9-16 切屑杂质造成液压刀柄损坏原理

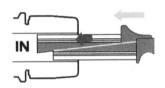

a）挤压手持柄部使得杆部滑动，直径缩小后方可插入刀柄内孔

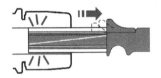

b）松开手持柄部使得杆部受弹簧力自动恢复至较大直径，
使清洁用清洁条与刀柄内孔壁均匀接触

c）旋转柄部，方可清理残留在刀柄内孔壁上的污物

图9-17 液压刀柄内部清洁工具的使用方式

表9-14 液压刀柄安装禁忌

	液压刀柄装刀方式		说　明
误	液压刀柄内有污垢、油污、杂质，安装刀具（见图9-16）		即使是很小的油污或杂质，锁紧后刀具也无法从刀柄中拔出，强行拔出可能造成刀柄孔壁拉伤，无法再安装刀具，需要维修后使用
正	清洁刀柄和变径套后安装刀具		用专用清洁工具清理刀柄和变径套内孔，保证刀具的可靠安装

（华斌）

9.4　工具系统应用禁忌

工具系统的正确选择和应用，往往决定了刀具的寿命、切削刚性、加工精度，对金属切削中产品质量、加工效率起到了决定性作用。

现代金属切削对工具系统应用要求如下。

1）具备较高的尺寸精度、定位精度、可靠性。

2）足够的刚性：数控加工常常处于一种强力切削状态，因此工具需具备足够高的刚性。

3）装卸调整方便的要求：换刀快捷安全。

4）加工状态的可适应性：能适应特殊的加工环境，例如深型腔加工。

5）满足高速切削：具备很好的动平衡性，转动惯量小。

6）便于冷却：在加工过程中充分冷却被加工区域、切削刀具，提高刀具寿命和产品加工精度。

7）标准化、通用化、系列化的要求：利于刀具装夹，简化机械手的结构设计，并能降低刀具制造成本，减少数量，便于数控编程和工具管理。

随着高速高精度高强度切削和数字化加工的应用，现代金属切削常用的工具系统有热胀刀柄、液压刀柄、弹簧夹头刀柄及强力夹持刀柄等。下面就这些刀柄应用的禁忌列举一二。

9.4.1　热胀刀柄安装应用禁忌

热胀刀柄采用了热胀冷缩原理，用加热装置使刀柄的夹持部分在短时间内加热，刀柄内径扩张，然后立即将刀具装入刀柄中。刀柄冷却收缩后，即可赋予刀具均匀的夹持力。由于刀具和刀柄间不存在任何机械夹持部件，因此可以解决高速加工中极为重要的动平衡、跳动精度及夹紧强度等问题。热胀刀柄原理如图 9-18 所示，热胀刀柄应用禁忌见表 9-15。

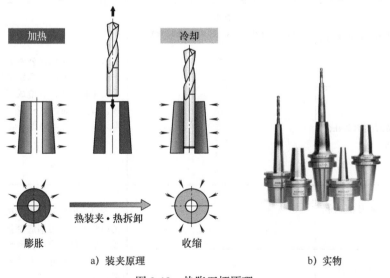

a）装夹原理　　　　　　　b）实物

图 9-18　热胀刀柄原理

表 9-15　热胀刀柄应用禁忌

热胀刀柄应用		说　明
误	装刀前未彻底清洁被夹持刀具柄部或刀柄内孔	热胀刀柄属于高精度刀柄，微小的粉尘、油渍、切屑等都会对刀具装夹后的精度产生巨大的影响，特别是产生配合的刀具柄部和刀柄内孔，导致跳动超差 同时，由于被夹持刀具的柄部和热胀刀柄内孔之间的微粉、油渍、切屑等在加热状态的不确定性，还会导致使用后刀具取出困难
正	彻底清洁刀具柄部或刀柄内孔后再装刀	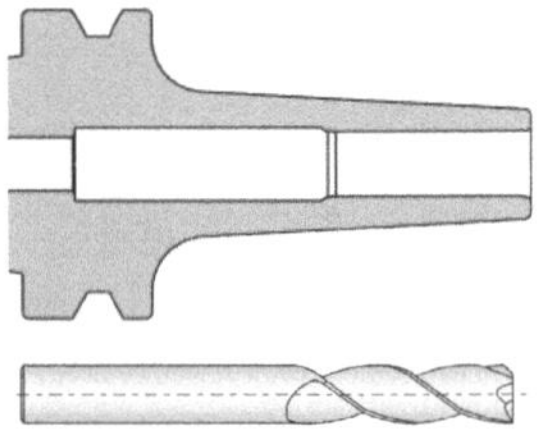
误	被夹持刀具柄部是不完整圆柱状，柄部为带侧固扁、2°侧固扁、通扁的圆柱柄刀具	热胀刀柄夹紧内孔会压入刀具柄部缺口部分，再次加热时取出刀具困难，可能会造成热胀刀柄内孔塑性变形，导致刀柄由于内孔变形或精度丧失而报废
正	被夹持刀具柄部是完整的圆柱状刀具	夹持柄部是完整圆柱时，刀柄内孔均匀收缩，夹持力稳定，可充分发挥其夹持精度
误	被夹持刀具柄部超出公差范围	直径<6mm 柄部公差为 h5，直径≥6mm 柄部公差为 h6。刀具柄部尺寸<公差下限，易发生掉刀事故，造成刀具损坏或工件报废。刀具柄部尺寸>公差上限易造成刀具装取刀困难，影响热胀刀柄使用寿命
正	被夹持刀具柄部在公差范围内	
误	刀具触碰刀柄内孔底部	在没有安装轴向调节螺钉的情况下，装刀时将刀具与刀柄底部接触，刀柄冷却收缩时的轻微变形，会影响夹持后的刀具跳动精度，从而降低刀具寿命，并引起不良品产生
正	刀具与刀柄内孔底部保持间隙	

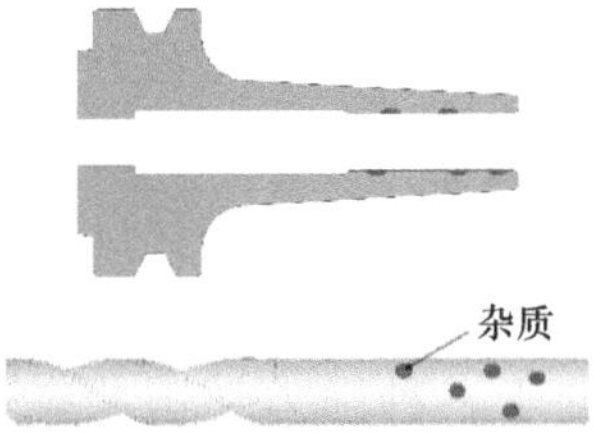

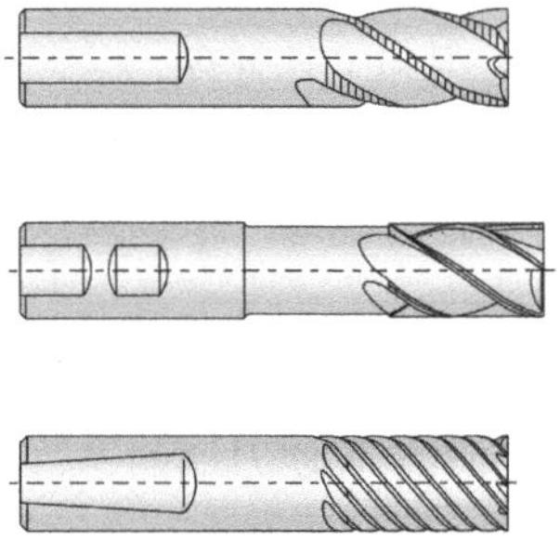

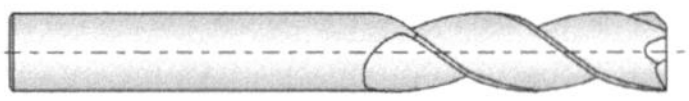

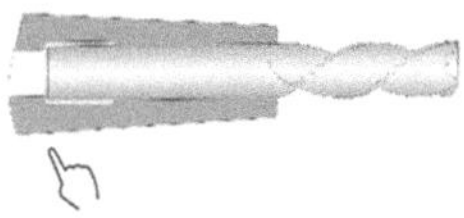

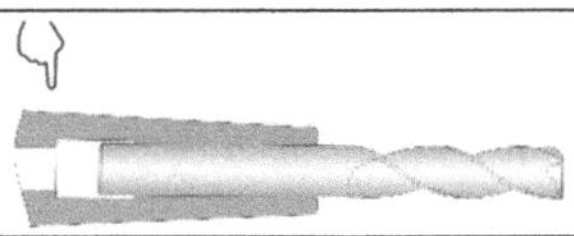

（硬质合金刀具：$\phi3mm \sim \phi5mm$: h5，$\phi6mm \sim \phi32mm$: h6）

（续）

热胀刀柄应用		说　明
误	刀具装夹长度未超过最短夹持长度	当刀具夹持长度未超过刀柄的最短夹持长度时，刀柄冷却时会在刀柄内孔处留下台阶，造成夹持内孔损坏，降低刀柄寿命
正	刀具装夹长度>最短夹持长度	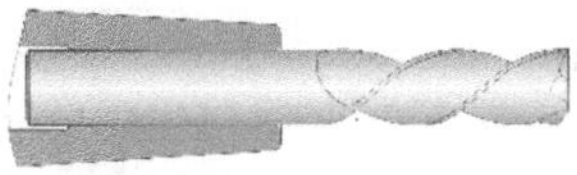
误	使用非内冷拉钉装/卸刀具时，拉钉不事先取下	由于刀具与刀柄的配合间隙非常小，热装刀具时，使用非内冷拉钉会在刀柄内部形成密闭的空间，密闭空间中的空气会阻碍刀具装入。当热卸刀具时，密闭空间内的空气加热膨胀，可能会造成刀具弹出，损坏刀具或烫伤操作者
正	使用带冷却孔拉钉，或者装刀时先装刀后装拉钉，卸刀时先卸拉钉后卸刀具	采用内冷拉钉、按照正确的方式装刀、卸刀，可以避免形成密闭空间，刀具装取顺利，无刀具弹出伤人的危险
误	刀具涂层部分装入刀柄内部	刀具涂层装入刀柄后，刀柄冷却时的压应力，会引起柄部涂层脱落，脱落的涂层容易损坏刀柄内孔，降低刀柄的使用寿命，同时会有取刀困难的风险
正	刀柄只装入未涂层的柄部	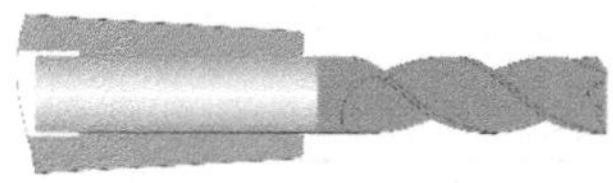
误	刀柄没有冷却，连续反复加热装刀或取刀	在装刀或取刀时，如果一次没有成功取刀，刀柄未冷却，连续加热会造成刀柄氧化严重，同时造成刀柄退火，硬度降低，严重影响刀柄的使用精度和寿命，甚至直接报废
正	如果第一次装刀/取刀时不成功，必须在刀柄完全冷却后，再进行第二次加热，完成装刀或取刀行为	
误	加工完成后，长期不用的刀具装在热胀刀柄上	刀具加工完成后，若刀具长期不使用，应将刀具取下，热胀刀柄做防锈保存，若长期一直夹持会降低刀具使用寿命
正	刀具不常用时取下刀具	

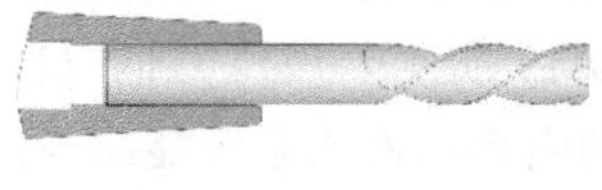

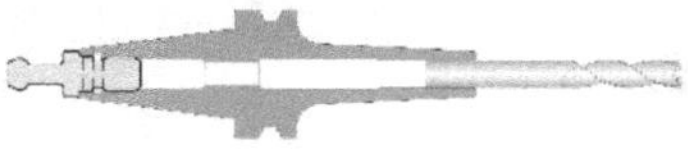

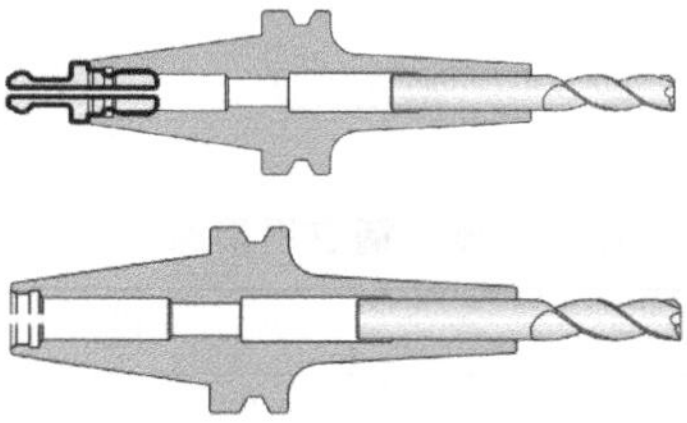

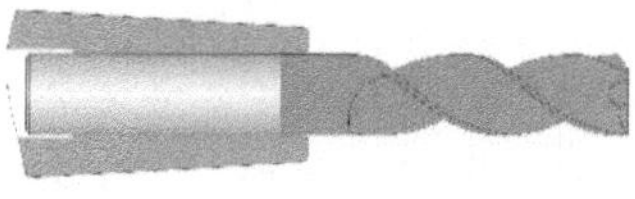

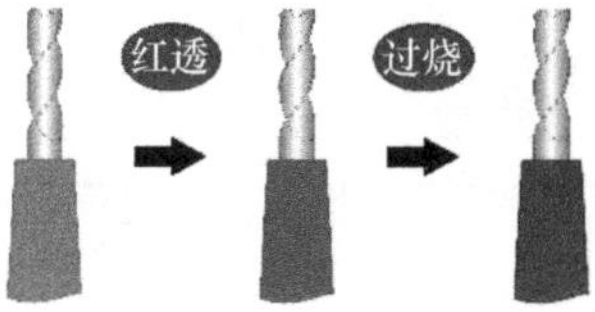

（王虹）

9.4.2 液压刀柄安装应用禁忌

液压刀柄采用静压原理，通过活塞对狭小油腔内的流体施加超高压强，使刀柄夹紧内壁发生弹性变形，从而夹紧刀具，如图 9-19 所示。液压刀柄仅使用一颗加压螺钉就能轻松实现夹紧放松过程，使用十分方便。刀柄内部的液压系统能减少由于机械夹紧系统的轻微振动而引起的刀具切削刃的微小破损，能显著改善刀具寿命和工件的表面质量。液压刀柄仅用于夹持圆柱柄刀具，其应用禁忌见表 9-16。

a) 内部结构　　　　　　　　　　　b) 实物

图 9-19　液压刀柄

表 9-16　液压刀柄应用禁忌

液压刀柄应用		说　明
误	装刀前未彻底清洁被夹持刀具柄部和刀柄内孔	液压刀柄夹紧时刀柄内壁与刀具间有很大的压力，极细微的残留物都可能导致刀柄内壁损坏，进而出现刀具取出困难、精度丧失、掉刀等风险 油污的存在会使液压刀柄的夹持力降低50%以上
正	清洁刀具柄部和刀柄内孔，使用有机溶剂去除被夹持刀具柄部和刀柄内孔油污	
误	直接夹持柄部不完整刀具	液压刀柄夹紧内孔会压入刀具柄部缺口部分，会导致取出刀具困难，甚至会造成内孔塑性变形刀具无法取出或精度丢失而报废

（续）

	热压刀柄应用	说　明	
正	夹持柄部完整的圆柱柄刀具或使用变径套夹持柄部不完整的刀具		变径套会在一定程度上对刀柄起到保护作用从而避免出现上述问题
误	夹持刀具柄部超出公差范围	硬质合金刀具 ($\phi3mm\sim\phi5mm$: h5, $\phi6mm\sim\phi32mm$: h6) 	直径<6mm 柄部公差为 h5, 直径≥6mm 柄部公差为 h6。刀具柄部尺寸<公差下限, 易发生掉刀事故, 造成刀具损坏或工件报废。刀具柄部尺寸>公差上限易造成刀具取刀困难, 影响刀柄使用寿命
正	夹持刀具柄部在公差范围内		
误	刀具触碰刀柄内孔底部		在没有安装轴向调节螺钉的情况下, 装刀时将刀具与刀柄底部接触, 刀柄夹紧时的轻微变形, 会影响夹持后的刀具精度, 从而降低刀具寿命, 引起加工不良品产生
正	刀具与刀柄内孔底部保持间隙		
误	刀具装夹长度未超过最短夹持长度		当刀具夹持长度未超过刀柄的最短夹持长度时, 刀柄夹紧时在刀柄内孔未夹持刀具的部分会发生严重变形甚至漏液, 对刀柄造成不可修复的损坏
正	刀具装夹长度大于最短夹持长度, 最短夹持长度一般在刀柄上有明显标识		

（续）

热压刀柄应用		说　明
误	刀具涂层部分装入刀柄内部	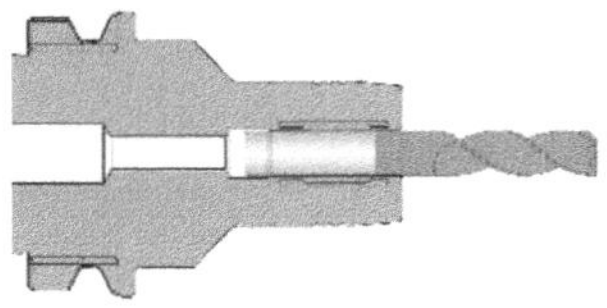 刀具涂层装入刀柄后，刀柄夹紧时的压应力，会引起柄部涂层脱落，脱落的涂层容易损坏刀柄内孔，降低刀柄的使用寿命
正	刀柄只装入未涂层的柄部	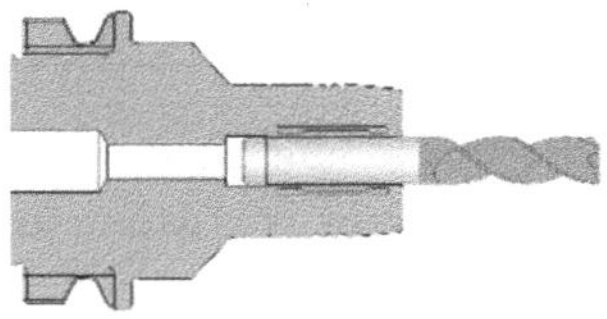
误	大余量或连续切削时未对刀柄进行持续冷却	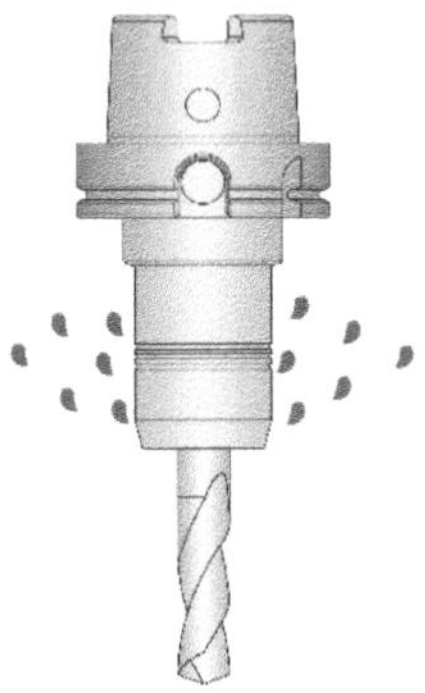 刀柄的最佳工作温度为 20～50℃，最高不超过 80℃，最低不低于 10℃ 过高的温度会导致液压刀柄内部压力超过设计的最大值，甚至导致刀柄开裂。过低的温度会导致液压刀柄内部压力不足，无法有效夹紧刀具
正	大余量或连续切削时采用充分的切削液或压缩空气连续、直接冷却液压刀柄夹持部位，避免使用过程中过热	
误	未插入刀具时拧紧加压螺钉	未插入刀具时拧紧加压螺钉，也就是空压，会造成刀柄内孔过度变形、漏液压等不可修复的严重损坏
正	正确地插入刀具后再拧紧加压螺钉，严禁空压	
误	加压螺钉拧紧扭矩过大时继续使用该刀柄	加压螺钉拧紧时牙面间会持续挤压摩擦，若没有充分的润滑或清洁会导致烂牙或螺钉损坏无法取出 尤其是在夹紧循环次数较多、工作温度较高、有磨蚀性污垢或切屑的情况下。为使加压螺钉得到最佳润滑，推荐使用含铜粉的二硫化钼润滑
正	清洁或重新润滑加压螺钉后，再使用该液压刀柄	
误	使用前未进行夹紧力测试，直接上机使用	液压刀柄长期未使用时内部液压系统可能需要重新润滑，导致内部液压油减少。同时加压螺钉加压时必定存在极微量的泄漏 以下三种情况下需要重新校核夹紧力：第一次使用时；使用超过 100 次以上；每三个月至少校核一次
正	使用前进行夹紧力测试，合格后再上机使用	

（王虹）

9.4.3　强力夹头刀柄安装应用禁忌

强力夹头刀柄（见图 9-20）是切削加工中常用的刀柄，其夹紧力比较大，夹紧精度较

好，用于铣刀、铰刀等直柄刀具的夹紧。强力夹头刀柄结构
原理是刀柄外锥面与锁紧螺母内锥面通过滚针配合，螺母旋
紧时迫使刀柄内孔收缩，从而夹紧刀杆。强力夹头刀柄依靠
摩擦力传递扭矩，防止刀具松动。夹持的刀具柄径公差为 h6，
可以通过更换不同的卡簧夹持不同柄径的铣刀、铰刀等。强
力夹头刀柄应用禁忌见表 9-17。

图 9-20　强力夹头刀柄

表 9-17　强力夹头刀柄应用禁忌

强力夹头刀柄应用		说　明
误	装刀前未彻底清洁被夹持刀具柄部或刀柄内孔	强力夹头刀柄配合精度较高，夹紧力较大，粉尘、油渍、切屑等都会影响刀具的装取和装夹的精度，在刀具柄部或刀柄内孔产生压痕，取刀时可能划伤刀柄内孔，影响使用寿命
正	彻底清洁被夹持刀具柄部或刀柄内孔后再装刀	
误	未在规定的扭力下进行装夹	强力夹头刀柄结构原理是刀柄外锥面与锁紧螺母内锥面通过滚针配合，螺母旋紧时迫使刀柄变形、内孔收缩，从而夹紧刀杆，太小的扭紧力会导致夹不紧，太大的扭紧力会导致刀柄损坏 不同的内孔直径对应不同的推荐扭矩，如内孔直径 20mm、25mm、32mm 和 42mm 分别推荐扭矩 75N·m、90N·m、120N·m 和 150N·m
正	在规定的扭力下进行装夹	
误	在无刀具的情况下拧紧螺母，不使用时，保持装夹状态，即空压	根据强力夹持刀柄的结构原理内孔无刀具拧紧或长时间保证装夹状态，容易使刀柄内孔发生塑性变形而失效
正	装入正确柄径的刀具后，拧紧螺母，不使用时，拆下刀具进行保养，并适度旋松螺母	
误	被夹持刀具的柄部是不完整圆柱状，柄部为带侧固扁、2°侧固扁、通扁的圆柱柄刀具	刀柄内孔变形收缩时，刀具柄部有扁，会影响装夹的精度并在刀柄内孔产生压痕，取刀时可能划伤刀柄内孔，影响使用寿命
正	装夹柄部为圆柱柄刀具	

（续）

强力夹头刀柄应用		说　明
误	强力刀柄用于高速加工	强力夹头刀柄头部结构包含螺母、滚针、保持架等配件，动平衡性能差，转动惯量大，同时螺母在高速旋转时的离心力可能使螺母膨胀，有掉刀的风险
正	强力刀柄仅用于低速强力加工	

（王虹）

9.4.4　侧固式刀柄安装应用禁忌

　　侧固式刀柄（见图 9-21）是使用螺钉从侧面压紧刀具，使刀具与刀柄连接牢固。侧固式刀柄专门用于夹持柄部满足 DIN1835 标准的刀具。侧固式刀柄装夹刀具方便，传递扭矩大，一般用于粗加工、半精加工、重切削加工，如铣削加工、钻孔加工等。随着国家标准对侧固式刀柄连接精度要求的提升，也可以用于铰刀夹持。侧固式刀柄应用禁忌见表 9-18。

图 9-21　侧固式刀柄

表 9-18　侧固式刀柄应用禁忌

侧固式刀柄应用		说　明
误	装刀前未彻底清洁被夹持刀具柄部或刀柄内孔	侧固式刀柄配合精度较高，粉尘、油渍、切屑等都会影响刀具的装取和装夹的精度，在刀具柄部或刀柄内孔产生压痕，取刀时可能划伤刀柄内孔，影响使用寿命
正	彻底清洁被夹持刀具柄部或刀柄内孔再装刀	
误	夹持圆柱柄刀具	使用侧固式刀柄夹紧钢制无扁圆柱柄时，可能在刀具柄部产生压痕，在取刀时可能划伤刀柄内孔，严重时会造成取刀困难，影响刀柄寿命
正	夹持带有侧固扁刀具或侧固通扁刀具	
误	装夹刀具时，刀具扁的部分与刀柄螺钉孔未对齐	使用侧固式刀柄装夹时刀柄螺钉压在圆柱面上，可能会出现夹持力不够，且刀具柄部有压伤的现象，导致刀具取不出来
正	装夹刀具时，刀具扁的部分与刀柄螺钉孔对齐	

（王虹）

9.4.5　面铣刀刀柄安装应用禁忌

如图 9-22 所示，面铣刀刀柄主要是用于夹持面铣刀或面铣刀接口镗刀。面铣刀刀柄应用禁忌见表 9-19。

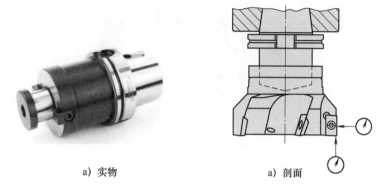

a) 实物　　　　　　　a) 剖面

图 9-22　面铣刀刀柄

表 9-19　面铣刀刀柄应用禁忌

	面铣刀刀柄应用		说　明
误	组装刀柄时，未保证每个部件组装牢固。刀盘和刀柄的结合面直径不一样		面铣刀刀柄在使用时为多部件组装使用，必须保证每个部件组装牢固，才能保证使用精度 刀盘和刀柄结合面直径不相等，锁紧时容易在结合面产生压痕，或被切屑等划伤，导致结合面精度丧失，影响面铣刀安装后的轴向圆跳动，甚至产生不可靠连接
正	组装刀柄时，必须保证每个部件牢固连接，结合面直径相等		
误	大直径镗刀与刀柄键槽相对位置不对，影响刀具自动换刀	螺钉 主体 螺钉 螺钉 接柄	大直径镗刀很多采用面铣刀接口，机床刀库中对刀具的位置和方向也有一定要求，如果刀柄键槽与镗刀键槽没有正确匹配，就会影响机床自动换刀，或导致刀具不能成功装入刀库
正	选择正确的镗刀与面铣刀刀柄		

（王虹）

9.4.6　弹簧夹头刀柄安装应用禁忌

ER 弹簧夹头刀柄由刀柄主体、插入夹头体内的卡簧和一个套在卡簧上可锁紧的螺母组成。当拧紧螺母时,卡簧变形收缩,夹紧刀具。ER 弹簧夹头刀柄装夹方便,多用于夹持轻、中型载荷切削的刀具。弹簧夹头刀柄如图 9-23 所示,弹簧夹头刀柄的刀具安装方法如图 9-24 所示,弹簧夹头刀柄的刀具拆卸方法如图 9-25 所示,弹簧夹头刀柄应用禁忌见表 9-20。

图 9-23   弹簧夹头刀柄

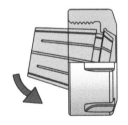 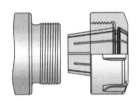 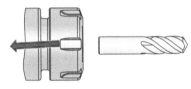

a) 将卡簧装入螺母   b) 将装好卡簧的ER螺母旋入刀柄   c) 确定好刀具伸出量,然后旋紧螺母

图 9-24   弹簧夹头刀柄的刀具安装

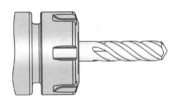 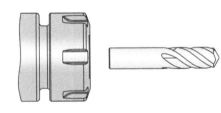

a) 扶住刀具,旋松螺母防止刀具掉入刀柄中   b) 当夹紧力减小后,先将刀具取出

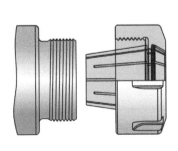 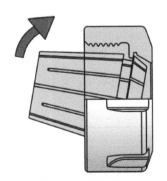

c) 拧下螺母   d) 沿箭头所示方向用力,取出卡簧

图 9-25   弹簧夹头刀柄的刀具拆卸

表 9-20　弹簧夹头刀柄应用禁忌

弹簧夹头刀柄应用		说　明
误	装刀前未彻底清洁螺母螺纹或刀柄头部螺纹	若锁紧螺纹处切屑等杂质未清理干净，装取刀具时容易引起螺母与刀柄卡死现象，甚至损坏连接的螺纹，导致刀柄报废
正	彻底清洁螺母螺纹和刀柄头部螺纹	
误	未在规定的扭力下进行装夹	弹簧夹头刀柄工作原理是夹头装入锁紧螺母内，将装有弹簧夹头的锁紧螺母轻轻拧在刀柄、接杆或者主轴上。依靠弹簧钢的弹性进行夹紧，太小的扭力会导致夹不紧，太大的扭力会导致刀柄损坏，不同条件下的推荐紧固扭矩详见表 9-21
正	在规定的扭力下进行装夹	
误	刀具装夹长度未超过最短夹持长度	当刀具夹持长度未超过刀柄的最短夹持长度时，刀具装夹时会在弹簧钢内孔处留下台阶，造成夹持内孔损坏，降低弹簧钢寿命
正	刀具装夹长度大于最短夹持长度	

表 9-21　ER 弹簧夹头刀柄螺母推荐紧固扭矩

螺母类型	ER 弹簧类型	弹簧夹持直径范围/mm	推荐扭矩/N·m	
			ER	ER-攻丝卡簧
ER（标准型） ER（内冷型）	ER11	1.0~2.9	8	8
		3.0~7.0	24	16
	ER16	1.0	8	
		1.5~3.5	20	
		4.0~4.5	40	40
		5.0~10.0	56	44
	ER20	1.0	16	
		1.5~6.5	32	32
		7.0~13.0	80	35
	ER25	1.0~3.5	24	
		4.0~4.5	56	56
		5.0~7.5	80	80
		8.0~17.0	104	104
	ER32	2.0~2.5	24	24
		3.0~22.0	136	136
	ER40	3.0~26.0	176	176

（续）

螺母类型	ER 弹簧类型	弹簧夹持直径范围/mm	推荐扭矩/N·m	
			ER	ER-攻丝卡簧
ER M（小径螺母） 	ER11M	1.0~2.9	8	8
		3.0~7.0	16	13
	ER16M	1.0	8	
		1.5~3.5	20	
		4.0~10.0	24	
	ER20M	1.0	16	
		1.5~13.0	28	28

（王虹）

9.4.7 莫氏圆锥孔刀柄安装应用禁忌

如图 9-26 所示，莫氏圆锥孔刀柄是通过莫氏锥度借助摩擦力来实现稳定连接的刀柄。这种连接形式在传统的金属切削行业非常普遍。但随着高速切削、整体硬质合金、超硬刀具的普及使用，该刀柄的使用已经大幅度减少。莫氏圆锥孔刀柄应用禁忌见表 9-22。

a) 有扁尾莫氏圆锥孔刀柄，用于夹持莫氏柄钻头　　　　b) 无扁尾莫氏圆锥孔刀柄，用于夹持莫氏柄铣刀

图 9-26　莫氏圆锥孔刀柄

表 9-22　莫氏圆锥孔刀柄应用禁忌

	莫氏圆锥孔刀柄应用	说　明	
误	装刀前未彻底清洁刀具柄部和刀柄内孔	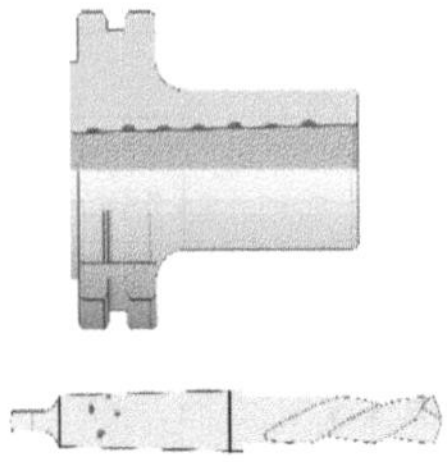 	莫氏圆锥孔刀柄连接刀柄和刀具，是靠锥面产生摩擦力自锁锁紧，所以有效配合面积的大小决定了是否能可靠自锁和可以传递扭矩的大小　装刀前彻底地将配合面清洗干净是保证有效配合面积的前提条件之一 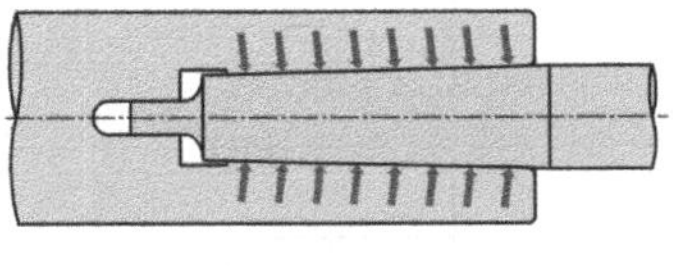
正	彻底清洁刀具柄部和刀柄内孔后再装刀	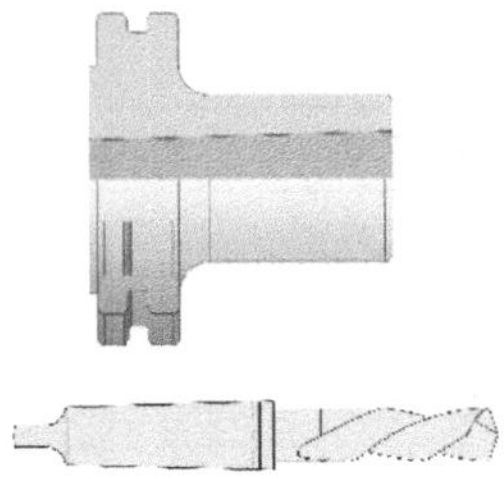 	配合精度较高，粉尘、油渍、切屑等都会影响刀具的装取和装夹的精度，在刀具柄部或刀柄内孔产生压痕，取刀时可能划伤刀柄内孔，影响使用寿命

（续）

	莫氏圆锥孔刀柄应用	说　明
误	不使用时，刀具保持装夹状态	由于莫氏圆锥孔刀柄是通过莫氏锥度借助摩擦力来实现稳定连接的刀柄，具有一定的自锁能力，若长久保持装夹状态，刀具会与刀柄锁死，导致拆卸困难；尤其是用来装夹铣刀的无扁尾莫氏圆锥孔刀柄，在加工过程中会产生冷焊现象，导致刀具无法取下
正	不使用时，拆下刀具进行保养	

9.4.8　整体式钻夹头刀柄安装应用禁忌

整体式钻夹头刀柄（见图 9-27）主要用于夹紧直柄钻头，其夹持范围广，使用方便，无须使用卡簧即可夹持多种不同柄径钻头。缺点是夹紧精度低，一般用于直柄高速钢钻头夹持，加工精度 IT9 级以下的孔。

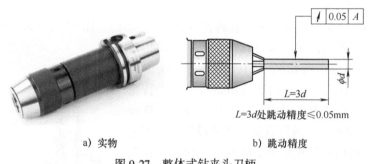

$L=3d$ 处跳动精度 $\leqslant 0.05\text{mm}$

a）实物　　　　　　　　b）跳动精度

图 9-27　整体式钻夹头刀柄

应用禁忌：不推荐用于夹持整体硬质合金钻头、铰刀等切削刀具。由于其夹持刚性和精度低，会降低刀具寿命，不适用于高速切削。

（王虹）

第10章

数控刀具编程禁忌

10

10.1　特殊材料工件用刀具编程

10.1.1　金属蜂窝超声铣削平面加工盘式刀具编程禁忌

1. 进退刀编程禁忌

在采用专用超声数控机床加工金属蜂窝零件时，平面、斜倒角面及曲面等特征的半精加工、精加工通常选择两体式盘式刀具；在使用刃式匕首刀对蜂窝待去除部分进行切断、切碎加工，形成锯齿状、块状分离等预加工后，也可再使用盘式刀具进行粗加工去量。两体式盘式刀具由刀杆、刀片组成，无打碎机构，如图 10-1 所示。在进行进退刀路径设计时，需考虑的因素包括材料切入位置是否足够开敞、切入路径及切入角等。在进退刀轨迹设计合理的情况下，刀具会很顺利切入、切出材料；反之，进退刀轨迹设计不合理时，可能会造成刀具与材料的过切或欠切、倾轧、挤压等，造成零件加工缺陷直至报废。金属蜂窝超声铣削平面加工盘式刀具进退刀编程禁忌具体见表 10-1。

图 10-1　两体式盘式刀具

表 10-1　金属蜂窝超声铣削平面加工盘式刀具进退刀编程禁忌

	进退刀编程		说　明
误	进刀位置、进刀方向及角度控制不合理 退刀方向及角度控制不合理		进刀时，刀具从材料上方直接进刀或未从材料外进刀；刀具进刀时未将刀具轨迹和刀轴协调，造成进刀时刀具后角面对材料产生倾压 退刀时，未沿刀具倾角前进方向反向退刀，造成刀具对材料产生拖拽

（续）

进退刀编程		说　明
正	进刀位置、进刀方向及角度控制合理　退刀方向及角度控制合理		进刀时合理选择进刀位置，尽量从材料外侧与进刀方向平行的方向进刀　从材料上方进刀时，应合理设定斜下刀、弧状下刀并控制刀轴变化与下刀轨迹同步变化　进刀处材料适合刀具行进　退刀时保持当前刀轴状态并沿进给方向反向退刀

2. 去量处理编程禁忌

金属蜂窝超声盘式刀具平面铣削去量加工是指粗加工、半精加工、精修整加工操作。粗加工及半精加工时应提前进行切断、切碎加工，并形成楔形、块状、条状材料分离状态；精加工时应提前沿着刀具轨迹走刀方向进行条状分离预处理，去量轨迹路线应尽量与分离断口线吻合。去量加工工艺参数合理的情况下，去量过程中去除材料很容易分离，加工过程顺畅；加工工艺参数不合理时，可能会造成刀具与材料的挤压、拖拽、缠绕等，造成零件加工缺陷甚至报废，具体见表 10-2。

表 10-2　金属蜂窝超声铣削平面加工盘式刀具去量处理编程禁忌

去量处理编程		说　明
误	去量加工前未进行充分的切断、切碎加工		刀具行进过程中刀具深埋入材料中，会造成刀具与材料的挤压、拖拽、缠绕等，造成零件加工缺陷甚至报废
正	去量加工前进行充分的切断、切碎加工		预切断、切碎断口位置与刀具去量行进方向符合性高，去量过程中去除材料很容易分离，加工过程顺畅

3. 刀轴角度编程禁忌

盘式刀具在超声铣削加工时，通过刀具在刀轴方向上高频振动减少刀盘和材料间的摩擦力，使切割顺畅。因金属蜂窝强度较大，在加工时，若刀盘底面与材料较长时间贴合加工，容易造成刀具与金属材料间的激振现象，对刀具、刀柄、主轴等部件产生不利影响。因此，对刀具编程刀轴角度有特定的要求，需定义沿刀具前进方向的前倾角和侧倾角，角度值根据刀具规格、粗精加工分情况设定，具体见表 10-3。

表 10-3　金属蜂窝超声铣削平面加工盘式刀具刀轴角度编程禁忌

刀轴角度编程			说　明
误	未定义前倾、侧倾角或角度值定义不合理	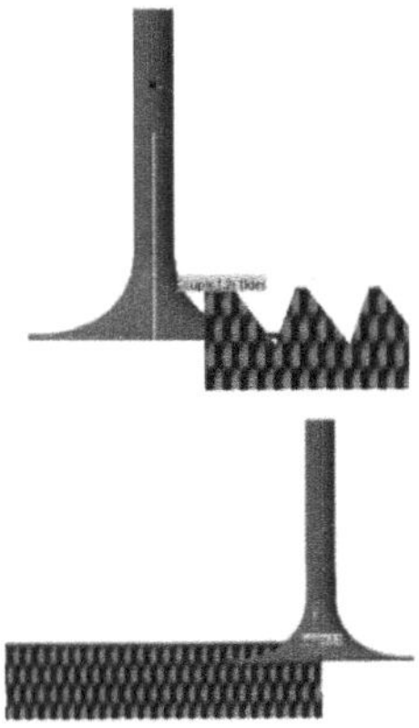	未定义前倾、侧倾角，造成刀具与金属材料间的激振，影响刀具、刀柄、主轴的寿命 定义前倾、侧倾角不合理，造成铣削力减小，残留高度增大，加工跨步减小，加工效率降低
正	去量加工前进行充分的切断、切碎加工 去量加工背吃刀量、切宽、前倾角、侧倾角及进给速度等编程设置合理	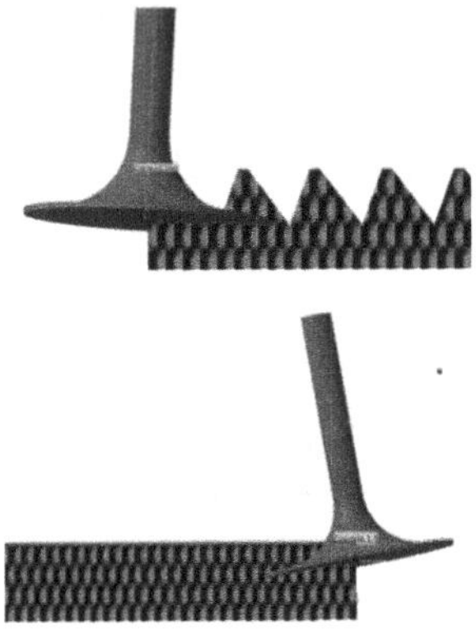	去量背吃刀量和去量切宽符合刀具或工艺推荐值，并且去量切宽不超过预加工的断口宽度 去量加工合理定义了前倾角、侧倾角 去量的进给速度值定义合理

4. 规格选择禁忌

平面加工时，刀具规格对加工效率有显著影响。对于开敞平面，适于选择大规格的盘式刀具；对于较大的腔体底面，适于选择大规格的盘式刀具，但应合理设计进刀轨迹，或者用小规格刀具在进刀区域进行必要的去量；对于狭窄槽腔，应尽量选择较小的刀具规格以便于进刀轨迹设计。盘式刀具规格选择禁忌具体见表 10-4。

表 10-4　金属蜂窝超声铣削平面加工盘式刀具规格选择禁忌

刀具规格选择			说　明
误	刀具规格选择不合理		未根据加工区域情况合理选择刀具规格，大平面选择小规格刀具或狭窄槽腔选择较大规格刀具

（续）

	刀具规格选择		说　明
正	刀具规格选择合理	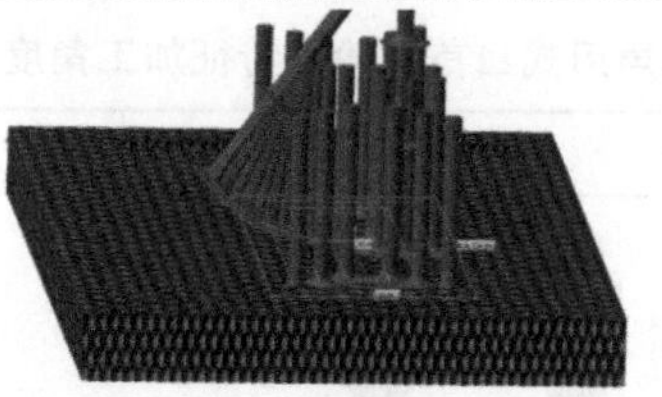	根据加工区域情况合理选择刀具规格，大平面选择较大规格刀具，狭窄槽腔选择较小规格刀具

5. 径向跨步选择禁忌

金属蜂窝超声铣削平面加工盘式刀具径向跨步值的选择受多种因素影响。首先，跨步值尽量不要超过刀具半径值，无论待去除材料被预先切割分离成什么形状，如果跨步值超过半径值，都会造成刀杆与材料的挤压；其次，面加工需要定义刀具行进的前倾角和侧倾角，因此，为保证残留高度符合要求，跨步值也应有相应的限制。以 $\phi50.8mm$ 刀具为例，通常粗加工时刀具接触弧度应 $<65°$，精加工时刀具的接触弧度应 $<45°$；相应粗加工时跨步值应 $<14.67mm$，精加工时跨步值应 $<7.44mm$。径向跨步选择禁忌具体见表 10-5。

表 10-5　径向跨步选择禁忌

	径向跨步选择		说　明
误	跨步值选择不合理		跨步值超出厂家推荐值范围时，会造成加工残留高度过高，刀具与材料间阻力加大，切割性能和质量降低 当跨步值超过刀具半径值时，会造成刀杆与材料的挤压，出现材料挤压变形、材料拖拽等
正	跨步值选择合理	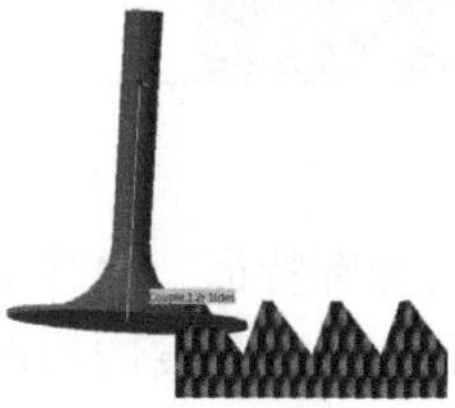	跨步值符合厂家推荐值范围要求，加工过程平稳，切割性能好，加工质量易于保证

（张永岩）

10.1.2　金属蜂窝超声刃式匕首刀轮廓特征加工编程禁忌

1. 加工角度处理编程禁忌

在专用超声数控机床上加工金属蜂窝零件时，对于垂直角度较大的侧向直纹轮廓，通常采用直刃式刀具（见图 10-2）切割加工。直刃刀具刀体扁平，有前切削刃和后切削刃，加工时不是通过刀具旋转对工件形成切削力，而是依靠切削刃口切割工件，切割过程中必须有刀具刃口的定向功能。为提高刃式刀具向前切割力，通常应控制刀轴在前进方向上

图 10-2　直刃式刀具

前倾30°，在轮廓内形转角处，应对刀具进行角度控制或行程控制，以避免前倾角造成的工件过切。角度处理编程禁忌具体见表10-6。

表10-6　金属蜂窝超声刃式匕首刀轮廓特征加工角度处理编程禁忌

角度处理编程			说　明
误	刃式刀具未在刀轴前进方向上设置前倾角 设置前倾角的情况下，在轮廓内形转角加工时未对刀具进行角度控制或行程控制	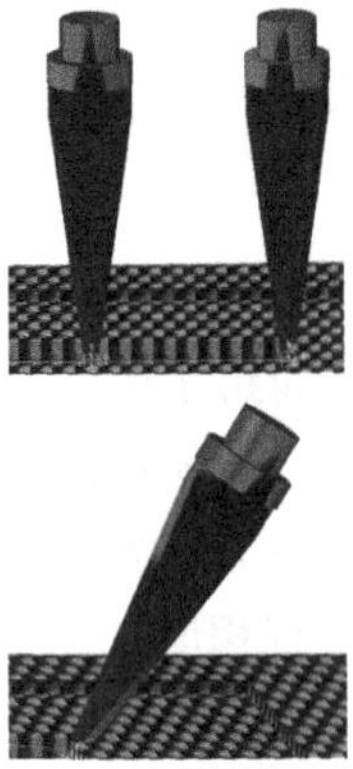	刃式刀具未在刀轴前进方向上设置前倾角，将造成切割效果不好，刀具切割阻力过大，容易产生材料的挤压和拖拽 在设置前倾角的情况下，在轮廓内形转角加工时未对刀具进行角度控制或行程控制，刀具在转角处切入工件内部，造成工件过切
正	刃式刀具在刀轴前进方向上设置前倾角 在轮廓内形转角加工时合理进行刀轴角度或行程控制	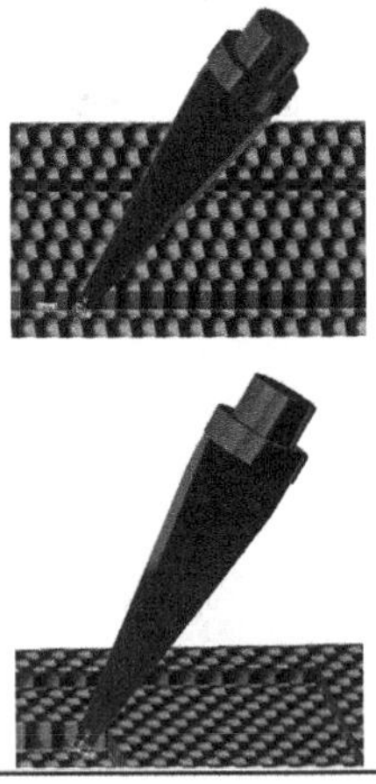	刃式刀具在刀轴前进方向上设置前倾角将显著提高刃式刀具的切割性能，材料更容易切断，通常刀轴与前进方向保持前倾30° 在轮廓内形转角加工时合理进行刀轴角度或行程控制，通过设置干涉检查面的方式避免过切，或者在临近拐弯处控制刀轴变化，在保证最大切割长度的情况下避免过切

2. 加工轨迹处理编程禁忌

使用超声刃式匕首刀加工金属蜂窝的轮廓特征，通常是指在蜂窝内部设计长方形、圆形的竖直槽腔；蜂窝外轮廓通常要设计成具有一定角度的斜面，最终精加工一般不宜采用刃式刀具。超声刃式匕首刀加工轮廓特征时应注意轮廓加工的光顺性、刃式刀具的刃口方向控制及轮廓尖角特征形状尺寸准确度等。加工轨迹处理编程禁忌具体见表10-7。

表10-7　金属蜂窝超声刃式匕首刀轮廓特征加工轨迹处理编程禁忌

加工轨迹处理编程			说　明
误	轮廓加工中切削刃出现非正常换向		轮廓加工中由于曲线特征识别、后处理等原因可能造成切削刃非正常换向，在换向位置发生对材料的划伤、撕裂等

（续）

加工轨迹处理编程		说　明
误	未对曲线轮廓进行样条化控制处理	 对于由线段连接而成的曲线轮廓加工，轮廓上形成凸起，轮廓不光顺
	轮廓中两条线间相交形成的较大角度处未做特殊处理	 外形开角处易产生挤压，内形内角处易产生过切或材料撕裂
正	轮廓加工中切削刃正常换向	 不会在换向位置发生对材料的划伤、撕裂等
	对常规的曲线轮廓进行样条化控制处理	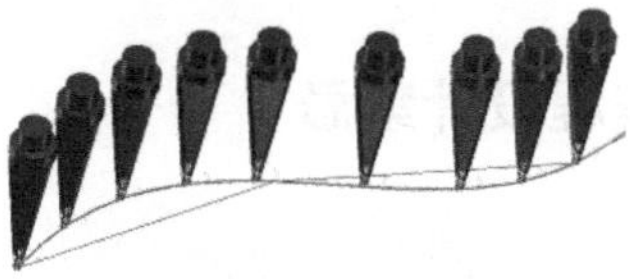 使用样条曲线控制功能进行样条化控制，使轮廓加工结果光顺
	轮廓中两条线间相交形成的较大角度处进行刀轴角度或行程控制	  分别设计进刀、退刀路径，避免在拐角处出现加工问题

（张永岩）

10.1.3　金属蜂窝超声铣削曲面加工盘式刀具刀轴角度处理禁忌

金属蜂窝的曲面特征通常是指非平面的加工特征，包括单曲面、双曲面特征。采用盘式刀具加工曲面特征时，由于刀盘具有一定的直径宽度，如刀轴角度控制不当，在刀具前刃面、后刃面与材料的凸面、凹面上会发生挤压，因此在轨迹设计时应根据选用刀具的直径及曲面曲率大小，沿着刀具前进方向合理设定前倾角和侧倾角。具体禁忌见表 10-8。

表 10-8　金属蜂窝超声铣削曲面加工盘式刀具刀轴角度处理禁忌

刀轴角度处理			说　明
误	未设置刀具前倾角或前倾角值选择不当		对于凸面加工，刀具前刃面与前进方向上的材料间形成一定的残留，刀具继续前进时前刃面会与残留材料间发生挤压，形成的材料残留造成曲面尺寸加工结果欠切 对于凹面加工，刀具后刃面与已加工形成的曲面之间发生挤压，造成曲面的挤压塌陷和可能的摩擦过烧
正	刀具前倾角值定义合理		根据选用的刀具直径及曲面曲率大小，沿着刀具前进方向合理设定前倾角和侧倾角，避免刀具前刃面、后刃面与材料间的干涉、挤压等问题

（张永岩）

10.1.4　复合材料层压板加工编程设计禁忌

1. 切边切削速度选择禁忌

复合材料层压板切边铣削加工时，应根据刀具材料和类型合理选择切削速度。复合材料切边时使用较低的切削速度，不利于散热，严重时会造成工件树脂软化或烧焦；使用较高的转速或进给切削加工，切削力大，会出现啃刀现象，刀具磨损快；进给过低，刀具与材料摩擦过热，刀具磨损快，容易出现过烧。切削速度选择禁忌具体见表 10-9。

表 10-9　复合材料层压板加工切边切削速度选择禁忌

切削速度选择		说　明
误	复合材料切边时切削速度参数不合理，进给量过大或过小	复合材料切边时使用较低的进给速度，不利于散热，严重时会造成工件树脂软化或烧焦 使用较高的进给速度，切削力大，切削不充分，会出现啃刀、毛边等现象，刀具磨损快，加工后表面质量差
正	合理选择切削速度	对于碳纤维复合材料层压板，选用涂层金刚石刀具切边时，推荐进给速度<4500mm/min，切削速度控制在 360~1500m/min 对于玻璃纤维复合材料层压板，选用涂层金刚石刀具切边时，推荐进给速度在 1500~4500mm/min 选用，切削速度控制在 360~1500m/min 对于玻璃纤维复合材料层压板，选用硬质合金刀具切边时，推荐进给速度在 1500~4500mm/min 选用，切削速度控制在 360~1500m/min

（张永岩）

2. 切边进退刀轨迹设计禁忌

复合材料层压板切边铣削加工时，应根据工艺要求合理设计切边切入和切出轨迹。切入、切出轨迹是否合理，对于零件边界加工质量、加工效率及刀具磨损都有一定影响。由于复合材料的特性，当从零件轮廓线上轴向切入切出时，极易造成零件轮廓边缘的轴向分层、毛刺及潜在裂纹等问题。另外，由于复合材料刀具切削时磨损非常快，因此在切入切出轨迹设计时，应使轨迹路径尽量短，减小对刀具的无用磨损。进退刀轨迹设计禁忌见表 10-10。

表 10-10　复合材料层压板切边进退刀轨迹设计禁忌

进退刀轨迹设计		说　明
误	切入切出轨迹设计不合理	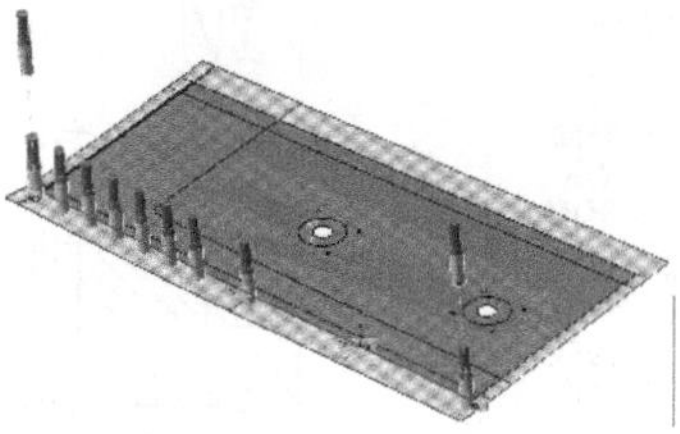 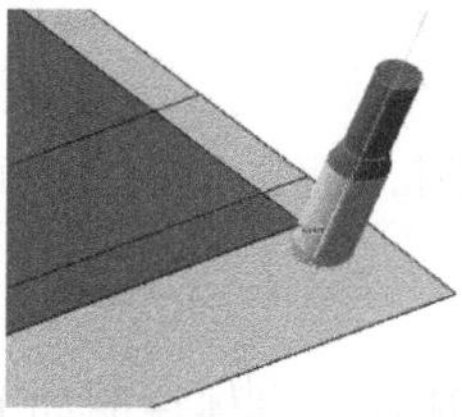 从零件边界上轴向切入切出，特别是切入动作，极易造成零件轮廓边缘的轴向分层、毛刺及潜在裂纹等 无论切入、切出，若切割轨迹过长，都会造成刀具的无用切割，造成刀具额外磨损
正	切入切出轨迹设计合理	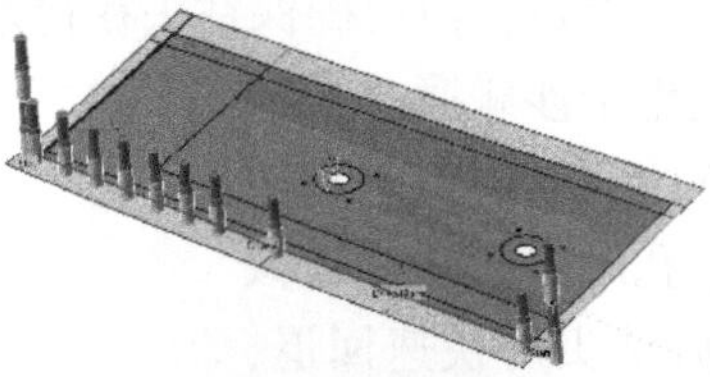  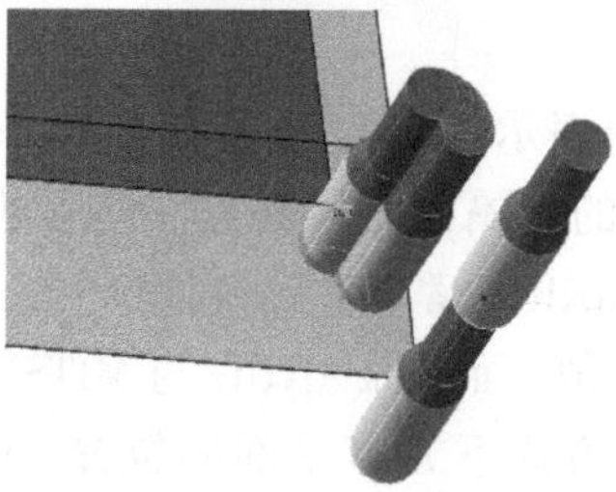 避免沿边缘轴向进刀，确保切入点在成形零件轮廓边界外 为便于切入，切入点最好在成形零件毛边之外。切入方式可采用直线进刀、圆弧进刀等方式；对于切出轨迹，也应避免在轮廓边界上抬刀 无论是切入或切出，都应使轨迹路径尽量短，减小对刀具的无用磨损

（张永岩）

10.2 特殊形状工件、特殊工艺用刀具编程禁忌

10.2.1 数控钻孔中 4 个位置平面的编程禁忌

在数控钻孔时，根据钻头运动位置可分为 4 个平面（见图 10-3）：初始平面、R 点平面、工件平面和孔底平面。用户在熟知钻削指令格式及参数的前提下，合理设置这 4 个平面，既能提高钻孔效率，又能改善切屑形式，还可缩短编程步数。

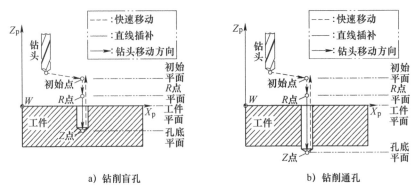

a) 钻削盲孔　　　　　　　　b) 钻削通孔

图 10-3　数控钻孔编程涉及的 4 个平面

1. 4 个位置平面涉及禁忌说明

（1）初始平面内移动的钻头不应干涉碰撞　具体说明如下。

1）初始平面设定。初始平面是为安全点定位及安全下刀而规定的一个平面，又称退回平面。该平面到工件平面的间隔可任意设定，但要确保钻头在初始平面内的任意点定位移动时不会与工装夹具、工件和机床等发生干涉碰撞。

2）初始平面编程技巧。在 FANUC 与 MITSUBISHI 系统中，使用同一把刀具加工若干个孔时，为避让被减材孔间的钻头移动障碍及钻削结束后钻头可快速回退，用户宜采用 G98 指令，使钻头快速返回至初始平面。有时，为缩短钻孔辅助时间，钻削中途宜用 G99 指令，使刀具快速返回至 R 点平面，如图 10-4 所示。

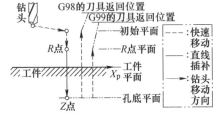

图 10-4　编程指令 G98/G99
与钻头返回位置的关系

（2）R 点平面内钻头移动务必考虑工件外形　具体说明如下。

1）R 点平面设定。R 点平面用于表示钻头自快速移动状态转为切削进给的转折位置，又称 R 参考平面。该平面至工件平面的间隔，应依据工件外形进行设定，一般取 $2 \sim 5\text{mm}$。

2）R 点平面编程技巧。在 SINUMERIK 系统的钻削循环中，设定 R 点平面高度的参数值 SDIS 为相对于工件平面的无符号数值。而在 FANUC 与 MITSUBISHI 系统中，尺寸字 R 给定 G90 绝对坐标方式或 G91 增量坐标方式下 R 点平面的位置，G90 时 R 数值为 R 点平面基于工件平面（$Z0.0$）的绝对坐标值且多为正值，G91 时 R 数值为初始平面至 R 点平面沿钻孔轴方向的矢量距离且多为负值。G90/G91 方式下钻头的移动坐标如图 10-5 所示。

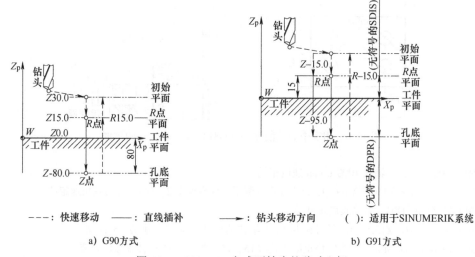

---：快速移动　———：直线插补　———▶：钻头移动方向　（ ）：适用于SINUMERIK系统

a）G90方式　　　　　　　　　　　　　b）G91方式

图 10-5　G90/G91 方式下钻头的移动坐标

（3）工件平面取决于钻孔轴的对刀操作　具体说明如下。

1）工件平面设定。工件平面是钻孔轴进行对刀操作后所建立的一个平面，它位于孔底平面与 R 点平面之间，又称基准面。

2）工件平面编程技巧。在 SINUMERIK 系统的钻削循环中，设定工件平面（初始平面）高度的参数值 RFP（RTP）采用 G90 的绝对坐标值。

（4）孔底平面决定孔的最终钻削深度　具体说明如下。

1）孔底平面设定。孔底平面用于表示被减材孔的最底端位置，其到工件平面间的距离即为目标孔的最终钻深。一般情况下，最终钻深不同于钻头切削进给总距离，前者为孔深与钻尖高度之和，后者为孔深、钻尖高度与 R 点高度之和；仅有 R 点平面重合于工件平面时，最终钻深在数值上等于钻头切削进给总距离。

2）孔底平面编程技巧。在 SINUMERIK 系统的钻削循环中，设定孔底平面高度的参数值既可为 G90 的绝对坐标值 DP，也可为相对于工件平面的无符号数值 DPR。而在 FANUC 与 MITSUBISHI 系统中，G17 平面内尺寸字 Z（G18 为 Y，G19 为 X）给定钻尖沿钻孔轴方向到位的最终位置，G90 为孔底平面基于工件平面（Z0.0）的绝对坐标值，G91 为 R 点平面至孔底平面沿钻孔轴方向的矢量距离。

2. 编程参考案例

在尺寸为 70mm×50mm×25mm 的钢件上，使用带内冷却孔的 ϕ10mm 整体式硬质合金钻头钻削 4 个 ϕ10mm、孔深 15mm 的盲孔，孔表面粗糙度值 Ra = 3.2μm。

采用 FANUC 0iMF 系统定中心钻削循环 G81 指令进行目标孔加工（见图 10-6），钻孔编程如下。

O8100（T03-4＊10-G81）；程序名称，小括号内容为程序说明以区别于其他程序

N010 G80 G40 G49；注销固定循环、刀具半径补偿和长度补偿

N020 G91 G30 Z0 M05；Z 轴向上返回第 2 参考点 M2（换刀点）并使机床主轴停转

N030 G91 G30 X0 Y0；X、Y、Z 轴均返回换刀参考点以准备换刀

N040 T03 M06；在圆盘式刀库中就近调用 03 号刀具（钻头 ϕ10mm）

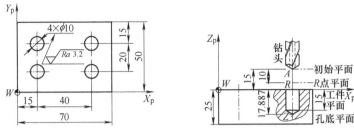

图 10-6　用定中心钻削循环（G81）加工多个孔的示例

N050 S1000 M03；主轴以 1000 r/min 速度正转

N060 G90 G55 G00 X150.0 Y100.0；G90 方式下调用工件坐标系 2，使 03 号刀具快速定位

N070 G43 Z100. H03；刀具长度正补偿

N080 G00 X0. Y0. Z15.0；03 号刀具沿 X、Y 轴快速移动至 W 点正上方 15mm 处

N090 X15.0 Y15.0 M08；钻头定位至第 1 孔（15，15）处，M08 开启液态切削液

N100 G99 G81 Z-17.887 R5.0 F200；200mm/min 钻第 1 孔至 Z 点，返回 R 点平面（工件平面上方 5mm）

N110 X55.0；定位至（55，15）处钻削第 2 孔，然后返回 R 点平面

N120 Y35.0；定位至（55，35）处钻削第 3 孔，然后返回 R 点平面

N130 X15.0；定位至（15，35）处钻削第 4 孔，然后返回 R 点平面

N140 G00 Z50.0 M09；向上抬刀至 Z50mm 处并注消 G81 循环，关闭液态切削液

N150 G91 G30 Z0 M05；Z 轴向上回第 2 参考点 M2（CNC 参数#1241 确定的换刀点），主轴停

N160 M30；程序结束并返回程序头

（刘胜勇）

10.2.2　钻削倾斜面时的编程禁忌

在倾斜面上钻削，切削刃上会产生不均和过大的力，在进出口处进行间断切削，稳定性差，其横刃周围无支撑，增加振动概率，会使钻削轮廓变形，比普通钻削更易增加刀具磨损。

钻削复杂面时的编程方案具体见表 10-11。

表 10-11　钻削复杂面时的编程方案

钻削表面情况	解 决 方 案	
钻削表面倾角不超过 10°	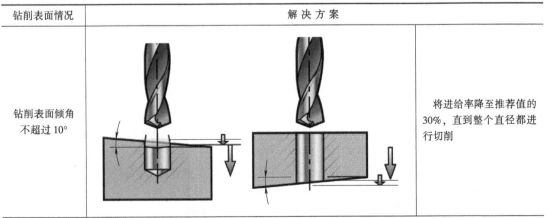	将进给率降至推荐值的 30%，直到整个直径都进行切削

（续）

钻削表面情况	解决方案	
钻削表面倾角超过 10°	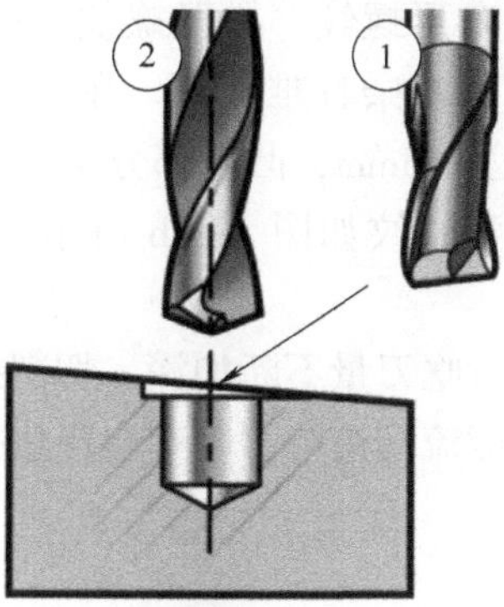	铣削一个小平面，然后钻孔
钻削表面高低不平	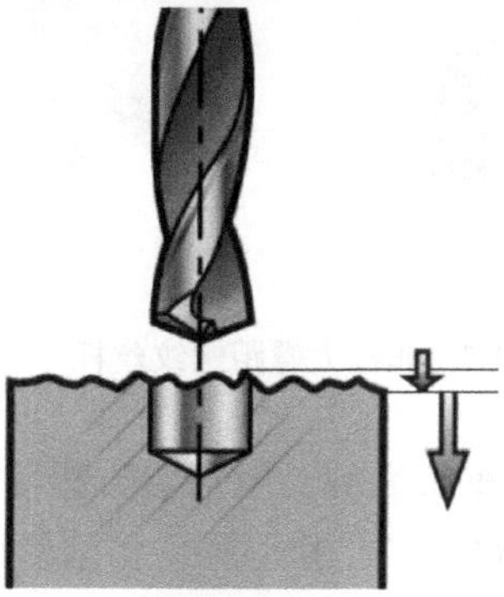	在进入表面或退出孔时可能损坏钻头，特别是小直径钻头，可能会出现弯曲，从而导致未对准、孔位置偏离甚至刀具断裂，将进给率降至 25%，直到整个直径都进行切削，降低崩刃风险
钻削表面为凸面	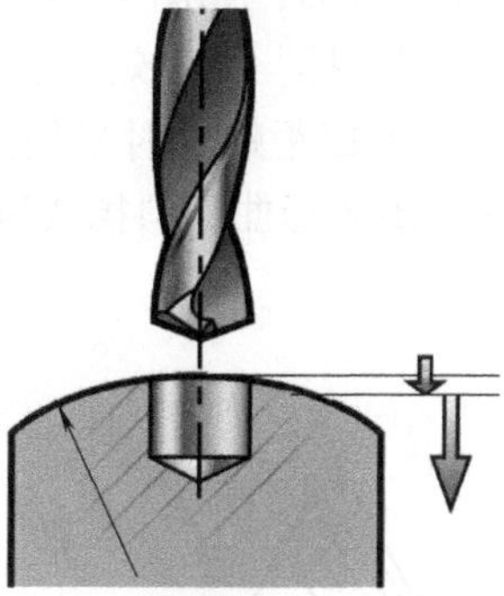	若凸面半径大于 4 倍的钻头直径并且孔垂直于半径，可以钻削　推荐进给率为 50% ~ 100%，直到整个直径都进行切削
钻削表面为凹面	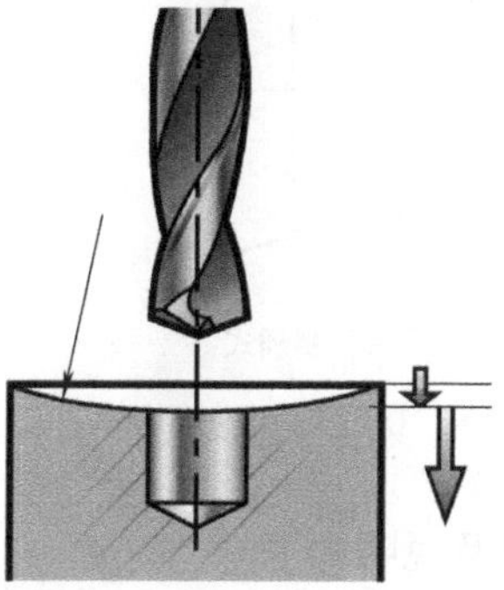	若凹面半径大于 15 倍的钻头直径并且孔垂直于凹面半径，可以钻削　将进给率降至推荐值的 30%，直到整个直径都进行切削

（周巍）

10. 2. 3　加工大螺距螺纹的编程禁忌

常用螺纹按其牙型不同可分为三角形螺纹、梯形螺纹、锯齿形螺纹及矩形螺纹等，其中，在数控车床上加工大螺距螺纹相对复杂且难度大。在数控车床中加工非标大螺距丝杆（见图 10-7a）所示，牙型矩形，外径为 45mm，凸起部分 4mm，凹下部分 8mm，深 5.5mm，螺距 12mm，总长 150mm。大螺距异型螺纹如图 10-7b 所示，牙型分别由长轴 9mm、短轴 7mm 椭圆曲面构成，螺距 10mm。

工作中，加工大螺距螺纹时随着背吃刀量不断加深，切削接触面积也随之增大，切削力也就越大，加工也越困难，使加工不能流畅进行。轻则会产生振动，增加刀具的磨损；重则出现扎刀、崩刀、断刀，损坏工件。

a）非标大螺距丝杆　　　　　　　　　　　　b）大螺距异型螺纹

图 10-7　非标大螺距螺纹丝杆

以 FANUC 0iMATE-TD 系统数控车床为例，用来加工螺纹的基本指令有 G32（单行程螺纹切削指令）、G92（螺纹切削循环指令）、G76（螺纹切削复合循环指令）3 种。G92 为直进式进刀，如图 10-8a 所示；G76 为斜插式进刀，如图 10-8b 所示；G32 为沿异形曲面斜插式进刀，如图 10-8c 所示。由于进刀方式不一样，加工效果也不一样，因此在加工螺距较小螺纹时宜使用 G92 指令进行编程，车削较大螺距螺纹时易使用 G76 指令编程。若将用户宏程序功能和 G32 指令结合使用，就能实现沿异形曲面斜插式进刀。

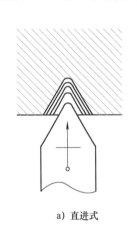 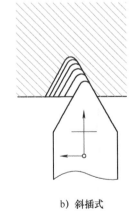 

a）直进式　　　　　　　　　b）斜插式　　　　　　　c）沿异形曲面斜插式

图 10-8　螺纹切削进刀方式

1) G32 单行程螺纹切削指令程序及说明如下。

G32 X（U）_____ Z（W）_____ F_____。其中 X、Z 表示螺纹终点绝对坐标值；U、W 表示螺纹终点相对螺纹起点坐标增量值；F 表示螺纹导程（螺距）。

2）G92 螺纹切削循环指令程序及说明如下。

G92X（U）＿＿＿＿　Z（W）＿＿＿＿　R＿＿＿＿　F＿＿＿＿。其中 X、Z 表示螺纹终点坐标值；U、W 表示螺纹终点相对螺纹循环起点坐标增量值；R 表示锥螺纹始点与终点在 X 轴方向的坐标增量（半径值），圆柱螺纹切削循环时，R 等于零，可省略；F 表示螺纹导程（螺距）。

3）G76 螺纹切削复合循环指令程序及说明如下。

G76P（m）（r）（α）Q（Δdmin）R（d）；G76 X（U）＿＿＿＿　Z（W）＿＿＿＿　R（i）P（k）Q（Δd）F（f）。

指令中第一项：m 表示精加工次数，为模态量，从 01～99 之间任取，应视螺距大小而定，3mm 螺距则 m＝03，也就是精加工 3 次；r 表示螺纹尾部的倒角量，为模态量，从 01～99 之间任取，两位数表示，以取 0.1 的整倍数为宜，一般螺纹可省略，取 00；α 表示刀尖角，常用的有 60°、55°、30°、29°、0°，为模态量；Δdmin 为最小背吃刀量，半径值编程，为模态量，单位：微米（μm），最小背吃刀量不宜太小，通过减少螺纹走刀次数，可以避免刀具磨损；d 表示精加工余量，半径值编程，为模态量，单位：微米（μm）。

指令中第二项：X（U）、Z（W）表示螺纹终点绝对坐标值（增量坐标值）；i 表示螺纹锥度值，螺纹部分的半径差，用半径编程；k 表示螺纹高度，用半径编程，单位：微米（μm）；Δd 表示第一次车削深度，用半径编程，单位：微米（μm）；f 表示螺纹导程。

螺纹加工禁忌见表 10-12。

表 10-12　螺纹加工禁忌

问　　题	原因及解决办法
螺纹深度大	车削大螺距螺纹时，应优先考虑切削力和加工工艺系统刚性，应避免螺纹刀刀尖及两侧切削刃同时参加切削 当每次进刀只作径向进给时，螺纹深度会增加，切削力会变大，直接影响加工刚性
扎刀现象	当使用 G32 单行程螺纹切削指令和 G92 螺纹切削指令编程加工切削螺距较大的螺纹时，应避免切削力比较大的直进式进刀，因背吃刀量较大，排屑困难，两切削刃易磨损，会导致螺纹轮廓产生误差，出现扎刀现象
大螺距异型螺纹难加工	当利用宏程序对相关变量赋值，结合 G32 指令，可加工出所需大螺距异型螺纹，通用性、灵活性非常强 通过实际加工生产，以上方法有效解决了大螺距异型螺纹难于加工的问题，除保证了加工后大螺距异型螺纹质量符合图样要求外，还大幅减轻了操作人员的劳动强度

（常文卫、邹毅）

10.3　其他刀具编程禁忌

10.3.1　进退刀编程禁忌

数控编程在数控加工中起到非常重要的作用，现在数控编程主要有自动编程和手动编程两种，自动编程主要由编程软件根据加工图样来生成程序，准确度较高；而手动编程是根据图形坐标点来人工输入，易出现错误。其中，进退刀编程最易出现问题，禁忌详见表 10-13。

表 10-13 进退刀编程禁忌

程序进退刀方式		说 明
误	进刀时起刀点不正确 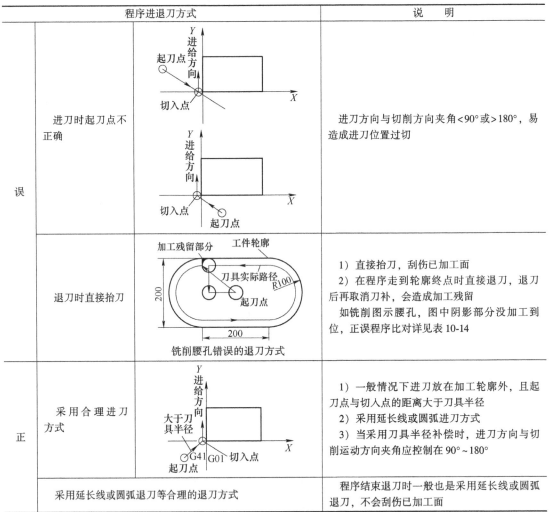	进刀方向与切削方向夹角<90°或>180°，易造成进刀位置过切
	退刀时直接抬刀 铣削腰孔错误的退刀方式	1）直接抬刀，刮伤已加工面 2）在程序走到轮廓终点时直接退刀，退刀后再取消刀补，会造成加工残留 如铣削图示腰孔，图中阴影部分没加工到位，正误程序比对详见表 10-14
正	采用合理进刀方式	1）一般情况下进刀放在加工轮廓外，且起刀点与切入点的距离大于刀具半径 2）采用延长线或圆弧进刀方式 3）当采用刀具半径补偿时，进刀方向与切削运动方向夹角应控制在 90°～180°
	采用延长线或圆弧退刀等合理的退刀方式	程序结束退刀时一般也是采用延长线或圆弧退刀，不会刮伤已加工面

表 10-14 铣削腰孔两种退刀方式程序

正 确 程 序	错 误 程 序
G90 G54 G80 G40 G49 G0 Z500	G90 G54 G80 G40 G49 G0 Z500
G0 X0 Y0 M03 S1200	G0 X0 Y0 M03 S1200
G0 Z5 M07	G0 Z5 M07
G1 Z-10 F500	G1 Z-10 F500
G41 G01 X-100 Y100 D01	G41 G01 X-100 Y100 D01
G03 Y-100 R100	G03 Y-100 R100
G1 X100	G1 X100
G3 Y100 R100	G3 Y100 R100
G1 X-100	G1 X-100
G40 G01 X0 Y0	Y0
G0 Z500 M09	G40 G01 X0 Y0
M05	G0 Z500 M09
M30	M05
	M30

(岳众祥)

10.3.2 螺纹铣刀铣削方式的编程禁忌

螺纹结构广泛应用于机械加工装配中不同部件的连接，因此，在很多产品中都会出现螺纹结构，螺纹加工在机械加工中也是随处可见。为了保证零件加工质量，一般直径≥0.25in（1in=25.4mm）的英制螺纹，或者直径>6mm的公制螺纹都会选择使用螺纹铣刀铣削加工。使用螺纹铣削加工有很多好处，可以使用刀补进行重复铣削以保证螺纹质量，尤其是可以保证螺纹中径尺寸，避免返工。在有些设计中，螺纹底孔深度尺寸和螺纹有效深度尺寸很接近，可以使用引导很小的铣刀达到加工目的。

为达到螺纹铣削的加工目的，保证螺纹铣削后尺寸合格，加工过程稳定，刀具寿命较长，要特别注意螺纹铣削方式。科学的铣削方式会带来很多好处，首要的就是满足图样要求，保证螺纹塞规通端可以通过，螺纹塞规止端无法通过。螺纹铣削方式的禁忌见表10-15。

表 10-15 螺纹铣削方式的禁忌

	铣 削 方 式		说 明
误	从孔口往孔底铣削		从孔口加工至孔底，只利用了铣刀最前端的切削刃进行切削，不能稳定保证加工质量 末扣收尾退刀时，会在末扣留下卷曲切屑，此切屑连接在螺纹上，不易去除，存在潜在隐患
正	从孔底往孔口铣削		正确螺纹铣削加工方式如左图示，使用此铣削方式加工，可以保证螺纹铣刀的所有切削刃都在参与切削，减少了每个切削刃的加工量，使得最终精加工切削刃切削量少，能保证螺纹的加工状态比较稳定

（刘壮壮）

10.3.3 不同悬长刀具切削参数应用禁忌

短刀具不能加工深孔，长刀具能加工短孔，但这是机械加工中不推荐的方式。不同悬长的刀具会有价格差异；不同长度的刀具安装长度也不一样；不同悬长的刀具干涉位置不一样，刀具加工参数也会有很大差异。如 ϕ32mm 整体式钢制镗杆，在 1600N 平均切削力作用下，在伸出 4 倍径时刀尖会偏移 1mm；在伸出 10 倍径时，刀尖会偏移 1.6mm；而在伸出 12 倍径时，刀尖会偏移 2.7mm。

以镗刀切削碳素钢内孔为例加以说明（加工其他材料时要适当调整）。

1）在 BT40 主轴上 ϕ19mm 镗刀杆，有效长度为 80mm 时，最高线速度可达 140m/min；伸出长度达到 100mm 时，线速度只能设置 100m/min；而伸出长度达 110mm 时，最高线速度只能用 40m/min，伸出再长就不能正常加工。

2）在 BT40 主轴上 ϕ39mm 镗刀杆，有效长度为 120mm 时，最高线速度可达 220m/min；伸出长度达到 200mm 时，线速度只能设置 100m/min；而伸出长度 220mm 时，最高线速度只能用 50m/min，伸出再长就不能正常加工。

3）在 BT50 主轴上，外径为 50mm 的镗刀杆，有效长度是 180mm 时，最高线速度可达到 230m/min；伸出长度达到 260mm 时，线速度只能设置 160m/min；伸出长度达到 300mm 时，线速度只能设置 30m/min，伸出再长就不能正常加工。

4）在 BT50 主轴上，外径为 90mm 的镗刀杆，有效长度是 260mm 时，最高线速度可达到 240m/min；伸出长度达到 400mm 时，线速度只能设置 180m/min；伸出长度达到 600mm 时，线速度只能设置 45m/min，伸出再长就不能正常加工。

不同悬长刀具参数应用禁忌见表 10-16。

表 10-16 不同悬长刀具切削参数应用禁忌

不同悬长刀具切削参数	说 明

$$挠度\ \delta = \frac{Fl^3}{3EI}, \quad 刚性 = \frac{F}{\delta} = \frac{3EI}{l^3} = \frac{3\pi Ed^4}{64l^3}$$

式中　E——材料的弹性模量；

　　　　I——二次断面力矩 $I = \frac{\pi d^4}{64}$

误	长悬深刀具加工干涉距离少的工件		长悬深刀具加工时若未优先考虑刚性和干涉问题，切削参数不合适，则可能引起加工中表面质量不良、尺寸不稳定、内孔有锥型、刀具损耗快等问题 需增强刀杆刚性（短、粗、强），减小切削抗力（转速、进给、切削量） 尽量减少刀具悬深，并以毫米精度计算长度 一般长刀具加工参数比正常长度的刀具低很多，在无合适长度刀具选用的情况下，可以选择长刀具加工 现场调试可首先降低转速，然后降低每转进给参数，寻找最合适加工参数
正	长悬深刀具加工干涉距离长的工件		针对长刀具制定相应的切削参数，尽量减少刀具悬深，并以毫米精度计算长度，获得良好的加工质量和加工效率 可以观察加工的振动、声音、切屑形状及表面质量等信息，对参数进行调整 必要时采用抗振刀具，可以采用较高的加工参数
	短悬深刀具加工干涉距离短的工件		根据工件长度尽量选择最短的刀具，提高刚性，尽量采用高参数，降低综合成本

（华斌）

10.3.4　多种硬质合金铣刀切削路径编程禁忌

如图 10-9 所示，立铣刀主切削刃分布在铣刀刀体的柱体侧面上，副切削刃分布在铣刀端面上。立铣刀端面刃存在两种形式：一种是副切削刃并未到达回转中心位置，会在端面中心形成没有切削刃的中心孔；另一种是取消中心孔结构，确保至少一条端面刃延伸至中心。对于端铣刀，通常为镶片结构，镶片分布在端面外沿，在端面会形成较大的无刃中心部位。因此，这类带有中心孔的铣刀在铣削时一般不能沿着铣刀轴向作进给运动铣削材料，而是通过在材料外侧沿着刀具径向作进给运动切入工件或通过大角度斜下刀、螺旋下刀等方式切入工件，避免中心孔位置与被加工材料挤压。多种硬质合金铣刀切削路径编程禁忌见表 10-17。

a）整体立铣刀　　　　　　b）方肩铣刀　　　　c）盘铣刀

图 10-9　立铣刀

表 10-17　多种硬质合金铣刀切削路径编程禁忌

	切 削 路 径		说　　明
误	带中心孔的立铣刀、端铣刀直接沿着刀轴方向切入材料		此种方式会在中心处形成未切削掉的材料残余，当刀具沿着轴向向下运动时，会造成刀体与材料间的挤压，对刀具、材料、机床都会造成严重影响
正	合理设计进刀路径		充分利用立铣刀侧刃切削及部分端面副切削刃，合理设计加工轨迹中的进刀路径 　通常应选择从材料开阔处、材料外侧径向进刀 　必须从材料内进刀的，应选择大角度斜下刀、螺旋下刀等方式切入工件，避免中心孔位置与被加工材料挤压，甚至刀具被顶死 　对于不利于下刀的加工位置，应选择没有中心孔的刀具或用钻头提前预钻下刀位置

（张永岩）

10.3.5　坐标设定分中棒的选择及应用禁忌

坐标设定分中棒也称寻边器，是用于精确设定工件中心位置的一种检测工具。图 10-10a 为最常用的机械式寻边器，也称旋转式分中棒，使用转速为 400～600r/min；图 10-10b 为三次元探测器万向寻边器，也称靠表式分中棒，其优势在于可以从任意方向接近工件，在测量过程中，指针始终向一个方向偏摆，并始终显示机床主轴中心与工件边之间的距离，当指针指示为零时表示机床主轴轴线与工作边重合，其最小分辨率为 0.001mm。坐标设定分中棒的选择及应用禁忌见表 10-18。

a）旋转式　　　　　　　　　　　　b）靠表式

图 10-10　寻边器

表 10-18　坐标设定分中棒的选择及应用禁忌

对中形式			说　明
误	对中偏移		1）旋转式分中棒必须安装在带有夹套的夹头上，开起转动靠近工件时必须以 0.01mm 手动进给，一定要观察第一时间上下圆柱在离心力作用下的偏移，否则就会造成加工中心点误差 2）靠表式分中棒，表盘中间有指针，范围为 ±2mm，最中间的 "0" 就是对中的正中，如果不在 "0" 位就会发生严重的质量事故
正	对中合理		1）旋转式分中棒在对中时以 0.01mm 进给，看到上下两个圆柱产生偏移说明对中已经成功，但最关键的还是 5mm 的借中心，往往此处出错，因为圆柱半径为 5mm，所以要借至圆柱中心必须减去 5mm 2）靠表式分中棒对中操作简单，虽圆球直径为 4mm，但在对中的过程中，表面中间的 "0" 已经把圆球半径 2mm 借好，所以出错的可能性降低

（张永洁）

10.3.6　避免主轴连续大负载加工走刀轨迹禁忌

对缸体缸盖生产线来说，粗加工去除的余量较大，同时为保证加工节拍，尽管余量较大，编程时也尽量考虑一次切完，尽量避免分两次切削同一部位。这两个因素就导致了加工中心的主轴负载较高。主轴长期高负载工作容易损坏，随之而来的就是生产线停线，产能损失及维修成本的上升。图 10-11 为某型号缸盖上加工余量较大的部位，每个缸盖上有 8 处采用 PCD 立铣刀进行加工。避免主轴连续大负载加工走刀轨迹禁忌见表 10-19。

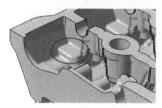

a) 加工前　　　　　　　　　　b) 加工后

图 10-11　缸盖上加工余量较大的部位

表 10-19　避免主轴连续大负载加工走刀轨迹禁忌

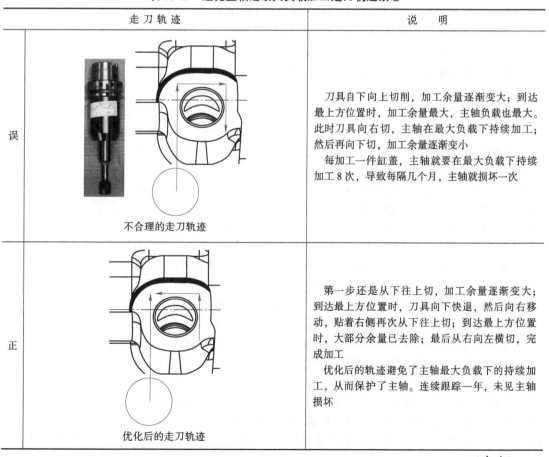

走刀轨迹	说　明
误 不合理的走刀轨迹	刀具自下向上切削，加工余量逐渐变大；到达最上方位置时，加工余量最大，主轴负载也最大。此时刀具向右切，主轴在最大负载下持续加工；然后再向下切，加工余量逐渐变小 　　每加工一件缸盖，主轴就要在最大负载下持续加工 8 次，导致每隔几个月，主轴就损坏一次
正 优化后的走刀轨迹	第一步还是从下往上切，加工余量逐渐变大；到达最上方位置时，刀具向下快退，然后向右移动，贴着右侧再次从下往上切；到达最上方位置时，大部分余量已去除；最后从右向左横切，完成加工 　　优化后的轨迹避免了主轴最大负载下的持续加工，从而保护了主轴。连续跟踪一年，未见主轴损坏

（朱海）

参 考 文 献

[1] 全国产品几何技术规范标准化技术委员会. GB/T 1031—2009 产品几何技术规范（GPS）表面结构 轮廓法 表面粗糙度参数及其数值 [S]. 北京：中国标准出版社，2009.

[2] 李洪. 机械加工工艺手册 [M]. 北京：北京出版社，1990：622.

[3] 刘胜勇. 实用数控加工手册 [M]. 北京：机械工业出版社，2015.

[4] 杨树子. 机械加工工艺师手册 [M]. 北京：机械工业出版社，2002.

[5] 孟少农. 机械加工工艺手册 [M]. 北京：机械工业出版社，1996：8-129.

[6] 刘建亭. 机械制造基础 [M]. 北京：机械工业出版社，2001.

[7] 陈宏钧. 实用机械加工工艺手册 [M]. 北京：机械工业出版社，2009.

[8] 武友德，张跃平. 金属切削加工与刀具 [M]. 北京：机械工业出版社，2016.

[9] 陈宏钧. 实用金属切削手册 [M]. 北京：机械工业出版社，2008.

[10] 蒲艳敏，李晓红，闫兵. 金属切削刀具选用与刃磨 [M]. 北京：化学工业出版社，2016.

[11] 陆剑中，孙家宁. 金属切削原理与刀具 [M]. 北京：机械工业出版社，1985.

[12] 陆剑中，孙家宁. 金属切削原理与刀具 [M]. 2 版. 北京：机械工业出版社，1990：226.

[13] 陆剑中，孙家宁. 金属切削原理与刀具 [M]. 5 版. 北京：机械工业出版社，2011.

[14] 王世清. 深孔加工技术 [M]. 西安：西北工业大学出版社，2003.

[15] 李伯民，赵波. 现代磨削技术 [M]. 北京：机械工业出版社，2003.

[16] 陈海涛. 塑料板材与加工 [M]. 北京：化学工业出版社，2013.

[17] 程志红. 机械设计 [M]. 南京：东南大学出版社，2006.

[18] 陈爱平. 螺纹加工 [M]. 北京：机械工业出版社，2018.

[19] 李占杰，王志刚. 现代切削刀具与工量仪应用技术 [M]. 北京：机械工业出版社，2016.

[20] 齐津. 镗工实用手册 [M]. 杭州：浙江科学技术出版社，1996.

[21] 程通模. 滚压和挤压光整加工 [M]. 北京：机械工业出版社，1989.

[22] 王爱玲. 数控机床加工工艺 [M]. 北京：机械工业出版社，2006.

[23] 延波. 加工中心的数控编程与操作技术 [M]. 北京：机械工业出版社，2001.

[24] 徐宏海，谢富春. 数控铣床 [M]. 北京：化学工业出版社，2003.

[25] 周泽华. 金属切削原理 [M]. 上海：上海科学技术出版社，1984.

[26] 程金学，王长期. 金属切削原理与刀具 [M]. 北京：机械工业出版社，1994.

[27] 韩荣第，于启勋. 难加工材料切削加工 [M]. 北京：机械工业出版社，1996.

[28] 陆海舟. 数控铣削加工宏程序及应用 [M]. 北京：机械工业出版社，2010.

[29] 徐宏海. 数控机床刀具及其应用 [M]. 北京：化学工业出版社，2005.

[30] 袁哲俊，刘华明. 孔加工刀具、铣刀、数控机床用工具系统 [M]. 北京：机械工业出版社，2009.

[31] 沈志雄. 金属切削原理与数控机床刀具 [M]. 上海：复旦大学出版社，2012.

[32] 技工学校机械类通用教材编审委员会. 车工工艺学 [M]. 北京：机械工业出版社，2006.

[33] 徐平田. 机床加工操作禁忌实例 [M]. 北京：中国劳动和社会保障出版社，2003.

[34] 胡瑢华. 公差配合与测量 [M]. 北京：清华大学出版社，2005：69-77.

[35] 薛源顺. 机床夹具设计 [M]. 北京：机械工业出版社，1995.

[36] 技能士の友编辑部. 操作工具常识及使用方法 [M]. 徐之梦，翁翎，译. 北京：机械工业出版社，2009.

[37] 王先逵. 机械加工工艺手册 磨削加工 [M]. 3 版. 北京：机械工业出版社，2008：5-85.

[38] 金属加工杂志社，哈尔滨理工大学. 数控刀具选用指南 [M]. 北京：机械工业出版社，2014：304-309.

[39] 韩鸿鸾，丛培兰，王常义，等. 数控铣工/加工中心操作工（中级）[M]. 北京：机械工业出版社，2006：41-43.

[40] 袁黎，张能武，薛国祥，等. 机械加工实用技术手册 [M]. 南京：江苏科学技术出版社，2008：695-705.

[41] 劳动和社会保障部中国就业培训技术指导中心. 加工中心操作工（基础知识 中级）[M]. 北京：中国劳动社会保障出版社，2001：123-124.

[42] 桂志红. 车工从技工到技师一本通 [M]. 北京：机械工业出版社，2016.

[43] 晏丙午. 高级车工工艺与技能训练 [M]. 北京：中国劳动社会保障出版社，2006.

[44] 张恩生，夏德荣，章明炽，等. 车工实用技术手册 [M]. 南京：江苏科学技术出版社，1999：236-265.

[45] 晏丙午，万荣年，彭茂龙，等. 车工国家职业技能培训与鉴定教程 高级、技师、高级技师/国家职业资格三级、二级、一级 [M]. 北京：电子工业出版社，2012.

[46] 黄未来. 车工工艺学 [M]. 北京：中国劳动出版社，1991.

[47] 何贵显. FANUC 0i 数控车床编程技巧与实例 [M]. 北京：机械工业出版社，2017.

[48] 胡友树，来涛. 数控车床编程、操作及实训 [M]. 合肥：合肥工业大学出版社，2005.

[49] 徐国庆，徐飞跃，等. 发动机凸轮轴盖加工效率提升分析 [J]. 制造技术与机床，2012（7）：62-68.

[50] 徐国庆，徐飞跃，等. 一种发动机油底壳加工工艺探讨 [J]. 制造技术与机床，2012（10）：107-111.

[51] 徐国庆，吴志聪. 装配式一次性黄金刀粒返磨 [J]. 机械与模具，2008（3）：97-98.

[52] 陆海钰. 金刚石刀具磨损机理的探讨 [J]. 机械制造，2003（1）：43-44.

[53] 龙震海，王西彬，蒋放. 镁合金高速切削条件下表面粗糙度影响因素分析 [J]. 航空制造技术，2005（4）：104-107.

[54] 刘胜勇. MES 环境下刀具数据的采集与处理 [J]. 金属加工（冷加工），2020（3）：2-5.

[55] 刘胜勇. 在线刀具组装器助力减材制造 [J]. 金属加工（冷加工），2019（S2）：167-171.

[56] 张洪立，许奔荣. 铝基复合材料攻丝试验研究 [J]. 航天制造技术，2002（4）：26-29.

[57] 张洪立，许奔荣. 铝基复合材料低频振动攻丝技术试验研究 [J]. 宇航材料工艺，2002（1）：54-58.

[58] 王世斌，欧雪峰. 加工不同材料时车削刀具选择注意事项 [J]. 科技传播，2016：98，119.

[59] 华斌. 断丝锥的原因分析、改善及后期处理方式对比 [J]. 世界制造技术与装备市场，2019（4）：66-68.

[60] 华斌. 设备与零件系统对断丝锥问题的影响及各类攻丝刀柄的应用 [J]. 世界制造技术与装备市场，2020（4）：83-86.

[61] 王明海，李世永，郑耀辉. 超声铣削钛合金材料表面粗糙度研究 [J]. 农业机械学报，2014，45（6）：341-346，340.

[62] 刘萌. 整体硬质合金刀具磨削工艺改进 [J]. 现代经济信息，2015（16）：339.

[63] 罗文宣，薛俊峰，薄海青，等. 整体硬质合金刀具磨削裂纹的原因分析及其工艺改进 [J]. 工具技术，2006（6）：37-40.

[64] 李晓文. 油基和水基磨削液的对比和选用 [J]. 机械管理开发，2011（4）：103-104.

[65] 程敏. 硬质合金材料 PA30 和 YG8 超高速磨削工艺研究 [D]. 长沙：湖南大学，2011.

[66] 刘文英. 磨削加工中磨削液的选择 [J]. 工业技术创新，2016，3（6）：1120-1123.

[67] 刘志强. PCD 刀具的金刚石砂轮机械刃磨工艺 [J]. 工具技术，2006（9）：62-64.

[68] 赵延军，钱灌文，刘权威，等. 砂轮刚性对磨削性能及产品加工质量的影响 [J]. 金刚石与磨料磨具工程，2017，37（1）：56-60.

[69] 易康乐，胡建敏. 轧辊表面螺旋纹的影响因素及控制措施 [J]. 江西冶金，2018，38（6）：27-30.

[70] 仵杰. 影响轧辊磨削质量因素分析 [J]. 现代工业经济和信息化，2018（15）：123-125.

[71] 王恩睿，周素强，咎章国，等. 高表面质量带钢轧辊磨削工艺研究 [J]. 南方金属，2014（5）：1-4，14.

[72] 郝燕萍. 外圆磨削工件表面螺旋纹的控制 [J]. 机械管理开发，2004（3）：29-30.

[73] 吴燕翔. 模具平面铣削刀具的选择方法 [J]. 模具制造，2008（7）：73-74.

[74] 杜庆祝，许锋，韩京霖. 硬质合金工件精磨表面粗糙度及平面度的试验研究 [J]. 工具技术，2010，44（5）：27-29.

[75] 全国产品几何技术规范标准化技术委员会. GB/T 131—2006 产品几何技术规范（GPS）技术产品文件中表面结构的表示法 [S]. 北京：中国标准出版社，2006.

[76] 唐玲艳. SiCp/Al 复合材料铣削加工表面质量及刀具磨损研究 [D]. 湘潭：湖南科技大学，2017.

[77] 住友电工硬质合金贸易有限公司. 孔加工专业培训 [Z]. 2012.

[78] 大昭和精机株式会社. BIG 讲座–镗孔加工 [Z]. 2008.

[79] 成都千木数控刀具有限公司. 数控镗铣刀类工具系统 [Z]. 2012.

[80] 山特维克可乐满. 金属切削技术指南 [Z]. 2009.

[81] 大昭和精机株式会社. 综合样本 [Z]. 2012.

[82] 圣戈班磨料磨具中国. 圣戈班陶瓷砂轮综合 砂轮爆裂调查分析和安全使用规则 [Z]. 2010.

[83] 上海玛帕贸易有限公司. MAPAL 精密刀具样本型录 [Z]. 2001.

[84] 瓦尔特. 综合样本 [Z]. 2012.

[85] 山高刀具. 刀具失效实际应用模型 [Z]. 2014.

[86] 山高刀具. 样本与技术指南 [Z]. 2020.

[87] 三菱刀具. 切削工具综合样本 [Z]. 2018.

[88] 邹毅. 整体轮加工效率和程序的优化 [J]. 金属加工（冷加工），2016（3）：53-56.

[89] 周琪，刘悦卿. 惯性技术与智能导航学术研讨会论文集：铝基复合材料高精度小螺孔攻丝技术研究 [C]. 中国惯性技术学会，2019：176-179.

[90] 山特维克可乐满. 综合样本 Rotate Tool [Z]. 2020.

[91] 圣戈班诺顿. 砂轮爆裂调查分析和安全使用规则 [Z]. 2010.

[92] 瑞格费克斯. 综合样本 [Z]. 2008.

[93] 刘汉良，等. 碳纤维与芳纶纤维复合材料机械加工刀具选用 [J]. 宇航材料工艺，2013（4）：95-98.

[94] 中华人民共和国工业和信息化部. 树脂基复合材料制件机械加工工艺：HB/Z 409—2013 [S]. 北京：中国航空综合技术研究所，2013：6-7.

[95] 山特维克可乐满. 金属切削技术指南 [Z]. 2010.

[96] 埃莫克法兰肯. 螺纹加工技术刀具装夹技术 [Z]. 2016：818.

[97] 张永洁. 加长刀柄用接套：201721838916. X [P]. 2017-12-25.

可靠且可持续发展的加工

生产率高，
单个零件成本低

专属刀具方案，
助力"电动"未来

电动交通工具正以超乎所有人想象的速度迅猛发展。混合动力和电动汽车的巨大发展为汽车行业抛出了挑战：必须开发和制造新类型零部件。

铝材质凭借出色的比强度在汽车业得到了广泛应用。然而，其加工挑战大。

山特维克可乐满正是因此来给您提供支持！我们凭借以研发知识和专业设计技艺为支撑的刀具解决方案为您提供真正具有竞争优势的汽车铝合金加工方案——无论在当下还是未来。

www.sandvik.coromant.cn

OKE 欧科亿

股票代码：688308

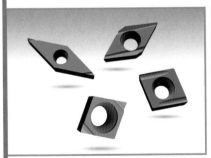

小零件加工产品

CVD钢件车削产品

全新模具铣刀

株洲欧科亿数控精密刀具股份有限公司
OKE Precision Cutting Tools Co., Ltd.

● 总部地址：湖南省株洲市炎陵县中小企业创业园创业路　分公司地址：湖南省株洲市芦淞区创业四路8号
● 电话(Tel):0731-22673968　传真(Fax)：0731-22673961　官方网站：www.oke-carbide.com

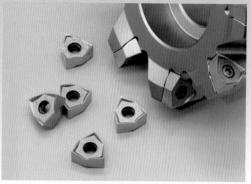

全能王系列 面铣刀　　　　直角王系列 方肩铣刀

FM453
经济王 系列面铣刀

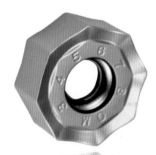

● 配备-W专用修光刃刀片，满足精铣要求

● 双面8个右手修光刃，经济性优

官网　　微信公众号　　抖音号　　微信视频号

Tiger·tec® Gold 金虎

一如既往的强劲，
出乎意料的灵活。

精益求精，点石成金
凭借针对不同加工场合优化过的槽型，以及度身定制的涂层结构，无论是车削、孔加工还是铣削 –
Tiger·tec® Gold（金虎刀片）在每个领域都如鱼得水。因此，对于如何打造更佳刀具解决方案这个问题，
只有一个答案：选择 Tiger·tec® Gold（金虎刀片）。

tigertec-gold.walter

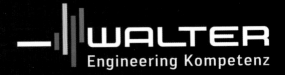

使用SECO更新的X-Head
刀头快换头系统，用户仅
需自备各种铣削操作所需
的立铣刀。使用同一个刀
杆，快速轻松地在各种整
体硬质合金铣削槽型和类
型之间切换。

多种铣削刀头
只需一种选择

SECO

WCE END MILLS

"威" 您所需，如您所愿

WCE4刃和5刃整硬立铣刀具有先进的通用槽型，为小批量加工不同工件材料的需求提供了经济且通用的解决方案。

WCE4 4刃整硬立铣刀

P M K

WCE4 4刃整硬立铣刀槽型结合了不对称齿距设计和可变螺旋角的特点，价格实惠，同时确保材料和应用的通用性，满足包括要求苛刻的满刀槽和重型切削等的应用。

WCE5 5刃整硬立铣刀

P M K

WCE5 5刃整硬立铣刀的槽型集合了不等齿距设计和38°螺旋角特征，以实惠的价格满足市场的需求，主要针对的是钢件和不锈钢材料的方肩铣削和侧面铣削应用。

亚刀具官方微信

WIDIA™

widia.com

全国服务热线：400 889 2136

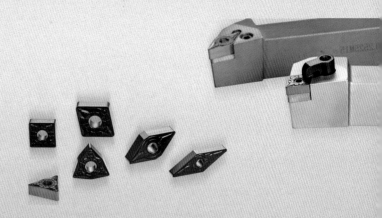

钢件车削刀具
STEEL TURNING SERIES

GF： 适宜于小切深的精加工使用

GM： 通用性强，实现切削加工的高效率与长寿命

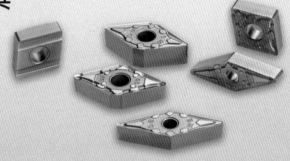

高性能不锈钢 车削刀具
HIGH PERFORMANCE STAINLESS STEEL TURNING SERIES

BF： 锋利的切削刃，在小切深时也能有良好的切屑处理能力

BM： 刃口微处理技术，兼顾锋利性及刃口强度

重力车削新槽型
NEW CHIPBREAKERS FOR HEAVY TURNING

GZ

变刃宽变前角设计使得刀片在不同切深时
切削轻快、切削力小

GX

波浪形刃型+倒棱设计为刀片在大切深切削
时提供良好的刀片强度

株洲华锐精密工具股份有限公司
Zhuzhou Huarui Precision Cutting Tools Co., Ltd

证券简称：华锐精密

证券代码：688059

双面大进给 铣削刀具C/SEM200

C/SEM200 DOUBLE-SIDED HIGH-FEED MILLING SERIES

刃口锋利性及高强度完美结合，通用性更强
双面四刃结构，经济性卓越

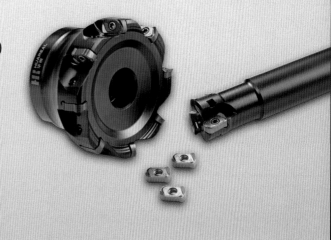

侧壁精铣 AOKT

AOKT SIDE-WALL PRECISION MILLING SERIES

在零件的侧壁加工中，不仅能满足侧面的表面光
洁度要求，还能使侧面的接刀痕迹有明显改善

高性能双面方肩铣

HIGH PERFORMANCE DOUBLE-SIDED SQUARE SHOULDER MILLING SERIES

优化的结构设计，带来更高效的切削体验
精心匹配的先进工艺，适应更广泛的切削范围

公司地址：湖南省株洲市芦淞区创业二路68号　　邮编：412000

公司官网：www.huareal.com.cn　客服电话：0731-28216690

官方微信公众号　　官方网站

KiloWood® 千禾®

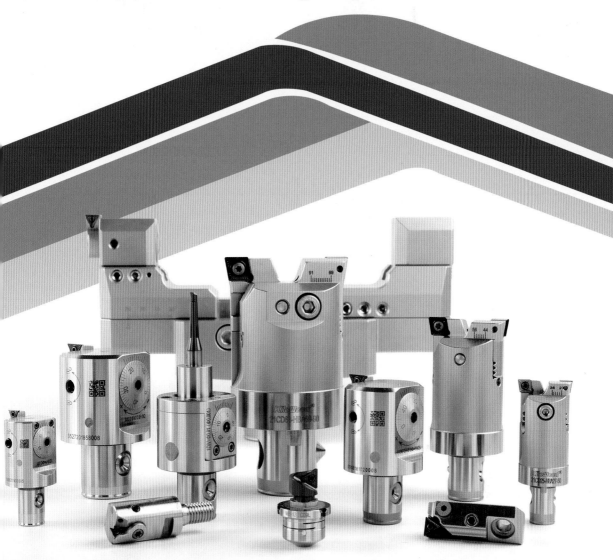

KiloWood® 千木®

孔加工刀具系列

产品特点

1、标准产品可满足直径φ3-φ1060mm粗镗与精镗加工

2、HBA粗镗刀刀体和刀头采用高刚性齿纹连接，完美胜任大载荷加工

3、精镗刀全系采用高精度复合调节机构，调节精度每格0.01mm

   配合游标可实现每格Φ0.001mm精度

4、高精度模块化接口：TMG21接口，KB模块接口

5、不同规格大小的MB/MAC微调精镗单元适用于各种工况的非标镗刀

孔加工刀具视频

成都成林数控刀具股份有限公司

成都市温江区海峡两岸科技园蓉台大道7号

www.kilowood.com Email:kilowood@kilowood.com

KiloWood® 千木®

狼牙切槽刀系列

产品特点

1、丰富的加工槽型，出色的断屑性能，适合各种加工材质以及不同工况的加工

2、V型刀片定位设计，刀片装夹稳定精确

3、可根据客户需求定制刀体，满足不同加工要求

4、可实现高效率加工，大幅降低使用成本

视频展示

成都成林数控刀具股份有限公司

成都市温江区海峡两岸科技园蓉台大道7号

www.kilowood.com Email:kilowood@kilowood.com

KiloWood® 千木®

热胀刀柄系列

1、3D处跳动精度≤0.003mm，可有效提升切削刀具的使用寿命

2、对称的外部结构，使其具备良好的动平衡性，有效抑制高速偏摆问题

3、流线型的外形结构，非常适合深腔加工并保证夹持刚性

4、配套全新设计热装机可以实现刀柄的快速装卸

视频展示

成都成林数控刀具股份有限公司

成都市温江区海峡两岸科技园蓉台大道7号

www.kilowood.com Email:kilowood@kilowood.com

变速箱壳体加工

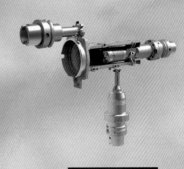

壳体加工

涡轮增压器压壳加工

转向节加工

涡旋加工

蜗轮蜗杆壳体加工

电动汽车变速箱后壳体

离合器壳体加工

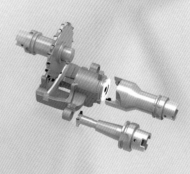

刹车钳体加工

PCD非标刀具
加工应用解决方案

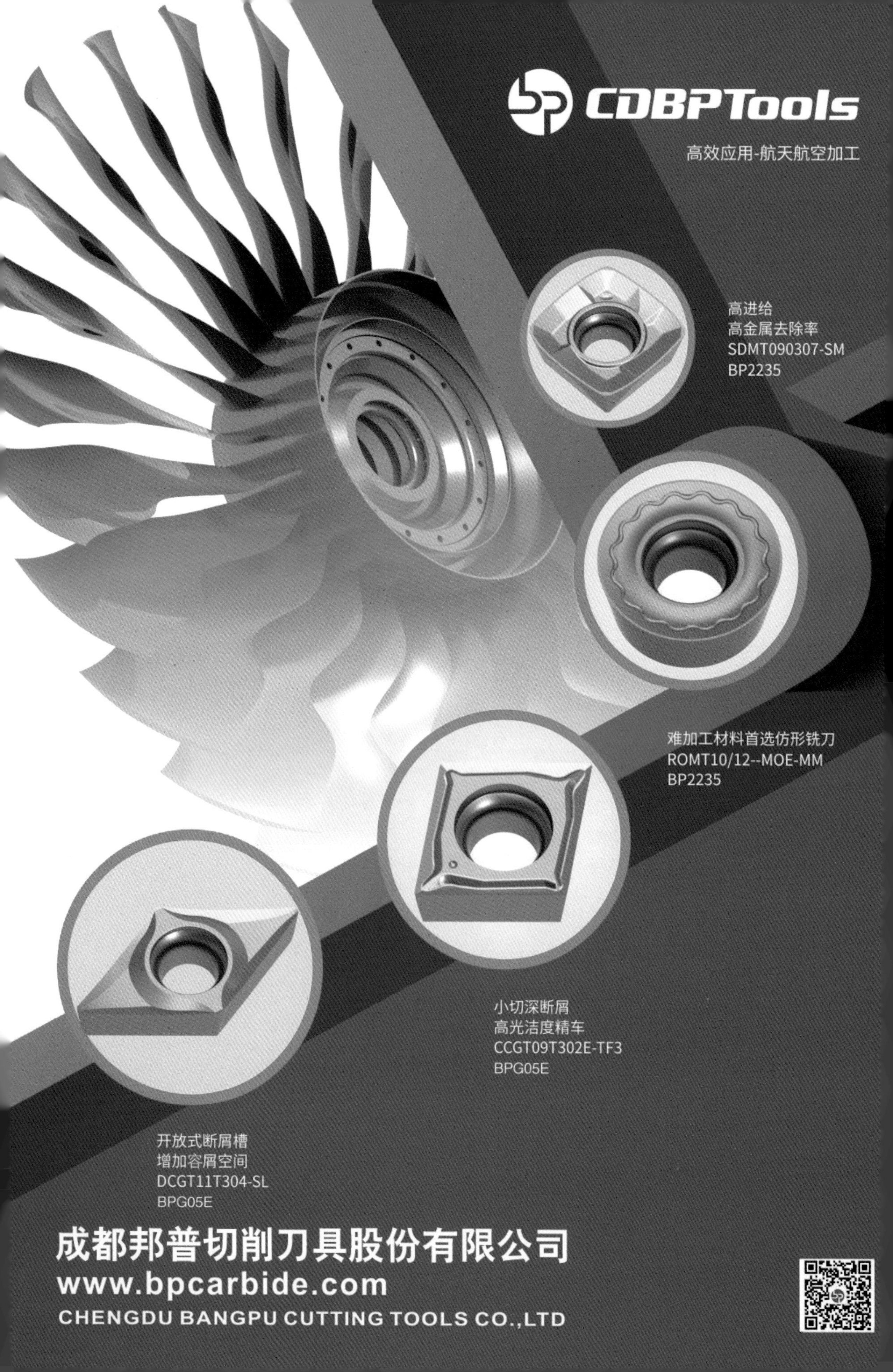

CDBP Tools

高效应用-航天航空加工

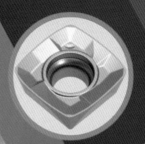

高进给
高金属去除率
SDMT090307-SM
BP2235

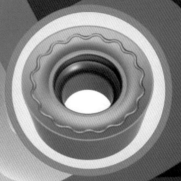

难加工材料首选仿形铣刀
ROMT10/12--MOE-MM
BP2235

小切深断屑
高光洁度精车
CCGT09T302E-TF3
BPG05E

开放式断屑槽
增加容屑空间
DCGT11T304-SL
BPG05E

成都邦普切削刀具股份有限公司
www.bpcarbide.com
CHENGDU BANGPU CUTTING TOOLS CO.,LTD

产品特征

SL/TF3断屑槽型

· 刀片周边全磨制，使定位精度更高，尺寸更稳定，刃口质量更好

· 特殊表面处理方式，使刀片更光滑，防止积屑瘤产生

· 特殊断屑槽型，可实现更好的断屑范围

· 特殊牌号构建，满足各种加工需求

· 多种型号规格设计，满足各种加工条件

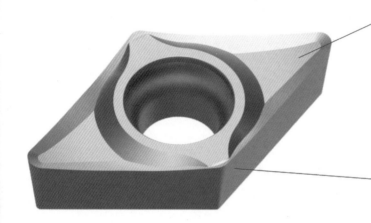

开放式断屑槽：
使切屑更快流走，有效降低切削力，提升刀具寿命

精磨级刀片：
保证良好刃口状态，适用于高精度产品加工

独特槽型设计：
应用中切深在（0.2-0.5）mm表现出良好的
排屑效果；适用于小零件加工

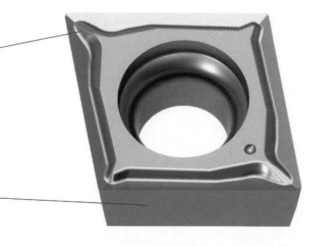

精磨级刀片：
保证良好刃口状态，适用于高精度产品加工

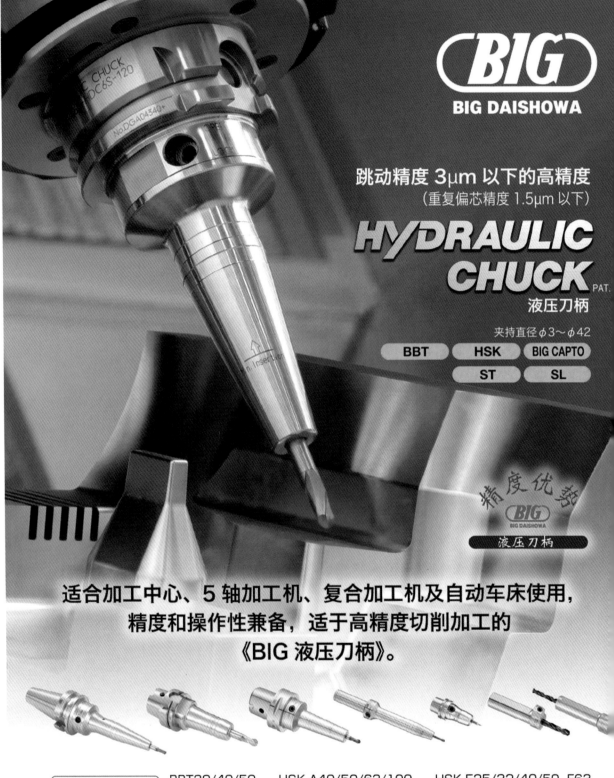

BIG DAISHOWA

跳动精度 **3μm** 以下的高精度
（重复偏芯精度 1.5μm 以下）

HYDRAULIC CHUCK PAT.
液压刀柄

夹持直径 φ3～φ42

BBT	HSK	BIG CAPTO
ST	SL	

精度优势 **BIG** BIG DAISHOWA
液压刀柄

适合加工中心、5 轴加工机、复合加工机及自动车床使用，
精度和操作性兼备，适于高精度切削加工的
《BIG 液压刀柄》。

对应各种机床的接口	BBT30/40/50	HSK-A40/50/63/100	HSK-E25/32/40/50 F63
	BIGCAPTO C5/6	ST20/32	SL19.05/20/22/25/25.4

SKYWALKER
刃天行

价格公开透明　更优性价比

中 国 互 联 网 刀 具 品 牌

品悦阳光(北京)工业科技股份有限公司　|　北京市海淀区蓝靛厂南路25号牛顿办公区1215室
Sunny (Beijing) Industrial Technology Co.,Ltd.　T/ 010-88400051　F/ 010-88400050

品悦阳光切削刀具

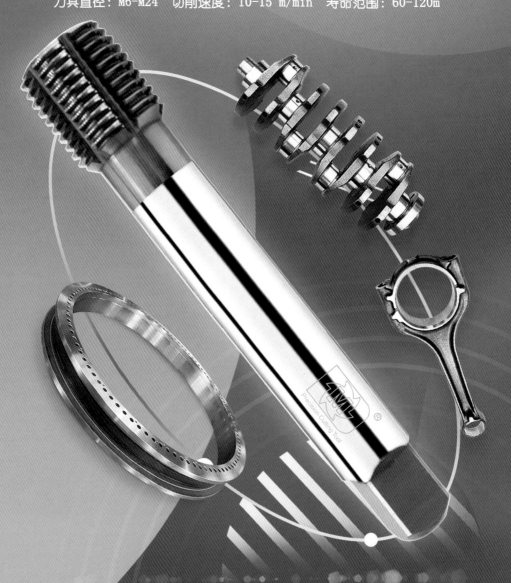

汇专整体PCD微刃刀具玻璃加工

以铣代磨，环保高效

颠覆传统硬脆粘材料加工方式

颠覆传统

玻璃

陶瓷

蓝宝石

复合碳纤维

碳化硅

石墨

有数据有真相

加工位置：**表盖玻璃曲面**

切削刀具：**金刚石电镀磨头** VS **整体PCD微刃刀具**

加工参数：n=24,000r/min | fz=600mm/min | a_p=0.03mm (0.01mmx3)

》》》 工件表面质量提升

3倍

■ 金刚石电镀磨头　■ 整体PCD微刃刀具

》》》 刀具寿命提升

11倍

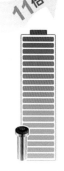

■ 金刚石电镀磨头　■ 整体PCD微刃刀具

*引用数据为汇专实验室数据，具体数值受到切削条件及检测条件影响，可能发生变化。汇专公司保留对相关条件的解释权。

汇专科技集团股份有限公司

电话: 400-777-1111 (集团) / 400-639-2388 (超硬工具)
官网: www.conprofetech.com
邮箱: sales-st@conprofetools.com

集团官网

微信公众号